**Wissenschaftlicher Beirat der Bundesregierung
Globale Umweltveränderungen**

Welt im Wandel: Grundstruktur globaler Mensch-Umwelt-Beziehungen

Wissenschaftlicher Beirat der Bundesregierung
Globale Umweltveränderungen

Welt im Wandel: Grundstruktur globaler Mensch-Umwelt-Beziehungen

Jahresgutachten 1993

Economica Verlag

Die Deutsche Bibliothek – CIP-Einheitsaufnahme

Welt im Wandel: Grundstruktur globaler Mensch-Umwelt-Beziehungen; Jahresgutachten 1993 / Wissenschaftlicher Beirat der Bundesregierung Globale Umweltveränderungen. – Bonn: Economica Verl., 1993
ISBN 3-87081-373-3
NE: Deutschland / Wissenschaftlicher Beirat Globale Umweltveränderungen

© 1993 Economica Verlag GmbH, Bonn
Alle Rechte vorbehalten.
Nachdruck, auch auszugsweise, nur mit Genehmigung des Verlags gestattet.

Umschlagfotos:
M. Schulz-Baldes; H. Hoff; Gesellschaft für Technische Zusammenarbeit (GTZ) GmbH:
H. Wagner, W. Gartung, I. Nagel, J. Swoboda

Umschlaggestaltung:
Dieter Schulz

Satz und Grafik:
Atelier Frings GmbH, Bonn

Druck:
Paderborner Druck Centrum, Paderborn

Papier:
Hergestellt aus 100 % Altpapieranteilen ohne optische Aufheller.

ISBN 3-87081-373-3

Inhaltsübersicht

A	**Kurzfassung – Welt im Wandel: Grundstruktur globaler Mensch-Umwelt-Beziehungen**	1
B	**Einführung: Die globale Dimension der Umweltkrise**	7
C	**Globaler Wandel: Annäherung an den Untersuchungsgegenstand**	10
1	Definitionen	10
2	Grundstruktur des Zusammenwirkens von Natur- und Anthroposphäre	12
D	**Globaler Wandel: Elemente einer Systemanalyse**	15
1	Veränderungen der Natursphäre	15
1.1	Atmosphäre	15
1.1.1	Zunahme der langlebigen Treibhausgase	15
1.1.2	Änderungen von Ozon und Temperatur in der Stratosphäre	20
1.1.3	Veränderte Chemie der Troposphäre	27
1.2	Klimaänderungen	33
1.3	Hydrosphäre	41
1.3.1	Veränderungen des Ozeans und der Kryosphäre	41
1.3.2	Qualitative und quantitative Veränderungen im Bereich Süßwasser	47
1.4	Lithosphäre / Pedosphäre	67
1.5	Biosphäre	89
1.5.1	Veränderungen der Biosphäre am Beispiel Wald	91
1.5.2	Abnahme der biologischen Vielfalt	102
2	Wandel der Anthroposphäre – Einführung	114
2.1	Bevölkerungswachstum, -migration und Urbanisierung	118
2.2	Veränderungen in der Wirtschaft	136
2.3	Zunahme des Verkehrs	164
2.4	Der Mensch als Verursacher und Betroffener globaler Umweltveränderungen: Psychosoziale Einflußfaktoren	174
E	**Globaler Wandel: Versuch einer Zusammenschau**	197
F	**Empfehlungen**	204
G	**Literaturangaben**	209
H	**Anhang**	221

Inhaltsverzeichnis

Inhaltsübersicht	V
Verzeichnis der Abbildungen	X
Verzeichnis der Tabellen	XI
Verzeichnis der Kästen	XII

A   Kurzfassung – Welt im Wandel: Grundstruktur globaler Mensch-Umwelt-Beziehungen 1

B   Einführung: Die globale Dimension der Umweltkrise 7

    Sind die natürlichen Lebensgrundlagen der Menschheit bedroht? 7
    Die Verantwortung des Menschen 7
    Die Notwendigkeit zum globalen Handeln 8
    Die Aufgabe des Beirats 8

C   Globaler Wandel: Annäherung an den Untersuchungsgegenstand 10

1   Definitionen 10
    Globale Umweltveränderungen 10
    Nachhaltigkeit 11

2   Grundstruktur des Zusammenwirkens von Natur- und Anthroposphäre 12

D   Globaler Wandel: Elemente einer Systemanalyse 15

1   Veränderungen der Natursphäre 15

1.1   Atmosphäre 15

1.1.1   Zunahme der langlebigen Treibhausgase 15
    Kurzbeschreibung 15
    Ursachen 17
    Auswirkungen 18
    Verknüpfung zum globalen Wandel 18
    Bewertung 18
    Gewichtung 19
    Forschungsbedarf 19

1.1.2   Änderungen von Ozon und Temperatur in der Stratosphäre 20
    Kurzbeschreibung 20
    Ursachen 20
    Natürliche Ursachen 20   Anthropogene Ozonabnahme 20
    Auswirkungen 21
    Natursphäre 21   Anthroposphäre 21   Zeitskala 21
    Verknüpfung zum globalen Wandel 22
    Handlungsbedarf 25
    Forschungsbedarf 26

1.1.3   Veränderte Chemie der Troposphäre 27
    Kurzbeschreibung 27
    Ursachen 27
    Auswirkungen 29

	Verknüpfungen zum globalen Wandel	30
	Bewertung	31
	Gewichtung	31
	Forschungsbedarf	32
1.2	**Klimaänderungen**	33
	Kurzbeschreibung	33
	Ursachen	33
	Auswirkungen	35
	Verknüpfung zum globalen Wandel	37
	Bewertung	38
	Gewichtung	39
	Forschungsbedarf	40
1.3	**Hydrosphäre**	41
1.3.1	**Veränderungen des Ozeans und der Kryosphäre**	41
	Kurzbeschreibung	41
	Ursachen	41
	Auswirkungen	43
	Globale Auswirkungen 43 Regionale / lokale Auswirkungen 45 Zeitliche Auswirkungen 46	
	Bewertung / Handlungsbedarf	46
	Forschungsbedarf	47
1.3.2	**Qualitative und quantitative Veränderungen im Bereich Süßwasser**	47
	Kurzbeschreibung	47
	Ressource Wasser 48 Kulturgut Wasser 50	
	Ursachen	52
	Lokale Ursachen 53 Regionale Ursachen 53 Globale Ursachen 54	
	Auswirkungen	54
	Natursphäre 54 Anthroposphäre 56 Regionale Unterschiede 57 Zeithorizonte 57	
	Verknüpfung zum globalen Wandel	57
	Bewertung / Handlungsbedarf	60
	Wassernachfrage 60 Wasserangebot 62 Gewässerschutz 62 Katastrophenmanagement 63	
	Elemente einer globalen Wasserstrategie 63	
	Gewichtung	65
	Forschungsbedarf	66
1.4	**Lithosphäre / Pedosphäre**	67
	Kurzbeschreibung	67
	Lebensraumfunktion 68 Regelungsfunktion 68 Nutzungsfunktion 68 Böden als verletzbare Systeme 68	
	Ursachen	69
	Räumliche Verschiedenheit von Bodendegradationen 69	
	Auswirkungen	70
	Lebensraumfunktion 72 Regelungsfunktion 72 Nutzungsfunktion 76	
	Verknüpfung zum globalen Wandel	79
	Bewertung	80
	Bodenökologische Bewertung 80 Bodenökonomische Bewertung 85	
	Gewichtung	88
	Forschungsbedarf	89
1.5	**Biosphäre**	89
	Biosphäre im Überblick	89
1.5.1	**Veränderungen der Biosphäre am Beispiel Wald**	91
	Kurzbeschreibung	91
	Ursachen	92

	Auswirkungen	95
	Biosphäre 95 Anthroposphäre 96	
	Verknüpfung zum globalen Wandel	96
	Phänomene der Natursphäre 96 Phänomene der Anthroposphäre 96	
	Bewertung	97
	Handlungsbedarf	98
	Maßnahmen auf internationaler Ebene 99 Maßnahmen auf nationaler Ebene 95	
	Forschungsbedarf	101
1.5.2	**Abnahme der biologischen Vielfalt**	102
	Kurzbeschreibung	102
	Ursachen	103
	Verknüpfung zum globalen Wandel	105
	Bewertung	105
	Handlungsbedarf	108
	Forschungsbedarf	112
	Naturwissenschaftlicher Bereich 112 Sozioökonomischer Bereich 113	
2	**Wandel der Anthroposphäre – Einführung**	114
2.1	**Bevölkerungswachstum, -migration und Urbanisierung**	118
	Kurzbeschreibung	118
	Ursachen	121
	Ursachen des hohen Bevölkerungswachstums 121 Ursachen der Zunahme von Migrationen 123 *Ursachen der zunehmenden Urbanisierung 126*	
	Auswirkungen	126
	Auswirkungen des hohen Bevölkerungswachstums 126 Auswirkungen der zunehmenden Migrationen 126 *Auswirkungen der zunehmenden Urbanisierung 128*	
	Verknüpfung zum globalen Wandel	130
	Atmosphäre 131 Wasser 131 Böden 131 Biologische Vielfalt 131 Wirtschaftliche Entwicklung 132	
	Handlungsbedarf	132
	Forschungsbedarf	134
	Forschungsgebiet Bevölkerungswachstum 135 Forschungsgebiet Migrationen 135 Forschungsgebiet Urbanisierung 135	
2.2	**Veränderungen in der Wirtschaft**	136
	Definitorische Vorbemerkungen	136
	Einleitung 136 Wachstum und Entwicklung 137 Wachstum und Marktwirtschaft 138	
	Ursachen	139
	Weltwirtschaftswachstum 139 Die Regionalstruktur des Weltwirtschaftswachstums 141 *Die Sektoralstruktur des Weltwirtschaftswachstums 148*	
	Auswirkungen	153
	Bewertung	156
	Handlungsbedarf	159
	Politikkonzept 159 Handlungsprioritäten 161	
	Forschungsbedarf	163
	Folgekostenschätzung und Ursachenanalyse 163 Grundlagenforschung für Politikempfehlungen 163 Indikatorensysteme 164	
2.3	**Zunahme des Verkehrs**	164
	Kurzbeschreibung	164
	Ursachen	166
	Auswirkungen	171
	Bewertung / Handlungsbedarf	172
	Forschungsbedarf	174

2.4 Der Mensch als Verursacher und Betroffener globaler Umweltveränderungen: Psychosoziale Einflußfaktoren ... 174

Kurzbeschreibung ... 174
Ursachen ... 176
Folgen ... 178
Determinanten des Verhaltens ... 180
Umwelt als soziales Konstrukt 180 Kognitionen (Wahrnehmung und Beurteilung) globaler Umweltzustände und -veränderungen 182 Risikowahrnehmung und -akzeptanz 184 Zur Rolle der Medien 185 Werthaltungen / Einstellungen („Umweltbewußtsein") 186 Motivation und Handlungsanreize 188 Handlungsgelegenheiten, -möglichkeiten und -kontext 189 Strategien der Verhaltensänderung 190
Bewertung ... 192
Handlungsbedarf ... 193
Forschungsbedarf ... 193

E Globaler Wandel: Versuch einer Zusammenschau ... 197

Die wesentlichen Trends, ihre Verknüpfung und die daraus resultierende Dynamik ... 197
Wahl des Zugangs ... 197
Beschreibung des Instruments ... 197
Anwendungsmöglichkeiten ... 201

F Empfehlungen ... 204

Empfehlungen zu Forschung und politischem Handeln ... 204
Forschungsbedarf ... 204
Handlungsempfehlungen ... 206

G Literaturangaben ... 209

H Anhang ... 221

Der Wissenschaftliche Beirat der Bundesregierung ... 221
Gemeinsamer Erlaß zur Errichtung des Wissenschaftlichen Beirats
Globale Umweltveränderungen ... 222

Verzeichnis der Abbildungen

		Seite
Abbildung 1:	Grunddiagramm Natur – Anthroposphäre	13
Abbildung 2:	Zeitlicher Verlauf von Ozongehalt und Temperatur in der unteren Stratosphäre der Nordhemisphäre sowie von der Sonnenaktivität	23
Abbildung 3:	Entwicklung und Prognosen atmosphärischer Chlorkonzentrationen gemäß den zunehmend verschärften Abkommen und globalen Abbauraten pro Dekade bei Einhaltung der Londoner Vereinbarung	24
Abbildung 4:	Der hydrologische Kreislauf	49
Abbildung 5:	Sektorale Anteile am Wasserverbrauch aufgeschlüsselt nach Erdteilen	50
Abbildung 6:	Verknüpfung der Pedosphäre (Böden) mit den übrigen Natursphären	67
Abbildung 7:	Vorräte an organischem Kohlenstoff in Böden im Vergleich zu den Kohlenstoffvorräten in der Pflanzendecke	74
Abbildung 8:	Einfluß des Klima- und Nutzungswandels auf Stoffreisetzungen in Böden	77
Abbildung 9:	Bausteine der integrierten volkswirtschaftlichen Umweltgesamtrechnung für den Themenbereich Böden	87
Abbildung 10:	Wirkung der Kombination von Photooxidantien und sauren Niederschlägen auf den Wald	94
Abbildung 11:	Bevölkerungsprognosen bis zum Jahr 2150	119
Abbildung 12:	Stadtklima	129
Abbildung 13:	Zusammenhang zwischen Stadt-Umland-Temperaturdifferenz und städtischer Bevölkerungszahl	129
Abbildung 14:	Entwicklung des PKW-Bestandes für verschiedene Ländergruppen	167
Abbildung 15:	Relative Anteile verschiedener menschlicher Aktivitäten am Treibhauseffekt	177
Abbildung 16:	Schema möglicher Maßnahmen zur Bewältigung globaler Umweltveränderungen	179
Abbildung 17:	Globales Beziehungsgeflecht – Grundstruktur	198
Abbildung 18:	Globales Beziehungsgeflecht – Trends der Umweltveränderungen	199
Abbildung 19:	Regeln für die Abbildung „Globales Beziehungsgeflecht"	200
Abbildung 20:	Globales Beziehungsgeflecht am Beispiel des Treibhauseffekts	202

Verzeichnis der Tabellen

		Seite
Tabelle 1:	Eigenschaften der Treibhausgase in der Erdatmosphäre	16
Tabelle 2:	Rangfolge einzelner Treibhausgase im natürlichen und anthropogen gestörten System	16
Tabelle 3:	Zeitplan für den Ausstieg aus ozonschädigenden Verbindungen in Deutschland	25
Tabelle 4:	Verminderung der Produktionsraten ozonzerstörender Chemikalien	25
Tabelle 5:	Rückkopplungen des Wasser- und Kohlenstoffkreislaufs auf den anthropogenen Treibhauseffekt	37
Tabelle 6:	Länder mit akuter Wasserknappheit	51
Tabelle 7:	Hauptsächliche Arten der Wasserbelastung	55
Tabelle 8:	Typologie der Ursachen und Auswirkungen von Wasserproblemen	55
Tabelle 9:	Verknüpfungen der Hydrosphäre mit anderen Hauptbereichen des globalen Wandels	58
Tabelle 10:	Prozesse der Bodendegradation	71
Tabelle 11:	Von Menschen verursachte Bodendegradation	71
Tabelle 12:	Aufteilung der eisfreien Landflächen	78
Tabelle 13:	Verteilung des Ackerlands und der pro Kopf der Bevölkerung zur Verfügung stehenden Ackerflächen im Jahr 1990	78
Tabelle 14:	Ursachen der Bodendegradation	79
Tabelle 15:	Bodenerosion in den Einzugsgebieten großer Flüsse	80
Tabelle 16:	Kostenfaktoren der Bodenbelastung durch globale Umweltveränderungen	86
Tabelle 17:	Ökozonen der Erde	90
Tabelle 18:	Meeresgeographische Regionen	91
Tabelle 19:	Größe und Entwicklung ausgewählter Megastädte	121
Tabelle 20:	Trendentwicklung der Kraftfahrzeugbestandes nach Ländern und Ländergruppen	165

Verzeichnis der Kästen

		Seite
Kasten 1:	Klassifikation globaler Umweltveränderungen	10
Kasten 2:	Gesamtozongehalt und Temperatur der unteren Stratosphäre sind in der Nord-Hemisphäre positiv korreliert	22
Kasten 3:	Historische Entwicklung politischen Handelns im Bereich Ozon	26
Kasten 4:	Der hydrologische Kreislauf	49
Kasten 5:	Folgefragen der UNCED-Konferenz für den Bereich Süßwasser	58
Kasten 6:	Historische Entwicklung politischen Handelns im Bereich Süßwasser	65
Kasten 7:	Welt-Boden-Charta	81
Kasten 8:	Historische Entwicklung politischen Handelns im Bereich Boden	83
Kasten 9:	Folgefragen der UNCED-Konferenz für den Bereich Boden	83
Kasten 10:	Historische Entwicklung politischen Handelns im Bereich Wald	100
Kasten 11:	Folgefragen der UNCED-Konferenz für den Bereich Wald	100
Kasten 12:	Verfahren und Probleme einer ökonomischen Bewertung der biologischen Vielfalt	105
Kasten 13:	Historische Entwicklung politischen Handelns im Bereich Biologische Vielfalt	112
Kasten 14:	Folgefragen der UNCED-Konferenz für den Bereich Biologische Vielfalt	112
Kasten 15:	Technologiebeispiele in drei Bereichen	116
Kasten 16:	Umweltdiskurs	181
Kasten 17:	Folgefragen der UNCED-Konferenz für den Bereich Psychosoziale Einflußfaktoren	191
Kasten 18:	Human Dimensions of Global Environmental Change Programme (HDP)	194
Kasten 19:	Global Omnibus Environmental Survey (GOES)	195

A Kurzfassung – Welt im Wandel: Grundstruktur globaler Mensch-Umwelt-Beziehungen

♦ Auftrag des Beirats

In wachsender Sorge um die Bewahrung der natürlichen Lebens- und Entwicklungsgrundlagen der Menschheit hat die Bundesregierung im Frühjahr 1992 den Wissenschaftlichen Beirat Globale Umweltveränderungen berufen. Dieser Schritt erfolgt zu einer Zeit, in der sowohl die Einsicht in die Dimension des globalen Wandels als auch in die Notwendigkeit internationalen Handelns wächst. Der Beirat soll insbesondere ein jährliches Gutachten zur Lage der globalen Umwelt und den daraus resultierenden gesellschaftlichen Konsequenzen vorlegen. Dabei soll besonders auf die Fortentwicklung der 1992 in Rio de Janeiro beschlossenen oder vorbereiteten internationalen Vereinbarungen und die Ausführung der AGENDA 21 geachtet werden. Außerdem sollen die Gutachten konkrete Empfehlungen für umweltpolitisches Handeln geben und den Forschungsbedarf aufzeigen.

♦ Konzeption des ersten Jahresgutachtens

In seinem Jahresgutachten 1993 unternimmt der Beirat den Versuch einer *Ganzheitsbetrachtung* des Systems Erde, wobei die wesentlichen Wechselbeziehungen zwischen Natur und Gesellschaft im Vordergrund stehen. Damit soll einerseits die Komplexität der Umweltproblematik aufgezeigt und andererseits eine analytische Basis geschaffen werden, um die Bedeutung aktueller Trends (zusätzlicher Treibhauseffekt, Abnahme der biologischen Vielfalt, Verlust fruchtbarer Böden, Bevölkerungswachstum usw.) für das Gesamtsystem zu bewerten. Die vertiefende Behandlung von Schwerpunktthemen wird sich immer wieder an dieser „Erdsicht" orientieren und umgekehrt zur kontinuierlichen Verbesserung des Systemverständnisses beitragen.

Am Anfang des Gutachtens steht die *Abgrenzung des Gegenstandes*, d.h. die Definition dessen, was unter „Globalen Veränderungen der Umwelt" zu verstehen ist. Diese Überlegungen müssen zwangsläufig zu einer Auseinandersetzung mit dem Begriff *„sustainable development"* führen, der als Schwerpunkt in einem der folgenden Gutachten behandelt werden wird. Der hochaggregierten Darstellung von Natur- und Anthroposphäre und einer Analyse der Verknüpfung beider Sphären im System Erde folgt die Untersuchung der Hauptkomponenten und der dazugehörigen Trends globaler Umweltveränderungen.

Im folgenden wird ein Überblick über die Hauptaussagen der einzelnen Fachkapitel und die wichtigsten Vorschläge des Beirats zu Handlungs- und Forschungsstrategien gegeben.

♦ Atmosphäre

Die am besten überschaubare und verstandene globale Umweltveränderung ist die vom Menschen modifizierte Zusammensetzung der Atmosphäre. Daraus entstehen drei globale Probleme: der *erhöhte Treibhauseffekt* und die daran gekoppelte globale Erwärmung, die *Ozonverdünnung in der Stratosphäre* mit der Folge erhöhter ultravioletter Strahlung und die *Veränderung der Troposphäre* mit den damit verbundenen Phänomenen, z. B. dem photochemischen Smog und dem sauren Regen. Diese Prozesse sind eng miteinander verwoben und rückgekoppelt, können sich also verstärken oder aber auch abschwächen. Von diesen Veränderungen ist das gesamte System Erde betroffen.

Zur Handlungsstrategie:

- Konsequente Durchsetzung der internationalen Abkommen zum Schutz der stratosphärischen Ozonschicht und Unterstützung finanzschwächerer Länder über den dafür eingerichteten Fonds.

- Reduktion des Säureeintrags sowie der ungewollten Düngung, damit sich die versauerten Böden und eutrophierten Gewässer erholen können.

- Rückführung des troposphärischen Ozongehalts, um Beeinträchtigungen des Pflanzenwachstums, der menschlichen Gesundheit und Änderungen der Strahlungsbilanz zu verhindern.

Zum Forschungsbedarf:

- Ermittlung der Belastbarkeit von Ökosystemen gegenüber trockenen und nassen Depositionen sowie photochemischem Smog.

- Untersuchung des CO_2-Düngungseffekts in natürlichen Ökosystemen bei gleichzeitiger Erwärmung.

♦ Klimaänderung

Wenn sich das menschliche Verhalten nicht ändert, bewirkt der anthropogene Anstieg der Treibhausgase nach dem jetzt existierenden besten Wissen schon im Laufe des nächsten Jahrhunderts eine mittlere globale *Erwärmung* von +3 °C. Diese liegt in derselben Größenordnung wie die Schwankungen beim Übergang von der Eiszeit zur Warmzeit. Ohne Gegenmaßnahmen sind tiefgreifende Veränderungen zu erwarten, so vor allem eine Umverteilung der *Niederschlagszonen* und ein Anstieg des *Meeresspiegels* bis zum Jahr 2100 um 65 ± 35 cm.

Zur Handlungsstrategie:

- Rasche Verminderung der Treibhausgas-Emissionen aller Industrieländer, der meisten Ölförderländer und einiger Tropenwaldländer mit hoher Pro-Kopf-Emission.

- Politische Vorgaben zur Steigerung der Energie- und Transporteffizienz.

- Vorkehrungen im Hinblick auf Meeresspiegelanstieg und Niederschlagsänderungen.

Zum Forschungsbedarf:

- Bestimmung der auf Klimaänderungen besonders empfindlich reagierenden Regionen, sozialen Gruppen und wirtschaftlichen Aktivitäten.

- Untersuchung naturnaher Ökosysteme, die bei Klimaänderungen und erhöhtem CO_2-Gehalt der Luft zu größeren Kohlenstoffspeichern werden können.

- Ermittlung der Kosten unterlassener Maßnahmen (Klimaschadensfunktionen).

♦ Hydrosphäre

Die Ozeane und Eiskappen sind wesentliche Elemente im System Erde: Sie prägen langfristig und großräumig das Klima. Schwankungen des *Meeresspiegels*, Verlagerungen von *Meeresströmungen* und Änderungen der *Meereisdecke* haben massive Konsequenzen für Natur und Zivilisation. Hinzu kommt, daß die Bevölkerung in den gefährdeten Küstenregionen besonders stark wächst.

Süßwasser spielt als Lebensmittel, ökonomische Ressource und ökologisches Medium eine zentrale Rolle in der Natur- und Anthroposphäre. Außerdem war und ist Wasser für viele Völker und Religionen ein wichtiges Kulturelement. Gewässerschutz ist insofern auch Schutz der Grundlagen menschlicher Kultur.

Gefahren für die Ressource und das Kulturgut Süßwasser entstehen durch *Verknappung* und *Verschmutzung*. Damit ist häufig eine *Vergeudung* verbunden, z. B. wenn Menschen aufgrund nicht kostengerechter Preise oder Subventionierung zum unvernünftigen Umgang mit Wasser animiert werden.

Zur Handlungsstrategie:

- Sicherung der Verfügbarkeit von sauberem Trinkwasser.

- Vermeidung und Beseitigung der Wasserverschmutzung.

- Förderung des Wassersparens.

Zum Forschungsbedarf:

- Abschätzung der Einflüsse von erhöhter UV-B-Strahlung und einer Temperaturerhöhung auf marine Organismen und Lebensgemeinschaften.

- Entwicklung von Techniken zum sparsamen Umgang mit Wasser bei Bewässerung, Industrieproduktion und Versorgung der Haushalte.

- Evaluation der Wasserpolitik in einzelnen Ländern und Vorbereitung einer internationalen Wasserkonvention.

♦ Litho- und Pedosphäre (Erdkruste und Böden)

Böden bilden eine wichtige, bisher zu wenig beachtete Lebensgrundlage des Menschen und spielen bei globalen Umweltveränderungen eine bedeutende Rolle. Prozesse in Böden laufen häufig sehr langsam ab und sind daher schwer erkennbar. Schon 17 % der Böden der Welt weisen deutliche *Degradationserscheinungen* auf, die durch den Menschen verursacht wurden. Erosion durch Wasser und Wind sind die Hauptmechanismen, hinzu kommen die chemische und die physikalische Schädigung.

Böden sind ein unersetzlicher Teil terrestrischer Ökosysteme und häufig nicht regenerierbar. Sie sind als Reserven begrenzt und können nur zu einem relativ kleinen Anteil genutzt werden. Aus dieser Erkenntnis ergibt sich auch aus globaler Sicht eine hohe *Schutzwürdigkeit* der Böden und der in ihnen und von ihnen lebenden Organismen.

Zur Handlungsstrategie:

- Durchsetzung der *Welt-Boden-Charta* und der in der AGENDA 21 niedergelegten Prinzipien zur nachhaltigen Nutzung von Böden durch deren Übernahme in die nationale und internationale Gesetzgebung und Programme.

- Umkehr des Trends der zunehmenden Entkopplung der Stoffkreisläufe, die durch räumliche und zeitliche Trennung von Produktion und Verbrauch von Biomasse hervorgerufen wird.

- Entwicklung von globalen Beobachtungs-, Forschungs-, und Informationsnetzen für einen weltweiten Bodenschutz.

Zum Forschungsbedarf:

- Erfassung der Anreicherung von Schadstoffen in Böden und deren Freisetzung aufgrund veränderter Umweltbedingungen.

- Einbeziehung des bodenökonomischen Wertes bei der Entwicklung nachhaltiger Nutzungsformen.

- Entwicklung von Ressourcen- und umweltschonenden Landnutzungsformen.

♦ Biosphäre

Das Gutachten behandelt zwei ausgewählte Teilbereiche der Biosphäre, den Wald und die biologische Vielfalt. Im Hinblick auf globale Umweltveränderungen ist beim Wald die Rolle im Kohlenstoffkreislauf, und damit für das Klima, von besonderer Bedeutung. Dabei müssen je nach Waldtyp ganz unterschiedliche Problemlagen berücksichtigt werden. In den Wäldern der gemäßigten Breiten treten emissionsbedingt starke Waldschäden auf, und bei Aufforstungen wird durch Monokulturen die biologische Vielfalt reduziert. Darüber hinaus hat in den borealen Wäldern, insbesondere der Taiga und Kanadas, die Übernutzung bedrohliche Ausmaße angenommen. Den Tropenwäldern, unter ihnen vor allem den Regenwäldern, kommt aufgrund der hohen biologischen Vielfalt, der Irreversibilität der Vernichtung sowie der Dringlichkeit dieser Gefahr angesichts hoher Vernichtungsraten zusätzliche Bedeutung zu.

Beim gegenwärtigen Tempo der Zerstörung von Ökosystemen und Lebensräumen wird in den nächsten 25 Jahren mit dem Aussterben von ca. 1,5 Mio. Arten gerechnet. Ein Verlust in dieser Größenordnung ist aus ökologischen, ethischen, ästhetischen und kulturellen Gründen nicht hinnehmbar. Arten haben zudem einen langfristigen ökonomischen Nutzen, insbesondere für die Menschen in den Entwicklungsländern.

Zur Handlungsstrategie:

- Verabschiedung einer internationalen Konvention zum Schutz der Wälder (einschließlich Finanzierungs- und Sanktionsmechanismen) auf der Grundlage der Walderklärung von Rio de Janeiro.
- Verstärkte Einbeziehung der biologischen Vielfalt in alle Planungen und Programme.
- Internationale Anstrengungen zum Abbau der Verschuldungsprobleme der Tropenwaldländer.

Zum Forschungsbedarf:

- Untersuchungen zu den Möglichkeiten einer ökologisch nachhaltigen Waldnutzung in allen Waldtypen; Prüfung der Wirtschaftlichkeit nachhaltiger Forstwirtschaft.
- Klärung der Rolle der borealen Wälder im globalen Stoffkreislauf und als klimastabilisierender Faktor.
- Ermittlung der kritischen Mindestgröße und -vernetzung verschiedener Ökosysteme, um deren biologische Vielfalt und Leistung aufrechtzuerhalten.

♦ **Bevölkerung**

In den 90er Jahren nimmt die Erdbevölkerung jährlich um annähernd 100 Mio. Menschen zu, die sich zum größten Teil (ca. 80 Mio.) in Städten niederlassen werden. Selbst bei erheblich reduzierten Geburtenraten wird sich die Weltbevölkerung von derzeit 5,52 Mrd. Menschen bis zum Jahr 2050 mindestens verdoppeln.

Das erwartete *Bevölkerungswachstum*, das sich wesentlich auf Asien, Afrika und Lateinamerika konzentrieren wird, wird die Umwelt- und Entwicklungsprobleme erheblich verschärfen. Deren Bewältigung ist aber umgekehrt entscheidende Voraussetzung für die Reduktion des Bevölkerungswachstums. Der ungebremste Anstieg von *Wanderungsbewegungen* und die *Urbanisierung* stellen weitere wichtige Problemfelder dar, von denen auch die Industrieländer durch Einwanderungsdruck unmittelbar betroffen sind.

Zur Handlungsstrategie:

- Reduktion der Ursachen von Bevölkerungswachstum durch Bekämpfung der Armut, Gleichstellung der Frau, Anerkennung des Rechtes auf Familienplanung, Reduktion der Kindersterblichkeit, Verbesserung der Ausbildung.
- Reduktion von umweltbedingter Verdrängung (Wanderung).
- Konkretisierung raumordnerischer Leitbilder zur Steuerung von Urbanisierungsprozessen.

Zum Forschungsbedarf:

- Abschätzung der Umweltauswirkungen des Bevölkerungswachstums hinsichtlich Ressourcenverbrauch, Emissionen und Abfall.
- Ermittlung der Tragfähigkeit städtischer Strukturen.
- Analyse und Prognose internationaler Wanderungsbewegungen.

♦ **Wirtschaft und Verkehr**

Unter den Ursachen globaler Umweltveränderungen haben die wirtschaftliche Tätigkeit des Menschen und das Wirtschaftswachstum besonderes Gewicht. Um diese Effekte angemessen analysieren zu können, ist jedoch eine *regionale* wie auch eine *sektorale* Betrachtungsweise notwendig. Dadurch werden Zusammenhänge zwischen dem sektoralen Strukturwandel höher entwickelter Regionen und den strukturellen Änderungen in unterentwickelten Regionen mit den damit verbundenen Umwelteffekten verdeutlicht.

Dem umweltentlastenden sektoralen und regionalen Strukturwandel der Wirtschaft kommt besondere Bedeutung für eine Reduzierung der globalen Umweltbelastungen zu.

Von den verschiedenen *Ländergruppen* (hochentwickelte Länder, osteuropäische Länder, Schwellenländer, brennstoffexportierende Länder und Entwicklungsländer) gehen jeweils unterschiedliche Umweltbelastungen aus, die spezifische Lösungsstrategien erfordern.

Zur Handlungsstrategie:

- Förderung des umweltentlastenden Strukturwandels der Wirtschaft.

- Verbesserung der weltwirtschaftlichen Zusammenarbeit, vor allem zwischen Industrie- und Entwicklungsländern.

- Verbesserung des umweltpolitischen Instrumentariums, insbesondere Zuweisung klarer Eigentumsrechte, Abbau von Subventionen, die den Ressourcenverbrauch steigern, und Verschärfung des Haftungsrechts.

Zum Forschungsbedarf:

- Operationalisierung des Begriffs „sustainable development".

- Fortentwicklung und Validierung der Methoden zur Bewertung von globalen Umweltschäden.

- Verbesserung der bestehenden ökonomischen Indikatoren unter Umweltgesichtspunkten.

Im Kapitel **Verkehr** wird die globale Emissionsproblematik, die sich vor allem durch den Straßenverkehr ergibt, behandelt. Dazu werden Minderungsmöglichkeiten über die Konzepte einer Flottenstandardlösung und einer globalen Zertifikatsstrategie vorgeschlagen. Forschungsbedarf ergibt sich besonders bei der Beurteilung der globalen Auswirkungen des Flugverkehrs.

♦ Psychosoziale Einflußfaktoren

Globale Umweltveränderungen sind das Ergebnis der Wechselwirkung zwischen Natur und Gesellschaft. Menschliches Handeln ist einerseits *Ursache* für globale Umweltveränderungen, andererseits ist es von diesen *betroffen*. Schließlich ist menschliches Handeln aber auch erforderlich, um sich diesen Umweltveränderungen *anzupassen* oder sie zu *verhindern*.

Viele Umweltveränderungen sind Folge *fehlangepaßten Verhaltens*. Es gilt daher, dieses Verhalten zu verändern. Mit der Erhöhung des „Umweltbewußtseins" einer Gesellschaft oder der Verbesserung des Umweltwissens ist es aber nicht getan. Auch die Wirkung von Informations- und Aufklärungskampagnen ist oft weit geringer als angenommen. Zur Förderung umweltgerechten Verhaltens muß die Rolle der Wahrnehmung und Bewertung von Umweltrisiken sowie von Handlungsanreizen und -gelegenheiten beachtet werden. Ohne die Schaffung der entsprechenden strukturellen Voraussetzungen ist die Veränderung von Verhalten nicht möglich.

Zur Handlungsstrategie:

- Schaffung eines „Generationenvertrages", der die voraussehbaren Interessen künftiger Generationen berücksichtigt.

- Förderung eines Wertewandels und umweltentlastender Lebensstile.

- Einbeziehung sozial- und verhaltenswissenschaftlicher Erkenntnisse zu Risikowahrnehmung und -akzeptanz sowie zur Funktion von Verhaltensanreizen und Handlungsgelegenheiten bei der Planung von Maßnahmen im Politik- und Bildungsbereich.

Zum Forschungsbedarf:

- Wahrnehmung und Bewertung von Umweltproblemen in den verschiedenen Kulturregionen.
- Entwicklung von kultur- und gruppenspezifischen Strategien zur Förderung umweltverträglichen Verhaltens.
- Entwicklung von Indikatoren und Methoden zur dauerhaften Erfassung sozialer Strukturen und Prozesse mit dem Ziel der Verbesserung umweltrelevanter Entscheidungen.

♦ Versuch einer Verknüpfung

Die Erfahrungen mit der Dynamik globaler Umweltveränderungen haben zu der Einsicht geführt, daß deren Trends nur in ihrer *Verknüpfung* verstanden und allein mit *vernetzten Strategien* zu beeinflussen sind. Mit den Analysen des Gutachtens aus Natur- und Anthroposphäre werden wichtige Voraussetzungen für eine solche, im eigentlichen Wortsinn „komplexe" Betrachtungsweise geliefert.

Der Beirat legt hierzu als Ergebnis einer qualitativen Systemanalyse die Skizze eines *„globalen Beziehungsgeflechts"* vor. Dieses Instrument soll helfen, das summarische Fachwissen so zu organisieren, daß daraus langfristig ein fachübergreifendes „Expertensystem" entstehen kann.

♦ Spezielle Vorschläge an die Bundesregierung

Der Beirat hebt abschließend drei übergreifende Vorschläge hervor:

1. Die Mittel der Entwicklungshilfe sollten auf 1% des Bruttosozialprodukts erhöht werden, bei Neudefinition der Zugehörigkeit zu Entwicklungsländern unter Einbeziehung Osteuropas.

2. Mit Blick auf die in Rio de Janeiro diskutierten Instrumente wird empfohlen:

   Die dort begonnene Diskussion um eine globale Zertifikatslösung zur Reduzierung der CO_2-Emissionen sollte fortgeführt werden, mit dem Ziel, deren internationale Einführung zu ermöglichen. Parallel zu der dann erfolgenden CO_2-Emissionsminderung sollte auf erhöhte Transfers zum Schutz der Tropenwälder hingewirkt werden. Erwünscht wäre dabei eine Zweckbindung, da sie die Aufbringung der erforderlichen Mittel erleichtern würde.

3. Es müssen Programme zur Sensibilisierung der Bürger für globale Umweltprobleme und zur Förderung umweltverträglichen Handelns entwickelt werden.

B Einführung: Die globale Dimension der Umweltkrise

Sind die natürlichen Lebensgrundlagen der Menschheit bedroht?

Umweltprobleme haben zunehmend globalen Charakter und werden sich ohne Gegenmaßnahmen in den kommenden Jahren massiv weiter verstärken. Die Hauptursachen sind allgemein bekannt: Emissionen von Treibhausgasen und Schadstoffen vor allem der hochentwickelten Länder, die Übernutzung und Zerstörung der Wälder und die Vernichtung des Lebensraumes für viele Tier- und Pflanzenarten. Dazu werden in Zukunft verstärkt Umweltbelastungen der sich entwickelnden Länder mit hohem Bevölkerungswachstum erwartet. Dies fällt zusammen mit ungelösten ökonomischen Problemen: Noch immer leben über eine Milliarde Menschen in bitterster Armut, und es ist zu befürchten, daß der Anteil der Armen noch weiter zunimmt. Umweltzerstörung, die aus Armut entsteht, ist daher eine sehr ernst zu nehmende globale Gefahr.

Ein ungebremster *Anstieg der Treibhausgase* würde eine deutliche globale, regional aber sehr unterschiedlich ausgeprägte Erwärmung bewirken, die in ihrem Tempo weit über das von der Menschheit jemals erlebte Maß hinausginge und die viele in ihrer Stärke noch unbekannte Rückkopplungen mit sich brächte. Sie wäre mit einer Verschiebung der Niederschlagsgürtel und damit der Vegetations- und Anbauzonen verbunden, ließe den Meeresspiegel beschleunigt ansteigen und führte somit zum Verlust von Inseln und Küstenzonen. Ein verstärkter Wanderungsdruck der betroffenen Menschen in andere Regionen der Erde wäre die Folge, wobei die Betroffenheit fast immer vom Auftreten bisher unbekannter Wetterextreme abhängig sein würde. Allerdings könnte es auch ein erhöhtes Pflanzenwachstum an günstigen Standorten als Folge des gestiegenen Kohlendioxidgehaltes der Luft geben.

Auch die Zusammensetzung der Atmosphäre hat sich verändert. Die *Ozonschicht* in 20-30 km Höhe, der lebensnotwendige Filter vor kurzwelliger ultravioletter Strahlung, wird fast überall dünner. Die Folgen einer Ozonabnahme werden, wenn auch regional sehr unterschiedlich, erhöhte Raten bei Hautkrebs und Grauem Star bewirken, und könnten zusätzlich zu reduzierter Produktion von Biomasse durch Meeresalgen und zu Ernteeinbußen führen.

Weltweit nimmt die *biologische Vielfalt* ab, und zwar mit mindestens tausendfach höherer Rate als dies natürlicherweise jemals in den vergangenen 65 Mio. Jahren geschah. Der Schwerpunkt dieser Verluste liegt im Bereich der tropischen Regenwälder und Mangroven, aber auch in den gemäßigten Breiten ist der Schwund der Arten eindeutig beobachtbar.

Der weltweit steigende Bedarf an Lebensraum und Nahrung führt zu einer raschen Ausweitung der Landnutzung. Dadurch werden empfindliche Böden zunehmend genutzt, viele degradiert, manche zerstört.

Die Verantwortung des Menschen

Der Mensch ist zugleich *Verursacher* und *Betroffener* der beschriebenen globalen Veränderungen. In seiner dritten und wichtigsten Rolle reagiert er, indem er sich an eingetretene Schäden anpaßt, oder vorsorglich handelt, um derartige Schäden zu vermeiden.

Diese Rollen des Menschen sind je nach Region und Kulturkreis verschieden ausgeprägt. So werden Unterschiede zwischen Industrie-, Schwellen- und Entwicklungsländern an vielen Stellen dieses Gutachtens zu erörtern sein. Da Menschen dazu tendieren, eher lokal zu denken und zu handeln, besteht eine der größten Aufgaben darin, das Verständnis für diese Wechselbeziehungen zu vermitteln, damit es in angemessenes Handeln umgesetzt werden kann. Das Erkennen der globalen und generationenübergreifenden Dimensionen des Umgangs mit der Umwelt muß zur Grundlage einer allgemeinen Ethik werden. Die globalen Veränderungen werden in vielen Fällen durch lokales Handeln verursacht und wirken über globale Zusammenhänge auf die lokale Ebene zurück.

Die Notwendigkeit zum globalen Handeln

Die beobachteten und noch zu erwartenden globalen Umweltveränderungen und Entwicklungsprobleme zwingen zu *unmittelbarem Handeln*. Diese entscheidende Botschaft der Konferenz „Umwelt und Entwicklung" der Vereinten Nationen im Juni 1992 in Rio de Janeiro darf vor dem Hintergrund lokaler Umweltschäden und nationaler Herausforderungen (z. B. die deutsche Wiedervereinigung) nicht aus den Augen verloren werden.

Der Handlungsbedarf bei globalen Umweltveränderungen ist umfassender und die Maßnahmen sind komplexer als bei Umwelteffekten, die sich ganz oder überwiegend auf das Territorium nur eines Staates erstrecken. Wenn dort ohne ausreichende Berücksichtigung der Umweltbelastungen produziert und konsumiert wird, kann die Bevölkerung dieses Staates die Vorteile des Konsums den schädlichen Umwelteffekten direkt gegenüberstellen, denn sie ist von beiden betroffen. Bei globalen Umweltveränderungen hingegen leben die Verursacher meist in anderen Ländern und Regionen als die von den Auswirkungen Betroffenen, wie das Beispiel der Erwärmung besonders deutlich zeigt. Und selbst wenn alle zugleich Verursacher und Betroffene wären, würde eine globale Umweltpolitik ungleich schwerer zu realisieren sein: Es gibt keine Weltregierung, die ein Umweltgesetz oder eine Umweltabgabe durchsetzen könnte.

Eine Politik zur Beeinflussung globaler Umweltveränderungen, die auf nationaler Umweltpolitik aufbaut, stellt eine besondere Herausforderung dar. Es ist notwendig, über die Änderungen von Werten und Einstellungen, nicht zuletzt durch politisch vorgegebene Rahmenbedingungen und Bildungsarbeit, ein verantwortliches Handeln des Einzelnen gegenüber der Umwelt zu bewirken und die Verantwortung der einzelnen Staaten für die Welt als Ganzes einzufordern. Auf Europa als Zusammenschluß wichtiger Industrie-, Kultur- und Wissenschaftsnationen wird insbesondere von den Schwellen- und Entwicklungsländern mit kritischer Aufmerksamkeit und großer Erwartung geblickt.

Die Aufgabe des Beirats

Vor dem Hintergrund dieser besonderen Schwierigkeiten und in Anerkennung eines speziellen Beratungsbedarfs berief die Bundesregierung im Mai 1992, im Vorfeld der Konferenz von Rio de Janeiro, den *Wissenschaftlichen Beirat Globale Umweltveränderungen*. Der Beirat möchte mit seiner Arbeit dazu beitragen, daß

- die in Rio de Janeiro angestoßene und zukünftig in weiteren Konventionen und zugehörigen Protokollen auszuformulierende globale Umwelt- und Entwicklungspolitik von der Bundesrepublik Deutschland weiter gefördert und wesentlich mitbestimmt wird,
- sich im eigenen Land alle Maßnahmen und Handlungen an einer Verringerung globaler Umweltveränderungen orientieren,
- die Voraussetzungen zum Zugang zu und dem Transfer von Umweltwissen und umweltverträglichen Technologien gefördert werden.

Dazu sollen zum einen Forschungsergebnisse für die politische Entscheidung aufbereitet, Kenntnislücken identifiziert und Prioritäten für die Forschungsförderung aufgezeigt werden. Zum anderen sollen die umweltpolitische Wirksamkeit und ökonomische Effizienz unterschiedlicher Maßnahmen bewertet werden, um Entscheidungen in dem schwierigen Feld globaler Umweltveränderungen zu erleichtern.

Die Arbeit des Beirats wird von der Überzeugung getragen, daß der verbreiteten Katastrophenstimmung einerseits und der Unterbewertung der langfristigen Einbußen an Umweltqualität andererseits eine nüchterne Zusammenschau der globalen Umwelt- und Entwicklungsproblematik entgegengesetzt werden muß. Aus dieser Zusammenschau müssen Wege zu realistischen Strategien nationaler und international koordinierter Umweltpolitik abgeleitet werden. Diesem Wechselspiel zwischen politischem Handeln und wissenschaftlichem Forschen beim Umgang mit den Problemen globaler Umweltveränderungen wird dabei große Aufmerksamkeit geschenkt. Der Beirat sieht seine vordringliche Aufgabe in der Erarbeitung von Empfehlungen zu zügigem Handeln auf technischem und ökonomischem, bildungspolitischem und wissenschaftlichem Gebiet.

In seinem ersten *Jahresgutachten 1993* will der Beirat durch die Analyse der Wechselwirkungen zwischen Natur- und Anthroposphäre zunächst die Dimension der Problematik deutlich machen und das Feld bereiten für eine vertiefende Behandlung von Schwerpunktthemen in den folgenden Jahren. Gleichzeitig gibt der Beirat aber auch schon erste Handlungsempfehlungen in diesem Gutachten. Die Auswirkungen der zu treffenden Maßnahmen werden teils unmittelbar spürbar, teils erst der nächsten Generation zugute kommen. Die Verantwortung für die kommenden Generationen verlangt jedoch schon heute Entscheidungen.

C Globaler Wandel: Annäherung an den Untersuchungsgegenstand

1 Definitionen

Globale Umweltveränderungen

Der Beirat versteht unter *globalen Veränderungen* der Umwelt solche, die den Charakter des Systems Erde zum Teil irreversibel modifizieren und deshalb direkt oder indirekt die natürlichen Lebensgrundlagen für einen Großteil der Menschheit spürbar beeinflussen. Globale Veränderungen der Umwelt können sowohl natürliche als auch anthropogene Ursachen haben. Um diesen Gesamtzusammenhang zu kennzeichnen, wird der Begriff des *globalen Wandels* verwendet.

Umwelt selbst wird dabei definiert als die Gesamtheit aller Prozesse und Räume, in denen sich die Wechselwirkung zwischen Natur und Zivilisation abspielt. Somit schließt „Umwelt" alle natürlichen Faktoren ein, welche von Menschen beeinflußt werden oder diese beeinflussen.

Auf der Grundlage der Kenntnis natürlicher Umweltveränderungen konzentriert sich der Beirat auf die *anthropogenen* globalen Umweltveränderungen. Durch den Menschen verursachte Veränderungen sind oft durch ihre – im Vergleich zu natürlichen Veränderungen – hohe Geschwindigkeit charakterisiert. Sie überfordern dadurch die Anpassungsfähigkeit und die Reparaturmechanismen des Systems Erde.

Klassifikation globaler Umweltveränderungen

1. Numerische Veränderung von *Leitparametern* des Systems Erde einschließlich der belebten Umwelt hinsichtlich Mittelwert und Variabilität.
   Beispiele:
   - Relative Anteile atmosphärischer Gase
   - Temperatur von Atmosphäre und Ozeanen
   - Bevölkerungszahl und -verteilung

2. Abnahme *strategischer Naturgüter* (= Ressourcen) im System Erde.
   Beispiele:
   - Übernutzung von Wäldern und Degradation von Böden
   - Erschöpfung mineralischer Rohstoffquellen
   - Reduktion der Biodiversität und damit des Genpools

3. Verschiebung und Veränderung großräumiger *Strukturen und Muster* (Größenordnung des Gesamtsystems).
   Beispiele:
   - Ausdehnung der Wüsten
   - Artenverteilung
   - Urbanisierung
   - Verteilung des Wohlstands
   - Nord-Süd-Gefälle

4. Veränderung großräumiger *Prozesse*.
   Beispiele:
   - Ozeanische Zirkulation und Windsysteme
   - Stoffkreisläufe (Kohlenstoff, Wasser, Nährstoffe)
   - Handels- und Warenströme
   - Wanderungsbewegungen

> 5. Modifikation der *Zusammenhänge* (Topologie) im System Erde.
>   *Beispiele:*
>   – Biotopvernetzung
>   – Wassereinzugsgebiete
>   – Entstehung neuer Wirtschaftsräume

Nachhaltigkeit

Die Auseinandersetzung mit globalen Umweltproblemen muß unter der Perspektive einer nachhaltigen Entwicklung („*sustainable development*", auch „zukunftsfähige" Entwicklung) erfolgen. Die Definition dieses Begriffes entstammt ursprünglich dem Brundtland-Bericht:

Die gegenwärtige Generation soll ihren Bedarf befriedigen, ohne die Fähigkeit künftiger Generationen zur Befriedigung ihres eigenen Bedarfs zu beeinträchtigen.

Hierbei handelt es sich um eine Forderung mit einer umfassenden und anspruchsvollen Zielsetzung. Dazu ergibt sich eine Reihe von offenen Fragen, insbesondere nach

- der Abschätzbarkeit langfristiger Auswirkungen menschlicher Aktivitäten,

- der Vermeidbarkeit irreversibler Veränderungen des ökologischen Systems,

- der Bewertung des Zuwachses an Lebensqualität im Ausgleich mit der Natur sowohl für die gegenwärtigen als auch für die künftigen Generationen,

- Umfang, Inhalt und Reichweite einer vorsorgenden Strategie.

Mit diesen Fragen wird sich der Beirat in den nächsten Gutachten verstärkt auseinandersetzen, wobei heute schon zu erkennen ist, daß die Umsetzung in operationelle Maßnahmen an methodische Grenzen stoßen wird. Der Beirat betont aber, daß er seine Folgerungen für die zu beurteilenden bzw. empfohlenen Maßnahmen in hohem Maße auf die Belange nicht nur der heutigen, sondern auch auf diejenigen künftiger Generationen ausrichtet. Der Beirat versteht daher Nachhaltigkeit als „ökologischen Imperativ", der zwingend die Berücksichtigung sowohl ökologischer als auch ökonomischer und soziokultureller Faktoren gebietet – und zwar nicht nur im nationalen, sondern auch im globalen Rahmen. In diesem Sinne sind alle Ausführungen des Gutachtens in den Passagen zu verstehen, in denen im Zusammenhang mit Umwelt und Entwicklung von „dauerhaft", „nachhaltig" oder „zukunftsfähig" die Rede ist.

2 Grundstruktur des Zusammenwirkens von Natur- und Anthroposphäre

Der globale Wandel hat seinen Ursprung in dramatischen Entwicklungen innerhalb der Anthroposphäre (Bevölkerungswachstum, Expansion der technisch-industriellen Zivilisation, Nord-Süd-Konflikt usw.), welche über die „Umwelt" auf die Natursphäre ausstrahlen und den Charakter des planetarischen Ökosystems (= Gesamtheit des irdischen Lebens + direkt genutzte, beeinflußte oder beeinflussende abiotische Komponenten) zu verändern drohen. Dies ist um so bemerkenswerter, als die Menschheit als physischer Faktor im Erdsystem „bedeutungslos" ist. Im Sinne eines *Relais*, d.h. durch zielgerichtetes Umlenken von Energie- und Stoffflüssen, verändert sie jedoch Struktur und Leistung fragiler, aber relevanter Subsysteme der Natursphäre – mit ungewollt weitreichenden Folgen für Stabilität und Verfügbarkeit der eigenen Lebensgrundlagen.

Rationales Handeln, das lokal und im aktuellen Zusammenhang schlüssig wirkt, kann zu globalen und historischen Torheiten führen. Daher ist eine „*Ganzheitsbetrachtung*" der menschlichen Umwelt notwendig: Wie sonst sollten zivilisatorische Entwicklungspfade identifiziert und vermieden werden, welche – mit nicht vernachlässigbarer Wahrscheinlichkeit – das Fließgleichgewicht des planetarischen Ökosystems erschüttern könnten? Der Beirat wird deshalb die Zusammenschau der Antriebskräfte und Rückkopplungseffekte des globalen Wandels in den Mittelpunkt seiner Betrachtungen stellen und in den nächsten Jahren zu einer systematischen Analyse ausbauen. Auf dieser Grundlage wird es möglich sein, die Bedeutung neuer Umweltentwicklungen abzuschätzen und die Notwendigkeit bzw. Wirksamkeit politischer Strategien zu bewerten.

In der höchstaggregierten Stufe der Synopse setzt sich das Erdsystem aus Natur- und Anthroposphäre zusammen, deren Metabolismen ineinandergeflochten sind. Dieser Komplex ist im *Grunddiagramm* (Abbildung 1) dargestellt: Dabei wird die Anthroposphäre symbolisch aus der Natursphäre herausgelöst, ohne jedoch die verbindenden „Fäden" zu durchtrennen. Die gewählte Darstellungsweise soll die wesentlichen Wechselwirkungen zwischen den beiden Sphären identifizieren und hervorheben.

Die *Natursphäre* selbst ist in diesem Bild aus folgenden Teilsystemen zusammengesetzt:

- *Atmosphäre*
  Umweltrelevant sind die *Troposphäre* (unterste Schicht, Hauptreservoir der für das irdische Leben relevanten Gase sowie Medium des Wettergeschehens) und die *Stratosphäre* (vertikal stabile Schicht oberhalb der Troposphäre mit dem Ozonschild gegen UV-B-Strahlung).

- *Hydrosphäre*
  Umfaßt das in den Ozeanen, den terrestrischen Reservoirs (Seen, Flüsse, Böden, usw.) sowie den organischen Substanzen enthaltene *flüssige Wasser*. Von besonderer Bedeutung für das planetarische Ökosystem ist die Struktur der großen Meeresströmungen. Einen wesentlichen Bestandteil der Hydrosphäre bildet die *Kryosphäre*, also das gefrorene Wasser der polaren Eisschilde, des Meereises, der Gebirgsgletscher und der Permafrostböden. Nur ein verschwindend kleiner Teil der Hydrosphäre liegt als Süßwasser vor, und zwar überwiegend in gefrorener Form.

- *Lithosphäre*
  Bezeichnet die *Erdkruste* inklusive aller biogenen Ablagerungen wie *Sedimente* oder *fossile Brennstoffe*. Die Lithosphäre ist Fundament, wichtigste Stoffquelle und – neben der Sonne – Motor für die Evolution der Natursphäre (Vulkanismus, Plattentektonik usw.).

- *Pedosphäre*
  Umfaßt die *Böden* als Überlappungsraum von Lithosphäre, Hydrosphäre, Atmosphäre und Biosphäre mit eigenständigem Charakter und bildet das Substrat der terrestrischen Vegetation.

- Biosphäre
  Umfaßt die Gesamtheit des irdischen Lebens, das sich aus der *Fauna* und *Flora* der Kontinente und Meere sowie dem Regime der *Mikroorganismen* (Bakterien, Viren) zusammensetzt.

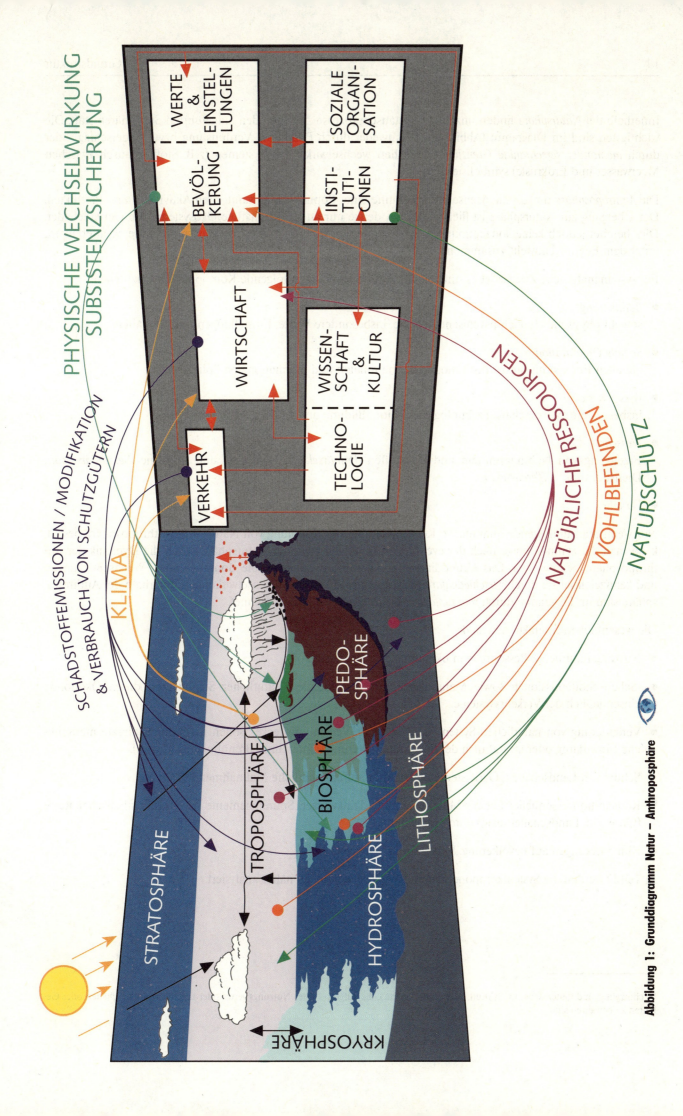

Abbildung 1: Grunddiagramm Natur – Anthroposphäre

Innerhalb der *Natursphäre* finden unzählige Austauschprozesse zwischen den aufgeführten Subsphären statt. Die wichtigsten sind im Diagramm (Abbildung 1) entweder durch *Pfeile* (z. B. Verdunstung bzw. Niederschlag) oder durch *ineinander verschränkte Grenzlinien* zwischen wechselwirkenden Systemen (z. B. Stoffaustausch zwischen Meerwasser und Erdkruste) symbolisiert.

Die *Anthroposphäre* umfaßt die Menschheit im Sinne einer Population mitsamt ihren Aktivitäten und Produkten. Der Übergang zur Natursphäre ist fließend – man denke nur an bewirtschaftete Ökosysteme wie Getreidefelder. Dies bereitet jedoch keine konzeptionellen Schwierigkeiten, wenn man die Übergangsräume, wie oben erläutert, unter dem Begriff „Umwelt" zusammenfaßt.

Für systemanalytische Zwecke ist es sinnvoll, die Anthroposphäre in folgende Komponenten einzuteilen:

- *Bevölkerung*
  sowohl physische als auch psychische Aspekte, insbesondere Werte, Einstellungen und Verhalten.

- *Soziale Organisation*
  auf allen Ebenen bis hin zu Institutionen der nationalen und internationalen Politik.

- *Wissenssysteme*
  insbesondere Wissenschaft, Technologie, Religion, Bildung und Kunst.

- *Wirtschaft*
  Erzeugung von Nahrungsmitteln und Rohstoffen *(Primärsektor)*; Handwerk und Industrie *(Sekundärsektor)*; Dienstleistungen *(Tertiärsektor)*.

- *Verkehr*

Nur wenn man umfassende quantitative Kenntnisse über die Kopplung von Natur- und Anthroposphäre besitzt, kann man die zentrale Frage nach der eventuellen *Destabilisierung* der Natursphäre durch die Dynamik der Anthroposphäre beantworten. Das Grunddiagramm identifiziert zunächst die dominierenden Wechselwirkungen und kennzeichnet sie durch *verschiedenfarbige Pfeilscharen*. Ein- bzw. Wechselwirkungen innerhalb der Anthroposphäre sind im Diagramm durch *rote Einfach- bzw. Doppelpfeile* gekennzeichnet.

Die wesentlichen Interaktionen sind:

- Nutzung natürlicher Ressourcen in ökonomischen Prozessen.

- (Schad-)Stoffemissionen sowie Manipulation und Degradation natürlicher Schutzgüter[1] durch Ökonomie einschließlich der Verkehrssysteme.

- Veränderung von natürlichen Systemen (Gewässern, Vegetationsdecke, Böden usw.) durch direkte menschliche Einwirkung oder im Rahmen der Subsistenzsicherung (Unterkunft, Brennholzbedarf usw.).

- Schutz von Landschaften, Ökosystemen oder Arten durch rechtliche Maßnahmen.

- Konsumtion essentieller Lebens-Mittel (Atemluft, Trinkwasser, Spurenelemente usw.) und ästhetischer Reize (Großwild, Landschaften usw.) durch Individuen.

- Klimawirkungen auf Bevölkerung, Verkehr und Wirtschaft.

In Teil D werden die Systemkomponenten und Wechselwirkungen näher analysiert.

---

[1] Schutzgüter sind Güter der Umwelt (Luft, Wasser, Böden etc.), die aufgrund ihres Nutzungswertes oder Eigenwertes vor Schäden oder Gefahren zu bewahren sind.

D Globaler Wandel: Elemente einer Systemanalyse

1 Veränderungen der Natursphäre

1.1 Atmosphäre

Luft ist ein Gemisch vieler Gase und Partikelarten. Sie ist wie Wasser ein essentielles „Lebensmittel" für alle höheren Organismen. Ihre Zusammensetzung ist wesentlich für die Gesundheit des Menschen. Zwei ihrer Bestandteile, das Kohlendioxid (CO_2) und der Sauerstoff (O_2), sind Grundbausteine des Lebens wegen ihrer Beteiligung an der Photosynthese und der Atmung. Die Zusammensetzung der Luft ist überwiegend Folge der Evolution des Lebens auf der Erde, d.h. Lebewesen regeln über ihre Stoffwechselprodukte die Zusammensetzung der Atmosphäre und bestimmen damit das Klima auf der Erde mit.

Im Vergleich zu den anderen Planeten unseres Sonnensystems ist die Zusammensetzung der Erdatmosphäre einzigartig, weil die strahlungswirksamsten Substanzen, darunter der für die Niederschlagsbildung notwendige Wasserdampf, in sehr geringen Mengen vorkommen. Nur rund 3 ‰ der Masse der Atmosphäre bestimmen den Strahlungshaushalt *wesentlich* (Tabelle 1) und regeln damit die Verteilung von Temperatur und Niederschlag. Durch die Beeinflussung dieser Substanzen wird die Menschheit ungewollt und rasch zum globalen „Störenfried". Die sehr unterschiedliche Lebensdauer der klimarelevanten Spurengase – von etwa 150 Jahren für das Distickstoffoxid (N_2O) bis zu einigen Stunden für das Stickstoffdioxid (NO_2) – gestattet eine einfache Einteilung in einerseits global und andererseits nur regional wirkende Substanzen: Verbleibt eine Substanz im Mittel nur wenige Monate in der Atmosphäre, bevor sie chemisch umgewandelt oder abgelagert wird, beinflußt sie meist nur die Erdhälfte, in der sie gebildet und in die Atmosphäre emittiert wurde. Kohlenmonoxid (CO) und Ozon (O_3) sind mit einer Lebensdauer von wenigen Monaten bzw. Tagen bis Monaten solche Substanzen. Verbleiben dagegen Substanzen wie Methan (CH_4) rund 10 Jahre oder das anthropogene Kohlendioxid mindestens 100 Jahre in der Atmosphäre, dann besitzen sie globale Wirkung, weil sie dann weltweit fast gleichverteilt auftreten. Für diese langlebigen Gase ist daher der Emissionsort von untergeordneter Bedeutung.

Das Kapitel „Atmosphäre" soll in drei Abschnitte unterteilt werden, weil drei globale, mit der Atmosphäre verbundene Umweltprobleme auf der unterschiedlichen Lebensdauer der verursachenden Substanzen beruhen:

- globale Veränderung der Zusammensetzung der Atmosphäre durch Zunahme langlebiger Treibhausgase (Abschnitt „Zunahme der langlebigen Treibhausgase"). Beispiele sind CO_2 und CH_4.

- Zusammensetzung und globale Veränderung der Chemie in der Stratosphäre, die zu regional unterschiedlicher Ozonabnahme führt (Abschnitt „Chemie der Stratosphäre"). Einfluß üben z.B. die FCKW aus.

- Veränderung der Chemie der Troposphäre, als Folge vielfältiger regional wirksamer Emissionen mit inzwischen kontinentübergreifendem Ausmaß (Abschnitt „Chemie der Troposphäre"). Beispiele sind SO_2 und NO_x.

Anschließend wird in einem Teilkapitel über die Folgen dieser drei Veränderungen für das Klima berichtet, denn nicht nur der verstärkte Treibhauseffekt ist klimawirksam, sondern auch der Ozonschwund in der Stratosphäre sowie die Ozon- und Trübungszunahme in der Troposphäre.

1.1.1 Zunahme der langlebigen Treibhausgase

Kurzbeschreibung

Die *natürlichen Treibhausgase* der Erdatmosphäre, also jene, die die Wärmeabstrahlung in den Weltraum stärker behindern als das Vordringen der Sonnenstrahlung zur Erdoberfläche, erhöhen die Temperatur an der Erdoberfläche. In Warmzeiten wie der gegenwärtigen bewirkt dieser Effekt global einen Temperaturanstieg um etwa

30 °C auf ca. +15 °C, in Intensivphasen einer Eiszeit wie vor etwa 18.000 Jahren nur auf etwa +10 °C. Nach Bedeutung gereiht sind im wesentlichen folgende fünf Gase treibhauswirksam: Wasserdampf (H_2O) mit einem Anteil von ca. 70 %, Kohlendioxid (CO_2) mit etwa 15 %, Ozon (O_3) mit einigen Prozent, Distickstoffoxid (N_2O) und Methan (CH_4) mit jeweils wenigen Prozent. Wir Menschen haben zweifelsfrei die Konzentrationen von CO_2, CH_4 und N_2O erhöht sowie neue Treibhausgase wie die Fluorchlorkohlenwasserstoffe (FCKW) hinzugefügt und damit den Treibhauseffekt verstärkt (Tabellen 1 und 2). Der Beitrag veränderter Konzentrationen kurzlebiger Treibhausgase, wie Ozon, zum anthropogenen Treibhauseffekt ist noch nicht ausreichend sicher abgeschätzt, weil die vor allem in hohen Breiten beobachtete Abnahme des Ozons in der Stratosphäre (siehe 1.1.2) und die beobachtete Ozonzunahme in der Troposphäre mittlerer Breiten (siehe 1.1.3) sich je nach Region teilweise oder vollständig kompensieren können.

Tabelle 1: Eigenschaften der Treibhausgase in der Erdatmosphäre

Gas	Verweildauer	Volumen-Mischungsverhältnis 1992	Zuwachsrate der 80er Jahre in % pro Jahr	Treibhauspotential pro Molekül, relativ zu CO_2	Strahlungsbilanzstörung seit 1750 in Wm^{-2}
H_2O	Tage bis Monate	2 ppmv bis 3,5%	?	<200**	>0
CO_2	>100 Jahre*	357 ppmv	0,4 bis 0,5	1	1,3
O_3	Tage bis Monate	0,01 bis 10 ppmv	0 bis -0,8 (S) 0 bis +2,5 (T)	<2000**	?
N_2O	~150 Jahre	0,31 ppmv	0,25	200	~0,1
CH_4	~10 Jahre	1,75 ppmv	0,8	25 bis 30	~0,5
FCKW	60 bis 300 Jahre	~1 ppbv	~4	10000 bis 17000	~0,4
CO	wenige Monate	0,15 ppmv (NH)	~1 (NH)	2	>0

NH = Nordhemisphäre
S = Stratosphäre
T = Troposphäre
* = nur anthropogener Zusatz
** = maximal in der unteren Stratosphäre
ppmv = parts per million (volume) = 1 Molekül auf 10^6 Moleküle (volumenbezogen)
ppbv = parts per billion (volume) = 1 Molekül auf 10^9 Moleküle (volumenbezogen)

Tabelle 2: Rangfolge einzelner Treibhausgase im natürlichen und anthropogen gestörten System

Rang	ungestörtes System	gesamter anthropogener Zusatz im Zeitraum 1759-1992	anthropogener Zusatz in den 80er Jahren	natürlicher plus anthropogener Zusatz
1	H_2O	CO_2	CO_2	H_2O
2	CO_2	CH_4	FCKW	CO_2
3	O_3	FCKW	CH_4	O_3
4	N_2O	N_2O	N_2O	N_2O
5	CH_4			CH_4
6	CO			FCKW
7				CO

Die anthropogenen Quellen für die langlebigen Treibhausgase sind überwiegend bekannt. Die wichtigste ist die Nutzung von fossilen Brennstoffen (Erdöl, Kohle und Erdgas), deren Emissionen bei Verbrennung zusammen einen Anteil von rund 50 % an der Störung der Strahlungsbilanz haben. Jeweils ca. 15 % werden durch landwirtschaftliche Aktivitäten, Landnutzungsänderungen und bei der industriellen Produktion emittiert (Enquete-Kommission, 1991).

Die wesentlichste und nur im Muster, nicht aber in der Größenordnung umstrittene Wirkung der veränderten Anteile der Treibhausgase in der Atmosphäre ist eine globale Erwärmung der Erdoberfläche und der Troposphäre. Diese kann vielfältige, bisher noch schlecht verstandene, sich verstärkende oder abschwächende Reaktionen des globalen Wasserkreislaufes und anderer Stoffkreisläufe auslösen (siehe 1.2).

Aber auch die direkten Wirkungen einer erhöhten CO_2-Konzentration bergen, häufig mit dem Schlagwort CO_2-Düngungseffekt umschrieben, viele Risiken, die Anlaß zum Handeln geben sollten. Die von 154 Nationen in Rio de Janeiro im Juni 1992 gezeichnete *Rahmenkonvention zum Schutz des Klimas* muß jetzt wegen der direkten Wirkungen erhöhter CO_2-Konzentration rasch umgesetzt werden. Darüber hinaus bleibt die rasche globale Klimaänderung, wie sie die Menschen seit mindestens 10.000 Jahren noch nie erlebten, der Hauptgrund für das Handeln.

Ursachen

Von den fünf wesentlichen, natürlich vorkommenden Treibhausgasen in der Atmosphäre, die zusammen einen Treibhauseffekt von etwa 30 °C verursachen, werden die Konzentrationen von *Kohlendioxid* (CO_2), *Ozon* (O_3), *Lachgas* (N_2O) und *Methan* (CH_4) von uns Menschen weltweit verändert. Nur für das fünfte Treibhausgas, den *Wasserdampf*, ist noch nicht klar, wie stark wir seine Konzentration erhöht haben. Wasserdampf verstärkt eine Temperaturänderung, denn seine Konzentration steigt bei einem Temperaturanstieg von 1 °C um etwa 10 %. Die Beobachtung einer Temperaturänderung, angestoßen durch Konzentrationsveränderungen von CO_2, O_3, N_2O und CH_4 wäre deshalb eher der Beweis für die eingetretene Wirkung des erhöhten Treibhauseffektes als für eine direkte Veränderung der Konzentration des Wasserdampfs durch menschliche Aktivität. Alle für den Treibhauseffekt wichtigen Spurengase zusammen stellen in Eiszeiten nur 0,2 ‰, in Warmzeiten 0,3 ‰ aller Moleküle der Atmosphäre. Dieser Unterschied wird wesentlich bestimmt von Änderungen der Konzentration des CO_2, die von etwa 190 ppmv vor 18.000 Jahren auf 280 ppmv in der jetzigen Warmzeit (Holozän) anstieg und seit Beginn der Industrialisierung um 1750 exponentiell auf 357 ppmv im Jahre 1992 zunahm. Methan variierte im gleichen Zeitraum relativ noch stärker, seine Konzentration änderte sich von 0,35 über 0,7 auf 1,75 ppmv. Bei Lachgas ist bisher nur der Anstieg seit Beginn der Industrialisierung sicher bekannt, und zwar von 0,28 auf 0,31 ppmv.

Erst seit den 50er Jahren treten die *Fluorchlorkohlenwasserstoffe* (FCKW) als Treibhausgase auf. Sie behindern, ebenso wie die anderen Treibhausgase, die Abstrahlung von Wärmeenergie von der Erdoberfläche in den Weltraum. Die Produktion der beiden wichtigsten FCKW stieg bis 1974 weltweit sehr rasch mit Zuwachsraten von 8,5 bzw. 11 % pro Jahr. Die ersten Warnungen vor ihrer ozonzerstörenden Wirkung während des chemischen Abbaus in der Stratosphäre und die daraufhin folgenden Maßnahmen einiger Länder führten bis etwa 1988 zu annähernd konstanter Produktion von ca. 1 Mio. Tonnen pro Jahr. Erst nach Inkrafttreten des Montrealer Protokolls am 1. Januar 1989, einer Ausführungsverordnung des Wiener Abkommens zum Schutz der Ozonschicht von 1985, begann der Produktionsrückgang. Dieser hat wegen der langen Lebensdauer der FCKW von einigen Jahrzehnten bis wenigen Jahrhunderten aber noch nicht einmal zu einer Stabilisierung der Konzentrationen der FCKW in der Atmosphäre geführt; ein Rückgang der Konzentration ist erst Mitte des nächsten Jahrhunderts zu erwarten (Abbildung 3).

Die Ursachen für den *Treibhausgasanstieg* sind inzwischen zum größten Teil bekannt. An erster Stelle steht die Nutzung fossiler Brennstoffe durch den Menschen. Diese Nutzung erhöhte vor allem die Konzentrationen von CO_2 und CH_4, begrenzt auch die des N_2O. An zweiter Stelle folgen Landnutzungsänderungen, die hauptsächlich CO_2 und CH_4 vermehren. An dritter Stelle kommen die industriellen Emissionen, die als Quelle für die FCKW und die übrigen halogenierten, treibhausrelevanten Kohlenwasserstoffe zu nennen sind. An vierter Stelle kommt die Landwirtschaft, die vor allem zusätzliche Emissionen von CH_4 und auch N_2O verursacht. Im Vergleich zu den Quellen ist sehr wenig über die Dynamik der Senken einzelner Treibhausgase bekannt, z. B. über die Veränderung der CO_2-Senke „Nördliche Waldgebiete" (Heimann, 1993).

Auswirkungen

Dieser Abschnitt über die erhöhte Konzentration der Treibhausgase behandelt die Wirkung auf das Klima noch nicht, weil dieses von anderen globalen Umweltveränderungen ebenfalls beeinflußt wird und die klimaändernden Faktoren deshalb in einem eigenen Abschnitt Klimaänderung (siehe 1.2) gemeinsam geschildert werden. Daher soll hier nur der direkte Effekt erhöhter Treibhausgaskonzentration diskutiert werden. Das betrifft im wesentlichen die direkte Wirkung erhöhter CO_2-Konzentration, denn die zwar erhöhten, aber immer noch relativ niedrigen Methan-, Lachgas- und FCKW-Konzentrationen in der Luft haben bisher keinen erkennbaren direkten Einfluß auf Pflanzen, Tiere und Menschen.

Die Wirkung des erhöhten CO_2-Gehalts wird häufig auf die Beschleunigung des Wachstums von Pflanzen, den *CO_2-Düngungseffekt*, eingeengt. Aus der Kontroverse um diesen Effekt und der dadurch intensivierten Forschung sind bisher nur wenige gesicherte Erkenntnisse gewonnen worden. Viele Kulturpflanzen, die ausreichend mit Nährstoffen, Wasser und Licht versorgt sind, bilden pro Zeiteinheit mehr Biomasse, wenn sich der CO_2-Gehalt der Luft erhöht. Dieser Effekt kann durch eine Temperaturerhöhung, vor allem nachts, wieder zunichte gemacht werden (siehe 1.4). In natürlichen Ökosystemen dagegen fehlen häufig Wasser und/oder Nährstoffe, daher kann sich der CO_2-Düngungseffekt für diese Pflanzen nicht so deutlich ausprägen. Bei wenigen Freilandversuchen an natürlichen Ökosystemen wie der arktischen Tundra ist beobachtet worden, daß das bei erhöhtem CO_2-Angebot auftretende erhöhte Wachstum der Pflanzen schon von einer geringen Temperaturerhöhung kompensiert wird. Durch die erhöhte Temperatur wird nicht nur die Atmung der Pflanzen erhöht, d.h. ihre Stoffwechselprodukte werden wieder in stärkerem Maße zum Lebensunterhalt verbraucht, sondern es wird auch mehr CO_2 aus den Böden freigesetzt. Gewichtige Argumente, die für das Vorhandensein eines CO_2-Düngungseffektes der großen natürlichen Ökosysteme sprechen, gründen sich auf Kohlenstoffisotopen-Untersuchungen (Tans et al., 1990). Diese sind nur konsistent zu interpretieren, wenn nicht unerhebliche Teile (20 %) des anthropogenen CO_2 von der Biosphäre aufgenommen werden. Die großen gekoppelten Klimamodelle weisen derzeit hierfür keine andere Senke aus.

Verknüpfung zum globalen Wandel

Da der zusätzliche Treibhauseffekt der Atmosphäre durch erhöhte troposphärische Ozonkonzentration verstärkt und durch verminderte stratosphärische überwiegend geschwächt wird, sind die drei globalen Umweltveränderungen, die von der veränderten Zusammensetzung der Atmosphäre verursacht werden, eng miteinander verknüpft. Sie werden deswegen im Abschnitt 1.2 gemeinsam behandelt. Weil der zusätzliche Treibhauseffekt außerdem von der Landwirtschaft mitverursacht wird (erhöhte Stickstoffdüngung), sind nicht nur Verbrennungsprozesse (Stromerzeugung, Industrieproduktion, Verkehr und Gebäudeheizung) als große CO_2-Quellen, sondern auch die Landwirtschaft als CH_4- und N_2O-Emittent in jede Verminderungsstrategie, die Erfolg haben soll, einzubeziehen. Daraus folgt eine weitreichende Aufgabe: Wegen der Vielfalt der Treibhausgasquellen müssen fast alle menschlichen Aktivitäten kritisch überprüft werden!

Die unterschiedliche Reaktion der verschiedenen Pflanzengruppen auf erhöhte CO_2-Konzentration hat sicherlich Folgen für die Produktion von Biomasse, die floristische und in ihrer Folge faunistische Artenzusammensetzung in einem Ökosystem sowie für die biologische Vielfalt. Diese Folgen können auf die CO_2-Konzentration zurückwirken.

Wesentlich für den Erfolg der Minderungsstrategien wird u.a. sein, wie der Bevölkerung verdeutlicht werden kann, daß ein von uns verändertes Treibhausgas, nämlich CO_2, schon direkte und weitreichende Wirkung auf die Pflanzengesellschaften hat, noch bevor sich das Klima ändert.

Bewertung

Die von den Menschen verursachte Spurengaszunahme hat den Treibhauseffekt der Atmosphäre seit Beginn der Industrialisierung so rasch erhöht, daß die spurengasbedingte Veränderung der *Strahlungsbilanz* der Erde schon jetzt dem spurengasbedingten Unterschied zwischen Eiszeit und Warmzeit entspricht. Der Mensch hat damit ungewollt das bisher größte geophysikalische Experiment gestartet, mit einem ungewissen Ausgang.

Abgesehen von den unmittelbaren und mittelbaren Klimafolgen (siehe 1.2) kann dieses Experiment aber auch tiefgreifende andere Wirkungen auf Ökosysteme ausüben, denn das am stärksten vermehrte Treibhausgas CO_2 ist eine Grundsubstanz für das Pflanzenwachstum. Es wäre kurzsichtig, dabei nur auf die möglicherweise erhöhte Primärproduktion zu blicken: verschiedene Pflanzengruppen reagieren unterschiedlich auf erhöhten CO_2-Gehalt. Damit ändert sich die Konkurrenzsituation zwischen den Pflanzen und in ihrer Folge die Artenzusammensetzung, und zwar auch die der Tiere, was Folgen für die menschliche Ernährung und die Anfälligkeit der landwirtschaftlichen Produktion für Schädlingsbefall haben kann.

Ein weiterer, in der Diskussion um die Treibhausgaszunahme oft vergessener Aspekt muß stärker beachtet werden: erhöhte N_2O- und CH_4-Konzentrationen bewirken einen verstärkten *Ozonabbau in der Stratosphäre*, denn nicht nur die Chlorverbindungen aus den FCKW sind Katalysatoren für diesen Prozeß. Die fast ausschließlich aus N_2O und zum Teil aus CH_4 gebildeten Abbauprodukte Stickstoffmonoxid (NO) bzw. das Hydroxyl-Radikal (OH^-) sind die wichtigsten Katalysatoren bei der Zerstörung des Ozons. Angesichts der hohen Lebensdauer des N_2O von etwa 150 Jahren existiert damit auch bei derzeit moderater Zunahmerate von 0,25 % pro Jahr ein weiteres Langzeitproblem beim stratosphärischen Ozonabbau.

Die Reduzierung der Zuwachsraten der langlebigen Treibhausgase CO_2, N_2O und CH_4 ist also auch ohne den Bezug zu Klimaänderungen notwendig, um wesentliche Veränderungen in der Artenzusammensetzung und die weitere Ausdünnung des Ozons in der Stratosphäre zu verlangsamen und schließlich zu stoppen. Da die Emissionsorte für langlebige Spurengase angesichts deren weltweiter Ausbreitung fast bedeutungslos sind, ist lokales Handeln, z.B. eines kleinen Landes, zwar für eine Vorreiterrolle sinnvoll, global aber eine unzureichende Strategie. Notwendig ist eine rasche Integration der nationalen Programme in den internationalen Rahmen, der in Form der Rahmenkonvention zum Schutz des Klimas bereits existiert und nach Ratifizierung von mindestens 50 der 154 Zeichnerstaaten in Kraft tritt. Verbindliche Durchführungsprotokolle zur Reduktion der weltweiten Emission der genannten Gase, allen voran CO_2, müssen daher schnell Bestandteil der Klimakonvention werden.

Gewichtung

Die Zunahme der Treibhausgase in der Atmosphäre ist bisher fast ausschließlich im Zusammenhang mit der dadurch provozierten globalen Klimaänderung diskutiert worden. Das dürfte auch weiterhin der Hauptdiskussionspunkt bleiben. Aber die Konzentrationszunahme des für das Leben auf der Erde sehr bedeutenden Gases CO_2 ist auch in Hinblick auf den sogenannten CO_2-Düngungseffekt, die Veränderung der Pflanzengesellschaften, die Zusammensetzung der Nahrung, erhöhten Schädlingsbefall und die Bedrohung der biologischen Vielfalt sehr wichtig. Erst eine Klärung dieser Zusammenhänge erlaubt die Antwort auf eine der komplexesten Fragen aus dem Bereich globaler Umweltveränderungen: Wie hoch darf der CO_2-Gehalt der Atmosphäre steigen, damit die Ernährung der weiter zunehmenden Bevölkerung der Erde noch gesichert ist, wenn einerseits der Treibhauseffekt durch CO_2 und andere Gase erhöht und folglich Niederschlagsgürtel verschoben werden, andererseits jedoch das Pflanzenwachstum durch erhöhten CO_2-Gehalt angeregt wird?

Forschungsbedarf

Erst wenn Stoffkreisläufe wirklich verstanden sind, kann auch eine Trendaussage versucht und der atmosphärische Teil dieser Kreisläufe berechnet werden.

◆ *Kohlenstoffkreislauf*
Ein zentrales Forschungsziel im Problembereich anthropogener Treibhausgase ist bei fortgeführter und intensivierter Dauermessung der Konzentration kohlenstoffhaltiger Gase in der Atmosphäre die Schließung der globalen Kohlenstoffbilanz, d.h. die Beseitigung der unbefriedigenden Situation, daß die Senke für etwa 1-2 Mrd. Tonnen anthropogenen CO_2 bisher nicht hinreichend erfaßt ist. Dazu gehört auch die Beantwortung der Frage: Ist der CO_2-Düngungseffekt in natürlichen Ökosystemen nachzuweisen, auch dann, wenn es wärmer wird?

◆ *Stickstoffkreislauf*
Wenig verstanden ist bisher auch der Stickstoffkreislauf, speziell die Rolle des N_2O. Wichtige Fragen lauten: Sind stark mit Stickstoffverbindungen gedüngte Flächen die Hauptquellen für den gemessenen N_2O-Zuwachs in der Atmosphäre? Wieviel N_2O wird aus den Katalysatoren der PKW im Alltagsbetrieb freigesetzt?

◆ *Methankreislauf*
Wichtige Fragen hierzu sind: Welche Form der Landwirtschaft erzeugt die geringsten CH_4-Emissionen? Wieviel Methan entweicht aus auftauenden Permafrostböden?

◆ *Kreislauf halogenierter Kohlenwasserstoffe*
Bei den halogenierten Kohlenwasserstoffen rückt nach der begonnenen Umsetzung des Montrealer Protokolls das Treibhauspotential der FCKW-Ersatzstoffe in den Vordergrund, das über die längerfristige Verwendungsfähigkeit dieser Stoffe mitentscheidend ist.

◆ *Kreislauf des Wasserdampfes*
Einfacher erscheinen dagegen die Fragen zum Wasserdampf: Nimmt er in der Stratosphäre wie postuliert zu? Sind dafür als Ursache die Methanoxidation, die Flugzeugemissionen und/oder eine veränderte Temperatur der tropischen Tropopause anzusehen? Wie wird der geplante Übergang zu Wasserstoff als Treibstoff für Flugzeuge die Atmosphäre in Höhen um 10 km belasten?

1.1.2 Änderungen von Ozon und Temperatur in der Stratosphäre

Kurzbeschreibung

Insgesamt hat das Ozon in der Stratosphäre in den letzten beiden Jahrzehnten abgenommen (Stolarski et al., 1991 und 1992; WMO, 1992). Diese Abnahme ist aber räumlich und zeitlich sehr unterschiedlich. In den Tropen und Subtropen, wo das Ozon überwiegend gebildet wird, sind noch keine signifikanten Änderungen aufgetreten. Besonders deutlich ist dagegen der Ozonabbau über der Antarktis im Südfrühjahr, wo im Bereich des „Ozonlochs" mit einer Fläche von ca. 15 Mio. km² der Ozongesamtgehalt auf etwa die Hälfte des Wertes vor 1975 abfiel. In den mittleren Breiten der südlichen Erdhalbkugel ist ebenfalls eine auf das Frühjahr und den Frühsommer konzentrierte Abnahme (-14 % bei 60 °S in den 80er Jahren) gemessen worden.

In den mittleren und höheren nördlichen Breiten wird eine Trendanalyse durch die große natürliche Variabilität besonders erschwert. Es gibt aber auch hier Anzeichen einer Abnahme um etwa 4 – 5 % während der letzten Dekade in den Winter- und Frühjahrsmonaten, überwiegend getragen von meistens kurzfristigen Wetterlagen, wenn es im Bereich besonders niedriger Stratosphärentemperaturen ähnlich wie in der Antarktis zur Bildung von „Polaren Stratosphärischen Wolken" kommt. In diesen führt eine heterogene Chemie unter Beteiligung der chlorhaltigen Bruchstücke der FCKW zur Ozonzerstörung. Da die meteorologischen Bedingungen über der Arktis im Mittel anders sind als über der Antarktis, konnte sich aber bisher kein „Ozonloch" ausbilden und man erwartet dies auch nicht für die nahe Zukunft (WMO, 1992). Im Sommerhalbjahr ist auf der Nordhemisphäre noch kein Trend festzustellen (siehe Kasten „Gesamtozongehalt und Temperatur").

Ursachen

Natürliche Ursachen

Auch in der Stratosphäre wird eine Beurteilung von Trends, d. h. langzeitlichen Änderungen, durch die natürliche Variabilität erschwert (Labitzke und van Loon, 1991) (siehe Kasten „Gesamtozongehalt und Temperatur"). Mögliche Ursachen für natürliche Veränderungen sind die unterschiedliche Aktivität der Sonne, der Vulkanismus und Änderungen der allgemeinen Zirkulation in der Atmosphäre.

Anthropogene Ozonabnahme

Die anthropogene Ozonabnahme wird mit hoher Wahrscheinlichkeit von den *chlor- und bromhaltigen Bruchstücken* der FCKW und der Halone verursacht. Aber auch erhöhte N_2O- und CH_4-Konzentrationen tragen über die aus ihnen entstehenden ozonabbauenden Katalysatoren NO bzw. das OH-Radikal dazu bei. Da die Stratosphärentemperaturen als Folge eines verstärkten Treibhauseffekts sinken (siehe 1.1.1), könnte dies im Winter zu einer Verstärkung der Polarwirbel, zu einer Zunahme der „Polaren Stratosphärischen Wolken" und zu einem verstärkten Abbau des Ozons auch in der Arktis führen. Das mittlere Chlor-Mischungsverhältnis in der Stratosphäre, das ganz überwiegend durch anthropogene Emissionen von FCKW bestimmt ist, hat bei Zuwachsraten von etwa 4 % pro Jahr heute 3,3 bis 3,5 ppbv erreicht (WMO, 1992; Enquete-Kommission, 1992). Es wird auch nach der zweiten Verschärfung des Montrealer Protokolls in Kopenhagen (November 1992) noch auf 4,1 ppbv ansteigen, bevor es voraussichtlich Anfang des nächsten Jahrhunderts zu sinken beginnt (Abbildung 3).

Auswirkungen

Natursphäre

Eine Abnahme des Gesamtozons führt unter sonst unveränderten atmosphärischen Bedingungen zu einer Zunahme der zur Erdoberfläche vordringenden *UV-B-Strahlung* der Sonne, was allerdings bisher nur in der südlichen Hemisphäre häufiger und in der nördlichen Hemisphäre in Ausnahmesituationen, z. B. an der hochalpinen Station Jungfraujoch, gemessen worden ist (Blumthaler und Ambach, 1990). Im Gegensatz dazu konnte in den USA, vermutlich wegen Überlagerung von Einflüssen durch Änderung der Bewölkung und Trübung, noch kein einheitlicher Trend der Veränderung der solaren UV-B-Strahlung festgestellt werden (Scotto et al., 1988; Brühl und Crutzen, 1989). Dabei muß berücksichtigt werden, daß in hohen und mittleren Breiten die natürliche Veränderung des Ozongehalts von Tag zu Tag außerordentlich groß sein kann und daß die „Natursphäre" daran gewöhnt ist.

Viele Pflanzen sind in der Lage, UV-absorbierende Substanzen zu bilden und somit tieferliegenden Zellorganellen Schutz zu bieten. Tropische Pflanzenarten, die der höchsten UV-Belastung ausgesetzt sind, sind offenbar besonders belastbar und damit angepaßt. Wie groß die Toleranz-Spielräume bei einer möglichen künftigen UV-B-Erhöhung sind, muß eingehend untersucht werden. Messungen von Smith et al. (1992a) zeigen z. B., daß während einer „Ozonloch"-Situation am Rande der Antarktis die Nettoprimärproduktion des marinen Phytoplanktons reduziert war. Vorhersagen über quantitative Auswirkungen, z. B. auf die globale Nahrungsmittelproduktion, sind zur Zeit nicht möglich (Tevini, 1992). Eine Erhöhung der UV-B-Strahlung würde auch die troposphärische Chemie verändern (siehe 1.1.3) und die Photosmogbildung verstärken, wenn, wie in Industriegebieten, genug Stickoxide (NO_x) vorhanden sind. Die beobachtete Abnahme des stratosphärischen Ozons hat darüber hinaus auch Einfluß auf das Klima, denn als drittwichtigstes Treibhausgas wird das Ozon den Treibhauseffekt der Atmosphäre in hohen Breiten abschwächen. Dabei kommt es beim troposphärischen wie auch beim stratosphärischen Ozon sehr genau auf die horizontale und vertikale Struktur der Änderungen an (Schwarzkopf und Ramaswamy, 1993).

Anthroposphäre

Neben positiven Auswirkungen der UV-Strahlung auf den Menschen, wie z. B. Vitamin-D-Bildung, verbessertem Sauerstofftransport im Blut oder günstigen Auswirkungen auf die Psyche (Blumthaler und Ambach, 1990), sind eine Reihe *gesundheitlicher Risiken* bekannt. Als akute Reaktionen sind Erythem (Sonnenbrand) und Keratitis (Schneeblindheit) zu nennen, als Reaktionen mit langer Latenzzeit verschiedene Formen des Hautkrebses und der Kataraktbildung (Grauer Star). Eine Ozonabnahme um z. B. 1 % läßt die biologisch wirksame UV-B-Strahlung um höhere Prozentbeträge zunehmen. Je nach betroffenem Zelltyp können um 2 – 5 % erhöhte Schädigungen auftreten.

Da die Ozonabnahme bis jetzt außerhalb der Antarktis noch gering war, ist nach allgemeiner medizinischer Auffassung die in vielen Ländern beobachtete Zunahme von Hautkrebs das Ergebnis einer verstärkten Exponierung der Haut in den letzten Jahrzehnten, insbesondere durch verändertes Freizeitverhalten.

Dieser Befund bestätigt jedoch die Gefährdung der menschlichen Gesundheit durch erhöhte UV-B-Bestrahlung der Haut. Ob es bei erhöhter UV-B-Strahlung auch zu einer Schwächung des Immunsystems kommt, ist nicht gesichert. Der Zusammenhang zwischen Trübung der Augenlinse und UV-B-Strahlung ist dagegen unumstritten.

Zeitskala

Auch wenn sich alle Nationen an das im November 1992 in Kopenhagen erneut verschärfte Montrealer Protokoll halten, ist ein Anstieg des Chlormischungsverhältnisses in der Stratosphäre auf 4,1 ppbv bis zum Jahr 2000 zu erwarten. Damit ist in den 90er Jahren mit einem verstärkten Ozonabbau, vergleichbar mit dem der 80er

Jahre, zu rechnen (WMO, 1992). Nach Modellrechnungen kann man, bei strikter Einhaltung der Protokolle, erst Mitte des nächsten Jahrhunderts eine Abnahme des Chlorgehalts in der Stratosphäre auf Werte von 2 ppbv erwarten, d. h. auf die Werte, die vor dem Auftreten des „Ozonlochs" vorhanden waren (Abbildung 3).

Verknüpfung zum globalen Wandel

Da Ozon drittwichtigstes Treibhausgas der Atmosphäre ist, bedeutet eine Ozonzunahme auch immer eine globale Klimaveränderung (siehe 1.2). Ein erhöhter Treibhauseffekt führt andererseits zu einer Abkühlung der Stratosphäre, wodurch sich in den winterlichen Polarregionen mehr „Polare Stratosphärische Wolken" bilden können, so daß Ozon verstärkt abgebaut werden kann.

Erhöhte UV-B-Strahlung verringert die *Biomassebildung* (Smith et al., 1992a) durch das Phytoplankton. Damit schwächt der Ozonabbau aber auch eine der großen Senken für das CO_2, die produktiven Meeresregionen um die Antarktis. Über diesen Prozeß können allerdings zur Zeit noch keine quantitativen Aussagen gemacht werden.

Die *Nahrungsmittelproduktion* einer wachsenden Bevölkerung führt zur Zunahme der Treibhausgase Methan und Lachgas. Der Methangehalt der Atmosphäre steigt schneller als der CO_2-Gehalt. Ungefähr 70 % des Methans stammen aus pflanzlichen und tierischen Quellen wie Reisfeldern und Wiederkäuern. Auch Lachgas wird in der Landwirtschaft bei zu stark gedüngten Acker- und Graslandern gebildet (siehe 1.4). Beide Gase bauen über die aus ihnen entstehenden Katalysatoren NO bzw. das OH-Radikal Ozon ab, was über die intensivierte UV-B-Strahlung eventuell auch zur Minderung der Ernte führen kann.

Gesamtozongehalt und Temperatur der unteren Stratosphäre sind in der Nord-Hemisphäre positiv korreliert (Abbildung 2)

Nordsommer

Die Kurven des Ozons, der Stratosphärentemperatur und der Sonnenaktivität nehmen während des Beobachtungszeitraums von 14 Jahren einen ähnlichen Verlauf und weisen im Sommer 1986 ein deutliches Minimum auf. Die Ozonschwankungen von Sommer zu Sommer hängen mit einer natürlichen, quasi-zweijährigen Schwingung zusammen.

Zwei große Vulkaneruptionen führten zu einer drastischen Erhöhung des stratosphärischen Aerosols: El Chichon, Mexiko, April 1982 (CH) und Pinatubo, Philippinen, Juni 1991 (P). Dies führte in der Stratosphäre nach der Eruption des El Chichons zu einer starken Erwärmung (Labitzke und McCormick, 1992), daher liegen die Sommertemperaturen für Juni/Juli 1982 außerhalb (oberhalb) der Skala. Die Erwärmung durch den Pinatubo fand erst nach dem Juli 1991 statt und ist hier noch nicht zu erkennen.

Das erhöhte vulkanische Aerosol führte zu einer verstärkten Ozonzerstörung, wodurch die besonders niedrigen Ozonwerte 1983, d.h. ein Jahr nach der Eruption des El Chichons (Ch+1), und 1992, d.h. ein Jahr nach der Eruption des Pinatubo (P+1), zu erklären sind (Granier und Brasseur, 1992). Ein deutlicher Trend ist in dieser Jahreszeit nicht zu erkennen.

Nordwinter

Die natürliche Variabilität von Ozon und Temperatur nimmt im Winterhalbjahr stark zu (veränderte Skalen!), und es wechseln kalte, ozonarme mit warmen, ozonreichen Stratosphärenwintern ab. Im Gegensatz zur Antarktis treten in der Arktis die extrem niedrigen Temperaturen, bei denen sich „Polare Stratosphärische Wolken" (*Polar Stratospheric Clouds*) ausbilden können, selten auf. Während dieser meist nur wenige Tage dauernden Perioden kann die anthropogen verursachte Zerstörung des Ozons an diesen Wolken stattfinden. Vermutlich muß man die in dieser Jahreszeit zu erkennende Ozonabnahme von etwa 12 Dobson Einheiten (ca. 4 %) innerhalb von 11 Jahren zum größten Teil diesem Prozeß zuordnen.

Wie im Sommer ist auch in den beiden Wintern nach den starken Vulkaneruptionen der ozonzerstörende Einfluß an der sprunghaften Abnahme des Ozons zu erkennen.

Atmosphäre

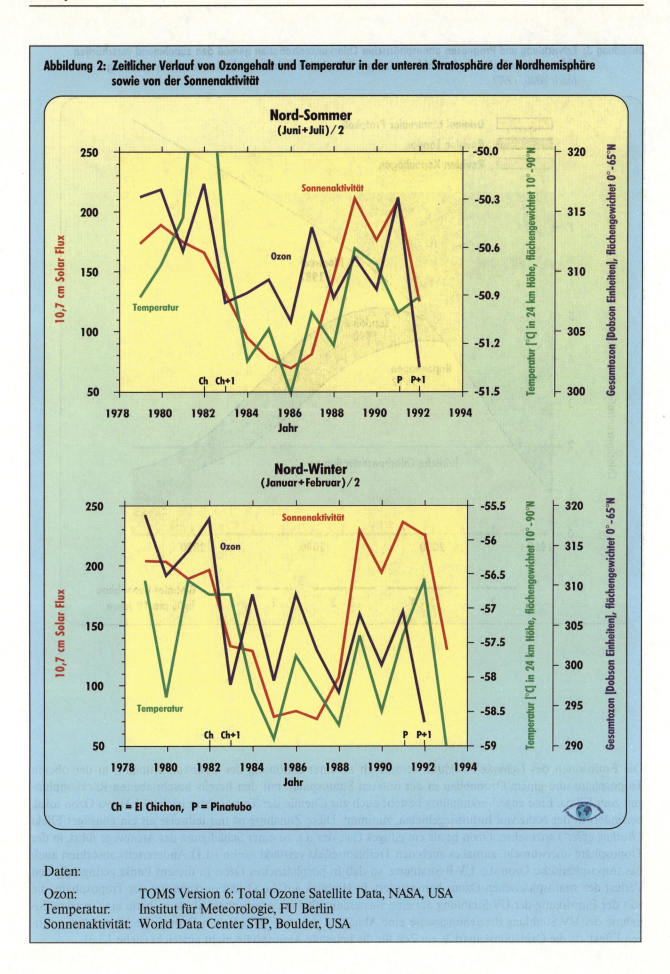

Abbildung 2: Zeitlicher Verlauf von Ozongehalt und Temperatur in der unteren Stratosphäre der Nordhemisphäre sowie von der Sonnenaktivität

Ch = El Chichon, P = Pinatubo

Daten:

Ozon: TOMS Version 6: Total Ozone Satellite Data, NASA, USA
Temperatur: Institut für Meteorologie, FU Berlin
Sonnenaktivität: World Data Center STP, Boulder, USA

Abbildung 3: Entwicklung und Prognosen atmosphärischer Chlorkonzentrationen gemäß den zunehmend verschärften Abkommen und globale Ozonabbauraten pro Dekade bei Einhaltung der Londoner Vereinbarung
(nach WMO, 1993)

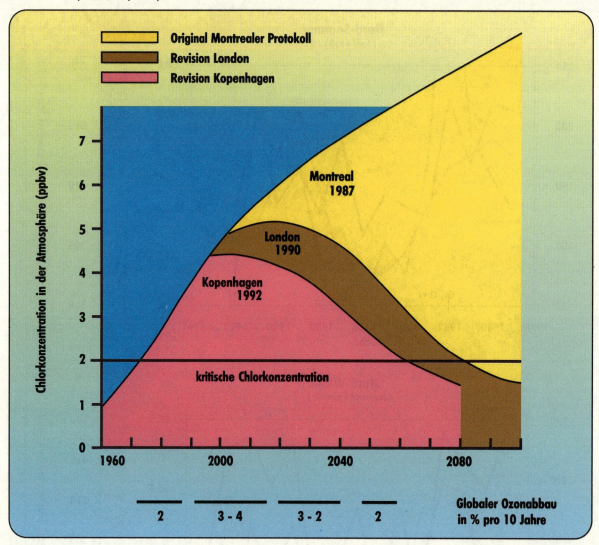

Die Emissionen des *Luftverkehrs* führen vermutlich zu einer Erhöhung der Ozonkonzentration in der oberen Troposphäre und einem Ozonabbau in der unteren Stratosphäre mit den bereits beschriebenen Rückkopplungen zum Klima. Eine enge Verknüpfung besteht auch zur Chemie der Troposphäre (siehe 1.1.3), wo Ozon lokal, besonders in der Nähe von Industriegebieten, zunimmt. Diese Zunahme ist nur teilweise als ein günstiger Effekt („*healing effect*") anzusehen. Ozon ist als ein giftiges Gas, das u.a. zu einer Schädigung der Atemwege führt, in der Troposphäre unerwünscht, zumal es auch den Treibhauseffekt verstärkt (siehe 1.1.1). Andererseits absorbiert auch das troposphärische Ozon die UV-B-Strahlung, so daß troposphärisches Ozon in diesem Punkt geringfügig den Verlust des stratosphärischen Ozons kompensiert. In Hinblick auf die Oxidationskapazität der Troposphäre, die von der Einwirkung der UV-Strahlung auf eine wasserdampfhaltige Atmosphäre abhängt, hätte eine gewisse Zunahme der UV-Strahlung (beziehungsweise eine Abnahme des stratosphärischen Ozons) durchaus einen positiven Effekt, da die Oxidationskapazität zur Zeit für die belastete Atmosphäre nicht ausreicht (siehe 1.1.3).

Atmosphäre

Handlungsbedarf

Die Abnahme des stratosphärischen Ozons erhöht für viele Regionen der Erde die gefährliche UV-B-Strahlung, sie ist daher eine große Gefahr für die Menschheit, alle Landlebewesen und das Plankton. Die Völkergemeinschaft hat diese Gefahr erkannt, 1985 wurde das Wiener Abkommen zum Schutz der Ozonschicht unterzeichnet. Das die Ausführungsbestimmungen enthaltende Montrealer Protokoll von 1987 wurde im Juni 1990 in London und im November 1992 in Kopenhagen weiter verschärft (Tabellen 3 und 4). Diese Regelungen, die den raschen Ausstieg aus der Produktion von FCKW, HFCKW und Halonen vorschreiben, müssen jetzt umgesetzt werden.

Tabelle 3: Zeitplan für den Ausstieg aus ozonschädigenden Verbindungen in Deutschland *(Cutter Information Corp., 1993)*

Substanzen/Funktionen	FCKW	R 22 (HFCKW)	Methylchloroform	Tetrachlorkohlenstoff	Halone
Aerosole	August 1991	August 1991	August 1991	nicht in Gebrauch	nicht in Gebrauch
Kühlmittel – großskalig – großskalig, mobil – kleinskalig	Januar 1992 Januar 1994 Januar 1995	Januar 2000 Januar 2000 Januar 2000	nicht in Gebrauch	nicht in Gebrauch	nicht in Gebrauch
Schäume – Verpackungsmaterial – Detergentien – Baustoffe – Isolierungen – andere	August 1991 August 1991 August 1991 Januar 1995 Januar 1992	August 1991 August 1991 Januar 1993 Januar 2000 Januar 2000	nicht in Gebrauch	nicht in Gebrauch	nicht in Gebrauch
Reinigungs- und Lösungsmittel	Januar 1992	nicht in Gebrauch	Januar 1992	Januar 1992	nicht in Gebrauch
Löschmittel	nicht in Gebrauch	nicht in Gebrauch	nicht in Gebrauch	nicht in Gebrauch	Januar 1992

Tabelle 4: Verminderung der Produktionsraten ozonzerstörender Chemikalien *(Cutter Information Corp., 1993)*

Jahr	FCKW	Halone	Methylchloroform	Tetrachlorkohlenstoff	Methylbromid	HFCKW
1994	75%	100%				
1995				85%	Einfrieren der Produktionsrate	
1996	100%		100%	100%		Einfrieren der Produktionsrate
2004						35%
2010						65%
2015						90%
2020						99,5%
2030						100%

Globaler Zeitplan

Jahr	FCKW	Halone	Methylchloroform	Tetrachlorkohlenstoff	Methylbromid	HFCKW
1994	85%	100%	50%	85%	Angaben stehen noch aus	Angaben stehen noch aus
1995	100%			100%		
1996			100%			35%

EG-Zeitplan

Alle Angaben beziehen sich auf den 1. Januar. Bezugsjahr für Halone und die meisten FCKW ist 1986 (die FCKW, die erstmals auf der Londoner Konferenz reguliert wurden, haben 1989 als Bezugsjahr). Bezugsjahr für Methylchloroform, Tetrachlorkohlenstoff und HFCKW ist 1989. Das Einfrieren der Methylbromidproduktion bezieht sich auf die Werte von 1991. Die Produktion von Bromfluorkohlenwasserstoffen läuft 1996 aus.

Vor allem müssen Techniken für die Herstellung von Ersatzstoffen in den Schwellenländern mitfinanziert werden, um alle Produzentenländer der Dritten Welt beim Einhalten der Protokolle zu unterstützen.

Nach der Ächtung der FCKW, der HFCKW und einiger Halone ist den weiteren Vorläufergasen ozonabbauender Moleküle besondere Aufmerksamkeit zu widmen: zu nennen sind Lachgas (N_2O) mit dem Abbauprodukt NO und Methan (CH_4), bei dessen Oxidation in der Stratosphäre Wasser und daraus OH-Radikale gebildet werden. Beide Treibhausgase nehmen bei steigender Nahrungsmittelproduktion für eine wachsende Bevölkerung zu.

Historische Entwicklung politischen Handelns im Bereich Ozon		
International		*National*
1985	Wiener Übereinkommen zum Schutz der Ozonschicht	1988 ratifiziert
1987	Montrealer Protokoll: FCKW (11, 12, 112, 114, 115) Einfrieren der Produktion auf dem Niveau von 1986; Reduktion der Produktion um 20 % bis 1994, um 50 % bis 1999	1988 ratifiziert
1990	London: Verschärfung des Montrealer Protokolls	1990 zugestimmt
1992	Kopenhagen: Weitere Verschärfung des Montrealer Protokolls	1992 zugestimmt

Forschungsbedarf

◆ *Langzeitmessungen*
Zur Erfassung der Veränderungen des Ozons und der Temperatur in der Stratosphäre sind eine Fortführung und Verstärkung der Langzeitmessungen („*monitoring*") notwendig. Insbesondere ist eine Beteiligung am „*WMO Global Ozone Observing System*" (GO_3OS) zu empfehlen.

◆ *Diagnose*
Zum Verständnis der natürlichen und anthropogenen Veränderungen des Ozons ist eine sorgfältige Diagnose auch bereits vorhandener Daten sowie eine verstärkte Modellierung zur Vorhersage der Trends, insbesondere der vertikalen Struktur der zu erwartenden Änderungen, notwendig.

◆ *Messung der UV-B-Strahlung*
Dringend benötigt werden Messungen der UV-B-Strahlung und deren Auswirkungen auf Pflanzen und Tiere, möglichst gleichzeitig an verschiedenen, speziell dafür ausgewählten Stationen.

◆ *Meßkampagnen*
Die aktive Teilnahme an internationalen Meßkampagnen zum besseren Verständnis der ozonzerstörenden Prozesse ist erforderlich, weil durch den koordinierten Einsatz verschiedener Meßplattformen weit effektiver neue Erkenntnisse gewonnen werden können.

◆ *Flugverkehr*
Die Untersuchung des Einflusses wachsenden Flugverkehrs auf den Ozongehalt der oberen Troposphäre und der unteren Stratosphäre ist bereits Bestandteil verschiedener Forschungsschwerpunkte, sie muß wegen der Komplexität des Problems aber langfristig gesichert werden.

◆ *Internationale Forschungsprogramme*
Die Mitarbeit in internationalen Forschungsprogrammen, z.B. im WCRP (World Climate Research Programme) und im IGBP (International Geosphere-Biosphere Programme) sollte dauerhaft sichergestellt werden.

1.1.3 Veränderte Chemie der Troposphäre

Kurzbeschreibung

Die vielfältigen, aus menschlichen Aktivitäten resultierenden Spurenstoffemissionen einschließlich der Vegetationsbrände in den Subtropen und Tropen haben die physikalischen Prozesse und chemischen Reaktionen in der Troposphäre verändert, in denen natürlicherweise Spurengase abgebaut werden. Dies geschieht durch chemische Umwandlungen und Depositionsprozesse. Die Veränderung dieser Reaktionen hat eine Verminderung der Selbstreinigungskraft der Troposphäre zur Folge.

In einigen Regionen der Erde hat die veränderte Spurengaszusammensetzung zu einer Reihe von toxischen Einflüssen auf die Biosphäre geführt. Es sind dies die industrialisierten Regionen der mittleren Breiten der Nordhemisphäre sowie während der Trockenzeit diejenigen Gebiete der Subtropen und Tropen, in denen Wald- und Savannenbrände für eine spätere landwirtschaftliche Nutzung gelegt werden.

Ob die *Selbstreinigungskraft* der Atmosphäre in diesen Regionen bereits geschwächt ist, oder dieses aufgrund kompensatorisch wirkender Prozesse noch nicht eingetreten ist, bleibt zu klären. Die troposphärische Ozonkonzentration hat in diesen Regionen stark zugenommen. In Episoden photochemischen Smogs, der vor allem in den industrialisierten Regionen im Sommer auftritt, führt die Luftverschmutzung zu Gesundheitsschäden bei Millionen von Menschen, zu Vegetationsschäden und zu Ernteeinbußen. Der erhöhte Ozongehalt ist zudem klimarelevant, da er den Treibhauseffekt verstärkt. Die erhöhte Lufttrübung der Troposphäre fördert die Rückstreuung von Sonnenstrahlung. Beide Effekte sind zur Zeit wesentliche Unsicherheitsfaktoren bei der Abschätzung anthropogener Klimaänderungen, da nur ihre Vorzeichen, nicht aber die Größenordnungen bekannt sind. Die mit der Verschmutzung der Atmosphäre einhergehende „Düngung" aller Ökosysteme bedroht die biologische Vielfalt und fördert im allgemeinen die Versauerung von Böden und Gewässern.

Die Eindämmung der hier beschriebenen Luftverschmutzung sollte an Strategien zur CO_2-Emissionsminderung gekoppelt werden, da die Verschmutzung der Luft fast immer mit CO_2-Emissionen verbunden ist. Außerdem ist, ähnlich wie bei den Problemen des stratosphärischen Ozonabbaus und der Klimaänderung durch erhöhten Treibhauseffekt, eine verstärkte internationale Koordinierung notwendig.

Ursachen

Die Chemie der Troposphäre wird von Wasserdampf und Spurengasen bestimmt, die zusammen weniger als 0,1 % der Luftmasse ausmachen, während die Hauptbestandteile der Luft fast nicht reagieren. Aktivitäten des Menschen haben die Spurengaszusammensetzung global merklich verändert. Spurenstoffe können sich nur dann überregional verteilen, wenn ihre Verweildauer in der Atmosphäre zumindest mehrere Wochen beträgt. Stoffe, die schon nach kurzer Zeit durch chemische Abbaureaktionen oder durch Deposition aus der Atmosphäre entfernt werden, können nur lokal oder regional wirken. Damit sind räumliche Skalen unter 100 km bzw. zwischen hundert und wenigen tausend Kilometern gemeint. Neben den emittierten Stoffen müssen auch deren atmosphärische Umwandlungsprodukte bei den Bewertungen berücksichtigt werden.

Verweildauer und Abbauprodukte vieler Spurenstoffe in der Troposphäre sind wichtige Aspekte globaler Stoffkreisläufe. Durch nasse und trockene Depositionsprozesse wird die atmosphärische Verweildauer vieler, insbesondere gut wasserlöslicher Spurenstoffe begrenzt. Für viele Verbindungen, die in die Troposphäre natürlich oder anthropogen emittiert werden, ist jedoch die chemische Reaktion mit einem einzigen Spurenstoff, dem *Hydroxylradikal* (OH^-), für die Verweildauer maßgebend. Das Hydroxylradikal stellt das natürliche „*Waschmittel*" der Troposphäre dar, weil es den oxidativen Abbau nahezu aller relevanten Spurengase einleitet. Eine Verringerung der Konzentration dieser chemischen Spezies kommt einer Schwächung der Oxidationskapazität und damit der Selbstreinigungskraft der Troposphäre gleich.

Die Spurenstoffe *Methan* (CH_4) und *Kohlenmonoxid* (CO) haben seit vorindustrieller Zeit weltweit bzw. in den letzten Jahrzehnten zumindest auf der Nordhalbkugel zugenommen (IPCC, 1990; Levine et al., 1985; Cicerone, 1988; Khalil und Rasmussen, 1991). Neben landwirtschaftlichen Aktivitäten und der Erdöl- und Erdgasgewinnung, -verarbeitung und -verteilung sind unvollständige Verbrennungsprozesse wichtige Quellen dieser Spurengase. Global gesehen sind Methan und Kohlenmonoxid die wichtigsten Reaktionspartner des OH-Radikals. Als Folge davon kann angenommen werden, daß die Konzentration des Hydroxylradikals global abgenommen hat, also die Selbstreinigungskraft der Troposphäre geschwächt wurde (Levine et al., 1985; Lu und Khalil, 1992). Dies kann trotz fehlender OH-Messungen indirekt mit Hilfe der Verteilung und zeitlichen Veränderung von Reaktionspartnern des Hydroxylradikals gezeigt werden. Direkte Messungen sind wegen des extrem geringen Mischungsverhältnisses von etwa 3×10^{-5} ppbv schwierig und liegen daher kaum vor. Eine Ausdünnung der stratosphärischen Ozonschicht hat, über die Änderung der photochemisch relevanten UV-B-Strahlung, möglicherweise Konsequenzen für die Chemie der Troposphäre. Die Signifikanz dieser Veränderung ist nicht bekannt. Die jüngst beobachtete verringerte Zuwachsrate von CH_4 könnte Ausdruck einer erhöhten photochemischen Aktivität sein.

Die chemischen Prozesse von stickoxidreichen Luftmassen sind, unabhängig von der Art der Quelle (industrielle Emission oder Biomasseverbrennung), gegenüber dem nicht anthropogen belasteten Zustand stark verändert: Episoden *photochemischen Smogs* werden immer häufiger. Sie sind in erster Linie ein lokales oder regionales Phänomen mit erhöhten Konzentrationen der Radikalverbindungen, oxidierten und teiloxidierten Kohlenwasserstoffen, Ozon und anderen Photooxidantien. Viele dieser Stoffe sind ökotoxikologisch relevant.

Eine Klasse von *Photooxidantien*, die Peroxyacetylnitrate, haben jedoch durchaus die Potenz, überregional transportiert zu werden. Dabei handelt es sich um Verbindungen, die als Reservoire für Stickoxide dienen und diese in Abhängigkeit von den Umgebungsbedingungen erneut freizusetzen in der Lage sind. Als Reinluftgebiete sind in diesem Zusammenhang Luftmassen identifiziert, deren Stickoxid-Mischungsverhältnis auf nicht mehr als etwa $5*10^{-3}$ ppbv erhöht ist. Dies ist nur in anthropogen wenig beeinflußten Regionen der Fall. In den stark industrialisierten mittleren Breiten der Nordhalbkugel dagegen, wie auch in den Wald- und Savannengebieten der Subtropen und Tropen während der Trockenzeit, liegen weit höhere Stickoxid-Konzentrationen vor. In den letztgenannten Gebieten sind Vegetationsbrände die Emittenten. Unter diesen Bedingungen führt die atmosphärische Chemie des Kohlenmonoxids und der Kohlenwasserstoffverbindungen unter Sonneneinfluß zu Ozonbildung. Mit zunehmenden Quellstärken der Vorläufersubstanzen Stickoxide und Kohlenwasserstoffe bzw. Kohlenmonoxid ist eine steigende Tendenz zu Episoden photochemischen Smogs gegeben. Bei den Quellen industrieller Art ist der Verkehr die wichtigste, für die Brände in den Subtropen und Tropen während der Trockenzeit sind es vor allem landwirtschaftliche Aktivitäten.

Die Ozonkonzentration hat sich in diesen Regionen sehr wahrscheinlich durch die menschlichen Aktivitäten erhöht. In den vergangenen 100 Jahren hat sie sich über Europa verdoppelt (Volz und Kley, 1989). Die Produktion von troposphärischem Ozon birgt andererseits die Potenz, das Oxidationspotential zu stärken. Der gegenwärtige Wissensstand läßt jedoch noch keine sichere Aussage über eine Veränderung der OH-Konzentration in den genannten stickoxidreichen Regionen zu, erste Abschätzungen ergaben erhöhte Werte (Crutzen und Zimmermann, 1991).

Es wurde ferner festgestellt, daß in den Brandrodungs- und in anthropogen beeinflußten Küstengebieten eine möglicherweise stark veränderte nächtliche Luftchemie abläuft. Diese wird durch stark erhöhte Konzentrationen von Radikalverbindungen, vor allem Peroxyradikalen, verursacht. Diese Verbindungsklasse entsteht beim chemischen Abbau von Kohlenwasserstoffen (Platt et al., 1990).

Eine Stoffgruppe mit relativ kurzen atmosphärischen Verweilzeiten und damit höchstens regionaler Reichweite bilden die *anorganischen Säuren*. In den industrialisierten Regionen haben sie den natürlichen Säuregehalt von Niederschlägen (neben Regen zählen hierzu Niederschläge durch Schneefall, Tau und Nebel) stark erhöht („saurer Regen"). Dynamik und Chemismus dieser Vorgänge sind heute gut verstanden. Analog kommt es infolge von Brandrodungen und Savannenbränden in weiten Bereichen der Tropen und Subtropen zu einer Versauerung der Niederschläge, wobei aber vermutlich organische Säuren wichtiger sind (Galloway et al., 1982; Andreae et al., 1988). Die Verbreitung und Bedeutung dieses Phänomens ist noch nicht gut untersucht.

Die *Verbrennung von Biomasse* während der Trockenzeit in den Subtropen und Tropen verdient besondere Erwähnung. Man nimmt an, daß jährlich 6 – 7 Mrd. t Biomasse vornehmlich in den Wald- und Savannengebieten der Erde verbrannt werden (Angaben bezogen auf Trockenmasse; Seiler und Crutzen, 1980; Hao et al., 1990).

Biomasseverbrennung setzt etwa die Hälfte der anthropogenen Emissionen an Kohlenmonoxid, Kohlenwasserstoffen und Stickoxiden frei. Zusammen mit diesen und weiteren, teilweise klimarelevanten Spurengasen werden große Mengen rußhaltigen Aerosols emittiert (siehe 1.2). Mit der Verbrennung großer Mengen an Biomasse ist ein Eingriff in Stoffkreisläufe verbunden. Man schätzt, daß auf diese Weise jährlich 10 - 20 Mio. t Stickstoff der Biosphäre entzogen werden, was 6 - 20 % der jährlichen Stickstofffixierung entspricht (Crutzen und Andreae, 1990).

Die industriellen Zentren der Nordhalbkugel emittieren eine Vielzahl toxikologisch relevanter Spurenstoffe, von denen zumindest einige global verteilt werden, darunter Schwermetalle wie Blei oder Quecksilber. Vermutlich werden steigende Mengen an Aerosol in diesen Gebieten gebildet. Ursache ist die zunehmende Emission aerosolbildender Gase, vor allem des Schwefeldioxids (SO_2) bei Verbrennungsvorgängen aller Art.

Inwiefern wichtige chemische Prozesse der Atmosphäre durch steigende *Aerosolkonzentrationen* (zunehmende Wahrscheinlichkeit von Oberflächenreaktionen mit Partikeln) beeinflußt werden, ist noch nicht vollständig verstanden. Die Verweildauer von Aerosolpartikeln in der Atmosphäre erlaubt nur lokale bis regionale Wirkungen. Da sie in den Strahlungshaushalt eingreifen, können sie trotzdem auf das globale Klima Einfluß haben (siehe 1.2). Besondere meteorologische Konstellationen machen es möglich, daß auch abgelegene, emissionsferne Gebiete beeinträchtigt werden. Diese Wetterlagen treten regelmäßig im Frühjahr bei dem Phänomen des „Arktischen Dunstes" auf, wobei stark verschmutzte Luftmassen aus Mittel- und Osteuropa in die europäische Arktis transportiert werden.

Auswirkungen

Lokal und regional auftretende Schadensbilder sind teilweise schon länger bekannt und weitgehend verstanden (z. B. „Londoner Smog", „Los Angeles Smog", Versauerung von Gewässern, neuartige Waldschäden). In zunehmendem Umfang werden jedoch größere Räume erfaßt und einige dieser Phänomene haben heute überregionale Dimensionen erreicht.

In seinen Gutachten 1985 und 1987 hat der Rat von Sachverständigen für Umweltfragen ausführlich für das Gebiet der Bundesrepublik Stellung genommen. Im folgenden werden jene Wirkungen genannt, die regionale oder überregionale Dimensionen haben.

- Der Eintrag von Spurenstoffen in Ökosysteme über den *atmosphärischen Pfad* verändert die Konzentrationen von Nähr- und Schadstoffen mit Folgen für die Ernährungsbedingungen und die Artenzusammensetzung. Ein Beispiel dafür ist der Säureeintrag in Seen Nordeuropas und der östlichen Teile der USA und Kanadas. Waldschäden werden in weiten Bereichen durch überhöhte Zufuhr eutrophierender Stoffe (Überdüngung) oder durch Photooxidantien mitverursacht. Wildpflanzen werden dezimiert, so daß sie auf der „Roten Liste" der aussterbenden Arten erscheinen. Auch die Randmeere sind betroffen, deren explosionsartige Planktonblüten von der Eutrophierung aus der Luft zusätzlich angestoßen werden. Besonders gefährdet erscheinen Böden in den Tropen und Subtropen, da diese eine im allgemeinen deutlich geringere Toleranz gegenüber Veränderungen im Vergleich zu Böden der mittleren Breiten aufweisen.

- Dem *Düngungseffekt* für Nutzpflanzen stehen *Schädigungen* durch phytotoxische Stoffe gegenüber. Eine Bewertung dieser verschiedenen Einflüsse ist noch nicht abschließend möglich. Ähnliches gilt für die forstwirtschaftlich genutzten Wälder der gemäßigten Breiten.

- Der gezielte Einsatz von Chemikalien, vor allem Pestiziden, bei Nutzpflanzen ist von unerwünschten *Nebenwirkungen* begleitet: Die zunehmende Verbreitung von Pestiziden am Einsatzort und weltweit über den atmosphärischen Pfad führt dazu, daß Schädlinge zunehmend Resistenzen entwickeln.

- *Gesundheitsschäden* durch Luftverschmutzung nehmen zu. In fast allen Ländern der Welt leiden Millionen von Menschen an Atemwegserkrankungen (z. B. Lungenschäden) und anderen gesundheitlichen Beeinträchtigungen. Vermehrt werden erhöhte Anfälligkeiten gegenüber natürlichen Allergenen sowie Immunschwächen beobachtet. Eine so verminderte Lebensqualität, insbesondere in den städtischen Zentren, führt durchaus auch zur Migration der Bevölkerung.

Klimarelevante Wirkungen der veränderten Chemie der Troposphäre sind gegeben durch:

- Die steigende Konzentration *troposphärischen Ozons* in den mittleren Breiten der Nordhemisphäre und den Wald- und Savannenzonen der Tropen und Subtropen während der Trockenzeit.

- Die Freisetzung von CO_2, N_2O und CH_4 sowie großer Mengen an *rußhaltigen Aerosolen*. Veränderungen des Aerosols vermögen die Strahlungsbilanz durch Rückstreuung kurzwelliger Strahlung sowie indirekt durch die Beeinflussung der Wolkeneigenschaften zu beeinträchtigen. Im globalen Maßstab können sie einen erheblichen Beitrag zur Absorption lang- und kurzwelliger Strahlung in der Atmosphäre und zur Aerosolquellstärke liefern.

- Den starken zusätzlichen Eintrag an *Schwefelverbindungen*, vor allem in Form von SO_2, was nach Umwandlung zu Schwefelsäure die Aerosolbildung erhöht. So wird die vorübergehende Abkühlung der Landgebiete der Nordhemisphäre zwischen 1940 und 1975 auf die Lufttrübung durch angestiegene SO_2-Emissionen zurückgeführt (Engardt und Rodhe, 1993) (siehe auch 1.2).

Verknüpfung zum globalen Wandel

Die veränderte Chemie der Troposphäre ist eng mit einer Reihe von Hauptelementen globaler Umweltveränderungen verknüpft. Zum einen ist sie von der Ausdünnung der stratosphärischen Ozonschicht betroffen. Zum anderen beeinflußt sie über die klimarelevanten Spurengase die Klimaänderungen. Des weiteren haben die klimarelevanten Spurengase und die wichtigsten Träger der Luftverschmutzung ähnliche, oft identische Quellen: Kohlenwasserstoffe, NO_x, SO_2 und CO werden zusammen mit CO_2 emittiert. Eine veränderte Spurengaszusammensetzung wirkt stark auf die Böden und auf die Land- und Forstwirtschaft. Zunehmende Urbanisierung, erhöhtes Verkehrsaufkommen und wachsende Freizeitaktivitäten verstärken die Schadstoffemissionen. Ist der photochemische Smog mit erhöhter Lufttrübung verbunden, was in der unteren Troposphäre sicherlich der Fall ist, hat die erhöhte Rückstreuung von Sonnenstrahlen treibhausmindernde Wirkung. Troposphärisches Ozon erhöht den Treibhauseffekt, insbesondere, wenn es im Bereich der Tropopause gebildet wird. Daher ist der von Flugzeugemissionen verursachten Ozonzunahme besondere Aufmerksamkeit zu schenken.

Zweifellos ist die veränderte Chemie der Troposphäre beteiligt an der *Versauerung von Böden* und *neuartigen Waldschäden*, den *Ernteeinbußen* bei hohen Ozongehalten und der *Eutrophierung* der Randmeere. Die Bedeutung der durch Industrialisierung, intensivierte Landwirtschaft und durch Vegetationsbrände weltweit verstärkten Düngung der Ökosysteme kann bisher nur erahnt werden. Sicherlich ist damit aber eine Bedrohung vieler Arten verbunden, die auf nährstoffarme Ökosysteme angewiesen sind. Ein Umweltproblem mit einer Zeitskala von Tagen bis Wochen (Zeitraum zwischen Emission und Deposition) hat damit ein zweites, mit einer sehr viel längeren Zeitskala von Jahrzehnten bis Jahrtausenden, angestoßen.

Die *Urbanisierung* fördert über höhere Verkehrs- und Industriedichte die Bildung photochemischen Smogs. Dieser wiederum löst wegen der verminderten Lebensqualität in den Ballungszentren die Flucht an die Peripherie und in die Naherholungsgebiete und damit ein höheres Verkehrsaufkommen aus. Die Gesundheitsschäden von vielen Millionen Menschen, insbesondere in den Metropolen der Dritten Welt, als Folge der Luftverschmutzung sind unübersehbar. Weil unmittelbar erlebt und erlitten, eignet sich die kontinentweite Luftverschmutzung besonders für eine beispielhafte Bewußtseinsänderung auch gegenüber anderen großräumigen Umweltproblemen. Daher bietet sich die Kopplung der Maßnahmen zur CO_2-Minderung mit denen zur Verbesserung der Luftqualität an.

Bewertung

Die Abluftfahnen vieler Ballungsgebiete haben sich zur Luftverschmutzung der ganzen Nordhalbkugel addiert. Aus ursprünglich lokalen Problemen ist trotz einzelner regionaler Erfolge ein globales Problem geworden. Weltweit sind neben Gesundheitsschäden bei Menschen gravierende, langfristige Schäden in Land- und Forstwirtschaft, bei Böden und Gewässern sowie Flora und Fauna zu beobachten. Auch die Wirkung erhöhter Lufttrübung und troposphärischer Ozongehalte auf die Strahlungsbilanz der Atmosphäre muß in die Strategie zur Bekämpfung der Luftverschmutzung einbezogen werden, da sie globale Dimensionen haben.

Die Ziele sind damit offenkundig:

- Verbesserung der Qualität der Atemluft, zumindest auf die von der WHO empfohlenen Werte.

- Reduktion des Säureeintrags sowie der ungewollten Düngung, damit die versauerten Böden und die eutrophierten Gewässer sich langsam regenerieren können.

- Verminderung des troposphärischen Ozongehaltes, um Beeinträchtigungen des Pflanzenwachstums, der menschlichen Gesundheit und Änderungen der Strahlungsbilanz zu verhindern.

Die wesentlichen Vorläufer für Ozon, Säure- und Nährstoffeinträge sind folgende Spurengase: flüchtige Kohlenwasserstoffe, NO_x, CO, SO_2 und NH_3. Handlungsbedarf besteht somit weltweit im industriellen Sektor (Raffinerien, Kraftwerke), im Verkehrssektor, in den Privathaushalten sowie in der Landwirtschaft.

Da Maßnahmen zur Minderung von Luftschadstoffen an einer Vielzahl von Quellen ansetzen müssen, sind die einzusetzenden Instrumente außerordentlich vielfältig. Bisher herrschten lokale und regionale Problemlösungsansätze vor, die aufgrund verschiedenartiger örtlicher Gegebenheiten große Unterschiede aufweisen.

Der Beirat weist darauf hin, daß *kontinentweite Koordination*, die auch über den Rahmen der Europäischen Gemeinschaft hinausgehen muß, unumgänglich ist. Handlungsfelder sind beispielsweise der europäische Sommersmog und neuartige Waldschäden in Europa und Nordamerika. Erst eine solche Koordination erlaubt es, angestoßen durch wissenschaftliche Konsensbildung, einheitliche Handlungsinstrumente zu entwickeln. Dies wurde vom „*Intergovernmental Panel on Climate Change*" (IPCC) für den Bereich der Klimaänderungen erfolgreich gezeigt. Details der Umsetzung der Strategie sollen nicht Gegenstand dieser Art von Koordination sein.

Die notwendige Strategie sollte folgende Maßnahmen enthalten:

- Verstärkte Umsetzung des *Verursacherprinzips*.

- *Verringerung des Stoffeinsatzes* durch Wiederverwertung von Rückständen.

- *Effizienzsteigerung bei der Nutzung von Energie*, die aus fossilen Brennstoffen gewonnen wird. Damit wird gleichzeitig eine Reduktion der wichtigsten Schadstoffe erreicht. Der Beirat weist darauf hin, daß ein anderes Vorgehen, das die Minderung einzelner Schadstoffe betont, Risiken durch mögliche Schaffung neuer Probleme birgt.

Gewichtung

Der Teilbereich „Veränderte Chemie der Troposphäre (1.1.3)" verdient eine höherrangige Behandlung als dies in der bisherigen internationalen Diskussion um globale Umweltveränderungen zum Ausdruck gekommen ist. Denn aus lokalen Problemen mit typischerweise kurzen charakteristischen Zeitskalen (Stunden und Tage z. B. bei Deposition von Staub) ist eine kontinentweite Verschmutzung der Luft mit jahrzehntelangen Folgen u.a. für die Böden geworden.

Für die globalen Stoffkreisläufe des Schwefels, des Stickstoffs und vieler Spurenmetalle überwiegen bereits anthropogene Quellen. Da die Luftverschmutzung meist im Zusammenhang mit der Nutzung fossiler Brennstoffe auftritt, sollten die erforderlichen Maßnahmen mit solchen zur Reduktion der Emission von CO_2 verbunden werden. Letztere stellen, global betrachtet, das höherrangige Ziel dar.

Forschungsbedarf

Wie in anderen Teilbereichen dieses Gutachtens (siehe 1.2) sollte die Forschung Entscheidungs- und Auswahlkriterien für Strategien und deren Umsetzung erarbeiten. Der Stand der Forschung sollte nicht zum Anlaß genommen werden, erforderliche Maßnahmen zu verschieben, auch wenn die Zusammenhänge nur teilweise bekannt sind. Waldschäden sind wahrscheinlich zum überwiegenden Teil von Luftverschmutzungen verursacht. Die intensive Forschung zu diesem Thema hat jedoch gezeigt, daß bei so komplexen Systemen rasches Verständnis nicht zu erzielen ist. Die gegenwärtige Situation ist gekennzeichnet durch Kenntnisse einzelner Aspekte ökologischer Zusammenhänge. Es ist daher das zentrale Ziel der Forschung, Techniken zu entwickeln, die bei gleicher oder verbesserter Effizienz weniger Emissionen an Luft und Wasser abgeben.

Ein weitergehendes Verständnis der Chemie der Troposphäre ist notwendig; dies wurde auch in der „AGENDA 21" (UNCED, 1992) formuliert. Folgende Fragen sind dringend zu beantworten:

◆ Wie beeinflußt die Ausdünnung der stratosphärischen Ozonschicht die Oxidationskapazität der Troposphäre?

◆ Wie wirkt die veränderte Spurengaszusammensetzung in den stickoxidreichen Regionen der Troposphäre auf die Oxidationskapazität?

◆ Was bedeutet eine steigende Aerosolkonzentration für die Chemie der Troposphäre und für den Strahlungshaushalt?

◆ Welche Ökosysteme sind besonders empfindlich gegenüber Depositionen und photochemischem Smog?

◆ Wie reagieren verschiedene Kulturpflanzen, die mit Nährstoffen aus den sauren Niederschlägen gedüngt und gleichzeitig durch photochemischen Smog belastet werden?

1.2 Klimaänderungen

Kurzbeschreibung

Das Klima der Erde hat sich stets geändert und wird sich mit oder ohne Einfluß des Menschen auch weiterhin ändern. Durch Variation äußerer Parameter sowie durch die Wechselwirkungen zwischen Luft, Wasser, Eis, Böden, Erdkruste und Leben zeigt das Klima zum Teil kräftige Schwankungen auf allen Zeitskalen. Solche Schwankungen sind am einfachsten durch den allen Planetenatmosphären eigenen *Treibhauseffekt* in einer einzigen Maßzahl zu beschreiben: Für die Atmosphäre des Planeten Erde beträgt die Erwärmung der Erdoberfläche als Folge der Treibhausgase Wasserdampf, Kohlendioxid, Ozon, Distickstoffoxid und Methan etwa 30 °C. Ohne diese Gase und ihre Fähigkeit, die Wärmestrahlung der Oberfläche zum Teil zu absorbieren, betrüge die mittlere Oberflächentemperatur der Erde nur ca. -15 °C. Seit Beginn der Industrialisierung schaltet sich nun auch der Mensch verstärkt ein. Weil er die Konzentrationen des Kohlendioxids (CO_2), des Methans (CH_4) und des Distickstoffoxids (N_2O) mit exponentieller Steigerungsrate erhöht sowie die des Ozons (O_3) in der Stratosphäre mittlerer und hoher Breiten vermindert hat, ist er zum *„Klimamacher"* geworden (Tabelle 2). Die in den Abschnitten 1.1.1, 1.1.2 und 1.1.3 beschriebenen Effekte haben alle einen Einfluß auf das Klima, dessen Veränderungen im folgenden aufgeführt werden.

Der vom Menschen verursachte Zuwachs der Treibhausgase erreicht bzw. überschreitet nicht nur den Eiszeit-Warmzeit-Unterschied, sondern tritt gegenüber diesem um etwa den Faktor 100 beschleunigt auf. Die daraus resultierende Erwärmung erreicht nach Aussage der Klimamodelle schon zum Ende des nächsten Jahrhunderts im globalen Mittel etwa $3 \pm ^2_1$ °C. Solche gegenüber globalen natürlichen Schwankungen *rapiden* Klimaänderungen verschieben wie erstere die Niederschlagsgürtel, lassen den Meeresspiegel ansteigen, führen zu einer nicht mehr angepaßten Vegetation, gefährden die menschliche Ernährung durch Verschiebung der Anbauzonen und provozieren neue Wetterextreme.

Die in Klimamodellen grober räumlicher Auflösung verborgenen Ungenauigkeiten sowie noch nicht beachtete Rückkopplungen werden die Aussagen zur mittleren Erwärmung noch weiter modifizieren und eine feinere Regionalisierung weiterhin erschweren. Die Grundaussagen werden aber wohl nicht mehr verändert werden. Deshalb haben im Juni 1992 in Rio de Janeiro 154 Nationen die Rahmenkonvention zum Schutz des Klimas gezeichnet, deren Ziel die *Stabilisierung der Treibhausgaskonzentrationen* ist. Soll dieses Ziel ohne Verlust der Anpassungsfähigkeit der Vegetation, bei Erhaltung der Nahrungsmittelproduktion und bei nachhaltiger Wirtschaftsentwicklung erreicht werden, muß, wie schon von der Enquete-Kommission des Deutschen Bundestages „Vorsorge zum Schutz der Erdatmosphäre" 1990 formuliert, die Emission von Kohlendioxid durch die Industrienationen bis zum Jahre 2050 um bis zu 80 % reduziert werden. Selbst bei dieser drastischen Reduktion ist noch immer eine mittlere globale Erwärmung um bis zu 2 °C in der zweiten Hälfte des nächsten Jahrhunderts (bei aus Vorsorgegründen hoch abgeschätzter Empfindlichkeit des Klimasystems) zu erwarten. Einen solchen rapiden Anstieg hat die Menschheit bisher noch nicht erlebt. Die erforderlichen tiefgreifenden Veränderungen der Industriegesellschaft und die Entwicklung der Entwicklungsländer sind nur dann ohne Rückschlag möglich, wenn heute begonnen wird, durch gemeinsame Forschung von Natur- und Geisteswissenschaften die erforderlichen Maßnahmenbündel intelligent zu gestalten, die Technologieentwicklung zur Energieeinsparung und zur Nutzung erneuerbarer Energieträger zu fördern und einen Bewußtseinswandel der Bevölkerung zu erreichen, der durch entsprechende Verhaltensänderung dieses langfristige globale Ziel befördert.

Ursachen

Das Klima an einem Ort der Erde ist definiert als die Statistik der Wettererscheinungen für einen bestimmten Zeitraum, der lang genug ist, um eine annähernd stabile Statistik zu erhalten, der aber auch kurz genug ist, um die Scharung der Ereignisse um den Mittelwert noch zu garantieren. Diese Statistik mit Mittelwerten und Abweichungen sowie deren Eintrittswahrscheinlichkeit für Klimaparameter wie Wind, Temperatur, Niederschlag usw., die meist für einige Jahrzehnte gilt, ist Ausdruck der vielfältigen Wechselwirkungen zwischen den Komponenten des Klimasystems (Luft, Wasser, Eis, Boden, Gestein *und* Biosphäre). Veränderliche äußere Parameter wie die Sonnenstrahlung, aber auch die langfristigen inneren Wechselwirkungen, z. B. zwischen der trägen ozeanischen und der raschen atmosphärischen Zirkulation, garantieren ständige Klimaänderungen. Diese werden meist in der Maßzahl *„Treibhauseffekt der Atmosphäre"* ausgedrückt. Er stieg von etwa 25 °C vor 18.000 Jahren (während der intensivsten Vereisung der letzten 100.000 Jahre) auf etwa 30 °C in der gegenwärtigen Zwischeneiszeit (dem vor 10.000 Jahre begonnenen Holozän).

Der Treibhauseffekt wird wesentlich von der Differenz zwischen von der Erde absorbierter Sonnenstrahlung und von der Atmosphäre absorbierter Wärmestrahlung der Erdoberfläche bestimmt. Überwiegt die Absorption von Wärmestrahlung, der Normalfall für Planetenatmosphären, steigt die Oberflächentemperatur so lange an, bis ebensoviel in den Weltraum abgestrahlt wie von der Sonne absorbiert wird. Die Temperaturerhöhung gegenüber einem atmosphärelosen Planeten wird in grober Analogie zur Wirkung der Verglasung eines Treibhauses *Treibhauseffekt* genannt.

Der physikalische Grund für die starke Absorption von Wärmestrahlung liegt in der *Molekülstruktur der Gase in der Atmosphäre*. Diese Gase sind in der Erdatmosphäre nur kleine Beimengungen, die fast alle von den Lebewesen stammen oder deren Konzentrationen von ihnen mitbestimmt werden. Damit kann z. B. bei Erhöhung der Einstrahlung der Sonne ein Verstärkungseffekt durch die Lebewesen auftreten: Nimmt die Bestrahlung der nördlichen Erdhälfte um wenige Prozent zu (dies geschieht etwa alle 10.000 Jahre), so werden Teile der hellen Schnee- und Eisflächen dunklem Grund weichen. Dadurch verstärkt sich die Absorption von Sonnenstrahlung, es wird wärmer, der entstehende Wasserdampf erhöht den Treibhauseffekt, die Landbiosphäre wird aktiver und das wiederum erhöht den Methangehalt durch verstärkten Abbau organischen Materials, und so weiter. Welche Prozesse solche *Selbstverstärkungen* bis hin zum „Supertreibhaus" mit kochendem Ozean oder einer völligen Eiswüste mit geringem Treibhauseffekt bisher verhindert haben, ist noch nicht geklärt. Intensiv diskutiert werden zur Zeit die bei hoher Oberflächentemperatur in den Tropen besonders lange als zusätzliche Reflektoren verweilenden Amboßwolken der Gewitter und die erhöhte Rückstreufähigkeit der Wolken über den Ozeanen, die durch vermehrte Schwefelsäure-Kondensationskeime als Folge erhöhter Dimethylsulfid-Emission der Meeresalgen entstehen.

Der Mensch hat im wesentlichen in drei Bereichen in dieses komplexe Geschehen eingegriffen: einmal durch *Formen der Landnutzung* wie Ackerbau, Viehzucht und Siedlungsbau; zum zweiten durch *Veränderung der Zusammensetzung der Atmosphäre* als Folge der veränderten Biosphäre sowie der direkten Emission klimarelevanter Spurenstoffe; zum dritten durch *Abwärme*. Die Gewichtung der letzten beiden Eingriffe ist relativ einfach: Abwärme mit 0,02 Wm^{-2} Energieflußdichte im globalen Mittel hat einen verschwindend kleinen Effekt gegenüber der Störung der Strahlungsbilanz von ca. 2,5 Wm^{-2} durch die beobachtete Treibhausgaszunahme (siehe 1.1.1). Die veränderten Oberflächeneigenschaften haben je nach Ort und Aktivität unterschiedliche Vorzeichen bei den Änderungen der Energieflußdichte bewirkt. Helle, glatte, wenig verdunstende Flächen in ariden Gebieten werden bei Bewässerung durch dunklere und rauhere, stark verdunstende ersetzt. Andererseits weichen die dunklen, rauhen und stark verdunstenden Wälder bei Rodung den helleren, oft glatteren und weniger verdunstenden Weiden oder Äckern. Ob die Änderung der Energieflußdichten dabei im Mittel zur Kühlung oder zur Erwärmung an der Oberfläche beiträgt, ist noch nicht endgültig geklärt. Der absolute Wert sollte jedoch, wie entsprechende Abschätzungen zeigen, weit kleiner als die Störung der Strahlungsbilanz durch die zusätzlichen Spurenstoffe (überwiegend Spurengase) sein.

Der Einfluß des Menschen auf das globale Klima ist vor dem Hintergrund der natürlichen Schwankungen nur sehr schwierig zu bestimmen. Folgende Einflußfaktoren auf die Klimaänderung können bereits weitgehend ausgeschlossen werden: Die beobachtete, vergleichsweise rasche mittlere Erwärmung seit 1880, die an der Erdoberfläche 0,5 ± 0,2 °C ausmacht (IPCC, 1992), ist überwiegend nicht vom Vulkanismus verursacht. Die direkt gemessene Variabilität der Abstrahlung der Sonne während der letzten 11-jährigen Aktivitätsperiode betrug etwas weniger als 0,1 % oder etwa 0,2 Wm^{-2}. Nur wenn trotz ähnlicher Aktivitätsparameter frühere Zyklen der Sonne diesen Wert weit überschritten hätten, könnte die Erwärmung zum Teil auf eine erhöhte Einstrahlung der Sonne zurückgehen. Es verbleiben als wichtige Faktoren die interne Variabilität des Klimasystems und der Einfluß des Menschen. Wir können weniger, aber auch mehr als die beobachtete Erwärmung verursacht haben.

Zur Klärung der Einflußfaktoren stehen Befunde aus der Klimageschichte und Aussagen *gekoppelter Ozean-Atmosphäre-Landoberfläche Modelle* zur Verfügung. Erstere zeigen für die vergangenen 160.000 Jahre hohe Korrelationen der CO_2- und CH_4-Konzentrationen mit der Temperatur. Untersuchungen an Eisbohrkernen und Sedimentbohrkernen aus der Tiefsee deuten an, daß die Temperatur sich jeweils vor den Treibhausgasen änderte, also der Auslöser eine veränderte Verteilung der Sonnenstrahlung war, die Treibhausgase aber positiv rückkoppelten. Die gegenwärtige Situation ist anders: Die Treibhausgaskonzentration ist durch uns erhöht worden, die positive Rückkopplung auf die Temperatur ist allerdings dann auf den gleichen physikalischen Mechanismus zurückzuführen wie in der Klimageschichte.

Die Klima-Modelle berechnen bei der Zunahme der Treibhausgase, wie sie zwischen den Intensivphasen der Eiszeit und der Warmzeit stattgefunden hat, eine mittlere globale Erwärmung, die unter der tatsächlich für diesen Zeitraum festgestellten liegt. Welche zusätzlichen positiven Rückkopplungen in den Modellen noch fehlen und damals wichtig waren, ist nicht bekannt.

Auswirkungen

Die verschiedenen Vegetationszonen werden von Temperatur und Niederschlag bestimmt, zumindest stark geprägt. Da die Erwärmung auf einem Planeten mit Ozeanen und Landoberflächen regional unterschiedlich sein muß und daher den Antrieb der allgemeinen Zirkulation verändern wird, ist mit der von den Modellen vorhergesagten mittleren Temperaturerhöhung von $3 \pm ^2_1$ °C bis Ende des nächsten Jahrhunderts bei fehlenden menschlichen Gegenmaßnahmen (z.B. unveränderte Nutzung fossiler Brennstoffe) eine Umverteilung von Niederschlagszonen sicher. Vegetationszonen und die produktiven Gebiete im Ozean werden sich entsprechend der *Verschiebung der Klimazonen* verlagern, ebenso wie die Anbaugebiete für Nahrungsmittel verlegt werden müssen. Die regionalen Anomalien (Skalen unter etwa 1.500 km) sind mit Modellen wegen ihrer ungenügenden räumlichen Auflösung bisher nicht vorhersagbar. In einem Zeitraum von nur einem Jahrhundert für derart massive Temperaturänderungen wird bei einer Umwälzzeit des Weltozeans von mehreren Jahrhunderten kein stabiles Muster erreicht werden. Eine ganz grobe Regionalisierung ist allerdings konsistent in den wenigen für die nächsten 100 Jahre gerechneten Szenarien bei unverändertem Verhalten der Menschheit erkennbar. Regionen mit kräftiger Durchmischung des oberen Ozeans im Bereich der wandernden winterlichen Tiefdruckgebiete (bei Island, den Aleuten und um die Antarktis) weisen eine stark verzögerte Erwärmung auf, weil in ihnen der durch den erhöhten Treibhauseffekt verstärkte Energiefluß in den Ozean auf eine mächtige Schicht verteilt wird. Daher steigt auch der Temperaturgradient vom Äquator bis in höhere mittlere Breiten über den Ozeanen in dieser Übergangsphase an. Das führt dort nach den Modellen zu einer verstärkten Westwinddrift und einer erhöhten Zahl intensiver Tiefdruckgebiete, wodurch die Niederschläge in hohen Breiten erhöht werden. Aber auch die innertropischen Niederschlagsbänder verstärken sich.

Die *Verzögerung der Erwärmung* an der Erdoberfläche aufgrund der hohen Wärmekapazität und langsamen Durchmischung des *Ozeanwassers* verhindert dabei die jeweils volle Ausprägung der Klimaänderung durch die schon in die Atmosphäre gelangten Spurengase. Bei der gegenwärtigen Zuwachsrate von 2 bis 2,5 % pro Jahr liegt die Verzögerung bei einigen Jahrzehnten. In den Messungen von Temperatur, Niederschlag und Wind ist also gleichsam nur die Reaktion auf etwa die Hälfte der Störung vor 30 bis 40 Jahren realisiert. Diese Tatsache macht Klimamodelle zu einem äußerst wichtigen Werkzeug und verdeutlicht zugleich das Dilemma der Klimatologen, die nie aus Zeitreihen der Klimaparameter die volle Wirkung einer gleichzeitig gemessenen (anthropogenen) Treibhausgaszunahme erkennen können.

Der *Meeresspiegelanstieg* bei globaler Erwärmung ist weiter verzögert, weil drei der vier wichtigsten dazu potentiell beitragenden Prozesse erst nach Eintritt der Erwärmung anlaufen. Die Wärmeausdehnung des Ozeanwassers (+60 cm bei +1 °C Temperaturzunahme der ganzen Wassersäule), das Abschmelzen der Inlandeisgebiete und das Auftauen der Permafrostböden sind um weitere Jahrzehnte bis Jahrhunderte verzögert, während die kleineren Gebirgsgletscher (zusammen mit den größeren nur ein Potential für 50 cm Meeresspiegelanstieg) zum überwiegenden Teil schon vor der Erwärmung durch die erhöhte Gegenstrahlung zu schmelzen beginnen.

Die Schätzungen des Meeresspiegelanstiegs durch das IPCC (IPCC, 1991) lauten für das Szenario „Business as Usual" 65 ± 35 cm im Jahre 2100 (neuere Schätzungen von Wigley und Raper (1992) betragen 48 cm), überwiegend verursacht von der Wärmeausdehnung des Ozeanwassers und dem Abschmelzen der Gebirgsgletscher, leicht gebremst durch den Eiszuwachs der Antarktis und schwach erhöht durch geringe Schrumpfung des grönländischen Eisschildes. Dieser, gemessen am Potential von über 70 m bei vollständigem Abschmelzen der Kryosphäre, geringe Anstieg hätte trotzdem weitreichende Folgen: Verlust fruchtbarer Marschniederungen, zerstörte Hafenanlagen, überschwemmte Küstenstädte, völliger oder teilweiser Untergang einzelner Inselstaaten. Diese Auswirkungen werden besonders dort auftreten, wo gleichzeitig die Häufigkeit und die Höhe der Sturmfluten zunimmt. Weiterhin ist zu beachten, daß sich bei verlagerten Meeresströmungen sowie unterschiedlich starker und tiefer Erwärmung des Ozeans der Meeresspiegel regional verschieden stark ändert (Maier-Reimer, 1992). Kein Anstieg wie auch eine Verdopplung der Anstiegsrate sind gleichermaßen möglich, eine genaue regionale Zuordnung kann noch nicht erfolgen.

Andere anthropogene Klimaänderungen

Können andere globale Umweltveränderungen die durch Treibhausgaszunahme bedingte Klimaänderung dämpfen oder verstärken? Zu diskutieren sind der Ozonabbau in der Stratosphäre (siehe 1.1.2), die veränderte Chemie der Troposphäre (siehe 1.1.3) einschließlich der dadurch modifizierten Wolken sowie schließlich veränderte Oberflächeneigenschaften der Erde.

Der *Ozonabbau in der Stratosphäre* ist stark breitenabhängig und zeigt einen ausgeprägten Jahresgang. Von fast unveränderter Konzentration in den inneren Tropen ausgehend wächst der Ozonverlust zu beiden Polen hin an. So sind beispielsweise am Ende des Jahrzehnts 1980-1990 auf der geographischen Breite 60 °S von September bis November etwa 18 % weniger stratosphärisches Ozon gemessen worden als zu Beginn des Jahrzehnts. Diese Breitenabhängigkeit des Ozonschwunds macht den anthropogenen Anteil am Treibhauseffekt ebenfalls stärker breitenabhängig und zwar in der Weise, daß das Ungleichgewicht zwischen Einstrahlung und Abstrahlung am Rand der Atmosphäre - der eigentliche Antrieb zur allgemeinen Zirkulation - verschärft wird. In höheren geographischen Breiten tritt damit im jeweiligen Frühjahr ein stark geschwächter zusätzlicher Treibhauseffekt auf, dessen Folgen aber noch nicht in Klimamodellen abgeschätzt worden sind.

Die *veränderte Chemie der Troposphäre* hat in mehrfacher Hinsicht Einfluß auf das Klima der Erde. Die Methankonzentration wird nicht nur von natürlichen und anthropogenen Quellen bestimmt, sondern auch von der Stärke der (photo-) chemischen Senke, die wiederum vom Ozonabbau in der Stratosphäre und dem Kohlenmonoxid-Gehalt in der Troposphäre abhängt. Wichtiger als dieser Prozeß, der in Klimamodellen in Form von CO_2-Äquivalenten berücksichtigt wird, ist die Verstärkung des Treibhauseffekts durch die *steigende troposphärische Ozonkonzentration*, deren zeitweise auftretenden Spitzenwerte als „photochemischer Smog" bezeichnet werden. Durch diesen wird der Rückgang des anthropogenen Treibhauseffekts als Folge des stratosphärischen Ozonabbaus in Teilen der nördlichen Hemisphäre teilweise kompensiert. Da jedoch das Vertikalprofil des extrem klimarelevanten Gases Ozon, welches für die Temperaturstruktur der Atmosphäre entscheidend ist, sich insgesamt stark verändert hat, wird auch bei gleichbleibendem Gesamt-Ozongehalt eine Klimaänderung angestoßen. Da dreidimensionale globale Modelle der atmosphärischen Chemie noch fehlen, kann dieser sekundäre Anstoß zu Klimaänderungen bisher aber nicht detaillierter diskutiert werden.

Ein anthropogener Einfluß, der mit der Nutzung fossiler Energieträger sehr eng verbunden ist und den Treibhauseffekt schwächen könnte, muß hier trotz vieler Fragezeichen schon angesprochen werden: die *erhöhte Lufttrübung* durch Bildung von Aerosolteilchen aus Spurengasen. In industrienahen Regionen, z.B. in Mittel- und Osteuropa, werden lösliche Aerosolteilchen, die auch Kondensationskerne für die Wolkentröpfchen darstellen, aus Schwefeldioxid (SO_2), Stickoxiden ($NO_x = NO + NO_2$), Kohlenwasserstoffen und Ammoniak (NH_3) bei Sonnenschein in der unteren Atmosphäre gebildet. Diese erhöhen im wolkenlosen Teil der Atmosphäre die Rückstreuung von Sonnenstrahlung stärker als sie die Wärmeabstrahlung behindern, sie können den Planeten also kühlen (Graßl, 1988; Charlson et al. 1992). Durch fast immer auch vorhandene anthropogene Rußteilchen in der Abluft der Ballungsgebiete schrumpft der Effekt oder wird gar ins Gegenteil verkehrt, d.h. die Lufttrübung hat je nach Rußgehalt der Aerosole komplexe Wirkungen auf den Treibhauseffekt.

Bei erhöhter Kondensationskernzahl pro Volumeneinheit entstehen mehr Wolkentröpfchen bei gleichem Wassergehalt. Die anthropogen veränderten Wolken sind von oben betrachtet heller, sie reflektieren also das Sonnenlicht stärker. Sie behindern die Wärmeabstrahlung aber nicht stärker als die unbeeinflußten Wolken und dämpfen damit den Treibhauseffekt[2].

---

[2] Zu den offenen Fragen bei Ozonabnahme und Trübungszunahme fand im Mai 1993 eine Sitzung einer Expertengruppe unter der Leitung der Arbeitsgruppe „Wissenschaftliche Bewertung" des Intergovernmental Panel an Climate Change am Max-Planck-Institut für Meteorologie in Hamburg statt. Unter dem Titel „Ozonänderung und Aerosole" soll für den nächsten Sachstandsbericht für die Vereinten Nationen dieser Teilaspekt so weit wie möglich geklärt werden.

Insgesamt besteht aber kein Zweifel mehr (IPCC, 1991), daß die Folgen des von uns veränderten Strahlungshaushaltes tiefe Spuren in der menschlichen Gesellschaft und in der Natur hinterlassen werden, wenn nicht bald Gegenmaßnahmen ergriffen werden. Vor allem durch Wetterextreme, die Folgen von Klimaänderungen sind, wird es Betroffene und stark Betroffene, nicht aber Gewinner und Verlierer geben. Der Druck auf die naturnahen Ökosysteme wird das Artensterben weiter beschleunigen, die mangelnde Verfügbarkeit von Wasser wird in vielen Regionen ein zentrales Thema werden, und die zu erwartende Flucht der Bevölkerung aus den stark betroffenen Gebieten wird die reicheren Nationen vor weit größere als die bisher bekannten Probleme stellen.

Verknüpfung zum globalen Wandel

Durch direkte Verbindungen globaler Umweltveränderungen mit der wichtigsten Energiequelle der Industriegesellschaft, dem fossilen Kohlenstoff, werden die Verknüpfungen zu allen Schutzgütern unübersehbar. Einen ersten Einblick in diese Komplexität liefert die Tabelle 5 der *Rückkopplungen im Wasser- und Kohlenstoffkreislauf*, die den anthropogenen Treibhauseffekt dämpfen oder verstärken können. Lediglich von zwei der zwölf genannten Rückkopplungen sind mehr als die Vorzeichen bekannt. Die positive *Eis-Albedo-Temperatur-Rückkopplung* und der stark mit der Temperatur ansteigende, also positiv rückkoppelnde *Wasserdampfgehalt* waren schon immer Bestandteil der dreidimensionalen Zirkulationsmodelle. Sie werden bereits innerhalb von Jahren, bei Wasserdampf sogar Wochen wirksam. Da beide Rückkopplungen positiv, also effektverstärkend sind, bewirken sie einen großen Teil der treibhausgasbedingten Erwärmung. In Empfindlichkeitsstudien wurde gezeigt, daß die 1,2 °C betragende globale Erwärmung an der Erdoberfläche (bei Verdopplung des CO_2-Gehalts) mit beiden Rückkopplungen auf Werte zwischen 2 und 2,5 °C steigt.

Tabelle 5: Rückkopplungen des Wasser- und Kohlenstoffkreislaufs auf den anthropogenen Treibhauseffekt

Nr.	Rückkopplung	Vorzeichen	Kenntnisstand	Reichweite	Zeitskala der Reaktion	anstoßender und reagierender Kreislauf
1	Wasserdampf als Verstärker	+	bekannt	global	Wochen	C, W
2	Eis-Albedo-Temperatur Rückkopplung	+	bekannt	regional (NH+SH)	Jahre bis Jahrhunderte	C, W
3	stärker rückstreuende Atmosphäre durch Gas-Teilchen-Umwandlung	-	postuliert, Teilbestätigung	regional (NH)	Wochen	C
4	anthropogen modifizierte Wolken streuen stärker zurück	-	postuliert, Teilbestätigung	regional (NH)	Wochen	W
5	UV-B-Zunahme bremst Biomassebildung und CO_2-Aufnahme in Wald und Ozean	+	postuliert, Teilbestätigung	regional (SH+NH)	Jahrzehnte	Cl, O, (C)
6	mehr Eiswolken durch verstärkte Konvektion schirmen Oberfläche ab	+	postuliert, Teilbestätigung	regional	Wochen	W
7	Permafrostschwund erhöht CO_2- und CH_4-Gehalt der Atmosphäre	+	postuliert, Teilbestätigung	regional (NH)	Jahrhunderte	C
8	Erwärmung bei konstanter oder verminderter Bodenfeuchte erhöht CO_2-Gehalt der Atmosphäre	+	postuliert	global	Jahrzehnte	C
9	Ozonabbau in Stratosphäre bei erhöhtem N_2O- und CH_4-Gehalt verstärkt und breitenabhängiger	-	postuliert	regional	Jahrzehnte	O
10	CO_2-Düngung könnte C-Speicher Böden und Wald vergrößern	-	postuliert, Teilbestätigung	regional	Jahrzehnte	C, O
11	Antarktis wächst bei Erwärmung	-	postuliert	global	Jahrzehnte bis Jahrhunderte	C, W

NH = Nordhemisphäre, SH = Südhemisphäre, C = Kohlenstoff, W = Wasser, O = Sauerstoff, Cl = Chlor

Die mit dem *Kohlenstoffkreislauf* verbundenen Rückkopplungen wirken auf den Antrieb direkt zurück, sie können, falls rasch ansprechend, auch schon im kommenden Jahrhundert gravierend werden. Zu diesen zählen die *Rückkopplungen 5* und *10* mit unterschiedlichem Vorzeichen. Erstere verknüpft die FCKW mit dem globalen Kohlenstoffkreislauf, indem sie den Ozongehalt mit der Aktivität des marinen und limnischen Phytoplanktons sowie mit der Nahrungserzeugung verbindet. Sie hat das Potential für eine tiefgreifende globale Krise. Die *Rückkopplung 10*, oft *CO_2-Düngungseffekt* genannt, ist wahrscheinlich in der Übergangszeit zu wärmeren Bedingungen besonders bedeutend, weil dann Effekte der Erwärmung noch nicht voll gegensteuern können. Beide Rückkopplungen sind in Einzeluntersuchungen bestätigt worden (Smith et al., 1992b; WMO/UNEP, 1991).

Besonders komplex ist die Rückkopplung mit den Wolken. Die *Kopplungen 3, 4 und 6* sind eng miteinander verbunden und leisten den Hauptbeitrag zur noch immer vorhandenen großen Unsicherheitsspanne für die *mittlere globale Erwärmung* ($2,5 \pm ^2_1$ °C bei CO_2-Verdopplung). Wir können z.B. wegen unzureichender Kenntnis über die Temperaturabhängigkeit des Eisgehaltes in Eiswolken (*Rückkopplung 6*) und die veränderte mittlere Höhe der Wolken zur Zeit keine physikalisch genaueren Parameterisierungen in die Klimamodelle einbringen.

Die mit den *Aerosolteilchen* und ihrer Wirkung auf Wolken verknüpften *Rückkopplungen 3* und *4* sind beide potentiell sehr wichtig, jedoch mit negativem Vorzeichen, d.h. dämpfend. Allerdings sind sie, weil von kurzlebigen Gasen getragen, an die aktuelle Stärke der Verschmutzung gebunden und weisen, anders als CO_2 und N_2O, keine Akkumulation auf. Die dämpfende Wirkung war zu Beginn der anthropogenen Verschmutzung stärker als heute. Ihre Bedeutung für den Strahlungshaushalt ist bisher nur grob abgeschätzt, die Nettowirkung schrumpft mit dem häufig gleichzeitig anwachsenden Rußgehalt der Luft.

Langfristig, in Jahrzehnten oder Jahrhunderten, können die Rückkopplungen des Kohlenstoffgehaltes der Böden sehr wichtig werden, denn nur 3 ‰ des in *Böden gespeicherten Kohlenstoffs* (ca. 3 Mrd. Tonnen C) kommen schon fast dem jährlich in der Atmosphäre verbleibenden Kohlenstoff aus der Verbrennung fossiler Energieträger gleich. *Rückkopplung 7* öffnet den in *Permafrostböden* festgelegten Kohlenstoffspeicher beim Auftauen, *Rückkopplung 8* erhöht den *Abbau organischen Materials* bei Erwärmung und gleichbleibender oder abnehmender Bodenfeuchte; bei zunehmender Bodenfeuchte kann das Vorzeichen wechseln.

Besonders langfristig wirkt *Rückkopplung 11*, denn die *Umwälzzeiten der Inlandeisschilde* liegen in einer Größenordnung von 10.000 Jahren. Da die maximale Akkumulation von Schnee bei etwas höheren Temperaturen als der gegenwärtigen Mitteltemperatur der inneren Antarktis liegt, dürfte dieses Eisschild bei Erwärmung anwachsen und den *Meeresspiegelanstieg* durch Abschmelzung anderer Eisgebiete sowie die Meerwasserausdehnung langfristig *dämpfen*. Für das 21. Jahrhundert wird bei einem geschätzten Anstieg von 6 mm pro Jahr die Dämpfung mit 2 mm pro Jahr angenommen (WMO/UNEP, 1990).

Die Verknüpfungen der Klimaänderungen mit den ökonomischen Aktivitäten der Menschheit sowie ihrer Reaktionen auf die resultierenden Gefahren sind mindestens so vielfältig und so wenig überschaubar wie die Rückkopplungen der Natursphäre mit diesen Klimaänderungen. So könnte ein genereller Tropenholzboykott durch Industrienationen den Treibhauseffekt ebenso verstärken wie freierer Welthandel bei weiterhin niedrigen Energiepreisen, denn im ersten Fall wird der tropische Regenwald kurzsichtig betrachtet weniger wert und daher vielleicht weniger erhaltenswert, und im zweiten Fall würde französischer Joghurt nach Singapur transportiert, und im Winter würden mehr neuseeländische Äpfel in Deutschland verzehrt. Beide Reaktionen erhöhen die CO_2-Emissionen. Unbedachte politische Beschlüsse können somit statt Minderungen der CO_2-Emission das Gegenteil erreichen.

Wesentlich für die Maßnahmen zur Treibhausgasminderung und deren Umsetzung wird sein, wie das Bewußtsein der Bevölkerung auch gegenüber den langfristigen globalen Umweltänderungen geschärft wird. Trotz der titanischen Aufgabe muß nicht nur die Erfolgschance verdeutlicht werden, sondern auch die Lust, selbst mit anzupacken, geweckt werden.

Bewertung

Erst die Diskussion um anthropogene Klimaänderungen hat auch diejenige über die generelle Abhängigkeit der menschlichen Gesellschaft von Klimaänderungen belebt. Nachdem erstens vielfältige Hinweise auf eine signifikante, anthropogene Klimaänderung existieren, zweitens eine wissenschaftliche Vorklärung unter Angabe einiger physikalischer Gründe (IPCC 1990, 1992; Enquete-Kommission, 1990a) stattgefunden und drittens der größte Teil der Staatengemeinschaft eine Rahmenkonvention zum Schutz des Klimas der Erde bei der UNCED-Konferenz im Juni 1992 gezeichnet hat, ist das Ziel klar. Es wurde wie folgt formuliert (UNCED, 1992; Enquete-Kommission, 1992):

Das Endziel dieses Übereinkommens und aller damit zusammenhängenden Rechtsinstrumente, welche die Konferenz der Vertragsparteien beschließt, ist es, in Übereinstimmung mit den einschlägigen Bestimmungen des Übereinkommens die Stabilisierung der Treibhausgaskonzentrationen in der Atmosphäre auf einem Niveau zu erreichen, auf dem eine gefährliche anthropogene Störung des Klimasystems verhindert wird. Ein solches Niveau soll innerhalb eines Zeitraums erreicht werden, der ausreicht, damit sich die Ökosysteme auf natürliche Weise den Klimaänderungen anpassen können, die Nahrungsmittelerzeugung nicht bedroht wird und die wirtschaftliche Entwicklung auf nachhaltige Weise fortgeführt werden kann.

Die Stabilisierung der Treibhausgas*konzentrationen* ist ein anspruchsvolles Ziel, das in Abhängigkeit von der Lebensdauer eines Gases teilweise zu drastischen Reduktionen der Emissionsraten zwingen würde. Möchte man die gegenwärtigen Konzentrationen nicht verändern, wäre eine sofortige Senkung der globalen Emissionen um mindestens 60 % für CO_2, sogar 80 % für N_2O und etwa 20 % für CH_4 notwendig. Also ist die in der Konvention hergestellte Verklammerung des Hauptzieles „Stabilisierung der Treibhausgaskonzentrationen" mit den drei genannten Nebenbedingungen sorgfältig zu interpretieren. Notwendig ist die Festlegung der Ziele und Maßnahmen sowie ein Zeitrahmen ihrer Erfüllung.

Damit ist erneut eine wissenschaftliche Diskussion eröffnet. Was bedeutet „Erhalt der *natürlichen Anpassungsfähigkeit* an Klimaänderungen"? Sind es die oft genannten 0,1 °C mittlere globale Erwärmung pro Dekade, an welche sich Ökosysteme anpassen können (dieser Wert wird im Szenario „Business as Usual" mit 0,3 °C pro Dekade weit überschritten) oder ist es ein noch niedrigerer Wert? Was heißt *„nicht bedrohte* Nahrungsmittelerzeugung" in einer Welt, die trotz globalen Handels schon jetzt in den semiariden Tropen den Hungertod nicht verhindern kann? Wie soll die nachhaltige wirtschaftliche Entwicklung aussehen, wenn die bisherige Art des Wirtschaftens die globalen Umweltveränderungen geschaffen hat?

Die zentrale Handlungsanweisung kann trotz solcher, noch zu klärender Fragen dennoch gegeben werden: *Forschungsbedarf darf politisches Handeln nicht verzögern*. Die Hauptverursacher der gestörten Zusammensetzung der Atmosphäre, d. h. alle Industrieländer, die meisten Ölförderländer sowie einige Tropenwaldländer mit hohen Pro-Kopf-Emissionen der Treibhausgase, haben diese rasch zu vermindern. Die Industrienationen müssen dazu unter der Devise „*Weniger Emissionen und Rohstoffverbrauch pro Kopf und dabei Annäherung an natürliche Kreisläufe*" eine beispiellose Effizienzsteigerung bei der Nutzung der fossilen Energieträger und sonstiger Ressourcen starten. Sie müssen beginnen, die Energieerzeugung aus nichterneuerbaren Trägern einzuschränken und durch langfristig und systematisch geförderte Techniken zur Nutzung erneuerbarer Energiequellen zu ersetzen. Die sich entwickelnden Länder übernehmen diese neueren, sparsameren, weniger umweltbelastenden Techniken angepaßt an ihre Gegebenheiten, wobei die wirtschaftlich schwächeren von ihnen gestützt werden aus der von den Vereinten Nationen verwalteten und von den Industrieländern gespeisten „*Global Environmental Facility*" (GEF), bzw. aus neuen, noch zu schaffenden Mechanismen des Technologie- und Finanztransfers.

Nach gegenwärtigem Wissensstand ist eine mittlere globale Erwärmung um 2 °C über den Wert vor der Industrialisierung wegen der schon bestehenden und sich zunächst noch weiter erhöhenden Störung unabwendbar. Die Zielsetzung der Klimakonvention bedeutet für die Industrieländer daher langfristig den Abschied von den fossilen Brennstoffen als wichtigster Energiequelle. Im Jahre 2050 dürfen nach vorliegenden Erkenntnissen in einer Welt mit etwa 10 Mrd. Menschen in den Industrieländern nur noch 20 % der heutigen Menge fossiler Brennstoffe genutzt werden (Enquete-Kommission, 1990a). Als Voraussetzung dafür muß das Etappenziel „*30 % Reduktion der CO_2-Emission*" bis zum Jahre 2005, wie vom Deutschen Bundestag im November 1990 verabschiedet, erreicht werden, möglichst von allen OECD-Ländern, nicht nur von der Bundesrepublik Deutschland.

Gewichtung

Die anthropogenen Klimaänderungen haben heute eine ähnliche Größenordnung wie die natürlichen und werden nach Meinung der meisten Klimatologen bald dominierend sein. Vor allem durch die rasche Änderung wird die menschliche Gesellschaft insgesamt gefährdet sowie die Natursphäre weiter belastet. Die Folgen des zusätzlichen Treibhauseffektes kommen den beiden anderen großen globalen Problemen gleich, der Reduktion der biologischen Vielfalt und der bisher fast ungebremsten Zunahme der Weltbevölkerung. Letztere kann in Zukunft die möglichen Erfolge der bisherigen Hauptverursacher, der Industrieländer, bei der Emissionsminderung wieder zunichte machen. Da die hohen Materialflüsse bei fast allen Rohstoffen an die rasche Ausbeutung der fossilen Energieträger gekoppelt sind, bekommt die CO_2-Emissionsminderung aber auch eine weit über die Treibhausgasminderung hinausgehende Bedeutung. Sie bringt viele Erfolge gleichzeitig mit sich (Synergieeffekte), die sonst gesondert erstritten werden müßten.

Forschungsbedarf

Die Fragen, welche durch die Lösungsansätze zur Abschwächung der drohenden raschen Klimaänderungen aufgeworfen werden, können mit der bisherigen Art der Forschung in den Natur- und Gesellschaftswissenschaften getrennt nur schwer oder teilweise gar nicht beantwortet werden. In Anbetracht der bereits eingetretenen Störungen sowie der Langfristigkeit der Veränderungen ist stets die Abwehr weiterer nachteiliger Veränderungen und die Anpassung an schon eingetretene Veränderungen erforderlich. Notwendig ist ein umfassender Optimierungsprozeß unter Einbeziehung aller wissenschaftlichen Disziplinen.

Dies heißt z. B.:

- Ermittlung der Klimaschadensfunktionen, d. h. eine Klärung der Kosten unterlassener Maßnahmen.

- Bestimmung der gegenüber Klimaänderungen besonders empfindlichen Regionen und sozialen Gruppen.

- Entwicklung weniger umweltschädigender Technologien und Förderungsmaßnahmen, damit veraltete Technologien rasch ersetzt werden können.

- Wirtschaftswissenschaftliche Modellbildung unter umfassender Einbeziehung externer Kosten, z. B. des Flächenverbrauchs in Rohstofflieferländern.

- Schärfung unseres Bewußtseins für die wirklichen Risiken der Klimaänderung und Entwurf von Optionen für ein geändertes Verhalten auf allen Ebenen.

Es gibt weitere offene Fragen, die von kleineren Disziplingruppen allein beantwortet werden können. Nur ein naturwissenschaftlich und gesellschaftswissenschaftlich gut begründeter Optimierungsprozeß erlaubt besser untermauerte politische Entscheidungen im Sinne der Vorsorge. Einige solcher naturwissenschaftlichen Fragen sind:

- Welche naturnahen Ökosysteme werden bei Klimaänderungen und erhöhtem CO_2-Gehalt der Atmosphäre zu größeren Kohlenstoffspeichern?

- Bei welcher Störung der Strahlungsbilanz wird das Abschmelzen der großen Eisschilde ausgelöst?

- Wie sollte die Landwirtschaft zur Ernährung der wachsenden Weltbevölkerung aussehen, wenn die Störung der Atmosphäre und der Böden möglichst klein bleiben soll?

Einige der von den Gesellschaftswissenschaften zu klärenden Fragen sind:

- Inwieweit ist das Verhalten verschiedener Gruppen und Kulturen bei veränderten Lebensumständen vorhersehbar?

- Wann und unter welchen Bedingungen sind die Zertifikatslösungen der Besteuerung der Ressourcen vorzuziehen?

- Wie sollten Produktions- und Recyclingtechniken aussehen, damit die Störung der Atmosphäre möglichst gering bleibt?

/ Hydrosphäre

1.3 Hydrosphäre

Wasser ist eine lebenswichtige, regenerierbare Ressource der Erde. Als Folge der besonderen Temperaturverteilung auf unserem Planeten tritt Wasser in allen drei Aggregatzuständen auf (flüssiges Wasser, Wasserdampf, Eis). Die Auswirkungen globaler Umweltveränderungen sind im Ozean und im Süßwasser sehr verschieden. Beherrschende Themen im Unterkapitel „Ozean und Kryosphäre" sind der Meeresspiegelanstieg, Veränderungen der Zirkulation, Verschiebungen bei Fauna und Flora sowie das Schrumpfen der Meereisdecke und das Abschmelzen der Eiskappen. Die Kryosphäre (eisbedeckte Land- und Meeresoberfläche) wird aufgrund der Problemstellung im Ozeanteil behandelt, obwohl die Inland-Eismassen aus Süßwasser bestehen. Im Unterkapitel „Süßwasser" stehen die Knappheit und Verschmutzung mit ihren Verknüpfungen zu zahlreichen anderen Elementen der Natur- und Anthroposphäre im Zentrum der Betrachtung.

1.3.1 Veränderungen des Ozeans und der Kryosphäre

Kurzbeschreibung

Das Weltmeer bedeckt 71 % der Erdoberfläche. Es zeigt sehr komplizierte Strömungsmuster, reagiert langsam mit dem Meeresboden, rascher mit der Atmosphäre, ist die wichtigste Quelle für den Niederschlag auf den Kontinenten und Senke für Einträge vom Land. In ihm entstand wahrscheinlich das Leben. Während in der Atmosphäre die Zeitskalen kurz (Stunden oder Tage für ein Tiefdruckgebiet) und die räumlichen Skalen der Wirbel groß (10^3 km) sind, reagiert der gesamte Ozean auf Veränderungen in der Atmosphäre relativ langsam (Jahrhunderte), und die ozeanischen Wirbel sind um eine Zehnerpotenz kleiner als die atmosphärischen und existieren über Monate.

Die Disziplin der *Meeresforschung* ist relativ jung. Die physikalische und chemische Erforschung des Ozeans erfuhr Mitte dieses Jahrhunderts einen starken Aufschwung durch die Einführung neuer Meßverfahren. Über das Leben im Meer sind die Kenntnisse jedoch immer noch lückenhaft, auch wenn die wirtschaftlich wichtigen Fische, Krebse, Tintenfische und Muscheln in ihrer Lebensweise gut erforscht sind. Das Verhalten des Menschen bei der Ausbeutung dieser „lebenden Ressourcen" ist bis heute noch das des Sammlers und Jägers. Es wird kaum eine über Fangregulierungen hinausgehende Bewirtschaftung betrieben, die etwa mit der planmäßigen Nahrungsmittelproduktion in der Landwirtschaft vergleichbar ist.

Der Ozean ist nicht nur *Nahrungsquelle* für den Menschen, sondern auch einer der wichtigsten *Verkehrswege* und die *Senke* für einen großen Teil unserer Abfallstoffe. Er liefert *Bodenschätze* und in zunehmenden Maße *Rohstoffe* für die Pharmaindustrie.

Neben diesen primär materiellen Aspekten hat der Ozean in neuerer Zeit auch einen bedeutenden ideellen Wert erlangt, nämlich als *Erholungsraum*. Die Zahl der Menschen, die im und auf dem Wasser sowie an der Küste Erholung suchen, steigt ständig, und der marine Tourismus ist vielerorts einer der am schnellsten wachsenden Wirtschaftszweige.

Die Nähe zum Meer hat für viele Menschen aus den unterschiedlichsten Gründen, seien es wirtschaftliche oder ideelle, einen großen Wert: heute leben etwa 70 % der Weltbevölkerung innerhalb 200 km Entfernung von der Küste, und zwei Drittel aller Metropolen mit mehr als 2,5 Mio. Einwohnern liegen an der Küste. Zwischen 100 und 200 Mio. Menschen bewohnen Küstenabschnitte, die durch Sturmfluten akut gefährdet sind.

Die Auswirkungen globaler Umweltveränderungen auf den Ozean werden viele Länder vor große Probleme stellen, einige Inselstaaten sind sogar in ihrer Existenz bedroht. Aus den unterschiedlichen Funktionen, die der Ozean und insbesondere die Küstengewässer für die menschliche Gesellschaft haben, ergeben sich gravierende Interessenkonflikte nicht nur zwischen Nutzungs- und Schutzbestrebungen, sondern auch zwischen verschiedenen Nutzungsformen. Globale Umweltveränderungen werden diese Konflikte teils verlagern und teils akzentuieren.

Ursachen

Über die Veränderung der Zusammensetzung der Atmosphäre wirkt der Mensch auf das Weltmeer als Ganzes ein (siehe 1.1). Die indirekten Einflüsse des *verstärkten Treibhauseffekts* und der *erhöhten UV-B-Strahlung* übertreffen sicherlich in ihrer räumlichen Ausdehnung wie auch in der Bedeutung die direkten Eingriffe des Menschen, die zu kurz- und langfristigen Veränderungen im lokalen und regionalen Bereich führen. Dazu zählen

- die zunehmende *Meeresverschmutzung* durch Überdüngung und Einleitung industrieller und häuslicher Abwässer sowie die Verklappung festen Mülls (z. B. nuklearer Abfall),

- die *Ausbeutung von ozeanischen Ressourcen*, zum einen der Abbau von Rohstoffen wie Erdöl und -gas, Erze, Sand, Korallenkalke, zum anderen die Überfischung der natürlichen Populationen und

- unkontrollierte *Küstenbebauung* und *Landgewinnung*.

Ein Beispiel für regionale/lokale *Meeresverschmutzung*, die alle Küstenregionen der Welt treffen kann, ist der Eintrag von Öl aus der Schiffahrt und Offshore-Aktivitäten. Davon machen die spektakulären Tankerunfälle mit etwa 20 % einen vergleichsweise geringen Anteil aus; der überwiegende Teil gerät beim Umladen und beim routinemäßigen Schiffsbetrieb ins Meer (Bookman, 1993).

Die wichtigsten, aufgrund der atmosphärischen Veränderungen zu erwartenden Folgen für den Ozean sind

- höhere Wassertemperaturen, besonders in der Deckschicht,

- Anstieg des Meeresspiegels,

- veränderte Tiefenzirkulation,

- Verlagerung ozeanischer Fronten und Meeresströmungen,

- Veränderungen der Beimengungen im Meerwasser durch veränderten Gasaustausch mit der Atmosphäre,

- Veränderungen der marinen Biosphäre.

Kriterium für die Reihenfolge dieser genannten Punkte ist der Grad der Gewißheit bei der Vorhersage: nur über Wassertemperatur und Meeresspiegelhöhe stehen Zeitreihen von zeitlich und räumlich relativ hochauflösenden, direkten Messungen zur Verfügung (Jones et al., 1986), die den jeweiligen Anstieg in den vergangenen 100 Jahren belegen.

Erhöhte Wassertemperaturen sind Folge des verstärkten globalen Treibhauseffekts (siehe 1.1.1). Der *Meeresspiegelanstieg*, dessen Rate für die letzten 100 Jahre mit ca. 1,5 mm pro Jahr gemessen wurde, hat im wesentlichen zwei Ursachen: das verstärkte Abschmelzen von Gebirgsgletschern (Haeberli, 1992) und die Ausdehnung des Meerwassers bei Erwärmung. Bei einem ungebremsten Anstieg der atmosphärischen CO_2-Konzentration im Laufe der nächsten 100 Jahre wird der Meeresspiegelanstieg nach neuesten Berechnungen auf 48 cm geschätzt (Wigley und Raper, 1992); diese prognostizierte Rate ist mindestens dreimal so hoch wie die im letzten Jahrhundert gemessene.

Für die *Verlagerungen von Meeresströmungen* und die damit verbundenen Änderungen im Wärmetransport sind derartige Schätzungen noch nicht möglich. Gekoppelte Ozean/Atmosphären-Klimamodelle weisen auf regionale Veränderungen im Nordatlantik hin. Dort wird das Absinken kalter Wassermassen vermindert, das einen zentralen Bestandteil der globalen Zirkulation darstellt. Störungen in diesem Teil des ozeanischen Systems sind Ursache für weltweite Veränderungen in der Zirkulation. Ähnliches gilt für die Bodenwasserbildung im Weddell Meer in der Antarktis. Modellrechnungen des Max-Planck-Instituts für Meteorologie in Hamburg sagen im Zusammenhang mit einer verringerten Tiefen- und Bodenwasserbildung auch eine Abschwächung des Golfstroms um ca. 20 % voraus (Mikolajewicz und Maier-Reimer, 1990). Für die Küstenauftriebsgebiete wird dagegen eine Intensivierung des Auftriebs aufgrund verstärkter küstenparalleler Winde vermutet (Bakun, 1990). Diese könnten durch die stärkere Erwärmung der Landoberfläche entstehen, wodurch der Luftdruckgradient zwischen Land und Ozean anwächst und die Windgeschwindigkeit zunimmt.

Im Ozean ist etwa fünfzigmal soviel Kohlenstoff in Form von Karbonaten, Hydrogenkarbonaten, gelöstem organischen Kohlenstoff und Kohlendioxid (CO_2) gelöst wie in der Atmosphäre. Allein in der Deckschicht mit etwa 75 m Mächtigkeit ist schon soviel Kohlenstoff gespeichert wie in der gesamten Atmosphäre (Enquete-Kommission, 1990a). Berechtigterweise wurde daher die Frage gestellt, ob der Ozean das durch menschliche Aktivitäten zusätzlich produzierte CO_2 aufnehmen könnte. Diese Frage ist nicht leicht zu beantworten. Durch die Aufnahme von CO_2 aus der Luft wird das Oberflächenwasser schwach angesäuert. Dadurch verschiebt sich im Seewasser das Mengenverhältnis leicht vom Karbonat über das Hydrogenkarbonat zu gelöstem CO_2. Folglich wird die Aufnahmekapazität für CO_2 etwas verringert. Diesem Effekt trägt der nach R. Revelle benannte Faktor Rechnung, demzufolge eine Verdopplung des atmosphärischen CO_2-Gehalts die Konzentration an gelöstem Kohlenstoff im Oberflächenwasser nur um knapp 10 % erhöht. Der Abtransport des gelösten CO_2 aus dem Oberflächenwasser in die Tiefe erfolgt in Zeiträumen von 100 – 1000 Jahren durch Diffusion und Durchmischung; biologische Prozesse und physikalische Absinkvorgänge (Tiefenwasserbildung) können ihn sehr beschleunigen.

Der *Netto-Eintrag von CO_2* aus der Atmosphäre in das Meer wird heute auf 1,6 Mrd. t Kohlenstoff pro Jahr geschätzt (Tans et al., 1990). Sehr kontrovers diskutiert wird dabei die Rolle des marinen Planktons, das durch die sogenannte „Kohlenstoffpumpe" mit dem Absinken toter Organismen oder Kotpillen Kohlenstoff in die Tiefen des Ozeans transportiert (Tans et al., 1990; Broecker, 1991; Longhurst und Harrison, 1989; Sarmiento, 1991). Allerdings reicht das Potential dieser Kohlenstoffpumpe, auch bei stark gesteigerter Planktonproduktion, nicht aus, um die unausgeglichene Kohlenstoffbilanz zu erklären: In der Atmosphäre werden ca. 2 Mrd. t Kohlenstoff pro Jahr weniger gemessen, als von der Menschheit freigesetzt werden. Hierfür kommen als Senke eher die Wälder in Frage (siehe 1.5.1).

Der dramatische spätwinterliche *Ozonabbau über der Antarktis* lenkte jüngst die Aufmerksamkeit auf das Südpolarmeer, eine stark exponierte Region für eine Schädigung biologischer Systeme durch erhöhte UV-B-Strahlung. Felduntersuchungen ergaben eine Reduktion der Primärproduktion im Südfrühling um 6 bis 12 % im Vergleich zu Gebieten ohne Ozonausdünnung (Smith et al., 1992a). Antarktisches Phytoplankton weist im Vergleich mit tropischem Phytoplankton eine stark erniedrigte Resistenz gegenüber UV-B-Strahlung auf (Helbling et al., 1992). Noch steckt aber die Forschung zu den ökologischen Auswirkungen des Ozonlochs über der Antarktis in den Kinderschuhen. Zu wenig ist dort über die physikalisch-chemischen Bedingungen der Atmosphäre im Frühjahr und die biologischen Reaktionen der oft endemischen Arten mit ihren Reparatur- und Schutzmechanismen bekannt (Karentz, 1991).

Auswirkungen

Globale Auswirkungen

Faßt man die genannten Punkte zusammen, lassen sich Wassertemperatur- und Meeresspiegelanstieg vergleichsweise gut vorhersagen. Ihnen wird deshalb in diesem Abschnitt die größte Aufmerksamkeit gewidmet, während die übrigen, weit weniger erforschten Veränderungen nur kurz angesprochen werden.

Eine weitere *Erhöhung der Luft- und Wassertemperaturen* bedeutet eine Verstärkung bestimmter Streßfaktoren für diejenigen Arten und Lebensgemeinschaften, die bereits jetzt periodisch an der oberen Grenze ihrer Temperaturtoleranz leben, wie z. B. Korallen oder Artengemeinschaften im Gezeitenbereich der Watten. Es wird vermutet, daß die Zunahme der Häufigkeit und Intensität von kurzfristigen Temperaturschwankungen wesentlich schädlicher für Korallen und damit für das gesamte Ökosystem „Korallenriff" ist als ein allmählicher Anstieg der Durchschnittstemperaturen (Salvat, 1992; Smith und Buddemeier, 1992). Für große Teile der Bevölkerung in Küstenregionen sowie auf Inseln in tropischen Breiten hätte ein Absterben von Korallenriffen weitreichende Folgen. Sie dienen als Baugrund, liefern Baumaterial, sind Habitat (Lebensraum) für Fische und nicht zuletzt ein wichtiger Faktor für den Tourismus.

Besondere Bedeutung hat die Veränderung der atmosphärischen Zirkulation über den Ozeanen bei *erhöhter Oberflächentemperatur* des Wassers. Seit kurzem ist bekannt, daß ein direkter Zusammenhang zwischen der maximalen Intensität tropischer Wirbelstürme und der Differenz zwischen Oberflächen- und Tropopausentemperatur (ca. 110 °C im Gebiet der Wirbelstürme; Emanuel, 1988) besteht. Bei Erwärmung der Wasseroberfläche durch den erhöhten Treibhauseffekt werden damit höchstwahrscheinlich

- die von Wirbelstürmen betroffenen Flächen ausgeweitet,

- die maximalen Intensitäten der Stürme erhöht,

- deren Zugbahnen verändert.

Obwohl jüngst (Flohn et al., 1992) die Intensivierung des Wasserkreislaufs in den Tropen während der vergangenen Jahrzehnte beschrieben wurde, d.h. daß eine überdurchschnittliche Erwärmung der mittleren Troposphäre auftritt (wie auch in den gekoppelten Ozean-Atmosphäre-Modellen vorhergesagt), ist die Beweisführung einer Zunahme der Sturmhäufigkeit, wie immer bei seltenen Ereignissen, schwierig. Noch ist umstritten, ob die Häufigkeit und Intensität von Stürmen über den Ozeanen in tropischen und gemäßigten Breiten generell zunimmt. Für den Nordatlantik konnte festgestellt werden, daß sich die Zahl der winterlichen Orkantiefs in den vergangenen 40 Jahren mehr als verdoppelt hat. Vor allem eine Zunahme der tropischen Wirbelstürme wäre für Natur und Menschen gleichermaßen verheerend. Einige Küstenbereiche können zusätzlich dadurch geschädigt werden, daß sie ihres natürlichen Schutzes, wie vorgelagerter Riffe (tropische Küsten), flacher Inseln (z.B. Südostküste der USA) oder Küstenwälder (Mangroven) beraubt werden (Titus und Barth, 1984).

Der *Meeresspiegelanstieg* wird erhebliche Auswirkungen auf alle Ökosysteme im Küstenbereich haben, da große, niedrig gelegene Landflächen oder Deltagebiete durch Überflutungen verlorengehen können. Ein Verlust von Biotopen im Küstenbereich (Mangroven, Seegraswiesen, Salzmarschen) ist dann zu erwarten, wenn die natürliche Topographie oder anthropogene Veränderungen des Hinterlandes einen Rückzug, also die Verschiebung des jeweiligen Ökosystems landeinwärts, nicht zulassen. Dieses ist auch in natürlichen Gebieten nicht möglich, wenn der Meeresspiegel so schnell ansteigt, daß die Artengemeinschaften das rückwärtige Gebiet nicht rechtzeitig besiedeln können.

Ein weiterer wichtiger Effekt kommt hinzu: ein Meeresspiegelanstieg verschiebt die Grenze zwischen Salz- und Süßwasser nicht nur an der Küste, sondern auch im Grundwasserbereich und in den Ästuaren (UNESCO, 1990). Besonders gefährdet sind dabei die Süßwasserlinsen von flachen Inseln und Atollen (Miller und Mackenzie, 1988; Hulm, 1989). In einem solchen Fall wird eine Versalzung zur Beeinträchtigung oder gar Zerstörung der vom Süßwasser abhängigen Flora und Fauna führen und den Menschen die Lebensgrundlage entziehen.

Das *Meereis* spielt eine wichtige Rolle im Klimasystem und beeinflußt über seine Verteilung in den polaren Gebieten die atmosphärische und ozeanische Zirkulation in mehrfacher Weise. Aufgrund der hohen Albedo (Rückstrahlvermögen) und des guten Isolierungsvermögens modifiziert das Meereis die Strahlungsbilanz und den Austausch von Impuls, Wärme und Stoffen zwischen dem Ozean und der Atmosphäre. Beim Gefrieren sondert das Meereis salzhaltigeres und damit schwereres Wasser ab und treibt damit die Bildung von Tiefenwasser und die Durchmischung der Ozeane an. Die Ausdehnung der Meereisgebiete ist daher von eminenter Wichtigkeit für das Klimageschehen, hat aber keinen erheblichen Einfluß auf die Höhe des Meeresspiegels.

Eine veränderte *Zirkulation der Ozeane* kann die biologische Produktivität im Küstenbereich und somit die Versorgung der Bevölkerung beeinträchtigen (UNESCO, 1990) oder aber, z.B. bei verstärktem Küstenauftrieb (Bakun, 1990), verbessern. Andere Auswirkungen, wie Veränderungen im Zeitpunkt der Planktonblüte, verschobene Nahrungsverteilung zwischen schwimmender und am Boden lebender Fauna (Townsend und Cammen, 1988) oder Fluktuationen der Fischbestände (Southward et al., 1988) sind noch nicht ausreichend sicher mit einer veränderten Zirkulation des Ozeans zu verknüpfen (IGBP, 1990). Allgemein werden im Küstenbereich aber erhebliche Änderungen der Primärproduktion erwartet (Paasche, 1988).

Die Auswirkungen eines beschleunigten Meeresspiegelanstiegs *für die betroffenen Menschen* wurden exemplarisch für die Inseln im Südpazifik dargestellt (Hulm, 1989). Dort haben sich 36 Inselstaaten zur Alliance of Small Island States (AOSIS) zusammengeschlossen, um den Forderungen nach Maßnahmen gegen die befürchtete Klimaänderung Nachdruck zu verleihen (siehe 2.2). Die meisten der bei Hulm genannten Punkte sind auf andere Inseln und Küstenländer der Welt übertragbar.

Der Meeresspiegelanstieg hat Folgen für die folgenden Bereiche:

- *Lebensraum*: Der verfügbare Lebensraum wird eingeschränkt oder, im schlimmsten Fall (kleine, flache Inseln), vollständig zerstört, und die Küstenbevölkerung wandert, wenn möglich, landeinwärts, wobei sich dort die Siedlungsdichte erhöht.

- *Lebensmittelproduktion*: Marine (Korallenriffe, Seegraswiesen) und küstensäumende (Mangrovenwälder) sowie terrestrische Nahrungsquellen (Landwirtschaft, Trinkwasser) werden in ihrem Ertrag eingeschränkt oder gehen verloren.

- *Wirtschaft*: Verstärkter Küstenschutz oder, wo nicht möglich, Verlagerung von Wohnsiedlungen, Industrie- oder Hafenanlagen, Verlust von Stränden oder anderen Küstenbereichen mit hohem Freizeitwert bedeuten erhebliche finanzielle Belastungen bzw. Einbußen für die betroffenen Länder.

- *Gesellschaft/Kultur*: Zur Migration gezwungene Menschen werden entwurzelt, wichtige Kulturgüter gehen verloren.

Regionale / lokale Auswirkungen

Die Erwärmung des Meerwassers zeigt regional ähnliche Unterschiede wie die Erwärmung der oberflächennahen Luft (siehe 1.2). Es ist auch sicher, daß das absolute Meerwasservolumen zunimmt, aber ebenfalls mit regionaler Differenzierung; die Zunahme ist nicht an allen Küsten als Meeresspiegelanstieg spürbar. Einige Küstenregionen steigen durch die Entlastung nach dem Rückzug der glazialen Inlandeismassen und Gletscher auf (isostatische Ausgleichsbewegungen), so daß hier ein relatives Sinken des Meeresspiegels registriert wird. Davon sind z. B. Skandinavien und die kanadischen Küsten betroffen. Andere Regionen, wie die Niederlande, sinken dagegen ab. Lokal sinken durch menschliche Eingriffe Küstenbereiche ab, z. B. in Venedig, Bangkok und in Deltabereichen des Mississippi und des Nil (Wells und Coleman, 1987; Milliman et al., 1989). Diese Gebiete sind bei einem weiteren Meeresspiegelanstieg besonders gefährdet.

Mit der Gefährdung von Küstenregionen durch den Meeresspiegelanstieg befaßt sich die „*Coastal Zone Management Subgroup*" (CZMS, eine Arbeitsgruppe des IPCC). In ihrem Bericht „Global Climate Change and the Rising Challenge of the Sea" (1992) sind die Ergebnisse der bisher durchgeführten Fallstudien zur Gefährdungsabschätzung zusammengefaßt. Nach dieser Studie muß bei küstennahen Feuchtgebieten, von denen ca. ein Drittel große ökologische und ökonomische Bedeutung haben (Salzmarschen, Gezeitenzone, Mangroven), an der südamerikanischen und der afrikanischen Atlantikküste, in Australien sowie Papua-Neu Guinea mit besonders hohen Verlusten gerechnet werden. Die am stärksten von Überflutungen bedrohten Regionen sind nach diesen Studien kleine Inseln, die afrikanischen Mittelmeer- und Atlantikküsten und die Küste des indischen Subkontinentes.

Die direkten Eingriffe des Menschen in die ozeanischen Systeme können also insbesondere in den *Küstenregionen* schwerwiegende Folgen für die Bevölkerung haben. Hinzu kommt, daß die Auswirkungen der direkten Eingriffe und die klimabedingten Veränderungen sich gegenseitig beeinflussen und sich oft in ihren negativen Folgen gegenseitig verstärken. Diese Entwicklung ist besonders für Länder in tropischen und subtropischen Breiten zu einem akuten Problem geworden (Fallstudien: Madagaskar; Vasseur et al., 1988; Südost-Asien; White, 1987), da hier die natürlichen Ressourcen des Ozeans häufig die wichtigste Grundlage für die Ernährung der Bevölkerung darstellen. Die zunehmende Wasserverschmutzung sowie der Raubbau an der Natur, zum einen durch die Fischerei, zum anderen durch die Beeinträchtigung oder gar Zerstörung natürlicher Lebensräume, entziehen den Küstenbevölkerungen ihre Lebensgrundlagen. Dies betrifft im wesentlichen die Nahrungsgrundlage direkt, sowie zusätzlich die Nahrungsmittelproduktion für den Export und den Tourismus.

Im Zusammenhang mit der *Meeresverschmutzung* muß berücksichtigt werden, daß alle Arten der Abfalleinbringung (fest und flüssig) zwar eher lokal oder regional sind, diese aber durch die teilweise recht effektive Verbreitung mit Meeresströmungen über die einzelnen Hoheitszonen hinaus schnell zu einem internationalen Problem werden können. Ein typisches Beispiel ist die Verschmutzung und Überdüngung der Ostsee über Oder, Weichsel und Newa sowie aus der Luft – hiervon sind alle Ostseeanliegerstaaten unmittelbar betroffen. Ähnliches galt für die Ölteppiche im Persischen Golf. Kriege und die Atomwirtschaft haben – wie wir zum Teil erst jetzt erfahren – Altlasten in Form von Giftgas und Atommüll im Ozean hinterlassen und damit möglicherweise Probleme von überregionalem Ausmaß erzeugt.

Die meisten in diesem Abschnitt aufgeführten Probleme stellen sich derzeit noch eher lokal oder regional dar. Die Industrieländer stehen hier aber als Exporteure und als Hauptverursacher der globalen Klimaveränderung in der Pflicht. Sie sollten präventive Maßnahmen, wie Aufklärung und Ausbildung (siehe 2.4) stärker unterstützen, Technologietransfer bei Abwasserreinigung, Küstenschutz und nachhaltiger Nutzung der natürlichen Ressourcen (siehe 2.2) durchführen und direkte Hilfe im Katastrophenfall leisten.

Neben den Klimaveränderungen betreffen auch intensives *Bevölkerungswachstum* und die großen Wanderungsbewegungen die Küstenregionen in besonderem Maße. Hier entstehen Ballungszentren mit großer Verkehrsdichte und hoher Abfallbelastung, und damit wachsender Zerstörung der natürlichen Lebensräume und ihrer Ressourcen.

Zeitliche Auswirkungen

Die Meerwassertemperatur und der Meeresspiegel verändern sich nur langsam. Die Auswirkungen an der Küste werden oft erst bei Sturmflutereignissen, dann aber plötzlich, als Katastrophen sichtbar. Wann dies für die einzelne Region der Fall ist, kann nicht hinreichend genau vorhergesagt werden, da weder die Vorhersagen der Klimaänderungen regionalisiert vorliegen, noch die Extremwertstatistik für Flutkatatrophen eine zeitliche Vorhersage erlaubt. Die im Vergleich zu anderen Naturkatastrophen extreme Zunahme der privat versicherten Sturmschäden (Münchener Rück, 1992) weist schon jetzt auf die Bedeutung klimatischer Veränderungen hin. Auch die Folgen der durch erhöhte CO_2-Aufnahme veränderten Zusammensetzung des Meerwassers und der verstärkten UV-B-Strahlung können sich schon kurzfristig, sogar innerhalb weniger Jahre, bemerkbar machen.

In mehreren Modellrechnungen deutet sich an, daß das Zirkulationsmuster im Nordatlantik bereits durch relativ geringe Veränderungen im Süßwassereintrag (Schmelzwasser, Niederschlag) innerhalb weniger Jahrzehnte beträchtlich gestört werden kann (Stocker und Wright, 1991).

Bewertung / Handlungsbedarf

Ozeanische Prozesse sind in ihren Dimensionen zu groß, als daß sie durch den Menschen direkt steuerbar oder beeinflußbar wären. Sie reagieren aber auf den vom Menschen verursachten zusätzlichen Treibhauseffekt und den Ozonabbau in der Stratosphäre. Um vom Ozean ausgehende Belastungen der Natur- und Anthroposphäre als Folge anthropogener Störungen in anderen Klimasystemkomponenten zu mindern, sind vor allem die Zunahme der Treibhausgase in der Troposphäre und der Ozonabbau in der Stratosphäre zu bremsen und letztlich zu stoppen.

Globale Auswirkungen des Meeresspiegelanstiegs sind zwar erst in Jahrzehnten zu erwarten, besonders stark gefährdete Regionen (flache Küsten und Inseln, Flußästuare) können aber bereits sehr viel früher bedroht sein. Die Coastal Zone Management Subgroup (CZMS) hat das Ziel, die Auswirkungen des Meeresspiegelanstiegs auf Bevölkerung, Wirtschaft, ökologische und soziale Werte sowie auf die landwirtschaftliche Produktion zu erfassen und zu bewerten. Damit allen Küstenländern, insbesondere den ärmeren, ermöglicht wird, eine solche Studie durchzuführen und die erforderlichen Maßnahmen zur Verringerung der Gefährdung einzuleiten, ist die Unterstützung der CZMS durch die Industrieländer mit Finanzmitteln, Technologie und Wissen erforderlich. Der Beirat empfiehlt, daß sich die Bundesrepublik Deutschland hier ähnlich wie die Niederlande aktiv engagiert.

Der küstennahe Bereich des Ozeans ist sicherlich eines der empfindlichsten marinen Systeme, aber gleichzeitig auch das am stärksten genutzte. Die direkten lokalen oder regionalen menschlichen Eingriffe, wie Bohrplattformen, Küstenbauwerke, Ansiedlungen, Einleitungen, Verklappung und Überfischung, sind jedoch vom Menschen kontrollierbar und müssen daher kurzfristig auf ein von den Anrainerstaaten definiertes, erträgliches Maß beschränkt bzw. rückgängig gemacht werden. Dabei stellt sich das Problem, daß die vielfältigen Nutzungsinteressen miteinander um den verfügbaren Raum konkurrieren. Es ist daher notwendig, ähnlich wie bei landgeographischen Konzepten, durch fachübergreifende Zusammenarbeit von Naturwissenschaftlern und Ökonomen Planungskonzepte zu erstellen, die eine nachhaltige Nutzung der marinen Ressourcen – und dazu ist auch der Tourismus zu zählen – bei zunehmender menschlicher Ansiedlung in den Küstenregionen gewährleisten. Hier bietet das Konzept des integrierten Küstenmanagements (ICM = Integrated Coastal Management) einen vielversprechenden Lösungsansatz. Die Umsetzung des ICM ist ein kontinuierlicher Prozeß. Er bedarf der direkten Einbindung aller betroffenen Gruppen aus Wirtschaft, Wissenschaft, Politik, Planung und Verwaltung sowie der Öffentlichkeit. In dieser Hinsicht besteht in der Bundesrepublik Deutschland nach Auffassung des Beirats ein erhebliches Defizit. Die Nordsee und in noch stärkerem Maße die Ostsee bieten sich für ein international abgestimmtes Management geradezu an. Hier könnte die Bundesrepublik wichtige wissenschaftliche und politische Vorarbeiten leisten bzw. Erfahrungen einbringen.

Um Aktivitäten im offenen Ozean zu reglementieren, die überregionale, wenn nicht sogar globale und vor allen Dingen langfristige Auswirkungen haben, z. B. das Versenken von nuklearem Müll in der Tiefsee, sind internationale Abkommen notwendig. Im Vergleich zu den schon relativ weit entwickelten Reglementierungen des Transports von Erdöl sowie der Bekämpfung und Haftung bei Tankerunfällen besteht hinsichtlich der Verbringung von gefährlichem Müll in den offenen Ozean noch erheblicher juristischer und politischer Handlungsbedarf.

Forschungsbedarf

Derzeit sollte sich unter dem Gesichtspunkt der globalen Umweltveränderungen die ozeanbezogene Forschung vor allem auf zwei Aufgabenbereiche konzentrieren:

- Erforschung, Überwachung und Prognose des Klimas im Ozean. Hierzu gehört auch das Verständnis der dieses Klima steuernden Prozesse.

- Erforschung der Wechselbeziehungen zwischen Mensch und Ozean. Hierzu müssen neue theoretische und empirische Ansätze gefunden werden, welche die naturwissenschaftlichen mit den sozioökonomischen Aspekten der Mensch-Umwelt-Beziehungen ganzheitlich verknüpfen.

Im einzelnen ergeben sich aus den genannten Aufgabenbereichen folgende Schwerpunkte:

- Überwachung des Klimas im Ozean und Erstellung von Zeitreihen, die in naher Zukunft eine längerfristige Vorhersage ermöglichen, die über die Wettervorhersage hinausgeht (geplantes Projekt: GOOS = Global Ocean Observing System). Die zeitlichen Begrenzungen der Vorhersage sind durch die Zeitskalen der steuernden physikalischen Prozesse vorgegeben.

- Erforschung der Polarmeere mit Schwerpunkt auf den Meereisgebieten. Diese sind von globaler Bedeutung: bereits kleine Temperaturänderungen können für das Abschmelzen von Meereis entscheidend sein, was gravierende Folgen für die Strahlungsbilanz und den Wärmehaushalt der Erde haben wird.

- Abschätzung der Einflüsse von erhöhter UV-B-Strahlung und Temperaturerhöhung auf marine Organismen und Lebensgemeinschaften.

- Erforschung der Prozesse in der Tiefsee, welche mit dem Kohlenstoffkreislauf zusammenhängen, sowie der Tiefen- und Bodenwasserbildung. Auch die biologische Vielfalt sowie die ökologische Bedeutung des Tiefseeraumes muß weiter untersucht werden, vor allem im Hinblick auf die mögliche Endlagerung von Sondermüll oder die Nutzung durch Meeresbergbau. In den Mikroorganismen am Meeresboden wird, ähnlich wie in den Tropenwäldern, ein großes Potential für die pharmazeutische Industrie vermutet.

- Ozeanüberwachung und Tiefseeforschung stellen neue Anforderungen an die marine Meßtechnik und die Unterwasser-Robotik. Hier besteht ein ingenieurwissenschaftlicher Forschungsbedarf.

- Verbesserung der Kenntnisse über Küstenprozesse und der Wechselbeziehungen Land-Meer. Dies ist besonders wichtig in Rand- und Binnenmeeren sowie in den Tropen, da in diesen Regionen der größte Druck auf die Ökosysteme ausgeübt wird.

- Entwicklung neuer Konzepte zur nachhaltigen Nutzung von Ozeanressourcen und zum Küstenmanagement, welche auf die regional unterschiedlichen Bedürfnisse und Prioritäten abzustimmen sind. Diese Zusammenhänge müssen vor allem für tropische Regionen erforscht werden.

- Entwicklung von Biotechnologien, die in der Marikultur natürliche marine Ressourcen (Algen u.a.) nutzen und mit Sonnenenergie betrieben werden können. Bei einer Weiterentwicklung der Marikultur hin zu einer benutzer- und umweltfreundlichen Technologie stellt sie ein bedeutendes Potential für Entwicklungsländer dar.

1.3.2 Qualitative und quantitative Veränderungen im Bereich Süßwasser

Kurzbeschreibung

Wasser ist unser wichtigstes Lebensmittel; zum Überleben braucht der Mensch täglich mindestens zwei Liter Flüssigkeit. Die Nutzung von Wasser ist auch wirtschaftlich von großer Bedeutung; eine qualitativ und quantitativ ausreichende Wasserversorgung ist Voraussetzung jeder nachhaltigen Entwicklung. Das Wasser hat zudem wesentlichen Anteil am Klimageschehen (hydrologischer Kreislauf, Energietransport im Wasserdampf, Eiskappen) und ist entscheidend beteiligt an Prozessen in Lithosphäre (Verwitterung von Gestein, Formung von Landschaften über Wassererosion, Frostsprengung) und Pedosphäre (Verlagerung von Stoffen im Profil, Humusbildung); es ist die Grundlage *aller* Lebensvorgänge auf der Erde. Diese Funktionen des Wassers als Lebensmittel, als ökonomische Ressource und als ökologisches Medium werden in einer weiteren, kulturellen Rolle reflektiert: Wasser war und ist in vielen Ländern ein wichtiges Kulturelement mit ausgeprägten mythologischen und religiösen Bezügen.

Beim Wasser stehen sich, deutlicher wohl als bei den anderen Umweltmedien, zwei verschiedene Sichtweisen bzw. Aufgaben gegenüber: Wasser als ökonomische Ressource, die effizient zu bewirtschaften ist, und Wasser als kulturtragendes, öffentliches (gelegentlich sogar heiliges) Gut. Diese Sichtweisen bzw. Aufgaben werden oft getrennt voneinander oder isoliert betrachtet, sind aber eng miteinander verknüpft. Beiden ist gemeinsam, daß Wasser mit einem Wert belegt wird, im einen Fall ausgedrückt durch ökonomische Wertschätzung („Wasserpreis"), im anderen Fall durch kulturelle Wertschätzung („Eigenwert des Wassers").

Gefahren für die Ressource Wasser und das Kulturgut Wasser entstehen durch eine Vielzahl von natürlichen und anthropogenen Faktoren. Sie äußern sich in grundlegenden, im Text näher beschriebenen Prozessen, als *Verknappung* und *Verschmutzung*, die häufig mit *Vergeudung* einhergehen. Diese Prozesse treten einzeln, aber auch gemeinsam auf, sind unterschiedlich stark ausgeprägt und bezüglich ihrer Ursachen, ihrer Auswirkungen und der adäquaten Gegenmaßnahmen unterschiedlich zu beurteilen. Sie beinhalten jeweils spezifische Probleme, die jedoch insgesamt als „Wassermangel", d.h. als Fehlen von Wasser in ausreichender Quantität und Qualität bezeichnet werden können, wobei Verschmutzung zur Verknappung beiträgt. Obwohl Wasserprobleme immer an einem konkreten Ort oder in einer bestimmten Region auftreten, also standortspezifisch sind, ist es angebracht, von globalen Wasserproblemen zu sprechen, zumal Häufigkeit, Ausmaß und Reichweite der lokalen und regionalen Probleme im Trend rasch zunehmen.

Unter dem Leitbild der nachhaltigen Entwicklung (*„sustainable development"*) kommt nach Auffassung des Beirats dem Wasser eine zentrale Rolle zu, da es Lebens- und Wirtschaftsgrundlage einer jeden menschlichen Gesellschaft ist, diese Grundlage aber zunehmend gefährdet erscheint.

Ressource Wasser

Die Wasservorräte der Erde bestehen zum größten Teil aus Salzwasser (97 %) und Eis (2 %); lediglich 1 % der Wasservorräte wird als Süßwasser im hydrologischen Kreislauf umgesetzt und ist potentiell dem menschlichen Gebrauch zugänglich. Das Volumen des in diesem Kreislauf bewegten Wassers wird auf rund 500.000 km^3 pro Jahr geschätzt (siehe Kasten: „Der hydrologische Kreislauf").

Besonders wichtig für die Wasserversorgung der Menschen sind die Einzugsgebiete der Flüsse, wobei regional sehr verschiedene Anteile des Grund- und Oberflächenwassers genutzt werden. Etwa die Hälfte dieser Flußeinzugsgebiete (darunter etwa 175 der 200 größten) sind auf die Territorien jeweils mehrerer Staaten verteilt. Der jährliche Durchfluß durch die Flußeinzugsgebiete der Erde wird auf rund 40.000 km^3 geschätzt, von denen rund 3.200 km^3 von Haushalten, Landwirtschaft und Industrie genutzt werden. Die Anteile, die diese drei Formen der Wassernutzung am Gesamtverbrauch haben, sind regional sehr unterschiedlich, wie auch die jeweilige absolut genutzte Menge (Abbildung 5).

Es gilt als sicher, daß global die Wasserentnahme weiter ansteigen wird, insbesondere für landwirtschaftliche und industrielle Zwecke. Schätzungen gehen hierbei insgesamt von einer möglichen Verdopplung innerhalb von zehn Jahren aus, mit den größten Steigerungsraten in den Entwicklungsländern, insbesondere in Zonen mit rascher Bevölkerungszunahme und wachsender Landwirtschaft und Industrie (WRI, 1992a).

Die Wasservorräte geraten lokal und regional verstärkt unter Druck, der vor allem durch Bevölkerungszunahme, Urbanisierung und Industrialisierung, aber auch durch Klimaveränderungen entsteht. Hinzu kommen regionale Konflikte, die zu Auseinandersetzungen um Wasserressourcen führen können (mögliche Fälle: Naher Osten, Nil, Rio Grande u.a.; Gleick, 1992). Dieser Druck äußert sich in Verknappung infolge verminderten Angebots oder

Hydrosphäre

Der hydrologische Kreislauf

Im hydrologischen Kreislauf bewegt sich Wasser als Dampf, Flüssigkeit und Eis über teilweise weite Entfernungen. Es verdunstet über den Ozeanen und Landflächen und wird von Lebewesen abgegeben (Transpiration und Atmung von Menschen, Tieren, Pflanzen). Luftströmungen transportieren den Wasserdampf, und durch Kondensation zu Regen und Gefrieren zu Schnee fällt es zurück zur Erde. Durch ober- und unterirdischen Ablauf fließt es den Ozeanen zu. Der hydrologische Kreislauf wird von der Sonne angetrieben. Die angegebenen Zahlen geben Schätzungen des transportierten Volumens in 1000 km^3 wieder (Abbildung 4).

Abbildung 4: Der hydrologische Kreislauf

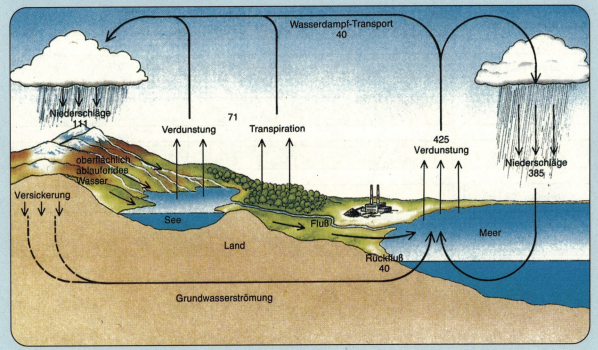

Aus: J.W. Maurits la Rivière, Bedrohung des Wasserhaushalts
In: Spektrum der Wissenschaft, November 1989

Das Wasser steht phänomenologisch zwischen den Umweltmedien Luft und Boden: Luft bewegt sich im Klimageschehen frei um den Globus, während Böden ortsfeste Ressourcen sind. Das Wasser durchdringt und verbindet beide „Welten" durch den stetigen Wechsel von Verdunstung, Transport und Kondensation. Es ist in verschiedener Form sowohl in der Luft als auch in den Böden enthalten und prägt den Charakter der Luftmassen und Böden wesentlich mit. Alle wasserbezogenen Vorgänge haben einerseits für den Energiehaushalt der Erde fundamentale Bedeutung (Stichworte: Wasserdampf als Treibhausgas, Wärmetransport, Heftigkeit von Klimaereignissen), andererseits kommt dem hydrologischen Kreislauf größte Bedeutung für die globalen Kreisläufe der Elemente zu (geochemische Kreisläufe von C, N, S, P, etc.), die für das Leben auf der Erde prägend sind. Wasser ist das Transportmittel der meisten natürlichen Stoffkreisläufe, Ausnahmen gibt es nur bei reinen Gasbewegungen in der Atmosphäre und bei vulkanischen Gesteinsbewegungen. Das lokal verfügbare Wasser ist für die Wirtschaft ein wesentlicher Produktionsfaktor. Landwirtschaft, Transportwesen, Industrie und vor allem Energiewirtschaft hängen ab von einem ausreichenden Wasserangebot. Der hydrologische Kreislauf setzt diesen Nutzungsformen einen Rahmen.

Abbildung 5: Sektorale Anteile am Wasserverbrauch aufgeschlüsselt nach Erdteilen *(nach WRI, 1992a)*

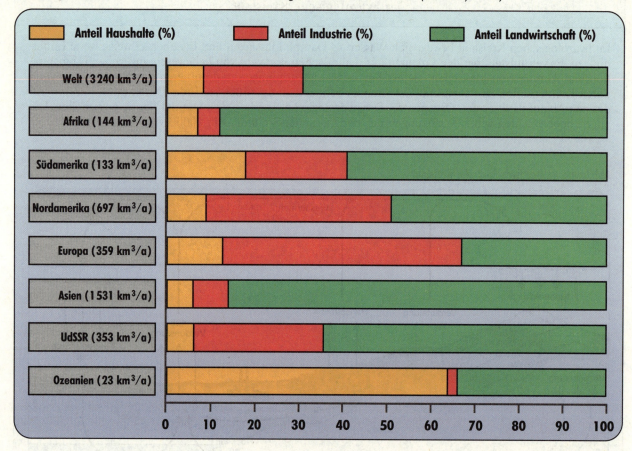

wachsender Nachfrage, in Verschmutzung der Wasserressourcen mit Schadstoffen und Mikroorganismen sowie in Vergeudung infolge sorglosen Umgangs mit Wasser. Letzteres ist bedingt durch Nichtanlastung aller Kosten der Wassergewinnung und -reinigung, unzureichende Zuweisung von Nutzungsrechten oder ineffiziente Technik trotz hoher Wasserpreise. Verschmutzung und Vergeudung beschleunigen die Verknappung, erstere bedroht zusätzlich die Qualität bisher unbeeinflußten Grundwassers und damit die Erneuerung der Ressource Wasser. Die Zahl der Länder bzw. Regionen mit Wasserknappheit wird derzeit auf 26 geschätzt; sie liegen vor allem in Asien, Afrika und im Nahen Osten, und ihre Zahl wird mit hoher Wahrscheinlichkeit weiter zunehmen (Tabelle 6).

Kulturgut Wasser

Wasser als Kulturgut ist in der Diskussion um „*sustainable development*" bisher kaum zu finden oder hinter Formulierungen wie „Sicherung der Trinkwasserversorgung" versteckt (AGENDA 21, Kapitel 18). Wasser spielt im öffentlichen Leben traditioneller Gesellschaften aber auch eine wichtige kulturelle Rolle. Dies betrifft Rituale der Reinigung und Meditation, aber auch den alltäglichen Umgang mit Wasser als Nahrungsmittel. In industriellen Gesellschaften hat Wasser kaum noch kulturelle Bedeutung. So wird Wasser nur noch gelegentlich als Gestaltungselement im öffentlichen Raum eingesetzt, Brunnenanlagen und Wasserarchitektur sind Beispiele dafür.

Die Gefährdung des Wassers betrifft auch seine Egenschaft als Kulturgut. Verfügbarkeit und Reinheit des Wassers spielen für den Bestand vieler Kulturen eine nicht zu unterschätzende Rolle, was sich in einer Vielzahl von wasserbezogenen Traditionen und Normen zeigt. Gewässerschutz ist insofern auch Schutz der Grundlagen menschlicher Kultur (Schua und Schua, 1981).

Tabelle 6: Länder mit akuter Wasserknappheit[1], 1992 und 2010 (WWI, 1993)

Länder nach Regionen	Wasserangebot[2] (m³ pro Kopf und Jahr)		Veränderung (in %)
Jahr	1992	2010	
Afrika			
Ägypten	30	20	− 33
Algerien	730	500	− 32
Botswana	710	420	− 41
Burundi	620	360	− 42
Djibouti	750	430	− 43
Kap Verde	500	290	− 42
Kenia	560	330	− 41
Libyen	160	100	− 38
Malawi	1.030	600	− 42
Marokko	1.150	830	− 28
Mauretanien	190	110	− 42
Niger	1.690	930	− 45
Republik Südafrika	1.200	760	− 37
Ruanda	820	440	− 46
Somalia	1.390	830	− 40
Sudan	1.130	710	− 37
Tunesien	450	330	− 27
Naher Osten			
Bahrain	0	0	0
Israel	330	250	− 24
Jemen	240	130	− 46
Jordanien	190	110	− 42
Kuwait	0	0	0
Libanon	1.410	980	− 30
Oman	1.250	670	− 46
Qatar	40	30	− 25
Saudi Arabien	140	70	− 50
Syrien	550	300	− 45
Vereinigte Arab. Emirate	120	60	− 50
Andere			
Barbados	170	170	0
Belgien	840	870	+ 4
Malta	80	80	0
Niederlande	660	600	− 9
Singapur	210	190	− 10
Ungarn	580	570	− 2

[1] Länder mit weniger als 1.000 m³ Wasserangebot pro Kopf und Jahr.
[2] Geschätzte interne erneuerbare Wasserressourcen pro Jahr, nicht gerechnet Wasserzufluß aus Nachbarländern.

Besonders eng waren und sind die Verknüpfungen zwischen Wasser und Kultur in den asiatischen und arabischen Ländern. In Ländern wie China, den Philippinen oder Indonesien wurden Wasserbau und Bewässerungslandwirtschaft entwickelt und zur Perfektion gebracht. In Mesopotamien, Jordanien und Ägypten bestehen technische Systeme einer „Wasserkultur" seit über 3.000 Jahren. Da die europäische Kultur ihre Wurzeln im Vorderen Orient und im Mittelmeerraum hat, übernahm sie von dort in ihrer Frühphase eine hohe kulturelle Wertschätzung des Wassers.

Kulturelle Traditionen im Umgang mit Wasser sind jedoch weltweit in großem Maße verlorengegangen. Umgekehrt sind moderne Wassertechniken wie Wasserklosett und zentrale Schwemmkanalisation nicht ohne weiteres aus unseren Breiten in andere Regionen übertragbar. In vielen traditionellen Gesellschaften werden Fäkalien z.B. kompostiert und nicht mit Wasser in Berührung gebracht, was insbesondere in Monsunländern mit extremen Regenereignissen seuchenhygienisch sinnvoll erscheint. Die Installation moderner Wassertechniken kann hier nicht nur zu vermehrten Seuchengefahren führen, sondern auch zum Verlust traditionellen Wissens (Koscis, 1988).

Nur vereinzelt können traditionelle Kulturen ihre eigenen Wertvorstellungen über das Wasser gegen das Vordringen westlicher dominanter Werte schützen. Ein erfolgreiches Beispiel ist der Rechtsstreit eines Stammes der Maori in Neuseeland (1991) gegen die Entsorgung städtischer Abwässer in den Kaituna-Fluß und den See von Rotorua. Die Abwässer der installierten Kläranlage werden seither in einer Fichtenplantage versickert, die kulturelle Wertschätzung der Maori für das Wasser wurde auf diese Weise offiziell anerkannt (WM, 1992).

Ursachen

Fünf übergreifende Ursachen globaler Wasserprobleme können unterschieden werden: *Bevölkerungszunahme, Urbanisierung, Industrialisierung, Klimaveränderungen* und *kultureller Wandel*.

In den Entwicklungsländern führt die hohe Bevölkerungszunahme zu einem überproportional schnellen Wachstum der städtischen Siedlungen. Von den zehn größten Städten werden nach vorliegenden Schätzungen im Jahr 2000 acht im Süden liegen, 1960 waren es nur drei (siehe 2.1). Urbanisierung und Industrialisierung (einschließlich Mechanisierung der Landwirtschaft) führen zu einer exponentiellen Zunahme des Wasserverbrauchs. So ist der tägliche Pro-Kopf-Verbrauch in Gebieten mit zentraler Trinkwasserversorgung (Druckleitungen) vielfach um den Faktor 10 angestiegen, wie aus mehreren Fallstudien bekannt ist (Stadtfeld, 1986). Dies kann lokal zu einer Überbeanspruchung und damit zu einer Verknappung der Wasserressourcen führen, die durch Ferntransport ausgeglichen werden muß (Beispiele: Bombay, Frankfurt a.M.). Beide Entwicklungen haben tendenziell steigende Mengen an schadstoffbelastetem Abwasser und Verschmutzung von Grundwasser zur Folge, die der Reinigung bedürfen, was zumeist nur unter erheblichem technischen und finanziellen Aufwand möglich ist und in Entwicklungsländern bisher in der Regel unterbleibt.

Die Industrialisierung beruht vielfach auf dem Umsatz großer Mengen von Energie und Rohstoffen und auf Fertigungsprozessen, die Wasser als Transport- und Betriebsmittel einsetzen. Durch die Ausweitung der industriellen Aktivitäten wächst so global der Wasserverbrauch, bisher zumeist überproportional (Jänicke, 1993). Eine Entkopplung von Industrieproduktion und Wasserentnahme ist erst festzustellen, wenn bestimmte Produktionsprozesse auf Kreislaufführung des Wassers umgestellt werden (Beispiele in der Bundesrepublik Deutschland).

Für den Wasserhaushalt von Landschaften und Regionen spielt auch die mögliche Verschiebung der Klimazonen eine Rolle; Versteppung und Wüstenbildung, Vegetationsschwund, aber auch Überschwemmungen und damit verbundener Bodenverlust sowie Eintrag sauerstoffzehrender Stoffe in Gewässer und Meere hängen eng damit zusammen (siehe 1.2, 1.4 und 1.5).

Eine besondere Art des Verlusts an Kulturtraditionen zeigt sich in einer Vereinheitlichung der technischen und organisatorischen Umgangsformen mit Wasser. Hierbei spielt der Vorbildcharakter der Industriekultur nach westlichem Muster und die Globalisierung der Märkte eine Rolle (siehe 2.2 und 2.4). Ein wichtiges Element dieses Wandels ist der Verlust unmittelbarer Wahrnehmung von Wasser (sowohl der Quellen als auch der Senken). Dies hat Auswirkungen auf den anthropogen beeinflußten Teil des hydrologischen Kreislaufs (Hauser, 1992). Die abnehmende Ausprägung bzw. der Verlust kultureller Werte kann insofern auch als eine Ursache globaler Wasserprobleme angesehen werden.

Lokale Ursachen

In den *Entwicklungsländern* bleibt der Aufbau einer funktionsfähigen Wasserinfrastruktur trotz teilweise großer Anstrengungen meist hinter der Zunahme der Bevölkerung zurück (Weltbank, 1992a). Leckagen verursachen erhebliche Verluste im Wasserversorgungsnetz, nach Schätzungen über 40 %. Der Wasserverbrauch im Industriesektor wächst schnell, häufig auf Kosten der ausreichenden Versorgung des Umlandes und der Randzonen der Städte (Slums). Mega-Städte wie Lagos, Mexico-City und Sao Paulo tragen durch übermäßigen Wasserentzug dazu bei, die sie umgebenden Landstriche in Wüstenlandschaften zu verwandeln (WMO, 1993).

In den ländlichen Räumen der Entwicklungsländer sind alte, zum Teil großflächige Wasserversorgungssysteme vorhanden, die oft noch in gutem Zustand sind. Infolge der Landflucht und zunehmender Bewässerungslandwirtschaft werden diese Systeme häufig durch Anlagen und Praktiken ersetzt, die einen höheren Energieeinsatz erfordern und den lokalen Wasserhaushalt durch hohe Verdunstungsraten nachteilig verändern. Begleitet wird dieser technologische Wandel durch den fortschreitenden Bruch mit alten Rechtsinstitutionen und Traditionen sowie durch Subventionen für die Bewässerungslandwirtschaft.

In den *Industrieländern* wird Wasser vielfach insofern vergeudet, als die Preisbildung nicht alle Kosten der Wasserversorgung und -aufbereitung beinhaltet und dadurch zum Mehrverbrauch anregt. Bei hohem durchschnittlichen Verbrauch pro Kopf und Tag entstehen dadurch erhebliche qualitative Belastungen des Wasserhaushalts. Zwar wächst in den meisten Industrieländern die Wassernachfrage von Haushalten und Industrie nur noch schwach, die Wasserintensität der Landwirtschaft nimmt aber weiter zu. In den Ballungsgebieten entstehen aufgrund des teilweise hohen Alters der Ver- und Entsorgungssysteme erhebliche Wasserverluste (Leckagen) sowie Grundwasser- und Gewässerverschmutzung. Es besteht vielfach ein großer Erneuerungs- und Instandsetzungsbedarf der Wasserinfrastruktur, wobei es finanziell teilweise um enorme Größenordnungen geht (Beispiel Berlin: Schätzung 20 Mrd. DM für die nächsten 10 Jahre).

Die wichtigsten Ursachen der grundlegenden Wasserprobleme können wie folgt beschrieben werden:

- *Verknappung:* Abnahme der Wasserverfügbarkeit aufgrund des hohen Bevölkerungs- und Wirtschaftswachstums, der veränderten Niederschlagsverteilung, der Oberflächenversiegelung, des Verlusts der Vegetationsdecke, der Übernutzung von Wasservorkommen.

- *Verschmutzung:* Eintrag von Schadstoffen aus der Luft (saurer Regen, Staub, Auswaschung), aus Nutzungsprozessen (Industrie, Haushalte, Abwasserentsorgung) und Böden (Landwirtschaft und Abfalldeponien). Problematische Stoffgruppen sind Schwermetalle, Salze, Säuren, synthetische organische Stoffe (insbesondere aus der Chlorchemie), Nährstoffe (Fäkalien, erodierte Böden) sowie pathogene Keime (siehe Tabelle 7).

- *Vergeudung:* Ein im Verhältnis zum langfristig verfügbaren Vorrat, zur Regenerationsrate oder zur Substituierbarkeit übermäßiger Verbrauch von Wasser aufgrund unzureichender Zuweisung von Nutzungsrechten, nicht kostendeckender Preise und/oder der Subventionierung des Wasserpreises, ineffizienter Techniken, hoher Leckagen und des Verlusts an Werthaltungen.

Langfristig wirksam und damit besonders problematisch ist die Grundwasserverschmutzung. Die Neubildung von Grundwasser ist wesentlich an intakte Pflanzendecken und Böden sowie zur Erhaltung der Qualität an das Fernhalten wassergefährdender Stoffe gebunden. In vielen Regionen ist dies nicht mehr gewährleistet. Die Qualität des gebildeten Grundwassers hängt stark von der Nutzungsart der Böden ab. Bestimmte Formen intensiver Landbewirtschaftung belasten das Grundwasser mit Pestiziden und Nährstoffen (z.B. lösliche Inhaltsstoffe der Gülle – Nitratproblem). In den Industrieländern kommt es teilweise auch unter Waldböden zu Nitratauswaschungen ins Grundwasser, insbesondere verursacht durch Stickstoffeinträge aus der Luft durch Verkehrsemissionen, Massentierhaltung und Überdüngung. Bei bewässerten Nutzflächen kann durch Versalzung infolge unangepaßter Techniken die Bodenqualität abnehmen und nachhaltige landwirtschaftliche Nutzung unmöglich werden, wie dies bereits in großen Teilen der Welt der Fall ist (Repetto, 1989).

Regionale Ursachen

Regionale Ursachen globaler Wasserprobleme sind nur unscharf von den genannten lokalen Ursachen zu trennen. Bevölkerungszunahme, Urbanisierung und Industrialisierung sind auch regional wichtige Determinanten der Wassernutzung; Klimaveränderungen und kultureller Wandel sind als globale Phänomene auch regional wirksam.

Eine Typisierung der regionalen Ursachen, aber auch der Auswirkungen der Wasserprobleme kann angelehnt werden an die hydrologische Gliederung der Erde nach Ökozonen (siehe 1.4 und Tabelle 8). Die wirtschaftliche und demographische Entwicklung und damit die wesentlichen anthropogenen Einflüsse auf den Wasserhaushalt hängen eng mit diesen ökologischen Grundlagen zusammen. Die wichtigsten Arten der Wasserbelastung sind in Tabelle 7 zusammengefaßt.

Die Verfügbarkeit von Wasserressourcen kann auch durch regionale Konflikte um die Verteilung oder durch mangelhaftes Wassermanagement beeinträchtigt werden. Etwa 60 % der Menschheit wohnt in grenzüberschreitenden Flußeinzugsgebieten. Geeignete institutionelle Vorkehrungen sind daher Voraussetzung dafür, daß Konflikte um die regionale Wassernutzung vermieden werden (Beispiele: Einzugsgebiete von Ganges, Aralsee, Euphrat, Jordan, Nil, Rio Grande, Colorado, Rio de la Plata).

Globale Ursachen

Wichtige globale Ursachen der Wasserproblematik sind Klimaveränderungen und kulturelle Wandlungsprozesse. Infolge der zu erwartenden Klimaveränderungen ist regional mit anderen Temperaturen und Niederschlagsmengen zu rechnen. Dieses kann zu einer völlig neuen Verteilung der Oberflächenabflüsse und des für die Vegetation und die Menschen verfügbaren Wassers führen.

Historisch gesehen sind erhebliche Veränderungen der das Wasser als Kulturgut betreffenden Deutungen und Werthaltungen eingetreten. Zwei Tendenzen sind besonders deutlich: Zum einen ist die Wertschätzung des Wassers als Ressource und als Kulturgut bei ausreichender Wasserversorgung relativ gering oder nimmt ab, was sich unter anderem darin zeigt, daß Wasser weitgehend aus dem Bewußtsein und dem öffentlichen Leben verdrängt (sozusagen „kanalisiert") ist. Zum andern ist eine hohe kulturelle Wertschätzung des Wassers in Ländern mit absoluter Wasserknappheit zu beobachten, die sich aber aus institutionellen Gründen nicht immer in hohen Wasserpreisen niederschlägt. In vielen Fällen hat die Wassernutzung dort für manche Nutzer gar keinen Preis, während andere, insbesondere die Ärmsten, zwar keinen in Geld ausgedrückten Preis zahlen, jedoch das Wasser über oft lange Strecken zu Fuß transportieren müssen.

Auswirkungen

Die Auswirkungen der Veränderungen des Wasserhaushalts auf die Schutzgüter sind ausgesprochen vielfältig und durch gleichzeitige oder zeitlich versetzte Rückkopplungen gekennzeichnet. Sie lassen sich nach Auswirkungen auf die Natur- und Anthroposphäre sowie nach Regionen und Zeithorizonten sinnvoll differenzieren.

Natursphäre

Der hydrologische Kreislauf ist durch eine große räumliche und zeitliche Dynamik gekennzeichnet; Quantität und Rhythmus aller Transportvorgänge verändern sich laufend. Das Wasser als Träger oder Grundlage aller Lebensprozesse ist auf das engste mit allen Vorgängen in der Natursphäre verbunden, was die Beschreibung der Auswirkungen der Wasserprobleme auf die Natursphäre an dieser Stelle nur in allgemeiner Form möglich macht (WRI, 1992a; Postel, 1992). Folgende Zusammenhänge dürften besonders wichtig sein:

- *Klima*: Die Austauschprozesse des Wassers zwischen Atmosphäre und den Ozeanen bzw. den Landflächen bestimmen wesentlich das Klima. Die Veränderung des Wasserhaushalts im Boden, auf der Erdoberfläche und in der Vegetation hat Auswirkungen auf das lokale Klima; bei größeren Veränderungen (Beispiel: großflächige Waldrodung) kann auch das regionale Klima beeinflußt werden.

- *Ökologie*: Die Veränderungen im Wasserhaushalt haben unmittelbare Auswirkungen auf Böden, Pflanzen und Tierwelt sowie naturgemäß auf die Lebensräume im Wasser selbst; mittelbar sind davon alle Nahrungsketten betroffen.

Hydrosphäre

Tabelle 7: Hauptsächliche Arten der Wasserbelastung *(WRI, 1992 und GITEC, 1992)*

Art der Wasserbelastung	Stichworte
Temperaturerhöhung	Sonneneinstrahlung durch Staudammbau und Flurbereinigung, Kühlwassernutzung
Säuren und Salze	anorganische Chemikalien, Auftaumittel, Auswaschungen aus dem Bergbau, saure Niederschläge
Sauerstoffzehrende Substanzen in hohen Konzentrationen bzw. Frachten	Schwebstoffe, Sedimente, Nährstoffe, abgeschwemmte Böden, Düngemittel, Stäube, Waschmittel, Fäkalien, organische Chemikalien, Kläranlagen
Giftstoffe in geringen Konzentrationen bzw. Frachten	Schwermetalle, Pestizide, halogenierte organische Chemikalien, Deponiesickerwasser
Pathogene Keime	Bakterien und Viren aus Fäkalien, Deponien und Krankenhäusern

Tabelle 8: Typologie der Ursachen und Auswirkungen von Wasserproblemen *(Zusammenstellung Wissenschaftszentrum Berlin)*

Region	Ökozonen	Ursachen	Auswirkungen
Europa	Feuchte Mittelbreiten	Grundwasserverschmutzung	Brunnenstillegungen, Standortverluste, Kosten
Naher Osten	Trockene Mittelbreiten	Mengenkonflikte, Übernutzung	Internationale Spannungen, hohe Kosten, Verlust nichterneuerbarer Ressourcen
Sahelzone	Subtropische Trockengebiete	Übernutzung, Klimaverschiebung	Migration, Entwicklungshemmnisse
Tropen	Sommer- und Immerfeuchte Tropen	Waldrodung, Bodendegradation	Erosion, Migration, Überschwemmungen
Nordamerika	Trockene und Feuchte Mittelbreiten	Übernutzung, Bodendegradation, Grundwasserverschmutzung	Erosion, Grundwasserrückgang
Ostasien	Winter- und Immerfeuchte Subtropen und Tropen	Bevölkerungswachstum, Fäkalienbeseitigung	Seuchengefahr, Entwicklungshemmnisse

- *Bodendegradation*: In vielen land- und forstwirtschaftlich genutzten Gebieten der Erde nimmt die Auswaschung der Bodenkrume zu, bis hin zur Wüstenbildung. Bewässerungssysteme ohne ausreichenden Abfluß oder mit zu geringer Bewässerungsrate bei hoher Verdunstung fördern die Versalzung der Böden.

- *Katastrophen*: Veränderungen der Wasserverteilung auf Gewässer, Böden und Atmosphäre (Abflußraten, Verdunstung, Speicherung) können Einfluß auf Häufigkeit und Heftigkeit von außergewöhnlichen Wetterereignissen haben, z.B. auf Überschwemmungen und Dürren. Hier spielen Bodenbeschaffenheit und Bodenbedeckung zusätzlich eine große Rolle (siehe 1.4).

- *Tektonik*: Durch die polaren Eiskappen, aber auch durch große Stauseen und Flußumleitungen kann die lokale Belastung der Erdkruste derart verändert werden, daß tektonische Wirkungen eintreten. Diese Vermutung wurde in Bezug auf das Niltal (Assuan-Staudamm) und das Tal des Parana (Iguaçu-Staudamm) geäußert und führte in Sibirien (neben anderen Gründen) zu einer Neubewertung geplanter großer Dammprojekte.

- *Albedo*: Künstlich geschaffene neue Wasserflächen, die Veränderung der Eisflächen, Veränderungen der Vegetation, auch neu entstehende Steppen und Wüsten verändern den Strahlungshaushalt der Erdoberfläche und damit wiederum das Klima.

- *Primärproduktion*: Die Verringerung der am jeweiligen Standort vorhandenen Wassermenge und -qualität kann unmittelbare, negative Folgen für Pflanzen und Tiere haben: die Artenspektren verschieben sich, Land- und Forstwirtschaft müssen sich anpassen. Die Geschwindigkeit solcher Veränderungen ist oft so hoch, daß die natürlichen Anpassungsraten überschritten werden, was bei fehlenden ökologischen Rückzugsräumen (Reservaten) zum Aussterben von Arten führt (Beispiel: Aussterben von Wasservögeln in Mitteleuropa).

Anthroposphäre

Wasser beeinflußt zunächst das physische Wohlergehen von Mensch und Gesellschaft. Daneben sind vielfach die immateriellen Wertschätzungen von Wasser relevant, die einen wichtigen Teil kultureller Werte darstellen. Die Wechselwirkungen zwischen den oben angeführten Wasserproblemen und der Anthroposphäre können wie folgt zusammengefaßt werden (Postel, 1992; Stiftung Entwicklung und Frieden, 1991b; Schua und Schua, 1981):

- *Grundversorgung*: Unmittelbare Folgen von Trinkwassermangel (fehlende Menge bzw. Qualität) sind Gesundheitsschäden. Mittelbar führt Wassermangel zu Dürre und dadurch zu Hunger, beides sind Hauptgründe für Migrationsbewegungen. In Industrieländern wird die Trinkwasserversorgung mit unbelastetem Grundwasser zunehmend schwieriger.

- *Hygiene*: Unzulängliche Techniken im Umgang mit Wasser und Abwasser sind Ursachen für Seuchen, hohe Säuglingssterblichkeit und niedrige Lebenserwartung.

- *Produktion und Dienstleistungen*: Abnehmende Verfügbarkeit und Qualität von Wasser können die Leistungsfähigkeit von Landwirtschaft und Industrie vermindern. Dabei kann es zu erheblicher Konkurrenz zwischen diesen Nutzungen kommen, wobei die Ansprüche an die Wasserqualität zum Teil miteinander unvereinbar sind. Viele Dienstleistungen wie Erholung und Tourismus hängen von der verfügbaren Wassermenge und -qualität ab oder sind unterhalb gewisser Grenzen nicht möglich oder unökonomisch.

- *Siedlungswasserbau*: Mischkanalisation und unzureichende Rückhaltekapazitäten in regenreichen Gebieten verhindern eine sichere Trennung verschmutzten Wassers von den Gewässern. Dies führt insbesondere bei niedriger Wasserführung zu hygienischen und ökologischen Problemen.

- *Ästhetik*: Quantitative oder qualitative Veränderung des Wasserhaushalts können die ästhetische Qualität der Landschaft und damit eine wesentliche Grundlage der Kultur und des menschlichen Wohlbefindens beeinträchtigen.

- *Sozialer Friede*: Verteilung und Qualität des Wassers können Anlaß sein für lokale Streitigkeiten (Brunnen), aber auch für großräumigere Konflikte z.B. zwischen Unter- und Oberliegern an Flüssen; sie können im Extremfall zu Kriegen führen.

Hydrosphäre

Alle genannten Wechselwirkungen sind potentiell wichtige Hemmnisse für die wirtschaftliche, soziale und kulturelle Entwicklung, und sie treten, mit regional unterschiedlichen Ausprägungen, global auf.

Regionale Unterschiede

Eine Typologie der regional vorherrschenden Ursachen und Auswirkungen der Wasserprobleme findet sich in Tabelle 8.

Die meisten *Entwicklungsländer* liegen in den Tropen und Subtropen; dort fällt während der Regenzeit in kurzer Zeit so viel Niederschlag, daß die Kapazität der Böden (und der Oberflächengewässer) oft nicht ausreicht, das Wasser zu speichern. Der fortschreitende Verlust an großflächigen tropischen Waldökosystemen verschärft dieses Problem. Gleichzeitig sind die mittleren Verdunstungsraten dort oft so hoch, daß Wasser nur mit erheblichem Aufwand für längere Zeit gespeichert werden kann. Auch Ferntransporte von Trinkwasser und Abwasser sind aufwendiger und gesundheitlich riskanter als in gemäßigten Breiten. Hinzu kommt, daß in den Ballungsgebieten der Entwicklungsländer die Wasserprobleme aufgrund mangelnder Infrastruktur viel unmittelbarer die Lebensbedingungen der Bewohner verschlechtern (Trinkwassermangel, Hygiene) als anderswo.

In den *Industrieländern*, die sich fast alle in nördlichen, temperaten Zonen befinden, sind die Wasserprobleme grundsätzlich weniger gravierend. Hier ist nach vorherrschender Auffassung die Wasserverschmutzung drängend, besonders die Frage des Rückgangs unbelasteter Grundwasservorräte. In den Ballungsgebieten der Industrieländer zeigt sich das „lange Gedächtnis" des Kreislaufmediums Wasser: Persistente Stoffe, die einmal in den Kreislauf gelangt sind, werden in andere Umweltmedien verteilt, können dadurch in den Ökosystemen akkumulieren und in der Folge auf den Menschen zurückwirken.

Wichtig für eine globale Wasserstrategie ist daher die Berücksichtigung des Nord-Süd-Gefälles, der Erhalt bzw. die Wiederbelebung kultureller Werthaltungen, die Formulierung entsprechender technischer und finanzieller Transfermechanismen, aber auch die Herausbildung funktionierender Wassermärkte, die zumindest kostendeckende Preise gewährleisten.

Zeithorizonte

Je nach Nutzungsart des Wassers durch Menschen, Tiere und Pflanzen lassen sich die Zeithorizonte unterscheiden, in denen sich die oben aufgezeigten Wasserprobleme bemerkbar machen. Die folgende Zusammenstellung enthält jeweils einige relevante Stichworte zur Natur- und Anthroposphäre:

- *Kurzfristig*: Wasser hat eine mittlere Verweildauer in der Atmosphäre von etwa neun Tagen. Beim Menschen ist eine ausreichende Versorgung mit Wasser je nach Klimazone eine Frage von wenigen Stunden, während Wasser zur Reinigung und Hygiene mindestens für einige Tage verzichtbar ist.

- *Mittelfristig*: Das Wasser auf der Erdoberfläche fließt in der Regel in wenigen Tagen bis Wochen ab. Für die landwirtschaftliche und industrielle Produktion wird Wasser je nach Art der Produktionsmethoden kontinuierlich oder nur zu bestimmten Zeiten im Tages- und Jahresablauf benötigt (Beispiele: Kraftwerke, Bewässerungslandwirtschaft, Lebensmittelverarbeitung); hier sind die Zeithorizonte Stunden oder Tage. Ausfälle sind aber weniger bedrohlich als beim Trinkwasser und können für Wochen oder Monate ausgeglichen werden, bei geschlossenen Kreisläufen auch länger.

- *Langfristig*: Im Grundwasser ist die Verweildauer des Süßwassers am größten; es gibt fossile Grundwasservorkommen, die einige Jahrtausende alt sind. Wasser als Kulturgut hat generell einen langen Zeithorizont, da es Ausdruck gewachsener Werthaltungen und Traditionen ist. Die Prägung der Kulturen durch Landschaft und Vegetation hängt eng mit den klimatischen und hydrologischen Bedingungen zusammen.

Verknüpfung zum globalen Wandel

Viele der tatsächlichen und potentiellen Verknüpfungen des Wassers mit anderen wesentlichen Bereichen des globalen Wandels wurden oben bereits angesprochen, die wichtigsten sind in Tabelle 9 noch einmal zusammen-

Tabelle 9: Verknüpfungen der Hydrosphäre mit anderen Hauptbereichen des globalen Wandels
(Zusammenstellung Wissenschaftszentrum Berlin)

Bereich	Stichworte
Atmosphäre	Eintrag von Schadstoffen, Verdunstung, Albedo
Klima	Niederschlagsverteilung, Dürregebiete, Energiegehalt von Wetterereignissen, Wasserdampf als Treibhausgas
Ozeane, Küsten	Geochemische Kreisläufe, Sedimente und Schadstofftransport
Böden	Grundwasserneubildung, Wassererosion, Pflanzendecke
Biologische Vielfalt	Versteppung, Dürren, Überschwemmungen, Kulturlandschaften
Bevölkerung	Trinkwassermangel, Hygieneprobleme, Umweltflüchtlinge
Wirtschaft	Landwirtschaft (Bewässerung, Grundwasserverschmutzung), Industrie (Wasserintensität, wassergefährdende Stoffe), Energiewirtschaft (Wasserkraft, Kühlwasser)
	Wasserproduktivität, technische und organisatorische Innovationen, Metabolismus des Industriesystems, ökologisches Ressourcenmanagement
Verkehr	Urbanisierung, Massentourismus, Wasserwege
Werte und Einstellungen	Verantwortung, Sparsamkeit, Nachhaltigkeit, Landschaftsästhetik

gefaßt. Bezüglich der Ziele, Instrumente und Institutionen gibt es verschiedene Überlappungen mit anderen Teilen des Gutachtens. So ist z. B. Wasser unmittelbar Grundlage der Natursphäre (Atmosphäre, Klima, Böden, Wald, biologische Vielfalt) und mittelbar der Anthroposphäre (Bevölkerung, Wirtschaft, Verkehr, Kultur). Weitgehende Zielharmonie dürfte hinsichtlich Naturschutz, Erhöhung der Effizienz der Ressourcennutzung und Vermeidung umweltschädlicher Stoffe und Emissionen bestehen (von Weizsäcker, 1992).

Folgefragen der UNCED-Konferenz für den Bereich Süßwasser

In den Dokumenten der UNCED-Konferenz in Rio de Janeiro 1992 spielt das Thema Wasser eine nicht unbedeutende Rolle. Die folgende Zusammenstellung gibt die wichtigsten Stichworte aus drei für den Rio-Folgeprozeß wichtigen Dokumenten wieder, der Klimakonvention, der Konvention über biologische Vielfalt und der AGENDA 21.

1. *Klimakonvention:*
Die Klimakonvention enthält keinen direkten Bezug zum Wasserthema, ist jedoch in zweierlei Hinsicht relevant: Einerseits aufgrund der darin enthaltenen Einigung der internationalen Staatengemeinschaft auf die Grundsätze gemeinsamer Verantwortung, nachhaltiger Entwicklung und Anerkennung des Vorsorgeprinzips; andererseits aufgrund der Zielkongruenz von Energie- und Wassereffizienz. Die Klimakonvention gibt Industrieländern einen Motivations- und Innovationsschub zur Effizienzerhöhung in Hinblick auf fossile Brennstoffe, was gleichzeitig die Effizienz im Umgang mit anderen Stoffen erhöhen dürfte, einschließlich der Substitution wassergefährdender Stoffe und der Wassernutzung selbst.

2. *Konvention über biologische Vielfalt:*
Die Wiederherstellung und der Schutz von naturnahen Lebensräumen umfassen auch aquatische Ökosysteme. Diese Aufgabe kann nur gelingen, wenn einerseits ein strikter Gewässerschutz praktiziert wird und andererseits über den hydrologischen Kreislauf der Wasserhaushalt von Ökosystemen wieder ins Gleichgewicht gebracht wird. Auch hier gibt es übereinstimmende Ziele und Leitlinien zum Schutz der Wasserressourcen, etwa bei nachhaltiger Entwicklung und bei Schutz und Anwendung traditioneller Bewirtschaftungsformen.

3. *AGENDA 21:*

	National	*International*
Kapitel 3		Berücksichtigung der kulturellen Identität und der Rechte eingeborener Bevölkerungsgruppen (Wasserkultur)
Kapitel 4	Änderung nicht nachhaltiger Arten des Konsums und der Produktion (Wasser als Lebens- und Produktionsmittel)	Internationale Unterstützung und Kooperation bei der Verfolgung der gleichen Ziele
Kapitel 6		Entwicklungszusammenarbeit im Gesundheitsschutz durch Unterstützung sicherer Trinkwasserversorgung und Abwasserreinigung, Wasserkultur, Bekämpfung wasserverursachter Krankheiten
Kapitel 7	Integrierter kommunaler Umweltschutz, nachhaltige Baumethoden (Wasserinfrastruktur, Stadthygiene)	Internationale Unterstützung und Kooperation bei der Verfolgung der gleichen Ziele
Kapitel 8	Internalisierung externer Kosten (Schonung von Wasserrecourcen), Vermeidung von Verschmutzung und Vergeudung	Internationale Unterstützung und Kooperation bei der Verfolgung der gleichen Ziele
Kapitel 10	Umstellung der Landwirtschaft auf nachhaltige Methoden (Grundwasserschutz, Erosionsschutz)	Internationale Unterstützung und Kooperation bei der Verfolgung der gleichen Ziele
Kapitel 11	Verbesserung der nachhaltigen Bewirtschaftung der Wälder, insbesondere zum Schutz des Grundwassers	Internationale Unterstützung und Kooperation bei der Verfolgung der gleichen Ziele
Kapitel 12	Nachhaltige Bewirtschaftung sensibler Ökosysteme (Stabilisierung der Wasserhaushalts durch Wassersparen, z.B. Frankfurt a. M., Berlin, Hamburg)	Internationale Unterstützung und Kooperation bei der Verfolgung der gleichen Ziele
Kapitel 13	Nachhaltige Entwicklung von Bergregionen (Vermeidung von Überschwemmungen, Wassererosion)	Internationale Unterstützung und Kooperation bei der Verfolgung der gleichen Ziele
Kapitel 14	Aufstellung von Katastern der Erosion und Versalzung von Böden, Vermeidung von Gewässer- und Grundwasserverschmutzung durch nachhaltige Landwirtschaft	Internationale Unterstützung und Kooperation bei der Verfolgung der gleichen Ziele
Kapitel 17	Hochwertige Landschafts- und Gewässernutzungsplanung, Notfallpläne, Abwasservermeidung und -behandlung, Schutzgebiete, Abfallbehandlung an Land	Unterstützung von nachhaltiger Bewirtschaftung und Schutz der Meere und Küsten (Wasserreinhaltung, Erhaltung aquatischer Lebensräume, nachhaltige Fischerei)

Kapitel 18	Förderung der Wertschätzung von Wasser, Fortentwicklung der Wasserschutzpolitik, Schutz des Wassers als öffentliches Gut, Anpassung menschlicher Aktivitäten an natürliche Grenzen (umweltverträgliche Landwirtschaft, Wassersparen, integrierte Wasserkreisläufe in der Industrie, ökologischer Stadtumbau, Überschwemmungsvorsorge)	Internationale Unterstützung und Kooperation zur Bekämpfung wasserverursachter Krankheiten und darüber hinaus auf folgenden Gebieten: Wasserrecourcen, Qualitätssicherung, Trinkwasser- und Sanitärversorgung, ökologische Stadtentwicklung, Primärproduktion, Klimaveränderungen
Kapitel 19	Chemikaliensicherheit verbessern (wassergefährdende Stoffe, Unfälle, Transport auf Wasserwegen)	Internationale Unterstützung und Kooperation bei der Verfolgung der gleichen Ziele
Kapitel 20, 21, 22	Vermeidung und Verwertung von gefährlichen, festen und radioaktiven Abfällen und Klärschlamm (Gewässerschutz durch sichere Lagerung, Emissionsminderung, Transportunfallvermeidung)	Internationale Unterstützung und Kooperation bei der Verfolgung der gleichen Ziele
Kapitel 24, 26, 27	Beteiligung von Frauen, eingeborenen Bevölkerungsgruppen und Nichtregierungsorganisationen an allen Entscheidungen (Wasserkultur, traditionelle Wassertechnik, lokales Wissen)	Internationale Unterstützung und Kooperation bei der Verfolgung der gleichen Ziele
Kapitel 31, 35	Wissenschaft und Technik sowie Forschung für nachhaltige Entwicklung: Wassereffizienz, Wassertechnik, Wasserkultur, integrierte Stoffkreisläufe, regionale Kooperation in Wassereinzugsgebieten	Internationale Unterstützung und Kooperation bei der Verfolgung der gleichen Ziele
Kapitel 39	Internationales Umweltrecht entwickeln (Wasserkonvention), Vereinbarungen einhalten (grenzüberschreitende Einzugsgebiete)	siehe national

Bewertung / Handlungsbedarf

Angesichts der grundlegenden Bedeutung des Wassers für eine nachhaltige Entwicklung (*„sustainable development"*) auf der lokalen, regionalen und globalen Ebene sind vier Handlungsfelder relevant, die hier ohne Wertung aber möglichst gleichzeitig in den Blick zu nehmen sind: die Nachfrage nach und das Angebot an Wasser, die Wasserverschmutzung und naturbedingte Risiken. Im folgenden werden diese vier zentralen Handlungsfelder skizziert und daraus Elemente einer globalen Wasserstrategie abgeleitet.

Wassernachfrage

Nach allem, was wir über den Zusammenhang von Hydrosphäre und Anthroposphäre wissen, kann kein Zweifel bestehen, daß es viele Möglichkeiten eines sorgfältigen Umgangs mit Wasser gibt, d.h. besonders den Wasserverbrauch deutlich zu senken bzw. die Wasserproduktivität zu erhöhen (im Englischen: *wise use* bzw. *demand side management*). Hierzu ist rationelle Wassernutzung ebenso erforderlich wie eine entsprechende Wassersparechnik in allen wesentlichen Verbrauchsbereichen (quantitativer Ansatz). Daneben kann durch Maßnahmen auf der Nachfrageseite auch die Qualität der Wasserressourcen gesichert werden (qualitativer Ansatz). Im folgenden sollen hierzu jeweils einige Beispiele genannt werden.

- *Industrie, quantitativer Ansatz:* Ein Großteil des benötigten Wassers kann mehrfach wiederverwendet werden, bis hin zur Einführung voll integrierter Wasserkreisläufe. In manchen Industriezweigen, wie Eisen- und Stahlindustrie, aber auch der Papierindustrie, einem der traditionell größten industriellen Wassernutzer und -verschmutzer, ist es selbst bei niedrigen Wasserpreisen bereits betriebswirtschaftlich rentabel, Wasser im geschlossenen Kreislauf zu führen. *Qualitativer Ansatz:* Für einen großen Teil industrieller Prozesse wie Kühlung, Stofftrennung und Reinigung ist Trinkwasserqualität nicht erforderlich. Die Substitution wassergefährdender durch umweltverträgliche Stoffe entlastet die Gewässer und verringert die Kosten für nachgeschaltete Umwelttechnik (Beispiel: Ersatz von Chlorbleiche durch Peroxidbleiche in der Zellstoffindustrie).

- *Landwirtschaft, quantitativer Ansatz:* Eine höhere Effizienz der Wassernutzung für Bewässerungszwecke anzustreben, erscheint schon deshalb erforderlich, weil die Landwirtschaft in vielen Ländern der Welt der größte Wassernutzer ist. Selbst kleine prozentuale Sparerfolge entsprechen hier großen Wassermengen. Viele neue und alte Methoden sind verfügbar, sie müssen nur auf die spezifischen Bedürfnisse der angebauten Pflanzen ausgerichtet und hinreichend an die lokalen Gegebenheiten angepaßt werden. *Qualitativer Ansatz:* Die Nutzung der nichterneuerbaren Grundwasservorräte, die in mehreren Regionen (u.a. Aralsee, Nahost, Nordafrika, mittlerer Westen der USA) zur Bewässerung erfolgt, muß dringend auf erneuerbare Quellen umgestellt werden. Die Förderung ökologischer Landbaumethoden, Niederschlagsnutzung und Wahl angepaßter Pflanzenarten eröffnen hierzu vielfältige Chancen.

- *Infrastruktur, quantitativer Ansatz:* Was die Einführung von Wassersparechniken angeht, sind die Entwicklungsländer den alten Industrieländern gegenüber in einem gewissen Vorteil, weil nicht alte Infrastrukturen erneuert und ersetzt werden müssen, sondern viele erst neu aufgebaut werden. Mit einigen dieser Techniken kann man bis zu 90 % Wasser einsparen. *Qualitativer Ansatz:* Generell gilt, daß nicht für jeden Verwendungszweck in Industrie, Landwirtschaft und Haushalten Trinkwasserqualität erforderlich ist. Doppelte Leitungsnetze, lokale Brauchwasserversorgung, Pflege oder Wiederinstandsetzen lokaler Trinkwasserbrunnen sind hierbei relevante Optionen.

- *Haushalte, quantitativer Ansatz:* Im Vergleich zur industriellen Wassernutzung und zur Bewässerung in der Landwirtschaft ist der Wasserverbrauch der Privathaushalte im allgemeinen relativ gering. Andererseits ist hier die Vorhaltung, Verteilung und Aufbereitung von Wasser aufgrund der erforderlichen Qualitätsstandards eher teuer. Viele Menschen haben ohne jeden ökonomischen Anreiz ihren Wasserverbrauch drastisch reduziert. Andererseits kann je nach der verfolgten Wasserpreispolitik aktives Wassersparen die Wasserkosten je Haushalt und die Kosten der Versorgungsunternehmen deutlich senken. Insbesondere durch technisch effizientere Geräte und Einrichtungen (wie sparsamere Toiletten, Wasch- und Spülmaschinen, Badeeinrichtungen) lassen sich erhebliche Einsparungen erzielen. *Qualitativer Ansatz:* Der Wert sauberen Wassers und der Ressourcenschonung kann der Öffentlichkeit bewußter gemacht werden, damit Verschmutzung und Vergeudung abnehmen. Außerdem ist auch im privaten Bereich die Substitution wassergefährdender Stoffe möglich (Haushalts-, Garten- und Hobbychemikalien). Auch in Gebieten ohne akute Wasserknappheit kann die Vermeidung unnötigen Wasserverbrauchs aus Vorsorgegesichtspunkten erfolgreich propagiert werden (analog zum Prinzip der Vermeidung in der deutschen Abfallgesetzgebung) und zu entsprechenden technischen Innovationen führen.

Eine Voraussetzung für die erfolgreiche Durchsetzung solcher und ähnlicher Maßnahmen ist die Wasserverbrauchsmessung. In vielen Regionen der Erde ist diese entweder unbekannt oder nicht üblich, selbst die Bundesrepublik Deutschland ist noch weit von einer flächendeckenden Verbreitung von Wasserzählern entfernt. In Ländern mit hohem Wasserverbrauch muß der Preis für Frischwasser und Abwasser hoch genug sein, damit der finanzielle Anreizeffekt zum Wassersparen überhaupt greifen kann. Zumeist ist der Wasserpreis bisher niedrig, in manchen Ländern wird Wasser weiterhin kostenlos oder hoch subventioniert an den Nutzer abgegeben. Sorgfältiger Umgang (*wise use*) bzw. Nachfragesteuerung (*demand side management*) können und sollten an diesen Punkten ansetzen.

Wasserangebot

Das zweite Handlungsfeld betrifft die Angebotsseite (*supply side management*). Das jeweilige Wasserangebot kann auf vielfältige Weise erhöht werden; es gibt konventionelle, nicht-konventionelle und noch zu erprobende Methoden. Der erste Schritt dürfte sinnvollerweise darin bestehen, die laufenden, teils enormen Verluste aus den vorhandenen Versorgungssystemen zu verringern. Dies reicht von der Erneuerung der Versorgungsleitungen bis zur Reduzierung der Verdunstungsverluste durch kürzere Transportentfernungen und unterirdische Vorratsbehälter. Eine getrennte Wasserversorgung mit Trink- und Brauchwasser (duales System) kann eine Angebotsausweitung bedeuten, da Wasserressourcen minderer Qualität in größerem Umfang eingesetzt werden können. Erfolgreiche Beispiele dieser Art gibt es in mehreren Industrieländern (Environmental Protection Agency, 1992; Kraemer, 1990).

Zu den nichtkonventionellen Methoden gehören die in einzelnen Regionen der Welt mögliche künstliche Beregnung, die Entsalzung von Meer- und Brackwasser, aber auch der Ferntransport von Wasser mit Tanklastwagen und Pipelines (der genaugenommen allerdings keine Ausweitung des Angebotes, sondern nur dessen räumliche Verlagerung bedeutet). Verschiedene Entsalzungstechniken wurden entwickelt, die aber vielfach noch zu teuer und zudem sehr energieintensiv sind. Ferntransport von Wasser ist dagegen schon in einigen Ländern und Regionen üblich, so z. B. im Nahen Osten. Ein mit wenig Aufwand verbundenes, an die örtlichen Gegebenheiten angepaßtes Beispiel für nichtkonventionelle Methoden ist die Gewinnung von Trinkwasser aus Nebel. So wird z. B. an der Küste von Chile die vom Meer über das Land hinwegziehende Luftfeuchtigkeit, die normalerweise erst im Hinterland abregnet, an quer zur Windrichtung aufgestellten Netzen kondensiert und gesammelt. Neben der direkten Angebotsausweitung kann Wasserqualitätskontrolle bzw. Vermeidung von Wasserverschmutzung das insgesamt nutzbare Wasserangebot indirekt erhöhen.

Die Ausweitung des Angebots an sauberem Trinkwasser sowie die Bereitstellung sicherer sanitärer Anlagen sind global gesehen sehr dringlich. Mit der „Internationalen Trinkwasser- und Sanitär-Dekade" der 80er Jahre sind zwar einige bemerkenswerte Teilerfolge erzielt worden, doch konnte die Zahl der Menschen ohne ausreichende Trinkwasserversorgung nicht nennenswert gesenkt werden.

Gewässerschutz

Was das dritte Handlungsfeld angeht, besteht weitgehende Übereinstimmung darüber, daß weltweit höhere Anstrengungen erforderlich sind, damit die Verschmutzung von Oberflächengewässern und Grundwasservorräten unterbleibt (*pollution prevention*). Vermeidung von Wasserverschmutzung heißt letztlich, alle gefährlichen Stoffe vom Wasser fernzuhalten. Dies betrifft insbesondere Industrie und Landwirtschaft, die auf umweltverträglichere Methoden umgestellt werden müssen. Die Verwendung von Pestiziden und mineralischen Düngemitteln sollte und kann schnell reduziert werden, nachhaltige, umweltschonende Landbewirtschaftung kann als Leitbild propagiert werden. Subventionen für Bewässerungslandwirtschaft sollten möglichst beendet und ökologischer Landbau für seine Beiträge zum Gewässerschutz finanziell kompensiert werden. Dies gilt für Industrie- und Entwicklungsländer gleichermaßen, wobei in Entwicklungsländern allerdings die Ernährungslage der Bevölkerung besonders beachtet werden muß.

In den Entwicklungsländern wird es weiterhin schwierig bleiben, die Verschmutzung der Gewässer durch kommunale und industrielle Abwässer zu verhindern, weil es an funktionierenden Ver- und Entsorgungssystemen mangelt. Hier besteht bei der Neuansiedlung von Gewerbe und Industrie jedoch die Chance, von vornherein auf niedrigen Wasserverbrauch (hohe „Wasserproduktivität") zu achten. Die Industrieproduktion kann erheblich wasserschonender gestaltet werden, durch Wassersparentechniken und Verbote wassergefährdender Stoffe. Es gibt auch bemerkenswerte Beispiele naturnaher Abwasserbehandlung für Industrie und Siedlungen („Pondsysteme" in einzelnen tropischen und subtropischen Ländern, Wurzelraumentsorgung in Deutschland), die im Hinblick auf ihre internationale Übertragbarkeit geprüft und gegebenenfalls gefördert werden sollten.

Eine bedeutende Rolle bei der Verringerung bzw. Vermeidung der Wasserverschmutzung kommt den Planungsprozessen auf der lokalen und regionalen Ebene zu. Integrierte Entwicklungsplanung sollte sich stärker an den natürlichen Gegebenheiten orientieren und die Wasserressourcen als Rahmen für eine nachhaltige Entwicklung beachten und sichern helfen.

Katastrophenmanagement

Das vierte Handlungsfeld läßt sich mit dem Begriff Katastrophenmanagement (*crisis and disaster management*) beschreiben. Häufigkeit und Intensität von Überschwemmungs- und Dürrekatastrophen haben im Laufe der Zeit zugenommen, weitreichende regionale Migrationen von Bevölkerungsgruppen waren die Folge (Bangladesch, Somalia, Sudan). Im Zusammenhang mit den Dürrekatastrophen in Afrika ist der Begriff „Umweltflüchtling" entstanden. Nach Schätzungen des Internationalen Komitees des Roten Kreuzes sind bereits über 500 Mio. Menschen als Umweltflüchtlinge anzusehen (Stiftung Entwicklung und Frieden, 1991b). Zwar hat es in der Geschichte immer wieder Dürreperioden gegeben, aber die Fähigkeit, damit umzugehen, scheint rückläufig zu sein. Überschwemmungen sind in verschiedenen Teilen der Welt naturbedingt, aber zunehmend von menschlichen Aktivitäten mitverursacht. Viele Entwicklungserfolge können so in kurzer Zeit wieder zunichte gemacht werden. Daher wäre nach Auffassung des Beirats nicht nur kurative Nothilfe, sondern präventives Katastrophen-Management stärker zu thematisieren, das heißt: bessere Anpassung an und rechtzeitige Vorbereitung auf solche Ereignisse. Bisher gibt es erst ansatzweise Vorschläge und Planungen zu einem Umwelt- und Katastrophenhilfswerk, das im Auftrag der EG und/oder der UN tätig werden könnte und zu dessen Aufgabenbereich Fragen im Zusammenhang mit Überschwemmungs- und Dürrekatastrophen, aber auch der Wasserverschmutzung gehören könnten.

Elemente einer globalen Wasserstrategie

Der Beirat gibt zu bedenken, ob nicht die Zeit gekommen ist, eine globale „Wasserstrategie" zu propagieren, im Sinne eines strukturierten, durchformulierten Politikbereichs. Die heute bereits vorhandenen, mehr aber noch die zukünftig zu erwartenden Wasserprobleme machen eine systematische Auseinandersetzung um die damit verbundenen Ursachen und Folgen jedenfalls dringend erforderlich (WMO, 1993). Daher sollen im folgenden die Umrisse einer möglichen zukünftigen globalen Wasserstrategie skizziert werden. Zur Umsetzung einer solchen Strategie könnten seitens der Bundesregierung eine Reihe von Initiativen bilateraler und multilateraler Art ergriffen werden, weil in der Bundesrepublik Deutschland wertvolles Wissen und Technologien zum sorgfältigen Umgang mit Wasser und zur Vermeidung der Wasserverschmutzung vorhanden sind.

- *Ziele*:
Es ist davon auszugehen, daß die spezifischen Ziele einer Wasserstrategie sich von Land zu Land und von Region zu Region anders darstellen. Ziele für alle aber sind: sparsamer Umgang mit Wasser (*„Wassersparen"*), Erschließung neuer Wasserressourcen (*„Wasserangebot"*), Vermeidung von Wasserverschmutzung (*„Wasserqualität"*), Wiederbelebung bzw. Pflege kultureller Werthaltungen (*„Wasserkultur"*). Die Konkretisierung dieser Ziele und entsprechender Leitlinien könnte, ähnlich wie bei den Themen Klima und biologische Vielfalt, in einer international zu vereinbarenden „Wasserkonvention" erfolgen.

In mehreren *Industrieländern* muß möglichst rasch ein sparsamerer Umgang mit Wasser (eine höhere *Wasserproduktivität*) erreicht werden, da bereits jetzt in vielen Fällen die lokalen Wasservorkommen qualitativ und quantitativ nicht mehr ausreichen. Im Mittelpunkt des Interesses steht bisher allerdings noch die Verschmutzung des Grundwassers (durch Altlasten und diffuse Quellen) und der Oberflächengewässer.

In den meisten *Entwicklungsländern* dürfte die Bereitstellung *sauberen Trinkwassers* und angepaßter *sanitärer Einrichtungen* weiterhin höchste Priorität beanspruchen. Da dabei Konflikte mit der wachsenden Wassernachfrage seitens der Landwirtschaft und der Industrie vorprogrammiert sind, werden sektorale Prioritäten zu setzen und effiziente Verteilungsmechanismen aufzubauen sein. Hierzu können sowohl die Einführung bzw. Differenzierung der Wasserpreise und vor allem die bessere Zuweisung von Wassernutzungsrechten beitragen.

In vielen Entwicklungsländern besteht darüber hinaus ein besonderes Problem in dem Gefälle der Wasserverfügbarkeit zwischen Stadt und Land. Staatliche Maßnahmen sind bisher häufig auf die städtischen Gebiete konzentriert worden, in denen sich „Druck von unten" generell schneller entfaltet als in ländlichen Gebieten. Damit ging oft ein nicht angepaßter Technologietransfer einher, was in bestimmten Situationen zum Zusammenbruch der Versorgung führen kann. Für die Bewässerung wiederum werden häufig Techniken eingesetzt, die für dauerhaften Einsatz zu kompliziert oder mit hohen Wasserverlusten (z.B. Verdunstung) verbunden sind.

Neben der Verbesserung der Preis- und Mengenmechanismen besteht in vielen Entwicklungsländern zudem ein hoher Bedarf an Einführung und Wiederherstellung von *Infrastrukturen* zur Wasserversorgung und Abwasserentsorgung. Hierbei ist, wie viele Beispiele zeigen, eine aktivere Beteiligung der Bevölkerung erforderlich, weil nur dies die langfristige Funktionstüchtigkeit neuer Systeme gewährleistet.

- *Instrumente:*
Über die geeigneten Instrumente einer globalen Wasserstrategie herrschen verständlicherweise unterschiedliche Meinungen vor. Die Bedeutung und der Wirkungsbereich *ökonomischer Instrumente* sind vermutlich weit größer als bisher meist angenommen wird. In den Industrieländern erscheint bei zunehmender Verknappung, anhaltender Verschmutzung und verbreiteter Vergeudung des Wassers eine proaktive Wasserpreispolitik angebracht, d.h. die systematische Anwendung von Gebühren und Abgaben und die Abschaffung verbrauchsfördernder Subventionen. Das Verursacherprinzip der Umweltpolitik sollte jedenfalls auch auf eine Wasserstrategie übertragen werden, und das bedeutet: Wasserentnahmeentgelte als Ressourcensteuer, Vollkostenrechnung bei der Wassernutzung, fühlbare Abwasserabgaben und strikte Haftung in Fällen der Wasserverschmutzung.

Die Anwendung ökonomischer Instrumente in der Wasserpolitik kann bei geeigneter Formulierung mehreren Zielen zugleich dienen: der Nachhaltigkeit der Wassernutzung, der Prävention der Wasserverschmutzung und dem sorgfältigeren Umgang mit Wasser. Die eigentliche Herausforderung dürfte allerdings darin bestehen, sinnvolle Verbindungen zwischen solchen ökonomischen Instrumenten, einem ökologisch angepaßten Verhalten, der Wiederbelebung verschütteter kultureller Traditionen und den konventionellen regulativen Instrumenten der Umweltpolitik (wie Standards und Mengenzuweisungen) zu finden.

Die *regulativen Instrumente*, die sich auf die Qualität von Wasser und Abwasser beziehen, bedürfen aber ihrerseits der Überprüfung. Während in den Industrieländern mehr Sorgfalt auf die Einhaltung hoher Standards (z.B. EG-Trinkwasserrichtlinie) gelegt werden muß, hat in den Entwicklungsländern Wasserqualität bisher noch einen zu geringen politischen Stellenwert, mit entsprechend hohen gesundheitlichen Risiken. Nicht zuletzt macht die Nichteinhaltung von Mindeststandards über den Weg der möglichen Seuchenausbreitung aktive Wasserpolitik zu einem globalen Thema.

- *Institutionen:*
Ein effektives institutionelles Arrangement zur nachhaltigen Nutzung der Wasserressourcen erfordert Bewußtsein, Wissen und finanzielle Mittel. Diese Faktoren sind in der Welt, in Nord und Süd, höchst ungleich verteilt. Daher sind *Wissenstransfer*, *Technologietransfer* und *Finanztransfer* notwendige Elemente einer globalen Wasserstrategie.

Wissens- und Technologietransfer sind dann erfolgreich, wenn sie dazu führen, daß mehr Menschen in möglichst kurzer Zeit befähigt werden, die gegebenen Probleme des Wassermanagements selbständig zu lösen. Die Institutionen der bilateralen und multilateralen Entwicklungshilfe sollten sich hierfür finanziell stärker engagieren, den Anteil der Mittel für Wasserprojekte entsprechend erhöhen und hierfür konkrete zeitliche Vorgaben formulieren.

Ein besonderes Problem stellt das *kooperative Wassermanagement* in grenzüberschreitenden Flußeinzugsgebieten dar, wo Fragen des Wasserzugangs, der quantitativen Wasserzuweisung und der Wasserqualitätskontrolle bestehen, die befriedigend nur gelöst werden können, wenn „gemeinsame Interessen" formuliert und verfolgt werden. Rund die Hälfte aller Flußeinzugsgebiete der Welt umfaßt mehrere Staaten, über 35 % der Weltbevölkerung sind in ihrer Trinkwasserversorgung abhängig von multinational genutzten Gewässern. Bei solchen Größenordnungen und angesichts potentiell zunehmender Nachfrage wird die Vermittlung erfolgreicher Managementmodelle immer wichtiger. Der Beirat ist der Auffassung, daß die Erfolge der Rheinkommission und des ECE-Übereinkommens zum Schutz und zur Nutzung grenzüberschreitender Wasserläufe für zahlreiche Flußeinzugsgebiete der Welt bedeutend sein können und regt an, diese Erfahrungen als Beitrag zu einer globalen Wasserstrategie in die Diskussion einzubringen.

Auf der globalen Ebene besteht bisher nur ein rudimentärer institutioneller Rahmen für eine zukünftige Wasserstrategie. Das UN-Sekretariat für Wasserressourcen wurde 1978 gebildet, um die Aktivitäten der verschiedenen UN-Institutionen zu koordinieren. Nach Formulierung der „Internationalen Trinkwasser-und Sanitär-Dekade" 1980 wurde eine Steuerungsgruppe eingesetzt, in der elf UN-Institutionen, die sich mit Wasserfragen beschäftigen, vertreten sind. Verbesserungen des globalen Wassermanagements sind also ohne Zweifel angezeigt und empfehlenswert.

Während gute Argumente zugunsten umfassender Ansätze einer globalen Wasserstrategie vorgebracht werden können, spricht jedoch vieles dafür, daß die Vorgehensweise nicht zu komplex sein sollte. Die vier zentralen Handlungsfelder einer solchen zukünftigen Strategie (Wassernachfrage, Wasserangebot, Gewässerschutz, Katastrophenmanagement) wurden oben beschrieben. Um die damit benannten Aufgaben zu bewältigen, ist einerseits ein verstärktes Engagement der zuständigen Institutionen, andererseits eine verbesserte *internationale Kooperation* erforderlich. Die Entwicklungsländer müssen selbst mehr finanzielle und personelle Mittel für ihre Wasserprobleme bereitstellen (und gleiches gilt auch für einzelne Industrieländer); aber sie werden diese Aufgaben nicht allein bewältigen können. Finanztransfer muß also Bestandteil einer globalen Wasserstrategie sein (siehe dazu auch AGENDA 21, Kapitel 18). Ob hierzu auch neue internationale Institutionen vorzuschlagen sind, will der Beirat in einem künftigen Gutachten näher prüfen. Sinnvoll erscheint aber schon jetzt eine „Wasserpartnerschaft" zwischen der Bundesrepublik Deutschland und zwei oder drei Entwicklungsländern mit unterschiedlichen Problemen in Form eines innovativen Pilotvorhabens.

Historische Entwicklung politischen Handelns im Bereich Süßwasser

Einen Überblick über die historische Entwicklung politischen Handelns im Bereich Wasser- und Gewässerschutz findet sich in Schua und Schua (1981). Hier sollen die wichtigsten Schritte stichwortartig zusammengefaßt werden.

National: Codex Hammurabis; Griechische Wasserordnung; Römische Wasserpolitik; Gewerbeordnung Mittelalter; Preußen; Naturschutz 19. Jh.; WHG und Folgeregelungen.

International: Internationale Abstimmungen in Flußeinzugsgebieten; Wasser-Charta des Europarates vom 6. Mai 1968; EG-Gesetze und Wasserverbandspolitik; UN-Aktivitäten: Empfehlung 51 des „Aktionsplan" der Stockholm-Konferenz von 1972, „Report on Freshwater" (Januar 1991) des Vorbereitungskommitees der UNCED-Konferenz in Rio de Janeiro (Prepcom), Dublin-Konferenz 1992, Kapitel 18 der AGENDA 21.

Gewichtung

Es liegt auf der Hand, daß hinsichtlich der Ziele, Instrumente und Institutionen einer globalen Wasserstrategie unterschiedliche Grundpositionen bezogen und – daraus folgend – unterschiedliche Prioritäten des Handelns abgeleitet werden können. Daß sich die Konkretisierung der Ziele, Instrumente und Institutionen von Land zu Land und von Region zu Region anders darstellt, wurde bereits eingangs betont. Es wird Länder und Regionen geben, in denen die Ausweitung des Wasserangebots im Vordergrund steht, in anderen wird Nachfragesteuerung Priorität erhalten. Andererseits ist unverkennbar, daß sich im historischen Ablauf der Diskussion der Wasserproblematik eine Schwerpunktverlagerung vollzogen hat. Während in den 80er Jahren, insbesondere im Rahmen der „Internationalen Trinkwasser- und Sanitär-Dekade", die Ausweitung des Wasserangebots eindeutig im Vordergrund stand, hat sich seither in der internationalen Fachdiskussion eine Fokussierung auf die Nachfrageseite herausgebildet (*wise use* bzw. *demand side management*), ohne daß diese beiden als sich ausschließende, polare Grundpositionen verstanden werden müssen (Postel, 1992; Water Quality 2000, 1992). Besser paßt hier das Bild einer sich ständig entwickelnden Diskussion, zu der der Aspekt einer bedrohlich zunehmenden Verschmutzung der Wasservorräte hinzugekommen ist. Dementsprechend ist es schwierig, eine Gewichtung im Sinne einer strikten Prioritätenfolge in der Behandlung der globalen Wasserprobleme vorzuschlagen. Wichtig aber ist dem Beirat, deutlich zu machen, daß die folgenden drei Elemente essentiell sind und möglichst konsistent bearbeitet werden sollten:

1. Sicherung der Verfügbarkeit an *sauberem Trinkwasser*: Zugang zu qualitativ und quantitativ ausreichendem Wasser für alle Menschen und Wiederherstellung bzw. Schutz intakter Ökosysteme im hydrologischen Kreislauf.

2. Prävention und Kuration der *Wasserverschmutzung*: Wasserhygiene in den Großstädten der Entwicklungsländer, Altlastensanierung in den Industrieländern, Stoffsubstitution in Industrie und Gewerbe (z.B. wassergefährdende Produkte der Chlorchemie), ökologischer Landbau.

3. Invention und Innovation des *Wassersparens*: Effiziente Wassernutzung in den Haushalten, Senkung des Wasserverbrauchs bzw. Erhöhung der „Wasserproduktivität" in Industrie und Landwirtschaft; entsprechender Finanz- und Technologietransfer, insbesondere für lokal angepaßte Wasserversorgung und Abwasserentsorgung, für Kreislaufführung in der Industrie und effiziente Bewässerungsmethoden in der Landwirtschaft.

Forschungsbedarf

Der Bedarf an Erklärungs- und an Handlungswissen erscheint dem Beirat zur Wasserthematik besonders hoch. Der tägliche Umgang mit Wasser muß weltweit stärker an die lokalen Gegebenheiten angepaßt werden („nachhaltige Wassernutzung"). Hierfür fehlt es bisher an geeigneten Lernmöglichkeiten und Vorbildern. Auch das Wissen um die Möglichkeiten zur Vermeidung von Wasserproblemen erscheint grundsätzlich unzureichend. Dies gilt nicht nur für die Entwicklungsländer sondern auch für viele Industrieländer. Folgende Forschungsthemen erachtet der Beirat daher als dringlich:

- *Statistische Grunddaten*: Wasserverfügbarkeit ermitteln; Wasserqualitätsstandards evaluieren; Wasserintensitäten feststellen, und zwar sektoral, regional und produktbezogen („Wasser-Ökobilanzen"); Wasserpreisstatistik verbessern; global die Austauschprozesse zwischen Biosphäre und Hydrosphäre („Wasserkreislauf") erfassen und beschreiben.

- *Wassereffizienz*: Techniken mit geringem Wasserverbrauch für Trinkwasserversorgung, Bewässerung und industrielle Produktion entwickeln und verbreiten.

- *Wassersparen*: Nachhaltiger, sparsamer Umgang mit Wasser; entsprechende Ziele und Methoden entwickeln und Institutionen einrichten; Kapazitäten für ökologisches Ressourcenmanagement schaffen.

- *Wasserkultur*: Kulturelle Werte mit Wasserbezug pflegen; Erfahrungswissen und praktische Lernmöglichkeiten verbreiten; wasserbezogene Umwelterziehung fördern.

- *Umweltflüchtlinge*: Zusammenhang zwischen Wasserknappheit und Migrationsentscheidung analysieren und entsprechende Steuerungsmöglichkeiten entwerfen.

- *Nationale Wasserpolitik*: Vergleichende Evaluation von Beispielen optimaler Wasserpolitik: Ziele, Instrumente (Preis- und Mengenlösungen) und Institutionen (private und kollektive Wasserrechte, Regionalverbände); öffentlichen Wasserdiskurs initiieren.

- *Internationale Wasserpolitik*: Grenzüberschreitende Wassermanagement-Erfahrungen analysieren und entsprechende Konfliktlösungen vermitteln; Pilotprojekt „Wasserpartnerschaft" zwischen der Bundesrepublik Deutschland und zwei oder drei Entwicklungsländern vorbereiten und begleiten; globale Wasserdiplomatie entwickeln; die in der Bundesrepublik vorhandenen Ansätze, wie Niederschlagsklimatologie, Welt-Abflußdaten-Register usw. in ein zu gründendes internationales Wasserinstitut einbringen.

1.4 Lithosphäre/Pedosphäre

Kurzbeschreibung

Der feste äußere Bereich der Erde wird als *Litho- oder Gesteinssphäre* bezeichnet. Diese umfaßt die kontinentalen und ozeanischen Krusten und Teile des oberen Erdmantels. Die Lithosphäre mit ihrer gewaltigen Masse wird in ihrer Dynamik und Zusammensetzung durch den Menschen kaum verändert. Sie dient jedoch als Rohstoffquelle (Kohle, Erdöl, Erdgas, Erze, Kies, Sand, Grundwasser usw.) und wird als Deponie für Abfälle aller Art benutzt. Die äußeren Kontaktzonen der Lithosphäre zu den anderen Sphären stellen dagegen einen empfindlichen Bereich dar, der für Lebewesen von großer Bedeutung ist und der von den Menschen stark verändert werden kann: Es handelt sich um *Böden* und *Sedimente*.

Böden bedecken wie eine dünne Haut große Teile der eisfreien Oberflächen der Kontinente. In einer Zone, die wenige Zentimeter bis mehrere Meter mächtig sein kann, durchdringen sich die Litho-, Hydro-, Atmo- und Biosphäre und bilden die *Pedo- oder Bodensphäre* (Abbildung 6). So definiert, stellen Böden *Struktur- und Funktionselemente von terrestrischen Ökosystemen* dar.

Abbildung 6: Verknüpfung der Pedosphäre (Böden) mit den übrigen Natursphären

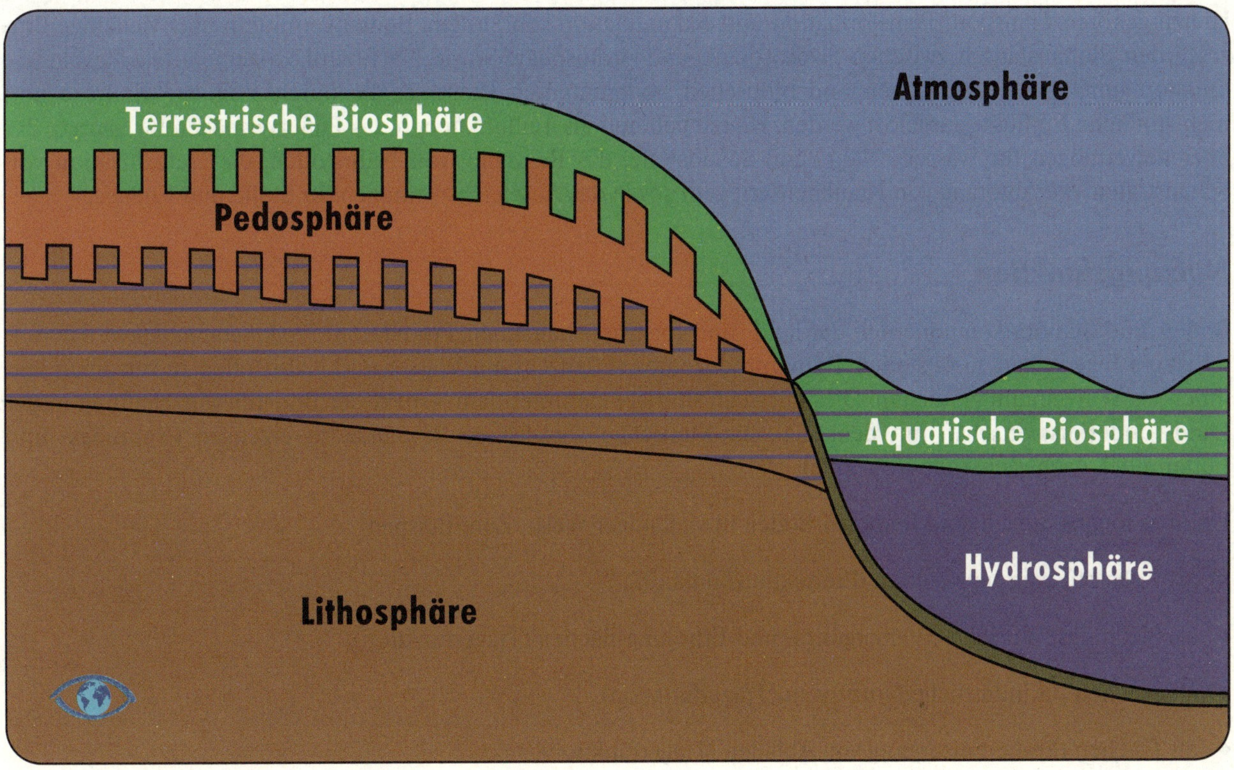

Böden weisen keine einheitlichen Eigenschaften auf, sondern bilden vielmehr als *dreidimensionale Landschaftsausschnitte* ein buntes Mosaik von verschiedenen Typen, in denen sich die vielfältigen Kombinationsmöglichkeiten der sie konstituierenden Faktoren und Prozesse widerspiegeln. Je nach den Standortbedingungen können diese Mosaiksteine Ausdehnungen von wenigen Quadratmetern bis zu Quadratkilometern aufweisen. Die Bodenvielfalt trägt maßgeblich zur Diversität terrestrischer Ökosysteme und ihrer Lebensgemeinschaften sowie zur Prägung von Landschaften bei.

Sedimente sind die den Böden entsprechenden biotisch aktiven Zonen im aquatischen Bereich. Sie werden daher häufig auch als Unterwasserböden bezeichnet, obwohl sie aufgrund des Fehlens der atmosphärischen Komponente weitgehend sauerstofffreie Zustände aufweisen. Wegen ihrer großen Bedeutung für die biogeochemischen Stoffkreisläufe und weil in Sedimenten ähnliche Prozesse wie in den Böden ablaufen, werden sie in diesem Kapitel mitbehandelt.

Die Bedeutung der Böden und Sedimente für Pflanzen, Tiere, Mikroorganismen und Menschen sowie für den Energie-, Wasser- und Stoffhaushalt läßt sich anhand von drei übergeordneten Funktionen zusammenfassen:

Lebensraumfunktion

Böden sind Lebensraum und Lebensgrundlage für eine Vielzahl verschiedener Pflanzen, Tiere und Mikroorganismen, auf deren Stoffumsatz die Regelungsfunktion und die Produktionsfunktion von Böden beruhen. Bodenorganismen sind in ihrer Gesamtheit die Träger für den Aufbau, Umbau und Abbau von Stoffen in Böden. Aufgrund ihrer Vielfalt beeinflussen sie die Stabilität von Ökosystemen, indem sie toxische Stoffe abbauen, Wuchsstoffe produzieren und ein Fließgleichgewicht zwischen Aufbau- und Abbauprozessen erzeugen. Böden sind die Grundlage für die Primärproduktion terrestrischer Systeme und somit Lebensgrundlage auch für den Menschen (siehe Nutzungsfunktion).

Regelungsfunktion

Hierzu gehören Transport, Transformation und Akkumulation von Stoffen. Böden vermitteln über vielfältige Prozesse den Stoffaustausch zwischen Hydrosphäre und Atmosphäre sowie Nachbarökosystemen. Die Regelungsfunktion umfaßt alle abiotischen und biotischen bodeninternen Prozesse, die durch stoffliche Einträge und nichtstoffliche Einflüsse ausgelöst werden. Hierzu gehören als Teilfunktionen das Puffervermögen für Säuren, das Speichervermögen für Wasser-, Nähr- und Schadstoffe, das Recycling von Nährstoffen, die Detoxifikation von Schadstoffen, die Abtötung von Krankheitserregern sowie das Ausgleichsvermögen für Stoffe und Energie.

Nutzungsfunktion

Böden sind Standortkomponenten der land- und forstwirtschaftlichen Produktion *(Produktionsfunktion)*. Hierunter ist die Eigenschaft zu verstehen, Primärproduzenten (Pflanzen) mit Wasser und Nährstoffen zu versorgen und ihnen als Wurzelraum zu dienen. Dies gilt auch und gerade unter dem Aspekt der Bodenbewirtschaftung in der Land- und Forstwirtschaft mit dem Ziel, für Menschen verwertbare Biomasse zu erzeugen (Nahrungs- und Futtermittel, nachwachsende Rohstoffe).

Darüber hinaus nutzen die Menschen Böden in vielfältiger Weise. Zum Beispiel

- als Rohstoffgewinnungsstätten (Produktionsfunktion),

- als Siedlungs-, Verkehrs-, Versorgungs- und Erholungsflächen (Trägerfunktion),

- als Flächen für industrielle Nutzungen (Trägerfunktion),

- als Flächen für die Entsorgung von Abfällen (Trägerfunktion),

- als Genpool (Produktions- und Informationsfunktion),

- als Indikator für die Produktivität (Informationsfunktion),

- als Archiv für die Natur- und Kulturgeschichte (Kulturfunktion).

Böden als verletzbare Systeme

Böden sind offene und damit wandelbare Systeme. Sie tauschen mit ihrer Umwelt Energie, Stoffe und genetische Informationen aus und sind somit auch für alle Formen externer Belastungen anfällig. Dieser Umstand macht Bodendegradation zu einem globalen Umweltproblem. Dabei auftretende *Veränderungen laufen häufig sehr langsam ab oder sind schwer erkennbar*. Sind Schäden jedoch erst aufgetreten, können diese oft nur in sehr langen

Zeiträumen ausgeglichen werden. Bodenverluste sind somit als irreversibel anzusehen, wenn man keine geologischen Zeitmaßstäbe zugrunde legt.

Von den Böden der ca. 130 Mio. km² umfassenden eisfreien Landoberfläche der Erde weisen heute bereits fast 20 Mio. km², das sind *15 %, deutliche Degradationserscheinungen* auf, die durch den Menschen verursacht wurden. Dies ist das Ergebnis einer umfassenden Untersuchung, die im Rahmen des Umweltprogramms der Vereinten Nationen (UNEP) vom Internationalen Bodendokumentations- und Informationszentrum (ISRIC) durchgeführt wurde (Oldeman et al., 1991). Mit 56 % hat daran die *Erosion durch Wasser* den größten Anteil, gefolgt von der *Winderosion* mit 28 %, der *chemischen Degradation* mit 12 % und der *physikalischen Degradation* mit 4 %. In diesen Zahlen sind Degradationen von Waldböden und latente Belastungen, die sich über längere Zeiträume akkumulieren, sowie Veränderungen der Lebensgemeinschaften von Bodenorganismen noch nicht enthalten.

Aus der Erkenntnis, daß Böden eine wichtige Rolle in terrestrischen Ökosystemen spielen, daß Reserven begrenzt sind und nur ein verhältnismäßig kleiner Anteil der Böden vom Menschen ackerbaulich genutzt werden kann, ergibt sich eine *hohe Schutzwürdigkeit*[3] *von Böden* und der in ihnen und von ihnen lebenden Organismen. Sollen Böden in ihrer gegebenen Struktur und Funktion erhalten werden, muß sichergestellt sein, daß sich die externen Belastungen im Bereich endogener Kompensations- oder Reparaturmöglichkeiten bewegen. Für die Bewertung von Belastungen, wie sie im Zusammenhang mit den globalen Umweltveränderungen auftreten, gilt es daher, die *Belastbarkeit von Ökosystemen und ihrer Böden* zu ermitteln. Hierfür sind Typisierungen vorzunehmen und Belastungsgrenzen und Leitparameter festzulegen. Durch entsprechende Maßnahmen ist schließlich dafür zu sorgen, daß diese nicht überschritten werden. Aufgrund der komplexen Zusammenhänge und der langsamen Reaktion von Böden ist die Definition der Belastbarkeit zum Teil jedoch äußerst schwierig. Daher muß dem *Vorsorgeprinzip* bei der Erhaltung von Böden grundsätzlich ein hoher Stellenwert eingeräumt werden.

Ursachen

Räumliche Verschiedenheit von Bodendegradationen

Degradationen von Böden sind zunächst natürliche Prozesse. Durch Verwitterung sowie die Zu- und Abfuhr von Stoffen mit Wasser und Luft findet eine ständige Änderung der Böden statt. Hier ist wesentlich, daß, von einigen Ausnahmen abgesehen, diese natürlichen Prozesse mit sehr *niedrigen Raten*, d.h. äußerst langsam ablaufen. Dadurch war und ist es möglich, daß sich Organismengesellschaften an die jeweilige Situation anpassen und in vielen Fällen den Degradationsprozeß bremsen können. Die dabei entstehenden terrestrischen Ökosysteme, von denen die Böden einen Teil darstellen, erweisen sich unter den natürlich ablaufenden Schwankungen der Randbedingungen (Witterung, Klima) als relativ, d.h. über Dekaden oder Jahrhunderte hinweg, stabil.

Diese Situation hat sich in den vergangenen Jahrzehnten drastisch verändert. Für die exponentiell wachsende Weltbevölkerung müssen nicht nur die menschlichen Grundbedürfnisse nach Nahrung, Kleidung, Wohnung und Heizmaterial befriedigt werden, was nach wie vor für große Teile der Erdbevölkerung nicht gewährleistet ist. In zunehmendem Maße sind es auch „gehobene Ansprüche" der Menschen, die nur durch industrielle Tätigkeiten sowie Dienstleistungen erfüllt werden können. Dies führt zu gesteigerten Aktivitäten, die die Böden direkt oder indirekt belasten und zur beschleunigten Degradation führen können.

Auf *lokaler Ebene* sind es überwiegend Aktivitäten, die mit der *Ausdehnung und Intensivierung der Bodennutzung* zusammenhängen, wie die Waldrodung, der Umbruch von Grasland, die Entwässerung von Feuchtgebieten oder die Bewässerung von Trockengebieten, die Mechanisierung und Chemisierung der Land- und Forstwirtschaft sowie die Übernutzung von Äckern, Weiden und Wäldern, die direkt auf die Böden einwirken und teils zu positiven, überwiegend aber zu negativen Veränderungen führen. Bezeichnend hierfür ist die Tatsache, daß der Zugewinn an Ackerfläche aufgrund ständiger Inkulturnahme von Böden global gesehen durch den Verlust infolge von Bodenzerstörungen wieder zunichte gemacht wurde. Dies führte zu dem Ergebnis, daß die Ackerfläche der Welt mit ca. 11 % der Gesamtfläche in den vergangenen drei Jahrzehnten trotz ständiger Waldrodungen annähernd

---

[3] Schutzwürdig sind aus anthropozentrischer Sicht alle diejenigen Güter, die durch menschliche Aktivität in ihren Funktionen oder ihrer Nachhaltigkeit beeinträchtigt werden.

konstant geblieben ist bzw. sogar etwas abgenommen hat (WRI, 1990). Diese Entwicklung ist äußerst problematisch, weil die Zuwachsmöglichkeiten immer begrenzter werden.

Zu den lokalen Ursachen von Veränderungen zählt auch der zunehmende Anbau von Monokulturen bis hin zum großflächigen Anbau genetisch einheitlicher Sorten. Damit verbunden ist eine Reduktion der biologischen Vielfalt bis zur Ökotopebene. Dies hat nicht nur Einfluß auf die Organismengesellschaften selbst, sondern auch auf die Regelungs- und Lebensraumfunktionen von Böden und damit auch auf die langfristige Nutzbarkeit und den Erhalt dieser Ressourcen.

Daneben sind Zerstörungen und Belastungen von Böden zu nennen, die sich aus der Deposition oder *Ausbringung toxischer Substanzen*, der *Versiegelung von Oberflächen* und der *Zerschneidung von Flächen* durch Straßen und Siedlungen ergeben. Diese Belastungen sind häufig mit der Intensivierung von industriellen Aktivitäten und Verkehr verknüpft und spielen daher in den Industrienationen und Ballungsgebieten eine große Rolle.

Als Ursachen auf *regionaler Ebene* sind die gebiets- und grenzüberschreitenden *Emissionen* von *Säurebildnern*, *Nährstoffen* und *toxischen Substanzen* anorganischer und organischer Natur zu nennen. Die zunehmende *Urbanisierung* und die damit verbundene räumliche Entkopplung der Nahrungsmittelproduktion und -konsumtion führt ebenfalls zu Belastungen. Exportierte Biomasse führt nicht nur zur Nährstoffverarmung von Böden, sondern auch zur Versauerung und zur Freisetzung toxischer Ionen. Damit ist eine großflächige Abnahme der Produktivität verbunden. In Ballungsgebieten dagegen führt das Überangebot an Nährstoffen zu Entsorgungsproblemen, zur Eutrophierung von Böden und Gewässern sowie zur Belastung der Atmosphäre. *Wasserbauliche Maßnahmen* wie die Regulierung von Flüssen, der Bau von Staudämmen, die Absenkung bzw. die Anhebung des Grundwassers und der Deichbau sowie die Be- und Entwässerung greifen in den Wasserhaushalt von Böden ein. Daraus können Belastungen resultieren, die zur Degradation der Böden führen. Ein wachsendes Problem, auch auf regionaler Ebene, stellt die *Ausdehnung von Siedlungs-, Produktions- und Verkehrsflächen* dar.

Auf *globaler Ebene* treten Veränderungen in Böden auf, die durch die *Veränderungen des physikalischen und chemischen Klimas* verursacht werden. Zum einen können veränderte Temperaturen und Niederschläge durch Beschleunigung oder Reduktion von Umsetzungs- und Transportprozessen direkt auf Böden wirken, zum anderen aber auch indirekt über die Vegetationsdecke durch Veränderungen der Bedeckung und der Biomasseproduktion. Auch erhöhte UV-Strahlung infolge des Ozonabbaus und erhöhte CO_2-Konzentrationen der Atmosphäre können direkt und indirekt auf Böden wirken. Des weiteren kann ein mit Klimaänderungen einhergehender *Anstieg des Meeresspiegels* die Strukturen und Funktionen von Böden in großen Arealen beeinflussen, ebenso wie klimabedingte *Artenwanderung* und *Artenvernichtung*. In diesem Zusammenhang muß auch die durch den Menschen verursachte Verbreitung standortfremder Arten genannt werden, die Ökosysteme und damit auch die Böden drastisch verändern können. Genannt seien hier die weltweite Verbreitung des schnell wachsenden Eukalyptusbaumes und die Einschleppung eines die Regenwürmer verdrängenden Egels in Irland und England. Hierbei handelt es sich um Vorgänge, die aufgrund erhöhter Mobilität der Menschen auch über natürliche Barrieren hinweg immer häufiger werden.

Böden unterliegen *wirtschaftlichen Interessen* (Nutzungsfunktion), so daß viele der genannten Ursachen ökonomische Hintergründe haben. Die mit Böden verbundenen Eigentumsrechte werden sehr oft ohne Rücksicht auf langfristige Ertragsfähigkeit unter *kurzfristigen* Nutzenorientierungen verwertet. Verstärkt wird dieser Effekt durch fehlende oder falsche Planungs- und Bewirtschaftungsstrukturen oder durch staatliche Subventionsprogramme, die Langzeiteffekte wie Überdüngungen und Schadstoffanreicherungen nicht oder nicht hinreichend berücksichtigen bzw. sogar fördern können.

Auswirkungen

Die oben genannten Ursachen können zur Degradation von Böden auf lokaler, regionaler und globaler Ebene führen. Mögliche negative Veränderungen, die dabei in Böden auftreten, sind in der Tabelle 10 zusammengefaßt. Generell wird zwischen der Degradation, die mit einer Verlagerung von Bodenmaterial verbunden ist, und der Degradation in Form bodeninterner physikalischer, chemischer und biotischer Bodeneigenschaften unterschieden. Das Ausmaß der bisher vom Menschen verursachten Bodendegradation ist in der Tabelle 11 dargestellt.

Tabelle 10: Prozesse der Bodendegradation

Verlagerung von Bodenmaterial		Bodeninterne Umwandlungen		
Wassererosion	**Winderosion**	**Physikalische Prozesse**	**Chemische Prozesse**	**Biotische Prozesse**
Verlust von Oberbodenmaterial	Verlust von Oberbodenmaterial	Versiegelung und Verkrustung von Oberflächen	Nährstoffverluste (Biomasseexport, Auswaschung)	Wandel der Biozönosenstruktur
Deformation der Oberflächen (Rinnen, Gullies, Täler)	Schädigung der Vegetation	Verdichtung (Bearbeitung)	Versalzung (Bewässerung)	Wandel der Biozönosenstruktur
	Deformation der Oberflächen (Senken, Wehen, Dünen)	Strukturwandel (Dispersion, Humusabbau)	Versauerung (Deposition, Biomasseexport)	Entkopplungen zwischen Zersetzungs- und Produktionsprozessen
		Wasserstau (Verdichtung, Bewässerung)	Toxifikation (Schwermetalle, organische Stoffe)	
		Austrocknung (Drainage)	Red/Ox-Veränderungen	
		Sedimentation	Abbau der organischen Substanz	

Tabelle 11: Von Menschen verursachte Bodendegradation *(Oldemann et al., 1991)*

	Degradierte Gesamtfläche (Mio. km²)	% der Landfläche	Ursache der Degradation							
			Wassererosion (Mio. km²)	%	Winderosion (Mio. km²)	%	Chem. Degradation (Mio. km²)	%	Phys. Degradation (Mio. km²)	%
Welt	**19,64**	**17**	**10,94**	**56**	**5,48**	**28**	**2,39**	**12**	**0,83**	**4**
Degradation:										
– Leicht	7,49	6	3,43	17	2,69	14	0,93	5	0,44	2
– Mittel	9,10	8	5,27	27	2,53	13	1,03	5	0,27	1
– Stark	2,96	3	2,17	11	0,24	1	0,42	2	0,12	1
– Extrem	0,09	<1	0,07	<1	0,02	<1	0,01	<1	<0,01	<1
Degradation in einzelnen Kontinenten:										
Afrika	4,94	22	2,27	46	1,87	38	0,62	12	0,19	4
Nordamerika	1,58	8	1,06	67	0,39	25	0,07	25	0,06	4
Südamerika	2,43	14	1,23	51	0,41	17	0,70	29	0,08	3
Asien	7,48	20	4,40	58	2,22	30	0,73	10	0,12	2
Europa	2,19	23	1,15	52	0,42	19	0,26	12	0,36	17
Ozeanien	1,03	13	0,83	81	0,16	16	0,01	1	0,02	2

Alle aufgeführten Degradationen können die einleitend aufgeführten Funktionen von Böden kurz- oder langfristig beeinträchtigen, wobei die Wirkungen reversibel oder irreversibel sein können. Die Auswirkungen sind in einer Vielzahl zusammenfassender Arbeiten beschrieben worden (Andreae and Schimel, 1989; Arnold et al., 1990; Bouwman, 1989; Scharpenseel et al., 1990; Sombroek, 1990; Kimball, 1990). Die wichtigsten Ergebnisse sind nachfolgend zusammengefaßt.

Lebensraumfunktion

Böden stellen den Lebensraum für eine große Zahl von Pflanzen, Tieren und Mikroorganismen dar. Im Zuge der Evolution hat sich in Böden mit den darin enthaltenen Nahrungsnetzen ein nahezu perfektes Abfallverwertungssystem entwickelt. Böden können somit auch als komplexe Bioreaktoren angesehen werden. Es gilt diese „Leistungen" der Organismengesellschaften in Böden zu erhalten und die „Erfahrung" zu nutzen, die die komplexen und sehr gut an den Standort angepaßten Lebensgemeinschaften hinsichtlich der effektiven Nutzung von Energieträgern und der Recyclierung knapper Ressourcen gemacht haben. Dies gilt auch bei der Beseitigung von Abfällen durch den Menschen. Weiter sollten die vielfältigen und häufig noch unentdeckten Stoffwechselleistungen von Bodenorganismen und die ihnen zugrunde liegenden genetischen Informationen mehr als bisher durch den Menschen genutzt werden (Böden als Genpool). Beispiele stellen die Antibiotika und Enzyme für den Abbau toxischer Substanzen dar.

Die Synchronisation zwischen Zersetzung von Biomasse und der damit verbundenen Freisetzung von Nährstoffen und der Aufnahme durch Pflanzen bei der Produktion muß aus Gründen der Nachhaltigkeit erhalten bleiben. Eingriffe infolge von Klima- und Nutzungsänderungen, die das Wirkungsgefüge der Organismen stören und zu unkontrollierter Stoffakkumulation oder -freisetzung führen (chemische Zeitbomben), müssen vermindert oder so gestaltet werden, daß die räumliche und zeitliche Entkopplung der beiden Hauptprozesse in Ökosystemen, Produktion und Zersetzung minimiert wird.

Die räumliche Struktur von Böden muß erhalten bleiben, damit die Habitatansprüche der komplexen Organismengesellschaften erfüllt werden. Dies setzt voraus, daß der Abtrag von Bodenmaterial (Erosion) und die Verdichtung vermieden werden.

Die Funktion des Bodens als Lebensraum ist bisher überwiegend im Hinblick auf die Pflanzen und deren Wasser- und Nährstoffversorgung untersucht. Die Bedeutung der Organismengesellschaften in Böden für andere Prozesse ist noch wenig verstanden. Einflüsse der globalen Klimaveränderungen sind daher schwer abzuschätzen. Dies gilt auch für die Eingriffe, die der wirtschaftende Mensch durch Veränderung seines eigenen Lebensraumes an Böden vornimmt.

Wissensbedarf: Es müssen verläßliche Antworten auf folgende Fragen gegeben werden:

- Welche Umweltfaktoren und Bodenfaktoren beeinflussen die biologische Vielfalt in Böden?

- Was sind die strukturellen und funktionellen Konsequenzen der biologische Vielfalt in Böden?

- Welche Rolle spielt die biologische Vielfalt für die Stabilität der Böden und Ökosysteme?

- Welche Bedeutung hat die Heterogenität von Böden für die Funktion von Landschaften?

- Auf welchen Skalen ist eine Integration von Prozessen möglich?

Regelungsfunktion

Die Regelungsfunktion von Böden beschränkt sich, wie bereits erwähnt, nicht nur auf bodeninterne Prozesse, sondern sie umfaßt auch den Energie- und Stoffaustausch mit Nachbarsystemen wie der Atmosphäre und der Hydrosphäre (Grundwasser, Oberflächengewässer).

Beeinflussung von Strahlungsaustausch und fühlbarer Wärme sowie der Reflexion der Sonnenstrahlung durch Böden

Die Oberflächenbeschaffenheit von Böden bestimmt den Transfer von Wärme und die Reflexion der Sonnenstrahlung. Dunkle, rauhe oder offene Oberflächen nehmen viel Wärme auf. Der Transport und die Speicherung der Wärmeenergie hängt von einer Vielzahl von Bodeneigenschaften ab. Helle, verkrustete oder salzbedeckte Oberflächen mit geringer oder fehlender Pflanzendecke haben eine hohe Rückstrahlung (Albedo). Bodennutzung und das zeitweise Entfernen der Vegetation wirken sich über diese Prozesse unmittelbar auf den Energieumsatz aus.

Wissensbedarf: Eine standardisierte Erfassung von Bodeneigenschaften bei der Bodenkartierung ist notwendig, um von Satelliten erfaßte Albedowerte oder Wärmeflüsse überprüfen zu können. Das ist erforderlich, um auf globaler Ebene von Menschen verursachte Veränderungen in Klimamodelle einzubringen. Mit Hilfe satelliten- oder flugzeuggestützter Erderkundung müssen auf regionaler und globaler Ebene die physikalischen Eigenschaften der Bodenoberflächen erfaßt werden, um darauf aufbauend Szenarien für mögliche Veränderungen studieren zu können (Anwendung der Fernerkundung).

Böden als Puffersystem im Wasserkreislauf der Erde

Die Oberflächeneigenschaften bestimmen auch den Anteil des Niederschlags, der in den Böden versickert oder oberflächlich abfließt. Einige Böden haben offene, krümelige Oberflächenstrukturen und weisen einen hohen Anteil an Infiltration auf. Andere bilden Krusten und neigen zur Verschlämmung und Versiegelung. Bei ihnen dominiert der Oberflächenabfluß und damit verbunden die Erosion. Dabei kann auch die Evaporation erhöht werden oder durch Verhinderung der Keimung mangelnde Bedeckung durch Vegetation resultieren. Dadurch kann der Wasserhaushalt von Landschaften stark verändert werden.

Textur- und Struktureigenschaften sowie deren vertikale und laterale Anordnung und Variation bestimmen die hydraulische Leitfähigkeit und damit den Verbleib und die Dynamik von Sickerwasser in Landschaften. Die bodeninternen Eigenschaften bestimmen auch das Speichervermögen für Wasser, und damit die Wasserversorgung der Vegetationsdecke. In Abhängigkeit von der Porosität und Lagerungsdichte, dem Gehalt an Ton und Humus sowie der Art der Tonminerale, der Struktur, der Horizontfolge, Bodentiefe und Durchwurzelbarkeit kann die Speicherkapazität um bis zu einem *Faktor 10* variieren. Daran geknüpft ist die Fähigkeit, Pflanzen in Trockenzeiten mit Wasser zu versorgen. Die Produktivität von Ökosystemen und die Zusammensetzung der Vegetationsgesellschaften werden maßgeblich von der Verfügbarkeit und Menge des gespeicherten Wassers beeinflußt.

Wissensbedarf: Die bisher vorliegenden punktuellen Messungen von hydraulischen Boden- und Vegetationseigenschaften müssen auf Landschaften übertragen werden, um später zu regionalen Aussagen zu gelangen. Wesentlich dabei ist, daß es zur Verknüpfung der Informationen des Bodens mit denen der Fernerkundung kommt (Anwendung der Fernerkundung).

Böden sind wichtige Quellen oder Senken in biogeochemischen Kreisläufen des Kohlenstoffs, des Stickstoffs und des Schwefels. Dies hat direkten Einfluß auf die Dynamik der klimarelevanten Gase CO_2, CH_4 und N_2O.

Die organische Bodensubstanz von Böden als Quelle und Senke für Kohlendioxid

Die Menge an Kohlenstoff, die in Form von lebender Biomasse, Humus oder Holzkohle in den Böden der Welt gespeichert ist, übertrifft die Kohlenstoffmenge in der lebenden oberirdischen Substanz der Vegetation um den *Faktor 2-3* (Post et al., 1992). Selbst in Regionen, in denen die Vegetationsdecke sehr dicht ist, z. B. in den tropischen Regenwäldern, ist unterirdisch immer noch so viel Kohlenstoff gespeichert wie oberirdisch in der Vegetationsdecke. Böden von Grasländern oder von Ackerflächen enthalten bis zu zehnmal mehr Kohlenstoff als die oberirdischen Pflanzenbestände (Abbildung 7).

Die vorhergesagte globale Erwärmung aufgrund des Treibhauseffekts und die Veränderungen der Niederschlagsverteilung können zu einem reduzierten Vorrat von Boden-Kohlenstoff führen. Höhere CO_2-Konzentrationen in der Atmosphäre können jedoch die Photosynthese erhöhen und dabei zur verstärkten Bildung organischer Substanz in Böden führen (*CO_2-Düngungseffekt*). Dies wird besonders bei den C3-Pflanzen der Fall sein, die den größten Teil der holzigen Pflanzen und der Kulturpflanzen stellen. Wenn Nährstoffe, Wasser, Temperatur und Strahlung nicht limitierend sind, kann eine Verdopplung der CO_2-Konzentration zu einer *Erhöhung der Biomasseproduktion* um mehr als 30 % führen. Weiter kann dies auch zu einer bis zu 50 % effizienteren Wassernutzung je Photosyntheseeinheit führen, da sich das Verhältnis der Transpiration zur CO_2-Aufnahme verschiebt. Der *CO_2-Düngungseffekt* stellt einen negativen Rückkopplungsprozeß durch erhöhte CO_2-Aufnahme der Pflanzen dar. Er könnte den CO_2-Anstieg kompensieren, welcher durch die zunehmende Entwaldung erwartet wird. Entsprechende Untersuchungen stehen allerdings noch aus. Wenn man nur an die Produktion landwirtschaftlicher Kulturpflanzen denkt und an die 10 Mrd. Menschen, die nach 2050 ernährt werden müssen,

Abbildung 7: Vorräte an organischem Kohlenstoff in Böden im Vergleich zu den Kohlenstoffvorräten in der Pflanzendecke
(nach Goudriaan, 1990)

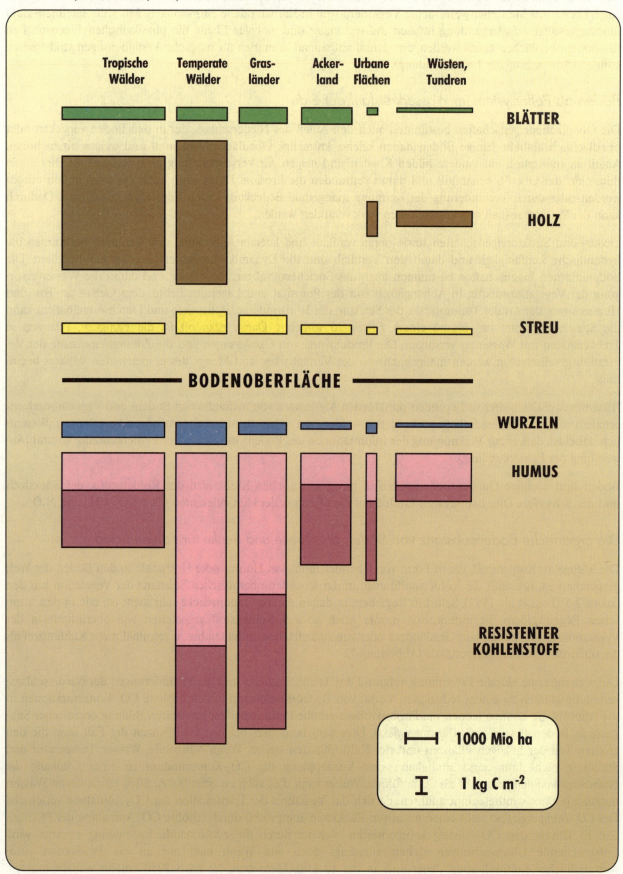

könnte der Düngungseffekt als positiv angesehen werden. Da bei höherer CO_2-Konzentration viele Holzpflanzen das Wasser wesentlich effizienter nutzen, ist ein Wachstum von Wäldern auch in Regionen denkbar, die gegenwärtig dafür zu trocken sind. Dies sind allerdings nur zwei Aspekte, die nicht isoliert betrachtet werden dürfen. So müssen auch andere Wirkungen miteinbezogen werden, die mit dem Treibhauseffekt verbunden sind, wie das Konkurrenzverhalten von Pflanzen innerhalb von Ökosystemen und die Wandermöglichkeit von Vegetationsgesellschaften. Die daraus resultierenden ökologischen Folgen sind bisher nicht absehbar und erst recht nicht kalkulierbar.

Wenn es sich als notwendig erweisen sollte, mit gezielten Speichermaßnahmen den Anstieg der CO_2-Konzentration zu reduzieren, darf nicht nur an die großräumige Wiederbewaldung und Aufforstung gedacht werden, sondern es muß auch die dauerhaftere Speicherung von Kohlenstoff in Böden als mögliche Maßnahme in Betracht gezogen werden. Letzteres könnte durch geeignete Bewirtschaftungs- und Bearbeitungsmethoden unterstützt werden.

Wissensbedarf: Der Einfluß veränderter Biomasseproduktion bei steigender CO_2-Konzentration und veränderten Temperatur- und Niederschlagsbedingungen auf den Kohlenstoffvorrat in Böden ist bisher nur schwer abzuschätzen. Auch der Einfluß veränderter Landnutzung auf die Kohlenstoffvorräte in Böden bedarf weiterer Quantifizierung (Post und Mann, 1990). Offen ist auch die Frage nach dem veränderten Konkurrenzverhalten von Pflanzen in Ökosystemen und die Quantifizierung der veränderten Effizienz des Wasserverbrauchs verschiedener Pflanzen unter den verschiedenen Standortbedingungen.

Böden als Quellen für Lachgas (N_2O)

Der Austausch von N_2O zwischen terrestrischen Ökosystemen und der Atmosphäre ist bisher nur ungefähr quantifizierbar. Etwa die Hälfte der N_2O-Quellen sind nicht sicher zu bestimmen. Es wird angenommen, daß wenigstens *90 % der N_2O-Emissionen biotischer Herkunft* sind und zum größten Teil aus terrestrischen Ökosystemen, wie den tropischen Regenwäldern, den tropischen und subtropischen Savannen sowie den fruchtbaren oder stark gedüngten Acker- und Grasländern, stammen. Bei den letzteren werden die N_2O-Emissionen besonders ansteigen, wenn durch das sich abzeichnende Bevölkerungswachstum eine weltweite Intensivierung der Bodenbewirtschaftung unumgänglich werden sollte.

Lachgas wird hauptsächlich durch biotische Prozesse bei der Nitrifikation und der Denitrifikation in Böden gebildet. Die Regelung der Freisetzung erfolgt durch ökologische Parameter, deren Quantifizierung auf regionaler und globaler Ebene noch aussteht. Gegenwärtig lassen sich lediglich grobe Bezüge ableiten. So bestehen Beziehungen zwischen dem Nitrifikationspotential sowie der Bodenfruchtbarkeit oder der N-Düngung und der N_2O-Freisetzung aus Böden.

Wissensbedarf: Es werden dringend Informationen benötigt, um die Rolle bodenphysikalischer und bodenchemischer Eigenschaften bei der Regelung der Nitrifikation und Denitrifikation zu erfassen und zu modellieren. Der Einfluß des Wasser- und Wärmehaushalts bedarf der Quantifizierung. Weltweit gibt es zu wenige Meßstellen, an denen die Freisetzung von N_2O aus Böden kontinuierlich verfolgt wird. Es bedarf auch einer räumlichen Ausweitung der Untersuchungen, um sichere Extrapolationen auf globaler Ebene durchführen zu können.

Böden als Quellen und Senken für Methan (CH_4)

Im Gegensatz zum CO_2 gibt es für Methan keinen Düngungseffekt. Ungefähr *70 % des Methans stammen aus terrestrischen Quellen* wie Reisfeldern, Feuchtgebieten sowie den Mägen von Wiederkäuern und Termiten. Regional ist die Entstehung von Methan höchst unterschiedlich, wodurch sich politische Konsequenzen bei der Reduktion der Emission ergeben.

Wissensbedarf: Die Mechanismen der mikrobiellen Methanbildung sowie der Methanoxidation unter Freilandbedingungen werden bisher nicht gut verstanden. Um die mikrobiellen Prozesse zu erfassen, die die Methanbildung und Freisetzung steuern, müssen Untersuchungen an einer großen Zahl von Standorten durchgeführt werden. Dabei müssen sowohl natürliche als auch vom Menschen geschaffene und gestörte Systeme enthalten sein. Auch sollten natürliche und künstliche Feuchtgebiete mehr als bisher mit in die Betrachtung einbezogen werden. Die Rolle kleiner Feuchtgebiete und Talauen sowie ihr Summeneffekt ist vermutlich bisher unterschätzt worden und bedarf genauerer Analysen. Die Fläche und Intensität der Nutzung von Reisfeldern wird zukünftig noch ansteigen. Ursache dafür sind der rasch steigende Nahrungsbedarf der Weltbevölkerung und sich wandelnde Konsumgewohnheiten. Bodenbearbeitungs- und Wassermanagement sowie Anbaumethoden müssen dabei verändert werden, um die CH_4-Emissionen zu reduzieren. Die CH_4-Freisetzung durch Bodentiere ist bisher nicht hinreichend untersucht. Die Interaktionen zwischen Biomassebildung durch die Vegetation und der Dynamik der Zersetzung müssen an wichtigen Ökosystemen untersucht, wie auch die Beziehung zwischen der N_2O-Freisetzung und der CH_4-Aufnahme quantifiziert werden.

Wissensbedarf Spurengase: Um die CO_2-, N_2O- und CH_4-Flüsse global besser quantifizieren zu können, werden Datenbasen benötigt, die die Verteilung der Böden und des Klimas, aber auch der Landnutzungssysteme, des Reisanbaus, der Weidewirtschaft und der Biomasseverbrennung enthalten. Weiter werden längerfristige Datensätze benötigt, die es erlauben, prozeßorientierte Modelle auf ihre breite (globale) Anwendbarkeit hin zu überprüfen.

Böden als Puffer und Filter für Schadstoffe

Die Puffer- und Filterkapazitäten für Schadstoffe wie Säuren, Schwermetalle und organische Substanzen in Böden sind begrenzt. Bei Überlastung der Speicher werden die Schadstoffe an Nachbarsysteme weitergegeben. Die Puffer- und Filtereigenschaften von Böden sind stark von deren physikalischem und chemischem Zustand abhängig und damit standortspezifisch. Sich wandelnde Umweltbedingungen können zur Änderung der Kapazitäten führen und damit verbunden zur Freisetzung dieser Schadstoffe. So gesehen stellen in Böden akkumulierte Schadstoffe *chemische Zeitbomben* dar. Wie sich der Nutzungswandel und die Klimaveränderungen auf Speichereigenschaften und Mobilität von Chemikalien in Böden auswirken können, ist in der Abbildung 8 schematisch dargestellt.

Wissensbedarf: Die standortspezifische Belastbarkeit von Böden mit Schadstoffen und die am Prinzip der Nachhaltigkeit orientierten kritischen Belastungsraten (*critical loads*) sind für sich wandelnde Umweltbedingungen (Klima, Nutzung) zu ermitteln. Die Mobilisierbarkeit von Schadstoffen und die daraus resultierende Belastung von Nachbarsystemen muß festgestellt werden. Vorliegende Zeitreihen und Dauerbeobachtungsflächen müssen bewertet und ergänzt werden.

Böden als Speicher und Transformatoren für Nährstoffe

In Böden treffen die beiden übergeordneten Ökosystemprozesse, die *Produktion* von Biomasse und deren nachfolgende *Zersetzung*, zusammen. Dabei werden Nährstoffe von Primärproduzenten aufgenommen, gebunden und nach dem Absterben durch Tiere und Mikroorganismen wieder freigesetzt. Für eine nachhaltige Nutzung von Böden müssen Entkopplungsprozesse, die die Verknüpfung von Produktion und Zersetzung stören, minimiert werden. Dies kann durch eine Synchronisation der Aufbau- und Abbauprozesse von lebender und toter Biomasse erreicht werden. Nach bisherigen Kenntnissen ist dies am besten gewährleistet, wenn Böden über Organismengesellschaften mit hoher Diversität verfügen (siehe 1.5.2). Ein Höchstmaß an Synchronisation in Raum und Zeit reduziert gleichzeitig die Belastung von Gewässern und der Atmosphäre mit C- und N-Verbindungen.

Wissensbedarf: Die internen Regelungen des C- und N-Umsatzes in Böden sowie die externe Steuerung der beteiligten Prozesse durch den Menschen bedürfen weiterer Aufklärung. Zwar sind auf diesem Sektor bereits viele Untersuchungen durchgeführt worden, doch wurde die Bedeutung der biologischen Prozesse kaum berücksichtigt. Für jene Teile der Erde, in denen die Bevölkerung am stärksten wächst und wo die Kenntnisse über die dort auftretenden Böden und deren Eigenschaften unzureichend sind, sollte das natürliche biotische Potential von Böden stärker genutzt werden als bisher.

Nutzungsfunktion

Produktionsfunktion

Erhöhte CO_2-Konzentrationen und UV-B-Strahlung sowie veränderte Temperatur und Niederschläge wirken sich auf die *Photosynthese* und das *Wachstum von Pflanzen* aus und beeinflussen damit die Biomasseproduktion

Litho- und Pedosphäre

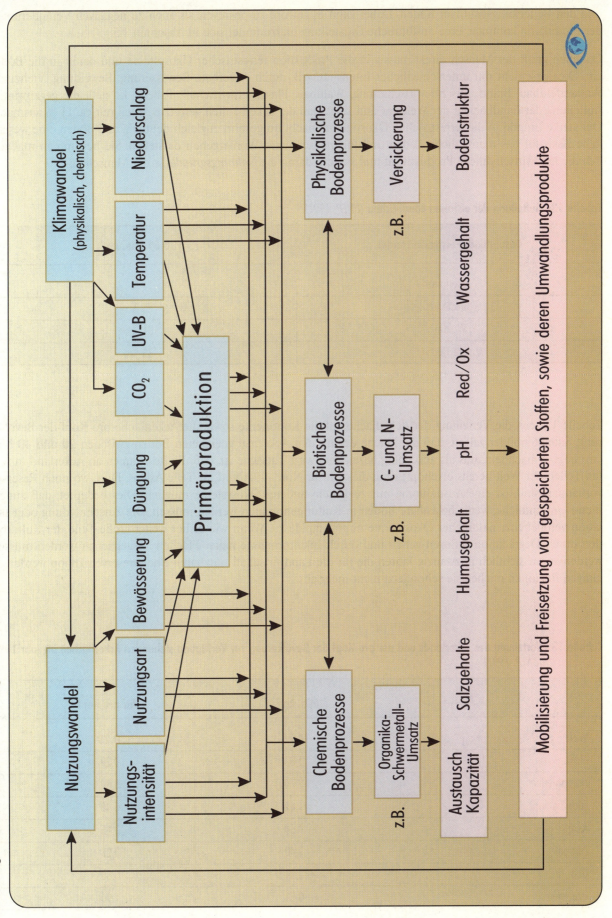

Abbildung 8: Einfluß des Klima- und Nutzungswandels auf Stofffreisetzungen in Böden

und den Bedeckungsgrad von Böden. Dabei kann es sowohl zu positiven als auch zu negativen Veränderungen der Produktion kommen. Eine ausführliche Darstellung hierzu findet sich in Abschnitt 1.5.

Daneben greift der Mensch direkt massiv in die Produktion terrestrischer Ökosysteme und damit in die Böden ein. Dies geschieht mit unterschiedlicher Intensität, z.B. durch Ackerbau, Bewässerung, Beweidung, Viehzucht, Wanderfeldbau, Brand, Mischbewirtschaftung, Waldbau, Plantagenwirtschaft. Tabelle 12 stellt die gegenwärtige Aufteilung der Landflächen der Welt dar und zeigt, daß der ackerbaulich genutzte Anteil nur ca. 11 % ausmacht. Der starke Eingriff in die terrestrischen Ökosysteme macht umgekehrt zugleich deutlich, daß Böden eine wesentliche Basis für das menschliche Leben und für menschliches Wohlergehen darstellen. Sie bestimmen maßgeblich die landwirtschaftliche Produktivität und sichern damit die *Nahrungsgrundlage* der Menschen.

Tabelle 12: Aufteilung der eisfreien Landflächen *(UNEP, 1991)*

Gesamtfläche eisfreien Landes	130,69 Mio. km^2
Ackerland	11 %
Grasland	25 %
Wälder	31 %
Andere Flächen	33 %

Tabelle 13 zeigt die Verteilung der Ackerfläche auf die Kontinente sowie die Ackerfläche pro Kopf der Bevölkerung. Satellitenbilder zeigen, daß die Fläche der für den Ackerbau geeigneten Böden zwischen 20 und 40 Mio. km^2 liegt, je nachdem, was als ackerfähig bezeichnet wird. Tatsache ist, daß die Ressourcen an Ackerland in weiten Teilen der Welt bereits erschöpft sind; dies gilt für Nordafrika und für Teile Asiens. Dort, wo noch Reserven vorhanden sind, ist eine Ausdehnung nur zu Lasten anderer Ökosysteme möglich. Dies bedeutet, daß zunehmend empfindliche, wenig belastbare Böden in Kultur genommen werden müssen. Die Zerschneidung oder Isolation verbliebener natürlicher Ökosysteme nimmt rapide zu. Wenn wie bisher weiter große Teile der Kulturböden durch Degradation verloren gehen und durch Inkulturnahme neuer Flächen ausgeglichen werden müssen, werden voraussichtlich in zwanzig Jahren die für die Landwirtschaft nutzbaren Bodenreserven knapp werden. In einigen Regionen reichen sie schon jetzt nicht mehr aus.

Tabelle 13: Verteilung des Ackerlands und der pro Kopf der Bevölkerung zur Verfügung stehenden Ackerflächen im Jahr 1990 *(UNEP, 1991)*

	Mio. km^2	ha pro Kopf
Welt	**14,78**	**0,28**
Afrika	1,87	0,29
Nordamerika	2,74	0,64
Südamerika	1,42	0,48
Asien	4,54	0,15
Europa	1,40	0,27
GUS	2,31	0,80
Ozeanien	0,51	1,90

Nutzungsbedingte Eingriffe des Menschen führen, wie bereits erwähnt, häufig zur Destabilisierung der Ökosysteme. Als Folge davon treten Bodendegradationen auf, wie sie im Abschnitt „Auswirkungen" bereits dargestellt wurden. In der Tabelle 14 sind die ihnen zugrunde liegenden Ursachen und deren Anteil an der Bodendegradation in verschiedenen Kontinenten aufgeführt. Betrachtet man diese Daten, so zeigt sich, daß Vegetationsänderungen, vor allem Rodungen, Überweidung und Ackerbau, mit ungefähr gleichen Anteilen die Hauptursachen der Degradation sind; allerdings treten deutliche regionale Unterschiede auf.

Tabelle 14: Ursachen der Bodendegradation (Oldeman et al. 1991)

Degradierte Flächen (Mio. km²)		Ursachen der Degradation in %				
		Rodungen	Übernutzung	Überweidung	Ackerbau	Industrie
Welt (gesamt)	19,64	30	7	34	28	1
Afrika	4,94	14	13	49	24	<1
Nordamerika	1,58	11	7	24	57	<1
Südamerika	2,43	41	5	28	26	<1
Asien	7,48	40	6	26	27	<1
Europa	2,19	38	<1	23	29	9
Ozeanien	1,03	12	<1	80	8	<1

Zur Sicherstellung der Nahrungsmittelversorgung für die weiterhin rasch wachsende Weltbevölkerung bedarf es daher weltweiter Anstrengungen zur Eindämmung der fortschreitenden Produktionsminderung von Böden durch Degradation.

Wissensbedarf: Mangelnde Ausweichmöglichkeiten aufgrund des Bevölkerungswachstums sowie der Geschwindigkeit der Veränderung werden in bestimmten Regionen der Erde Anpassungen der Landbewirtschaftung dringend erforderlich machen. Daher ist es notwendig, daß mehr land- und forstwirtschaftliche Forschung betrieben wird, deren Ergebnisse weltweit bekannt gemacht werden und zur Anwendung kommen. Dies erfordert eine Einbeziehung der Forschungsergebnisse in die entwicklungspolitischen Entscheidungsprozesse.

Belastung aquatischer Nachbarsysteme durch Erosion und Stoffauswaschung

Eingetragene und freigesetzte Stoffe werden mit dem Sickerwasser in das Grundwasser oder mit dem Oberflächenabfluß in benachbarte Gewässer und über diese ins Meer verfrachtet. Auf dem Wege dorthin können sie vielfältige Belastungen der Organismen in aquatischen Ökosystemen hervorrufen. Es gilt daher, neben den Einträgen in Böden auch die kritischen Stoffausträge aus Böden zu erfassen und zu bewerten.

Das im Zuge der Wassererosion *abgetragene Bodenmaterial* wird teilweise in den Tälern deponiert (Hochflutlehm) und kann dort zur Versandung oder Verschlickung von Flüssen führen. Große Mengen werden jedoch von den Flüssen zum Meer transportiert und erst im Mündungsbereich abgelagert (Deltabildungen). Um welche Größenordnungen es sich bei den Frachten handeln kann, ist beispielhaft in der Tabelle 15 dargestellt. Die dabei entstehenden nährstoffreichen Sedimente können die marinen Ökosysteme deutlich eutrophieren und verändern. Bei Flüssen, deren Wasser aus Regionen mit starker Industrieansiedlung und intensiver Landnutzung stammt und die in Flachmeere oder Binnenmeere münden, können Schadstofffrachten aus Böden erhebliche Belastungen der aquatischen Ökosysteme darstellen. Beispiele dafür sind die Ostsee oder der Persische Golf.

Verknüpfung zum globalen Wandel

Verknüpfungen bestehen zu nahezu allen Hauptelementen der globalen Umweltveränderungen. Dies ergibt sich aus der zentralen Rolle, die Böden sowohl in der Natur- als auch in der Anthroposphäre spielen. In der Natur-

Tabelle 15: Bodenerosion in den Einzugsgebieten großer Flüsse *(WRI, 1986)*

Fluß	Mündung	Größe des Wassereinzugsgebietes in 1.000 km²	Durchschnittliche jährliche Bodenfracht in Mio. t	Geschätzte jährliche Bodenerosion je Hektar in t
Niger	Golf von Guinea	1.114	5	0
Kongo	Atlantischer Ozean	4.014	65	3
Nil	Mittelmeer	2.978	1.111	8
Amazonas	Atlantischer Ozean	5.776	363	13
Mekong	Südchinesisches Meer	795	170	43
Irradwady	Bucht von Bengalen	430	299	139
Ganges	Bucht von Bengalen	1.076	1.455	270
Huang He (Gelber Fluß)	Gelbes Meer	668	1.600	479

sphäre sind die Böden als Puffersystem mit ihren Speichereigenschaften in den Wasserkreislauf der Erde eingebunden (Hydrosphäre). Darüber hinaus sind sie am biogeochemischen Kreislauf des Kohlenstoffs, des Stickstoffs und des Schwefels beteiligt, so daß sich hierdurch enge Verknüpfungen zum Problem der klimarelevanten Gase ergeben (Atmosphäre, Stratosphäre).

Für die mit den Klimaänderungen und mit einer erhöhten UV-B-Strahlung verbundenen Auswirkungen auf die Böden und die Vegetationsdecke sowie den Menschen bestehen Rückkopplungseffekte. Böden sind der Lebensraum einer großen Zahl von Pflanzen, Tieren und Mikroorganismen, so daß enge Verknüpfungen zur Biosphäre (siehe 1.5) bestehen.

Für das Überleben und den Wohlstand der Völker ist eine nachhaltige Nutzung der Böden von herausragender Bedeutung. Die hierbei wichtigste Verbindung besteht zur Land- und Forstwirtschaft und zu Siedlungsstrukturen bis hin zu großen Städten. Mit dem Bevölkerungswachstum und den zunehmenden Ansprüchen der Menschen wächst der Bedarf an Bodenfläche für Verkehr, Abfalldeponien und industrielle Aktivitäten.

Eine wirksame nachhaltige Boden- bzw. Landnutzung erfordert Informationsaustausch und Beratungs- und Ausbildungsmaßnahmen, um die Rolle des Menschen als Verursacher und Betroffener und besonders als potentieller Bewältiger der Bodenprobleme deutlich werden zu lassen.

Bewertung

Bodenökologische Bewertung

Nimmt man eine Reihung hinsichtlich der Dringlichkeit der zu lösenden globalen Bodenprobleme vor, so sind nach Auffassung des Beirats vor allem die *Bodendegradation* und die sie verursachenden Prozesse zu nennen. Dabei stellt die Erosion durch Wasser und Wind weltweit das Hauptproblem der Degradation dar. Sie ist die Ursache dafür, daß die Produktivität von Böden sinkt, Böden vollständig zerstört werden und immer neue Flächen zu Lasten anderer Ökosysteme in Nutzung genommen werden müssen.

Bei der Bodendegradation wird zugleich das Dilemma eines *globalen Bodenschutzes* sichtbar. Die meisten Schäden treten auf lokaler Ebene auf und haben dort auch häufig ihre Ursache. Regionale und globale Ursachen, die heute viel diskutiert werden, sind bisher wenig erforscht, und ihre Wirkungen lassen sich erst ansatzweise beschreiben. Da der Summeneffekt lokaler Wirkungen aber auch globale Folgen hat, wie dies bereits oben dargelegt wurde, müssen auch diese Wirkungen einer internationalen Regelung unterworfen werden. Besonders in den Entwicklungsländern sind viele Menschen durch fortschreitende Bodendegradation in ihrer Existenz bedroht; die Probleme können dort aber aufgrund wirtschaftlicher und sozialer Gegebenheiten kaum lokal gelöst werden.

Litho- und Pedosphäre

Diese Erkenntnis war die Grundlage zur Schaffung der *Welt-Boden-Charta*, die auf der 21. Sitzung der FAO-Konferenz 1981 angenommen wurde. Die in 13 Thesen dargelegten Prinzipien dieser Charta sind nach wie vor aktuell. In ihnen werden Regierungen, internationale Organisationen und Landnutzer aufgefordert, Bedingungen für eine nachhaltige Bodennutzung zu schaffen und sie für kommende Generationen als Ressource zu erhalten (siehe Kasten Welt-Boden-Charta). Bisher wurde allerdings wenig getan, um diese Prinzipien international durchzusetzen, obwohl auch in Programmen der UNESCO, der UNEP, des UNDP die Notwendigkeit zum Schutze der Böden herausgestellt worden ist. Darüber hinaus gibt es eine Reihe weiterer internationaler und überregionaler Institutionen, darunter auch der Europarat, die sich den Problemen des Bodenschutzes zugewandt haben. Auch auf nationaler Ebene existieren in verschiedenen Ländern Regelungen und Gesetze zum Schutz des Bodens. All diese Beschlüsse und Absichtserklärungen haben jedoch nicht dazu geführt, daß das Problem der weltweiten Bodendegradation energisch angegangen wurde.

Welt-Boden-Charta

Die Prinzipien und Richtlinien der Welt-Boden-Charta, die von der 21. FAO-Konferenz den Vereinten Nationen und den betreffenden internationalen Organisationen im Rahmen ihrer jeweiligen Zuständigkeiten zur Durchsetzung empfohlen werden, lauten:

1. Das Boden, Wasser, assoziierte Pflanzen und Tiere umfassende Land gehört zu den Hauptressourcen, die der Menschheit zur Verfügung stehen. Aus der Nutzung dieser Ressourcen sollte nicht ihr Abbau oder ihre Zerstörung folgen, da die Existenz der Menschheit von ihrer dauerhaften Produktivität abhängt.

2. Wegen der herausragenden Bedeutung der Bodenressourcen für Überleben und Wohlstand der Völker, die ökonomische Unabhängigkeit der Staaten und die schnell steigende Notwendigkeit vermehrter Nahrungsproduktion ist Vorrang geboten für eine optimale Landnutzung, die Verbesserung und Erhaltung der Bodenproduktivität und den Schutz der Bodenressourcen.

3. Bodendegradation als Folge von Bodenerosion durch Wasser und Wind, Versalzung, Vernässung, Verarmung an Nährstoffen, Verschlechterung der Bodenstruktur, Verwüstung oder Verschmutzung bedeutet einen teilweisen oder totalen Verlust von Bodenproduktivität, sowohl quantitativ als auch qualitativ. Darüber hinaus gehen täglich erhebliche Bodenflächen für nicht-landwirtschaftliche Zwecke verloren. Diese Entwicklungen sind angesichts der dringenden Notwendigkeit steigender Produktion von Nahrung, Kleidung und Holz alarmierend.

4. Bodenerosion wirkt sich auf Land- und Forstwirtschaft durch sinkende Erträge und veränderten Wasserhaushalt direkt aus; aber andere Sektoren der Volkswirtschaft und der Umwelt als Ganzes, einschließlich Industrie und Handel, werden oft genauso ernsthaft betroffen, z.B. durch Hochwasser oder die Verschlammung von Flüssen, Stauseen und Häfen.

5. Es ist eine wesentliche Verantwortung der Regierung, daß Landnutzungsprogramme Maßnahmen zum Zwecke der bestmöglichen Verwendung der Böden einschließen, die Langzeiterhaltung und -verbesserung der Produktivität sichern und Verluste von produktiven Böden vermeiden. Die Landnutzer selber sollten einbezogen werden, um die möglichst rationale Nutzung aller zur Verfügung stehenden Ressourcen sicherzustellen.

6. Die Bereitstellung geeigneter Anreize auf betrieblicher Ebene und ein vernünftiges technisches, institutionelles und gesetzliches Gerüst sind Grundvoraussetzungen für eine gute Landnutzung.

7. Die den Landwirten und anderen Bodennutzern gegebenen Hilfen sollten praktischer, service-orientierter Natur sein und zur Übernahme pfleglicher Landbewirtschaftungsweisen ermutigen.

8. Gewisse Landbesitzstrukturen können die Übernahme vernünftiger Bodenbewirtschaftungs- und -erhaltungsmaßnahmen auf landwirtschaftlichen Betrieben behindern. Um solche Hindernisse zu beseitigen, die die Rechte, Pflichten und Verantwortlichkeiten der Grundbesitzer, Bauern und anderer Landnutzer betreffen, sollten in Übereinstimmung mit den Empfehlungen der Weltkonferenz über Landwirtschaftsreform und ländliche Entwicklung 1979 in Rom geeignete Mittel und Wege verfolgt werden.

> 9. Die Landbewirtschafter und die breite Öffentlichkeit sollten über die Notwendigkeit und die Mittel zur Verbesserung der Bodenproduktivität und des Bodenschutzes gut informiert werden. Besonders betont werden sollten die Erziehungs- und Beratungsprogramme sowie die Ausbildung des landwirtschaftlichen Personals auf allen Ebenen.
>
> 10. Um die bestmögliche Landnutzung sicherzustellen, ist es wichtig, die Landressourcen eines Staates in ihrer Eignung für unterschiedliche Landnutzungsformen, einschließlich Landwirtschaft, Weide- und Forstwirtschaft, auf verschiedenen Aufwandsstufen zu ermitteln.
>
> 11. Land mit einem Potential für einen weiten Bereich von Nutzungsformen sollte so flexibel bewirtschaftet werden, daß zukünftig andere Nutzungen nicht für eine lange Zeit oder für immer ausgeschlossen werden. Die Nutzung von Land für nicht-landwirtschaftliche Zwecke sollte so organisiert werden, daß man die Beschlagnahme oder die Zerstörung hochwertiger Böden möglichst vermeidet.
>
> 12. Entscheidungen über die Verwendung und Bewirtschaftung von Land und seiner Ressourcen sollten den langfristen Nutzen eher begünstigen als kurzsichtige Zwecke, die zu Ausbeutung, Verschlechterung und möglicher Zerstörung der Bodenressourcen führen können.
>
> 13. Landerhaltungsmaßnahmen sollten schon im Planungsstadium bei der Landentwicklung berücksichtigt werden und ihre Kosten in die Etats der Entwicklungsplanung eingesetzt werden.

Als zweites wichtiges Handlungsfeld bei der Auseinandersetzung mit der Bodenproblematik ist die *Freisetzung oder Aufnahme klimarelevanter Gase* (CO_2, CO, CH_4, N_2O) zu nennen. Hierzu gibt es bestimmte Aktivitäten zur Erfassung der Gasflüsse auf regionaler und globaler Ebene im Rahmen des IGBP (International Geosphere-Biosphere Programme) und zwar in den Kernprojekten IGAC (International Global Atmospheric Chemistry Project) und GCTE (Global Change and Terrestrical Ecosystems). Maßnahmen zur Reduktion der Freisetzung klimarelevanter Gase oder zur Steigerung der CO_2-Speicherung in Böden wurden bisher in der Praxis nicht ergriffen.

Ein dritter wichtiger Themenbereich ist die *Erfassung der Akkumulation von Schadstoffen* in Böden und deren *mögliche Freisetzung* aufgrund veränderter Umweltbedingungen. Wegen der Langzeiteffekte wird hier auch der Begriff der *chemischen Zeitbomben* für beide Themenbereiche verwendet. Hierbei spielt, wie auch bei den klimarelevanten Gasen, die *Menge und Qualität der organischen Substanzen* und ihre biotische Umsetzung eine bedeutende Rolle. Es besteht dringender Forschungsbedarf auf regionaler und globaler Ebene zur Quantifizierung der damit verbundenen Prozesse.

Während für den ersten Themenbereich bereits internationale Vorhaben und Abkommen bestehen, die es zu aktivieren gilt, wurden die beiden anderen Bereiche international kaum untersucht und erst in jüngster Zeit stärker mit in die Betrachtung einbezogen.

Weitere Themen, die mittelfristig der Betrachtung und Bearbeitung bedürfen, sind:

- Die Veränderung der *Struktur und Funktion von Lebensgemeinschaften* in Böden aufgrund veränderter Nutzungs- und Klimabedingungen sowie der Einschleppung standortfremder Organismen.

- Die *Entkopplung von Stoffkreisläufen* aufgrund zunehmender räumlicher und zeitlicher Trennung von Produktion und Verbrauch von Biomasse und deren anschließender Zersetzung.

- Die Rolle von Böden als *Regler im Energie- und Wasserhaushalt* von Landschaften, Regionen und Kontinenten.

Historische Entwicklung politischen Handelns im Bereich Boden

National

BMI, 1985:	Bodenschutzkonzeption der Bundesregierung Bundestags-Drucksache 10/1977
BMU, 1987:	Maßnahmen zum Bodenschutz Beschluß des Bundeskabinetts vom 8.12.1987
BMU, 1992:	Bodenschutzgesetz, Entwurf

International

Europarat, 1972:	Europäische Bodencharta
UNEP, 1978:	Aktionsplan zur Bekämpfung des Vordringens der Wüsten
UNEP, 1979:	Aktionsprogramm der Weltkonferenz für Agrarreform und ländliche Entwicklung
FAO, 1981:	*Welt-Boden-Charta*
UNEP, 1982:	World Soils Policy
UNO, 1992:	Res. 47/188: Elaboration of an international convention to combat desertification

Folgefragen der UNCED-Konferenz für den Bereich Boden

AGENDA 21	National	International
Kapitel 3		Schaffung gesetzlicher Rahmenbedingungen für die Verwaltung des Bodens, den Zugang zu Landressourcen und Landbesitz und den Schutz der Behausung (in Entwicklungsländern)
Kapitel 5		Untersuchung und Beseitigung der Ursachen für Veränderungen der traditionellen (umweltverträglichen) Landnutzung durch das Bevölkerungswachstum (in Entwicklungsländern)
Kapitel 7	Förderung einer nachhaltigen Flächennutzungsplanung	Förderung einer nachhaltigen und umweltverträglichen Siedlungsentwicklung (in Entwicklungsländern)
Kapitel 9	Sicherstellung einer Landnutzung, die mit der Erhaltung und dem Ausbau von Speichern und Senken für Treibhausgase im Einklang steht (Biomasse, Wälder)	wie national
Kapitel 10	Entwicklung und Durchsetzung von Programmen für eine nachhaltige und integrierte Bewirtschaftung der Landressourcen (insbesondere landwirtschaftliche Nutzflächen)	Unterstützung der integrierten Planung und Bewirtschaftung von Landressourcen in den Entwicklungsländern
	Aufstellung allgemeiner Rahmenpläne für die Landnutzung aufgrund aktueller Erhebungen über die Eignung für bestimmte Nutzungen	wie national

Kapitel 11	Vergrößerung der Waldflächen, insbesondere Ausweitung von Waldschutzgebieten	wie national
	Nutzung der Schutzfunktion des Waldes für den Boden zur Verhinderung von Erosion und Wüstenbildung	wie national
Kapitel 12		Unterstützung der betroffenen Länder (besonders Entwicklungsländer) bei der Erfassung der gerodeten Flächen
		Unterstützung von Maßnahmen zur Erhaltung und Wiederherstellung schützender Vegetation zur Sicherung der Bodenfruchtbarkeit, Stabilisierung des Bodenwasserhaushalts und Stärkung labiler Ökosysteme in Trockenzonen
		Beteiligung an Programmen zur Förderung des Umweltbewußtseins und des Einsatzes schonender Bewirtschaftungsmethoden zur Vermeidung einer Übernutzung des Bodens
Kapitel 13	Untersuchung und Erfassung der Boden- und Nutzungsformen der Ökosysteme und der klimatischen Bedingungen in Bergregionen	wie national
	Umweltgerechte wirtschaftliche und touristische Entwicklung von Bergregionen und Schaffung von Naturschutzgebieten	
	Anwendung umweltfreundlicher Bewirtschaftungsmethoden, Erhaltung und Ausweitung des Baum- und Pflanzenbestandes zum Schutz vor Bodenerosion	wie national
Kapitel 14	Schaffung der rechtlichen Voraussetzungen für eine wirtschaftlich sinnvolle Größe von Ackerflächen und zur Verhinderung weiterer Aufteilungen	wie national
		Förderung von Maßnahmen zum Schutz marginaler Böden und sensibler Ökosysteme vor Degradation und Zerstörung durch landwirtschaftliche Nutzung
	Planung einer optimalen Landnutzung durch fortschrittliche und umweltschonende Technologien der Bewirtschaftung unter Anpassung an die jeweiligen Boden- und Klimabedingungen	wie national
	Erstellung eines Bodenkatasters für die Belastung der Böden durch Erosion, Versalzung, Verdichtung, Verschmutzung und für Minderungen der Bodenfruchtbarkeit	wie national
	Erhaltung der Bodenfruchtbarkeit durch den Einsatz natürlicher organischer und anorganischer Dünger anstelle von Kunstdüngern	wie national
Kapitel 19	Einführung von Vorschriften und Maßnahmen zum Schutz des Bodens vor einer anwendungs- und unfallbedingten Belastung durch toxische Chemikalien	wie national

Kapitel 20	Einführung von Vorschriften und Maßnahmen zum Schutz des Bodens bei der Deponierung gefährlicher Abfälle sowie zur Sanierung von Altablagerungen	wie national
Kapitel 21	Vermeidung bzw. Begrenzung von Bodenkontaminationen durch eine geeignete Ablagerung fester Abfälle und die Einhaltung von Schadstoffgrenzwerten bei der Ausbringung von flüssigen Abfallstoffen bzw. Klärschlämmen	wie national

Zusammenfassend kann festgehalten werden, daß für den *Boden als Standort für die Pflanzenproduktion* bereits ein umfassendes Instrumentarium besteht, während dies für die anderen Funktionen nicht der Fall ist.

Bodenökonomische Bewertung

Voraussetzungen

Böden sind durch ihre Leistungen und Nutzungen Ressourcen, die entscheidend dazu beitragen, der Menschheit das Überleben zu sichern; insoweit sind Böden im ökonomischen Sinn Güter von globaler Bedeutung.

Die mit den Funktionen verbundenen Leistungen und Nutzungen von Böden sind Werte, deren langfristige Erhaltung, Verbesserung und, soweit notwendig, Wiederherstellung nach Auffassung des Beirats auch unter ökonomischen Gesichtspunkten weltweit angestrebt werden muß. Beeinträchtigungen der Funktionen mindern die Nutzungsfähigkeit und die Leistungsfähigkeit von Böden (Tabelle 16). Neben den dadurch verursachten wirtschaftlichen Verlusten sind auch die Kosten für Ausgleichs- und Sanierungsmaßnahmen zu berücksichtigen, soweit solche Maßnahmen überhaupt durchführbar sind.

Hierbei ergeben sich enge ökonomische Verknüpfungen zwischen den einzelnen Funktionen, z.B. zwischen Lebensraum- und Produktionsfunktion. Aber auch die Regelungsfunktion hat ökonomische Bedeutung, wenn Vorgänge im Boden, z.B. die Grundwasserbildung oder die Bildung von Treibhausgasen, für den Menschen oder die Gesellschaft wichtig sind.

Weiterhin ist zu unterscheiden zwischen den Kosten, die unmittelbar durch eine Beeinträchtigung der Bodenfunktion entstehen, und denen, die durch Auswirkungen von Bodenveränderungen oder -verunreinigungen bzw. geschädigten Bodenfunktionen auf den Menschen oder auf andere Umweltmedien hervorgerufen werden. Aus diesen Wechselbeziehungen folgt auch ihre Abhängigkeit von globalen Veränderungen, z.B. durch den Treibhauseffekt. In der Regel hat das Auftreten von Bodenschäden lokale Ursachen, die erst bei vermehrtem Auftreten zu globalen Konsequenzen führen.

Bei der ökonomischen Bewertung von Bodenveränderungen ist insbesondere der Tatsache Rechnung zu tragen, daß Böden praktisch nicht vermehrbar und nur begrenzt verfügbar sind. Auch ist zu berücksichtigen, daß die Nutzungsmöglichkeiten der Böden durch ihre Eigenschaften eingeschränkt werden. Dies ist von besonderer Bedeutung hinsichtlich des Stellenwertes des Schutzgutes Boden im Verhältnis zu anderen Schutzgütern und eines Kostenvergleichs zwischen reversiblen und irreversiblen Schäden bzw. Beeinträchtigungen.

Der Umweltbereich „Boden" in einer umweltökonomischen Gesamtrechnung

Für die Stellung der Böden in einer umweltökonomischen Gesamtrechnung stehen keine fertigen Konzepte zur Verfügung. Auch fehlt eine Definition des bodenökonomischen Gesamtwertes. Inwieweit als konzeptioneller Vorschlag der

- *aktuelle Nutzungswert* eines Bodens (als Ausdruck des privatwirtschaftlichen bzw. des volkswirtschaftlichen Nutzens),

- *Optionswert* (als Ausdruck einer Präferenz, d.h. Zahlungsbereitschaft, für die Erhaltung und den Schutz des Bodens, z.B. als Lebensraum für Bodenorganismen),

- *Existenzwert* (im Sinne einer Präferenz für den Erhalt des Bodens und der Landschaft unabhängig von zukünftigen Nutzungen, z.B. als Archiv der Natur- und Kulturgeschichte)

zu einem *ökonomischen Gesamtwert* führt oder geführt werden sollte, müßte im Rahmen eines Forschungsvorhabens für verschiedene Böden an unterschiedlichen Beispielen unter Einbeziehung von Entwicklungs- und Schwellenländern geprüft werden.

Das Statistische Bundesamt entwickelt zur Zeit eine umweltökonomische Gesamtrechnung, die vom Beirat „Umweltökonomische Gesamtrechnung" beim Bundesminister für Umwelt, Naturschutz und Reaktorsicherheit wissenschaftlich begleitet wird. Unter Verwendung von „Bausteinen" dieser Rechnung läßt sich für den Themenbereich Böden eine Verknüpfung darstellen (Abbildung 9).

Tabelle 16: Kostenfaktoren der Bodenbelastung durch globale Umweltveränderungen

Primärbeeinträchtigungen	Kostenfaktoren	L	P	R
Beeinträchtigung der Lebensraumfunktion	Störung des Gleichgewichts zwischen Produktion und Zersetzung organischer Substanz			x
	Maßnahmen zur Minimierung der Störeinflüsse durch Klima- und Nutzungsänderungen (auf Stoffakkumulation und -freisetzung)			x
Beeinträchtigung der Produktionsfunktion	Produktionsverluste durch klimatische Einflüsse (CO_2, UV-B, Temperatur, Niederschlag)			x
	Düngung, Schädlingsbekämpfung zur Ertragssteigerung, Erhaltung der Produktion			
	Schutz empfindlicher, wenig belastbarer Böden	x		x
	Schutz anderer Ökosysteme	x		x
	Bereitstellung zusätzlicher Produktionsflächen			
	Forschung und Verwertung/Weitergabe der Ergebnisse			
	Rückstände im Wasser, in anderen Ökosystemen und Nahrungsmitteln			x
	Beschaffung zusätzlicher Nahrungsmittel			
	Verlust natürlicher Bodenflächen	x		x
Beeinträchtigung der Regelungsfunktion	künstliche Bewässerung, Wasserbeschaffung (bei Versiegelung, Verdichtung, Humusmangel)		x	
	schlechte Bodenbedeckung durch Vegetation (verhindert CO_2-Abbau)	x	x	
	Erhaltung des Bodens als Kohlenstoffspeicher	x	x	
	Kompensation für N_2O-Freisetzung aus fruchtbaren und stark gedüngten landwirtschaftlichen Flächen (Wasser- und Wärmehaushalt)			
	Reduzierung der CH_4-Emission aus natürlichen und künstlichen Feuchtgebieten (besonders Reisanbau)			
	Schadstoffaustritt aus Böden bei nachlassender Speicherfähigkeit			

L = Lebensraumfunktion   P = Produktionsfunktion   R = Regelungsfunktion

Abbildung 9: Baustеine der integrierten volkswirtschaftlichen Umweltgesamtrechnung für den Themenbereich Böden *(modifiziert nach Statistischem Bundesamt, 1991)*

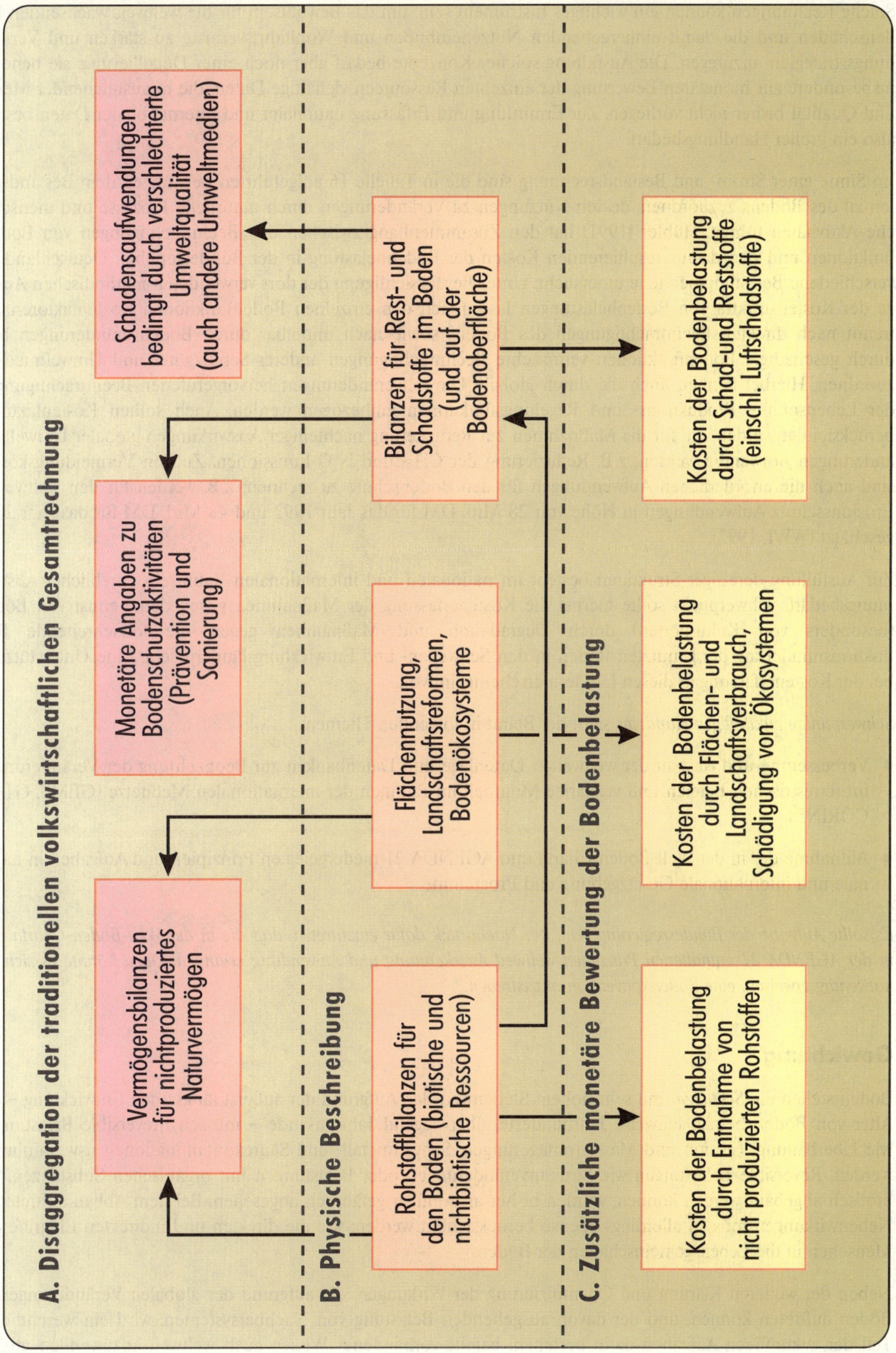

A. Disaggregation der traditionellen volkswirtschaftlichen Gesamtrechnung

- Vermögensbilanzen für nichtproduziertes Naturvermögen
- Monetäre Angaben zu Bodenschutzaktivitäten (Prävention und Sanierung)
- Schadensaufwendungen bedingt durch verschlechterte Umweltqualität (auch andere Umweltmedien)

B. Physische Beschreibung

- Rohstoffbilanzen für den Boden (biotische und nichtbiotische Ressourcen)
- Flächennutzung, Landschaftsreformen, Bodenökosysteme
- Bilanzen für Rest- und Schadstoffe im Boden (und auf der Bodenoberfläche)

C. Zusätzliche monetäre Bewertung der Bodenbelastung

- Kosten der Bodenbelastung durch Entnahme von nicht produzierten Rohstoffen
- Kosten der Bodenbelastung durch Flächen- und Landschaftsverbrauch, Schädigung von Ökosystemen
- Kosten der Bodenbelastung durch Schad- und Reststoffe (einschl. Luftschadstoffe)

Solche Rechnungen können ein wichtiges Instrument sein, um das Bewußtsein für die weltweit wachsenden Bodenschäden und die damit einhergehenden Nutzeneinbußen und Wohlfahrtsverluste zu stärken und Vermeidungsstrategien anzuregen. Die Ausfüllung solcher Konzepte bedarf aber noch einer Detaillierung; sie benötigt insbesondere zur monetären Bewertung der einzelnen Ressourcen vielfältige Daten, die in ausreichender Menge und Qualität bisher nicht vorliegen. Zur Ermittlung und Erfassung nationaler und internationaler Daten besteht also ein großer Handlungsbedarf.

Im Sinne einer Strom- und Bestandsrechnung sind die in Tabelle 16 aufgeführten Leistungen dem Bestandspotential des Bodens zuzuordnen, dessen Nutzungen zu Veränderungen durch natürliche Prozesse und menschliche Aktivitäten führen. Hübler (1991) hat den Zusammenhang zwischen den Beeinträchtigungen von Bodenfunktionen und den daraus resultierenden Kosten der Bodenbelastung in der Bundesrepublik Deutschland für verschiedene Belastungsbereiche untersucht. Unter Berücksichtigung der dort verwendeten methodischen Ansätze der Kostenstruktur von Bodenbelastungen lassen sich den einzelnen Bodenfunktionen Kostenfaktoren, getrennt nach direkten Beeinträchtigungen des Bodens sowie nach mittelbar durch Bodenveränderungen bzw. durch geschädigte Bodenfunktionen verursachte Beeinträchtigungen anderer Schutzgüter und Umweltmedien, zuordnen. Hierbei können auch die durch globale Umweltveränderungen hervorgerufenen Beeinträchtigungen der Lebensraum-, Produktions- und Regelungsfunktionen einbezogen werden. Auch sollten Kostenfaktoren berücksichtigt werden, die für die Maßnahmen zur Reduzierung nachteiliger Auswirkungen globaler Umweltveränderungen notwendig werden, z.B. Reduzierung der CH_4- und N_2O-Emissionen. Zu den Vermeidungskosten sind auch die erforderlichen Aufwendungen für den Bodenschutz zu rechnen; z.B. werden für den weltweiten Erosionsschutz Aufwendungen in Höhe von 28 Mrd. DM für das Jahr 1992 und 48 Mrd. DM für das Jahr 2000 geschätzt (WWI, 1992).

Zur Ausfüllung derartiger Strukturen besteht im nationalen und internationalen Raum ein erheblicher Abstimmungsbedarf. Schwerpunkt sollte hierbei die Kostenerfassung der Maßnahmen gegen den Verlust von Böden (besonders von Kulturböden) durch Degradation und Maßnahmen gegen die fortschreitende Produktionsminderung der genutzten Böden in den Schwellen- und Entwicklungsländern sein. Eine Unterstützung bei der Kostenerfassung in diesen Ländern erscheint sinnvoll.

Schwerpunkte zukünftigen Handelns sieht der Beirat in folgenden Themen:

- Verbesserung und Ausbau der weltweiten Datenlage und Datenbanken zur Beobachtung der Veränderungen im terrestrischen Bereich und verstärkte Mitarbeit im Rahmen der internationalen Meßnetze (GEMS, GTOS, CORINE),

- Aufnahme der in der Welt-Boden-Charta und AGENDA 21 niedergelegten Prinzipien und Aufgaben in nationale und internationale Gesetzgebung und Programme.

Es sollte Aufgabe der Bundesregierung sein, mit Nachdruck dafür einzutreten, daß die in der Welt-Boden-Charta und in der AGENDA 21 enthaltenen Prinzipien weltweit Anerkennung und Anwendung erlangen. Dazu könnte es sich als notwendig erweisen, eine Bodenkonvention anzustreben.

Gewichtung

Böden stellen ein *Schutzgut* mit sehr hohem Stellenwert dar. Aufgrund der äußerst langsamen Entwicklung – das Alter von Böden beträgt teilweise Jahrhunderte, überwiegend Jahrtausende – müssen irreversible Belastungen wie Überbauung, Erosion und Massenverlagerungen, Schwermetall- und Säurekontaminationen usw. minimiert werden. Reversible Belastungen wie Strukturveränderungen oder Belastungen mit organischen Substanzen, die biotisch abgebaut werden können, wurden bisher als weniger gefährlich angesehen. Bei dem Abbau auftretende Nebenwirkungen müssen allerdings ebenso berücksichtigt werden, wie die direkten und indirekten Eingriffe des Menschen in die Lebensgemeinschaften der Böden.

Neben der weiteren Klärung und Quantifizierung der Wirkungen, die aufgrund der globalen Veränderungen in Böden auftreten können, und der davon ausgehenden Belastung von Nachbarsystemen, wird ein wesentlicher Teil der zukünftigen Aufgaben darin bestehen, bereits vorhandenes Wissen auch weltweit anzuwenden und in

Handlungsstrategien umzusetzen. Da in vielen Ländern, in denen Böden zunehmend belastet werden, weder das Wissen bei den Verursachern noch die Möglichkeit oder Bereitschaft des Eingriffs durch die Regierungen vorhanden ist, muß das Problem mit Hilfe internationaler Kooperationen gelöst werden.

Forschungsbedarf

- *Datengrundlage*: Verbesserung der flächendeckenden Bodenaufnahme auf nationaler und internationaler Ebene unter Verwendung der Fernerkundung. Eichung der Fernerkundungsdaten an internationalen Meßnetzen. Entwicklung von Auswertungsprogrammen zur Ableitung von Handlungsstrategien.

- *Bodenfunktionen*: Bestimmung der Bedeutung der Böden und ihrer ökologischen Komplexität für die nachhaltige Stabilität und Produktivität von Ökotopen bis Ökoregionen sowie des Einflusses erhöhter CO_2-Konzentrationen und Nutzungstrategien auf die Biomasseproduktion und die C-Speicherung in Böden verschiedener Ökosysteme. Quantifizierung der bodenökologischen Regelgrößen der Aufnahme und Abgabe von Spurengasen (CO_2, CH_4, N_2O). Entwicklung von Strategien zur Reduktion von Spurengasen.

- *Schadstoffbelastung von Böden*: Analyse der Belastbarkeit von Böden mit Schadstoffen und Nährstoffen unter Einbeziehung der sich ändernden Umweltbedingungen. Verfolgung eines dynamischen Ansatzes wie des „Critical Load Concept".

- *Bodendegradation:* Untersuchung der Einflüsse des veränderten physikalischen und chemischen Klimas und der veränderten Landnutzung auf die Degradation von Böden und Entwicklung eines Vorhersagemodells.

- *Bodennutzung*: Entwicklung von Anpassungsstrategien für Land- und Forstwirtschaft im Hinblick auf die globalen Umweltveränderungen sowie Untersuchung von Interaktionen von Bodennutzung und Klimaänderungen.

- *Bodenökonomie*: Evaluierung der Kriterien (aktueller Vermögenswert, Optionswert und Existenzwert) zur Ermittlung eines bodenökonomischen Gesamtwertes für verschiedene Böden. Dies sollte an unterschiedlichen nationalen Beispielen unter Einbeziehung von Entwicklungs- und Schwellenländern durchgeführt werden.

- *Internationale Bodenpolitik*: Untersuchung der Möglichkeiten zum Ausbau von weltweiten Informations-, Beobachtungs- und Forschungsnetzen und deren Wirksamkeit für einen weltweiten Bodenschutz.

1.5 Biosphäre

Eine in sich geschlossene Bearbeitung eines Kapitels zur „Biosphäre" würde etwa den folgenden Aufbau nahelegen:

- Strukturierende Fragen.

- Umweltprobleme einzelner Biome, z. B.
  - Wälder,
  - Meere,
  - von Wüstenbildung bedrohte Regionen,
  - Landwirtschaft in entwickelten Regionen.

- Biologische Vielfalt als übergreifender Aspekt der Biosphäre.

Eine solche Vorgehensweise kann in diesem Kapitel aber nicht strikt eingehalten werden, weil bestimmte Teilbereiche in anderen Kapiteln des Gutachtens angesprochen werden. So wird die Landwirtschaft im Kapitel „Wirtschaft" und werden die Meere im Kapitel „Wasser" behandelt. Die Problematik der Wüstenbildung wird erst in den folgenden Jahresgutachten bearbeitet. Daher umfaßt das Kapitel „Biosphäre" im vorliegenden Gutachten nur zwei inhaltliche Abschnitte: Zunächst wird ein ausgewähltes Biom, der Wald, behandelt, und anschließend wird auf die biologischen Vielfalt eingegangen. Diese beiden Ausschnitte werden im ersten Gutachten nicht zuletzt auch deshalb vorgezogen, weil auf der UNCED-Konferenz in Rio de Janeiro 1992 dazu jeweils eine internationale Vereinbarung verabschiedet worden ist: die Wald-Erklärung und das Übereinkommen über die biologische Vielfalt (Artenvielfalt-Konvention).

Biosphäre im Überblick

Der Begriff Biosphäre ist wissenschaftlich nicht einheitlich definiert und wird daher unterschiedlich verwendet. Die *Biosphäre* umfaßt zunächst die gesamte Flora, Fauna und die Mikroorganismen der Kontinente und Meere; die Menschen als Lebewesen sind ebenfalls Bestandteil der Biosphäre. Diese Definition ist für praktische Belange noch nicht sehr hilfreich, weil sie sowohl räumliche Differenzen als auch abiotische Komponenten nicht berücksichtigt. Daher wird häufig eine Definition verwendet, die nicht allein auf den Lebewesen basiert, sondern auf Ökosystemen.

Als *Biosphäre* wird im folgenden die Gesamtheit der kontinentalen und marinen Ökosysteme verstanden, die auf globaler Ebene miteinander in Wechselbeziehungen stehen und die über ihre Systemgrenzen Energie, Materie und Informationen mit den anderen Sphären austauschen. Nach dieser Definition sind auch die Pedosphäre, die aquatischen Sedimente und die belebten Zonen der Hydrosphäre der Biosphäre zuzuordnen.

Aus praktischen Erwägungen wird die Biosphäre in *Ökosysteme* unterschiedlichen Aggregationszustandes gegliedert. Ein Ökosystem stellt das Beziehungsgefüge von Lebewesen untereinander und in ihrem Lebensraum dar. Ökosysteme sind offen und haben bis zu einem gewissen Grad die Fähigkeit zur Selbstregulation. Zu Ökosystemen zählen terrestrische und aquatische Ökosysteme (darunter Meeresökosysteme) und die dazugehörigen ökologischen Komplexe.

Mit zunehmender Größe und Komplexität werden Ökosysteme in *Ökotope, Ökochoren, Ökoregionen* und *Ökozonen* unterschieden. Im Gegensatz zu Organismen oder physikalischen Systemen weisen Ökosysteme häufig keine scharfen Grenzen auf. Die Grenzen werden auch mit zunehmender Größe immer unschärfer. Dennoch können auch willkürlich gezogene Grenzen eine Hilfe bei der Strukturierung sowie bei der Zuordnung von Prozes-

Tabelle 17: Ökozonen der Erde *(Schultz, 1988)*

	Anteile der Zonen an der Landfläche	
	% der Gesamtfläche	% der eisfreien Fläche
1. Polare/subpolare Zone	14,8	4,4
1.1 Tundra und Permafrostzone	3,9	4,4
1.2 Eiswüsten	10,9	-
2. Boreale Zone	13,0	14,7
3. Feuchte Mittelbreiten	9,7	10,9
4. Trockene Mittelbreiten	11,0	12,3
4.1 Grassteppen	8,0	8,9
4.2 Wüsten und Halbwüsten	3,0	3,4
5. Tropische/subtropische Trockengebiete	20,9	23,4
5.1 Dornensavannen und -steppen	9,2	10,1
5.2 Wüsten und Halbwüsten	11,7	13,3
6. Winterfeuchter Subtropen	1,8	2,0
7. Sommerfeuchte Tropen	16,3	18,3
8. Immerfeuchte Subtropen	4,1	4,6
9. Immerfeuchte Tropen	8,3	9,4

sen und Bilanzen sein. Zugleich darf man die Organismengesellschaften von Ökosystemen nicht als statische Einheiten betrachten, sie sind vielmehr einem ständigen Wechsel in Raum und Zeit unterworfen. Die Untergliederung in Ökosysteme hat den Vorteil, daß der so definierten natürlichen Biosphäre die Anthroposphäre mit ihren vielfältigen Subsystemen gegenüber gestellt werden kann.

Für die Betrachtung globaler Probleme erscheint eine Gliederung der terrestrischen Ökosysteme auf der Basis von *Ökozonen* (*Biome, Zonobiome*) sinnvoll. Für die weiteren Beschreibungen wird eine Untergliederung in neun Ökozonen verwendet, wie sie von Schulz (1988) vorgeschlagen wurde (Tabelle 17), für die Meere wurde die Einteilung in Regionen nach Lüning (1985) übernommen (Tabelle 18).

Tabelle 18: Meeresgeographische Regionen *(Lüning, 1985)*

1. Arktische Region
2. Kaltgemäßigte Region der Nordhalbkugel
3. Warmgemäßigte Region der Nordhalbkugel
4. Tropische Region
5. Warmgemäßigte Region der Südhalbkugel
6. Kaltgemäßigte Region der Südhalbkugel 6a. Subantarktische Inselregion
7. Antarktische Region

Die Ökozonen sind durch ein jeweils spezifisches Klima gekennzeichnet. Dies bedeutet, daß sich die jährlichen Mengen an Strahlung, Niederschlägen und Wärme sowie deren zeitliche Verteilung zwischen den einzelnen Ökozonen deutlich voneinander unterscheiden. Ökozonen weisen charakteristische Bodengesellschaften auf. Die Bedeutung von Böden in Ökosystemen wurde im vorausgegangenen Kapitel bereits beschrieben. Ferner sind Ökozonen durch typische Pflanzen- und Tiergesellschaften gekennzeichnet. Aufgrund topographischer und geologischer Gegebenheiten sind in Ökozonen auch azonale Ökosysteme enthalten, mit zum Teil stark abweichenden Strukturen und Funktionen. Sie können eine wichtige Rolle für die biotische Diversität der Ökozonen spielen und für deren Stabilität essentiell sein.

1.5.1 Veränderungen der Biosphäre am Beispiel Wald

Kurzbeschreibung

Wälder bedecken etwa ein Fünftel der Landfläche der Erde, und sie produzieren mehr als ein Drittel der terrestrischen Biomasse. Sie spielen im Rahmen der globalen Umweltveränderungen eine wichtige Rolle, denn sie bestimmen wesentlich den Kohlenstoff-Kreislauf zwischen Biosphäre und Atmosphäre mit. Durch menschliche Aktivitäten wird jährlich eine große Menge Kohlenstoff (C) in die Atmosphäre abgegeben, teils durch Verbrauch fossiler Brennstoffe, teils durch Vernichtung bzw. Nutzung der tropischen Wälder. Noch nicht genau bekannt ist die Rolle der Wälder, neben Atmosphäre und Ozeanen, als Senke für Kohlenstoff. Eine Hypothese besagt, daß vor allem die Wälder der gemäßigten Zone diese Senke bilden. Wälder sind ein wirksamer Filter für Luftverunreinigungen, sie „säubern" gewissermaßen die Luft. Sie schützen den Boden vor Erosion. Wald dient dem Menschen direkt als Ressource für Holz und Nahrungsmittel, und er ist außerdem für Erholung und Tourismus wichtig. Wälder verfügen über ein großes genetisches Potential, vor allem in den tropischen Regenwäldern ist ein großer Artenreichtum vorhanden. Nicht zuletzt hat Wald, ähnlich wie Wasser (siehe 1.3), einen kulturellen Wert. In vielen Breiten hat sich der Mensch in Koevolution mit den Tier- und Pflanzenarten entwickelt. Das mag mit erklären, warum viele Völker eine emotionale Beziehung zum Wald haben, in Deutschland beispielsweise ausgeprägt positiv (Hampicke, 1991). In Brasilien findet man hingegen dort, wo Menschen nicht mehr im Regenwald leben, eine eher feindliche Haltung, weil der Wald als Bedrohung der zivilisierten Lebensweise erscheint. In anderen Ländern mit einer urbanen Kultur wie Italien oder Frankreich, herrscht hingegen eher Gleichgültigkeit gegenüber dem Wald. In jedem Fall ist bei politischen Maßnahmen, die den Wald betreffen, diese kulturelle Tradition des jeweiligen Landes unbedingt zu berücksichtigen.

Die vielfältigen Funktionen des Waldes werden schon seit längerem in mehrfacher Weise bedroht. Wälder werden sowohl direkt vernichtet, z.B. durch Brandrodung oder Abholzung, als auch durch Umweltverschmutzung langfristig geschädigt und in ihrem Bestand gefährdet. Laut Bericht der Enquete-Kommission des Deutschen Bundestages (1990b) hat die Vernichtung der tropischen Wälder „dramatisch zugenommen: 1980 belief sich nach Schätzungen der Ernährungs- und Landwirtschaftsorganisation der Vereinten Nationen (FAO) die jährliche Vernichtung in geschlossenen tropischen Wäldern auf etwa 75.000 km^2 und in offenen Tropenwäldern auf etwa 39.000 km^2. Nach neuen, vorläufigen Schätzungen beträgt die Zunahme der Vernichtungsrate gegenüber 1980 90 %. Dies bedeutet, daß derzeit allein im Bereich geschlossener Primärwälder jedes Jahr 142.000 km^2 Wald zerstört werden. Bis zum Jahr 1980 war die tropische Waldfläche bereits auf etwa die Hälfte ihres ursprünglichen Bestandes reduziert. Zu diesem Zeitpunkt gab es noch etwa 19,4 Mio. km^2 tropischer Wälder, die etwa 13 % der Landoberfläche bedeckten. Heute umfaßt der Bestand insgesamt wahrscheinlich nur noch 18 Mio. km^2. Bis zum Jahre 2050 wird ein weiterer Rückgang auf etwa 5 bis 8 Mio. km^2 erwartet. In vielen Ländern wird dann kaum noch Wald verblieben sein."

In den Wäldern der gemäßigten Zonen werden seit einigen Jahren Schäden von großem Ausmaß beobachtet. Diese Waldschäden entstehen durch einen Komplex von Faktoren, an dem u.a. Luftverunreinigungen und Klimaeinflüsse beteiligt sind. Diese Schäden können auch in großer Entfernung von Emissionsquellen, in sogenannten Reinluftgebieten, auftreten (Dässler, 1991). Es wird geschätzt, daß bis zu 50 % dieser Wälder geschädigt sind. Je nach Schädigung sind sie in ihrer Funktion als Senke für CO_2 beeinträchtigt.

Eine jüngere Entwicklung sind die großflächigen Abholzungen in den borealen Wäldern, insbesondere Rußlands und Kanadas. So unterliegt die Taiga, ein über 5 Mio. km^2 großer Waldgürtel, der den russischen Osten bedeckt, in jüngerer Zeit zunehmenden Nutzungen insbesondere durch die ausländische holzverarbeitende Industrie. Die Vergabe von Rechten zu großflächigen Rodungen in den russischen Wäldern an ausländische Unternehmen erfolgt sicherlich zum Teil in Erwartung von mittelfristigen Beiträgen zur Entwicklung der entsprechenden Regionen, dient speziell aber auch der kurzfristigen Erwirtschaftung von Devisen.

Ursachen

Seit Beginn des 18. Jahrhunderts hat sich die Weltbevölkerung verachtfacht und die durchschnittliche Lebenserwartung verdoppelt. Das internationale Handelsvolumen hat sich um den Faktor 800 erhöht. Die Landwirtschaft dehnte sich aus, die Energieerzeugung und die Industrieproduktion stiegen drastisch an. Seitdem sind der Erde 6 Mio. km^2 Wald verlorengegangen (Clark, 1989). Damit einher ging eine wesentliche Zunahme der Bodendegradation, verbunden mit der Erhöhung der Sedimentfracht in großen Flußsystemen. Dadurch gelangen jährlich bis zu 2 Mrd. t Kohlenstoff in die Weltmeere. Im gleichen Zeitraum stieg die dem globalen Wasserkreislauf jährlich entnommene Wassermenge von ca. 100 auf 3.600 km^3. Diese Trends setzen sich in heutiger Zeit fort. Die rasch wachsende Bevölkerung der Tropenländer dringt in die Urwälder vor, um mit großflächigem Holzeinschlag und mit Landwirtschaft ihren Lebensunterhalt zu bestreiten.

Schädigungen *tropischer Wälder* sind auf ein komplexes Ursachengefüge zurückzuführen. In den meisten Tropenländern ist die Rodung zwecks agrarischer Nutzung (Weiden, Plantagen) der bedeutendste Faktor. Dabei ist zwischen kleinbäuerlicher Agrarwirtschaft, Wanderfeldbau im Rahmen autochtoner Subsistenzwirtschaftsweisen („*shifting cultivation*") und agroindustriellen Landnutzungen zur Produktion von landwirtschaftlichen Exportprodukten („*cash crops*" wie Soja, Mais oder Kaffee, Kakao, Kautschuk) sowie extensiver Viehwirtschaft zu unterscheiden. Weiterhin zählen der Nutzholzeinschlag (Export, Brennholz, Holzkohle), die Gewinnung von Bodenschätzen sowie die Durchführung industrieller und infrastruktureller Großprojekte zu den Schadensdeterminanten (FAO, 1988; Enquete-Kommission, 1990b).

Weitere Ursachen der Waldvernichtung in Entwicklungsländern können am Beispiel Indiens demonstriert werden (Haigh, 1984). In Indien stellen die Modernisierungsbestrebungen den Ausgangspunkt für viele Umweltprobleme dar. Die Entwaldung Indiens begann in der Ära der britischen Herrschaft und setzt sich heute unter dem Aspekt fort, das Land zu einem „modernen Staat" zu entwickeln. Benötigt werden dazu u.a. ein modernes Transportsystem (Straßenbau) und eine verbesserte Wasserversorgung (Bau von Staudämmen). Das Bevölkerungswachstum und der daraus resultierende Landbedarf wirkt sich negativ auf die Waldbestände der Gebirgsregionen aus. Die Abholzung führt zu Hochwasser in den Flußniederungen.

Insgesamt haben der Zwang der armen Bevölkerungsschichten, auf diese Weise für den Lebensunterhalt sorgen zu müssen, die Folgen landwirtschaftlicher Übernutzung ganzer Regionen und der industrielle Abbau von Rohstoffen neue Formen von Landschaftsveränderungen in vielen Gebieten hervorgebracht, deren Auswirkungen noch nicht voll zu überblicken sind. Artenschwund und Rückgang der biologischen Produktivität scheinen unausweichlich zu sein (Clark, 1989).

Diese Aktivitäten haben bei näherer Betrachtung tieferliegende Ursachen. Zu nennen ist zunächst der Bevölkerungsdruck. Bis zum Jahre 2000 wird 80 Mio. Hektar zusätzlicher Bedarf an landwirtschaftlicher Fläche in den Entwicklungsländern erwartet, der wahrscheinlich durch weitere Nutzungsänderungen von Waldflächen gedeckt werden wird, was angesichts der unangepaßter Bodenbewirtschaftungsformen besonders problematisch ist. Diese Entwicklung steht auch in Zusammenhang mit der wirtschaftlichen Unterentwicklung vieler Tropenländer, die eine längerfristige Planung und damit auch ökologisch orientiertes Handeln sehr häufig ausschließt. Dabei ist auch auf internationale Einflüsse wie etwa Importbeschränkungen seitens der Industrieländer oder hohe Schuldendienstverpflichtungen hinzuweisen.

Eine tiefergehende Analyse der Ursachen hat aber auch Mißstände in den Tropenländern selbst anzuführen, die wiederum nicht unabhängig von den genannten sozioökonomischen und politischen Rahmenbedingungen zu sehen sind. Faktoren wie ungerechte Landverteilung bzw. unterlassene Landreformen, die Waldvernichtung begünstigende Abgabensysteme, Korruption, ungelenkte Binnenwanderungen oder direkt mit Waldschädigung verbundene Siedlungsprogramme seien beispielhaft erwähnt (Enquete-Kommission, 1990b; Weltbank, 1992a).

In den Industrieländern Europas und Amerikas (*Wälder der feuchten mittleren Breiten*) treten verstärkt durch Immissionen von Luftschadstoffen und Bodenversauerung induzierte Waldschäden auf. Großflächige Vegetationsschäden wurden in der Vergangenheit vor allem durch Schwefeldioxid (SO_2) und Stickoxide (NO_x) hervorgerufen; daneben beeinflussen vielfach Fluor- und Chlorverbindungen sowie verschiedene Stäube die Vegetation. Die hohe SO_2-Belastung war vorwiegend durch den Schwefelgehalt der Brennstoffe (Braun- und Steinkohle, Erdöl) bedingt. Durch den Einbau von Anlagen zur Rauchgasentschwefelung von Kraftwerken konnte die Belastung der Luft durch SO_2 in den alten Bundesländern allerdings um zwei Drittel gesenkt werden. Stickstoffeinträge stammen vor allem aus dem Straßenverkehr und aus der Landwirtschaft (Ammoniak aus Güllebecken, Großviehanlagen). Zu den wesentlichen gasförmigen pflanzenschädigenden Luftverunreinigungen zählen ferner Ozon (O_3), Photooxidantien und Ammoniak. Säurebildende Luftverunreinigungen (SO_2, NO_x, HCl, HF) führen zu saurem Regen.

Ein Waldökosystem besteht aus Primärproduzenten (alle Pflanzen, die zur Photosynthese fähig sind), Sekundärproduzenten (Bodenorganismen und anderen Tieren) und Destruenten (Mikroorganismen) sowie den unbelebten Bestandteilen der Atmosphäre, des Bodens und des Wassers. Alle Komponenten werden durch Luftschadstoffe in unterschiedlichem Maße beeinträchtigt. Ulrich (1990) hat die Ursachen für die Waldschäden sowie deren Ausprägung zusammengefaßt. Dazu zählen z.B. der Säurestreß an den Wurzeln, der zu nachteiligen Wirkungen auf die Nährstoff- und Wasseraufnahme führt, Veränderungen in der Verzweigung der Bäume, vorzeitige Blatt- oder Nadelverfärbung sowie das Schwinden der Wachsschicht (Kutikula) auf Nadeln.

Auch andere Autoren (Esher, 1992; Rampazzo und Blum, 1992; Chadwick und Hutton, 1990) messen dem sauren Regen eine große Bedeutung für das Auftreten von Waldschäden bei, wobei die Bodenversauerung u.a. eine Abnahme der Mykorrhiza (mit den Wurzeln vergesellschaftete Pilze) und eine Verminderung des Wurzelwachstums in den europäischen Wäldern hervorrief. Es gibt verschiedene Hypothesen über das Auftreten von Waldschäden und deren Ursachen und Auswirkungen (Abbildung 10). Dennoch sind die Reaktionen von Waldökosystemen auf das Zusammenwirken von Schadfaktoren und Klima nicht völlig geklärt. Eine Schwierigkeit, die Beziehungen zwischen Ursache und Wirkung zu erkennen, liegt in der oft verzögerten Reaktion von Organismen und biologischen Systemen auf Schadeinwirkungen. Es wird auch zukünftig notwendig sein, die Dynamik der im Ökosystem ablaufenden Prozesse und ihre gegenseitige Beeinflussung sowie die Wirkungen nach außen zu untersuchen.

Abbildung 10: Wirkung der Kombination von Photooxidantien und sauren Niederschlägen auf den Wald
(nach Dässler, 1991)

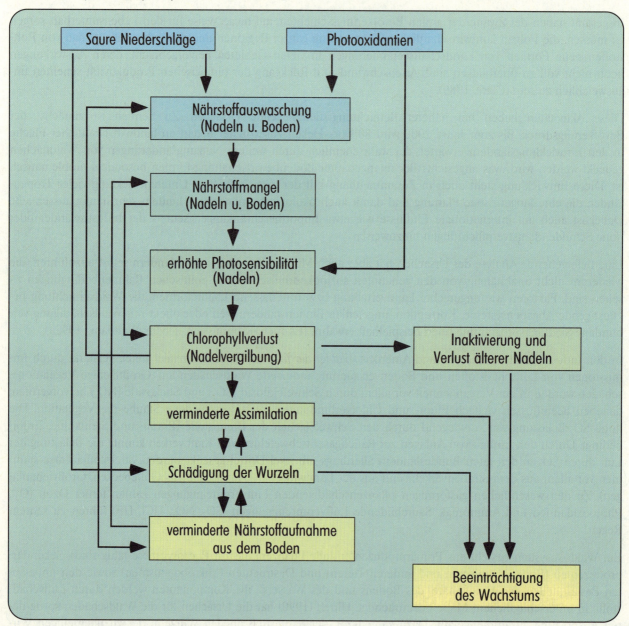

Die *borealen Wälder* sind weniger durch Immissionsschäden als vielmehr durch großflächigen Holzeinschlag bedroht. Dieser führt, wie auch bei den tropischen Wäldern, zum Verlust der jungen, nachwachsenden Bäume, wodurch eine natürliche Regeneration verhindert wird, sowie zur Veränderung der Bodenstruktur (Shugart und

Bonan, 1991). Die Rodungen sind außerdem mit einer Beeinträchtigung weiterer Flächen verbunden (z.B. infrastrukturelle Erschließung bislang unberührter Gebiete).

Auswirkungen

Aus ökonomischer Sicht sind die Verringerungen in Quantität und Qualität der weltweiten Waldbestände als verschiedene Arten von Kosten zu interpretieren. Diese Kosten erscheinen oftmals gegenwärtig noch nicht in den Wirtschaftsrechnungen der privaten Wirtschaftssubjekte und in den Haushalten der Nationen (externe Effekte), werden aber im Laufe der Zeit in Form von Wohlstandseinbußen oder gesundheitlichen Schäden auftreten. Im einzelnen handelt es sich um Beeinträchtigungen bei der Nutzung der vielfältigen Funktionen des Waldes und um die damit verbundenen Folgekosten: Der Wald dient dem Menschen zum einen direkt als Ressource (Holz, Nahrungsmittel, Gen-Pool etc.) oder als Konsumgut (Erholung, Tourismus, kultureller Wert). Die Waldbestände erfüllen zum anderen wichtige Funktionen für die Schutzgüter Luft (Wald als Aufnahmemedium für Schadstoffe, CO_2-Senke, Klimastabilisator), Wasser (Wasserspeicher) und Boden (Erosionsschutz).

Biosphäre

Als gravierendste Folgen der großflächigen Rodungen der Wälder sind die Einwirkungen auf den Kohlenstoff-Kreislauf sowie auf den Wasserhaushalt und darüber hinaus auf das Klima der Erde zu nennen. Durch das Verbrennen der organischen Substanz nimmt einerseits der CO_2-Gehalt in der Atmosphäre zu, andererseits kann die reduzierte Waldfläche weniger CO_2 aus der Atmosphäre aufnehmen. Das offenbar seit langem stabile Gleichgewicht zwischen Kohlenstoffassimilation und -freisetzung ist dadurch gestört (Plachter, 1991).

Die Abholzung von Wäldern kann zu Hochwasser, Erdrutschen und Bodenerosionen führen, wie z.B. auf dem indischen Subkontinent zu beobachten ist. Dort haben vor allem die Wälder am Rande des Himalaja, die bereits erheblich dezimiert wurden, eine große Bedeutung für die Regulierung des Wasserkreislaufs dieser Regionen. Die Waldreduzierung führt saisonal zu erhöhtem Wasserabfluß. Davon besonders betroffen ist – sehr viel weiter flußabwärts – z.B. Bangladesch. Zusätzlich gefährdet ist dieses Land dadurch, daß ca. 50 % seiner Fläche weniger als 8 m über dem Meeresspiegel liegt. Auch in China sind die starken Hochwässer und Bodenerosionen auf übermäßige Waldrodung zurückzuführen.

Lokale Auswirkungen sind relativ gut zu erkennen. So wurde auf abgeholzten Arealen eine um 3 bis 6 °C höhere Tagestemperatur bei stärkerer nächtlicher Abkühlung im Vergleich zu benachbarten bewaldeten Flächen gemessen. Die globalen Auswirkungen des Treibhauseffekts auf die Wälder sowie mögliche Einflüsse der Waldreduzierung auf das globale Klima können noch nicht exakt vorhergesagt werden. Vermutlich kommt es aber zu einer Verschiebung der Klima- und Vegetationszonen in Richtung auf die Pole.

Bereits geringe Änderungen in der CO_2-Konzentration können den Energiehaushalt der Atmosphäre so verändern, daß wiederum Rückwirkungen auf die Biosphäre zu erwarten sind. In den globalen Kohlenstoffhaushalt gehen die Größe der Kohlenstoffquellen und -senken und die Kohlenstoffflüsse ein. Die Vegetation auf den Landflächen entnimmt der Atmosphäre bei der Photosynthese Kohlenstoff und gibt ihn während der Atmung wieder ab. Ein Teil des aufgenommenen Kohlenstoffs wird in Pflanzen (vor allen in den Bäumen) gespeichert. Auch marine Kleinalgen (Phytoplankton) und photosynthetisierende Bakterien setzen große Mengen an Kohlenstoff um (Simpson und Botkin, 1992). Diesen Organismen fehlen jedoch im Gegensatz zu den Bäumen Langlebigkeit und Speicherorgane, um Kohlenstoff über Jahre zu speichern.

Obwohl bekannt ist, daß die terrestrische Vegetation eine wichtige Rolle im globalen Kohlenstoffkreislauf spielt, ist das Wissen über die Größe des Reservoirs und die Flußraten noch nicht ausreichend. Auch mit Hilfe bereits existierender Modelle ist es noch nicht möglich, den globalen Kohlenstoffhaushalt mit hinreichender Genauigkeit zu berechnen. Über den Kohlenstoff-Pool, der eine wichtige Rolle im Kohlenstoff-Haushalt spielt, liegen Aussagen mit hoher Schwankungsbreite vor. Es ist in Zukunft notwendig, die exakten Größen für die Mengen an Biomasse als Senke und als Quelle zu ermitteln. Hierzu ist es erforderlich, die Beziehung zwischen Wald und Atmosphäre detailliert zu untersuchen, um Aussagen über die Reaktion der Waldbestände in unterschiedlichen Regionen zu erhalten. Dazu werden im Rahmen des EUREKA-Projektes EUROTRAC Untersuchungen an weitverbreiteten Nadelwaldtypen durchgeführt (Enders et al., 1992). Es wird der Einfluß wichtiger meteorologischer Einflußgrößen auf die lokalen Quellen, die Orte des Verbrauchs, die Flüsse und damit die Bilanzen verschiedener Spurengase untersucht.

Die Struktur der Vegetation beeinflußt die Rauhigkeit der Erdoberfläche und damit die Windgeschwindigkeit, zumindest regional. Des weiteren stammen 20 % des Wasserdampfes in der Erdatmosphäre aus der Evapotranspiration terrestrischer Systeme. In einigen Regionen, z.B. in den Tropen, sind die hohen Niederschlagsmengen auf die lokale Evapotranspiration zurückzuführen. Eine durch Vernichtung der Vegetation verursachte Änderung der Evapotranspiration beeinflußt Menge und Verteilung der Niederschläge zumindest regional. Globale Effekte auf Niederschläge, Photosynthese und das Pflanzenwachstum sind möglich (Waring und Schlesinger, 1985).

Anthroposphäre

Eine schwerwiegende Folge der Entwaldung im Bereich der Anthroposphäre ist die Vernichtung des Lebensraums eingeborener Bevölkerungsgruppen. Die wenigen dieser zum Teil Jahrtausende alten Kulturen, die heute noch existieren, werden in 30 Jahren ausgestorben sein, falls keine entsprechenden Maßnahmen getroffen werden. Die Möglichkeit einer nachhaltigen wirtschaftlichen Nutzung der Wälder, die den heute vorherrschenden Nutzungsweisen oftmals auch unter Effizienzgesichtspunkten überlegen sein dürfte, geht damit ebenfalls verloren. Weitere sozioökonomische Aspekte sind die Zunahme sozialer Spannungen aufgrund von Landnutzungskonflikten sowie Migrationsprobleme („Umweltflüchtlinge").

Schädigungen von Wäldern der gemäßigten Zone haben negative Folgen für die Forstwirtschaft, für Wasser und Boden sowie Freizeit und Erholung und nicht zuletzt für den Wald als Kulturgut.

Verknüpfung zum globalen Wandel

Phänomene der Natursphäre

Luft: Waldvernichtung und Degradation führen u.a. zur Emission klimarelevanter Spurengase und sind demnach auch Ursache des zusätzlichen Treibhauseffekts; lokale Klimaänderungen verursachen wiederum eine Schwächung insbesondere von Waldökosystemen der gemäßigten Zone („Klimastreß") bzw. deren Vernichtung im Falle einer zu schnellen Verschiebung der Klimazonen.

Wasser: Verringerung von Niederschlagsmengen (Verlängerungen von Trockenzeiten); Verringerung der Wasserspeicherkapazität des Bodens und der Vegetation; Beeinträchtigung der Versorgung von Wasserläufen und der Regulierung des Grundwasserstandes.

Boden: Nährstoffauswaschungen; Erosion; Zunahme von Lawinen, Erdrutschen in Gebirgen.

Phänomene der Anthroposphäre

Bevölkerung: Bevölkerungsdruck sowie Migrationen und Siedlungspolitik als Ursachen der Umwandlung von Waldfläche; andererseits Verdrängungsprozesse aufgrund direkter Folgeschäden (wie Erosion) der Waldreduktion.

Wirtschaftliche Entwicklung: Armut als Ursache von Waldzerstörung (Mangel an Wissen, Fähigkeiten, Produktionsverfahren sowie andere Präferenzstruktur); andererseits Waldzerstörung langfristig als Verlust an Entwicklungspotential; Industrialisierung als Ursache für Waldschäden (Schadstoffemission; Landverbrauch in den gemäßigten Zonen); andererseits Bereitstellung von Wissen (Präferenzen) und Handlungspotential (technisch, institutionell, pekuniär) zum Waldschutz; Ziel einer „nachhaltigen Entwicklung".

Verkehr: Schadstoffemission als eine Schadensursache von Waldschäden in gemäßigten und borealen Zonen.

Werte: je nach Kulturkreis stark divergierende Bewertung des Waldnutzens (z.B. Vorstellung vom „Wald als Feind des Menschens" in Teilen Südamerikas und Südeuropas); die Vorstellung von der „Unbegrenztheit" vorhandener Waldbestände in Rußland und zum Teil in den Tropenwäldern als Ursache für übermäßige Nutzung.

Biosphäre

Wissenschaft und Technologie: angepaßte Agrartechnologien (flächensparender, effizienter) als Instrument des Waldschutzes insbesondere in den Tropenwaldländern.

Institutionen: Einerseits betreiben bestehende Institutionen auf staatlicher und nichtstaatlicher Ebene Waldschutzprojekte (siehe etwa einzelne Programme des UNEP); andererseits verursachen bestehende Institutionen etwa im Bereich internationaler Handelsregime eher Waldübernutzung; Notwendigkeit einer internationalen Waldkonvention.

Bewertung

Anders als die Ozonschicht oder weitgehend auch die Weltmeere ist der Wald, ökonomisch gesprochen, nicht in allen seinen Funktionen ein „globales öffentliches Gut". Für die Eigentümer-Länder, insbesondere soweit sie zu den wirtschaftlich weniger entwickelten Ländern bzw. Schwellenländern gehören, stehen oftmals die Gewinne aus seiner kurzfristigen Nutzung als Konsum- und Investitionsgut oder Standort im Vordergrund. Diese kurzfristige Nutzung ist häufig mit Schädigungen der Waldsubstanz verbunden. Ein Gut von globaler Bedeutung ist der Wald jedoch als oberirdischer Kohlenstoffspeicher sowie als Lebensraum für die meisten Arten der Erde, denn diese Funktionen dienen prinzipiell allen Staaten der Erde. Die Schäden durch die Zerstörung der Waldbestände betreffen also zum einen die Eigentümer-Länder selbst, zum anderen sind sie weltweiter Art. Ein Spannungsverhältnis zwischen nationalen Verfügungsrechten und globalen Interessen ist daher charakteristisch für die gesamte Waldproblematik.

Grundlage umweltpolitischen Handelns in Industrie- und Entwicklungsländern muß in diesem Zusammenhang die Feststellung des Wertes der gegenwärtig praktizierten Waldnutzungsformen und ihrer Alternativen unter Einbeziehung der Kosten umweltpolitischer Maßnahmen sein. Die Bewertungsfragen werden in einem späteren Kapitel über biologische Vielfalt genauer analysiert, weil dieses Beispiel wegen seiner besonderen Schwierigkeit alle Arten von Bewertungsproblemen darzustellen erlaubt. Der Wert des weltweiten Waldbestandes oder auch einzelner Waldformationen ist deshalb schwierig festzustellen, weil der Wald in vielfacher Hinsicht auch als globales öffentliches Gut interpretiert werden muß. Die Verursacher der Waldreduktion und diejenigen, denen die globale Rolle des Waldes wichtig ist, finden sich nämlich größtenteils in verschiedenen Erdteilen und höchst unterschiedlichen Einkommenslagen und kommen daher zu völlig verschiedenen Einschätzungen von Problemlage sowie von Handlungsnotwendigkeit und -möglichkeiten. Dies alles wird dadurch noch zusätzlich erschwert, daß die Folgen eine Berücksichtigung der Wertschätzung auch zukünftiger Generationen unumgänglich erscheinen läßt.

Die Schwierigkeiten des Vorgehens bei der Bewertung seien hier am Beispiel der Reduktion der Tropenwälder durch die Eigentümerländer für eine wirtschaftlicher Nutzung im engeren Sinne, d.h. für Agrarfläche oder Holzeinschlag gezeigt, der zur Vereinfachung lediglich die Nutzen eines intakten Waldbestandes in Form eines stabilen Klimas für alle Nationen gegenübergestellt wird. Dazu sind mehrere Schritte erforderlich:

1. Zunächst geht es darum, die Vorteilhaftigkeit der gegenwärtig praktizierten Nutzungsweise festzustellen. So zeigen sich im Durchschnitt für 40 untersuchte Tropenwaldländer relativ hohe Anteile am nationalen Sozialprodukt, am Export und auch positive Beschäftigungseffekte durch die gegenwärtig praktizierten Nutzungsformen. Dieser Nutzen besteht aber in der Regel nur kurz- bis mittelfristig. Untersuchungen zeigen, daß nachhaltige Nutzung effizienter wäre (Amelung und Diehl, 1992).

2. Des weiteren ist die Bewertung einer Klimaerwärmung – soweit sie durch eine Reduktion der Tropenwälder ausgelöst wird – erforderlich, was weitaus schwieriger ist, da es sich bei dem Gut „stabiles Klima" eindeutig um ein globales öffentliches Gut handelt. Eine gewisse Aussage ist möglich, wenn ein pessimistisches Szenario unterstellt wird. Finden Klimaerwärmungen hinsichtlich Umfang, Verteilung und zeitlicher Dimension in einer Weise statt, die natürlichen und sozioökonomischen Systemen kaum eine Anpassung erlaubt, würden die Kosten einer solchen Entwicklung – aus anthropozentrischer Sicht – immens sein. Um diese zu vermeiden, besteht die Notwendigkeit der Definition von Mindest-Qualitätsnormen in enger Zusammenarbeit mit den Naturwissenschaftlern.

3. Schließlich müssen die Kosten möglicher umweltpolitischer Maßnahmen berücksichtigt werden und, nach Auswahl der vorteilhaftesten Maßnahme, den zuvor festgestellten Kosten der unterlassenen Umweltpolitik gegenübergestellt werden. Über die tatsächlich sehr unterschiedlichen Effizienzgrade umweltpolitischer Maßnahmen liegen verschiedene Studien vor. So werden beispielsweise Projekte zur Regenwalderhaltung mittels Nutzen-Kosten-Analysen evaluiert. Der auf dieser Basis berechnete notwendige Transfer liegt zwischen 15 und 1575 ECU pro km^2 pro Jahr. Die Erhaltung des gesamten Korup-Nationalparks etwa würde nach einem solchen Kalkül für Kamerun erst ab einem Mittelzufluß in Höhe von 5,4 Mio. ECU wirtschaftlich interessant (Ruitenbeek, 1992). Speziell diese Untersuchung verfolgt den Zweck, Grundlagen für Geberländer bei der Entscheidung zwischen verschiedenen Projekten zu liefern. Studien zur Quantifizierung ausgewählter Schäden und ein Vergleich mit den Kosten der zu ihrer Behebung notwendigen Maßnahmen sind aus diesem Bereich bislang nicht bekannt.

Eine Bewertung der Waldproblematik im allgemeinen kann wohl nicht in einer Form vorgenommen werden, die aus ökonomischer Sicht befriedigt. Selbst die scheinbar leicht zu treffenden Urteile über ökonomischen Wert oder „Unwert" der Nutzungen des Waldes durch die Tropenwaldländer selbst können nicht durch rechnerisches Kalkül zu operablen Aussagen führen; denn umweltpolitisches Handeln hat besonders auf internationaler Ebene eine Reihe gewichtiger außerökonomischer Umstände sowie einige zwar ökonomische, jedoch kaum operationalisierbare Größen zu berücksichtigen. Die notwendige Berücksichtigung der bereits weitgehend abgeschlossenen großräumigen Waldreduktion und die Umwandlung verbliebener Bestände in naturferne Ökosysteme in den Industrieländern, die Anerkennung politischer Souveränitäten der Eigentümerländer sowie die Entwicklung der Weltbevölkerung weisen auf weitere, bestehende Grenzen der ökonomischen Analyse hin. Allerdings kann gezeigt werden, daß die jetzige Nutzung unter Berücksichtigung bislang externalisierter Kosten für die Gesamtheit der Staaten teurer sein kann als die Durchführung umweltpolitischer Schutzmaßnahmen. Dabei sind gewisse Transfers von der übrigen Staatengemeinschaft an die ökologische Dienstleistungen bereitstellenden Tropenwaldländer nicht als entwicklungspolitisch motivierte Maßnahme, sondern als ein Leistungsentgelt zu interpretieren.

Handlungsbedarf

Eine weitgehende Sicherung des weltweiten Bestandes der Wälder (im Sinne eines Gleichgewichts zwischen Zu- und Abgängen) und die Eindämmung der Degradation sind sachlich geboten. In vielen Regionen ist auch eine Wiederaufforstung, soweit das noch möglich ist, notwendig. Sind Prioritäten zu setzen, so stünde eine Eindämmung weiterer direkter Eingriffe in die Ökosysteme der tropischen Wälder wegen deren großer Bedeutung für die gesamte Staatengemeinschaft im Vordergrund. Es ist jedoch auf die noch nicht einschätzbare Entwicklung in den borealen Zonen hinzuweisen, die gegenwärtig einen großen Risikofaktor darstellt. Obwohl die nördlichen Wälder für die Klimaentwicklung weniger bedeutsam sind, ist ein umgehender Stopp großflächiger Abholzung ebenso dringend wie bei den Tropenwäldern. Auch für die Wäldern mittlerer Breiten ist aus ökologischer und wirtschaftlicher Sicht zunächst der weitgehende Bestandserhalt, langfristig eine Rückführung in naturnähere Formen gekoppelt mit der Anwendung nachhaltiger Nutzungsformen, anzustreben.

Eine Waldkonvention mit verbindlichen Maßnahmen ist auf der UNCED in Rio de Janeiro nicht zustandegekommen. Das ist auch aus ökonomischer Sicht bedauerlich, da nur durch eine solche Einigung die für die Gesamtheit der Staaten kostengünstigste Handhabung der globalen Waldproblematik zu realisieren wäre. Wegen der deutlichen Differenzen, insbesondere zwischen Industrie- und Entwicklungsländern (z.B. Brasilien, Malaysia), ist diese Einigung mittelfristig nicht zu erwarten. Eine Konvention sollte aber nach wie vor im Mittelpunkt der Anstrengungen stehen, da sie auch Lösungen auf nachgelagerter Ebene ermöglicht. Bis zur Einigung auf eine gemeinsame Waldkonvention können auf bi- und multilateraler Ebene schon zahlreiche Schritte unter Beteiligung der Bundesrepublik unternommen werden. Verwiesen sei auf vielfältige Institutionen und Initiativen, die bereits vor der UNCED ins Leben gerufen wurden. Hierzu zählen der internationale Tropen-Forstwirtschafts-Aktionsplan („*Tropical Forestry Action Plan*", TFAP), Maßnahmen der FAO, UNEP, UNESCO sowie Initiativen von Nicht-Regierungsorganisationen, wobei das bundesdeutsche Engagement im internationalen Vergleich positiv hervorzuheben ist (Enquete-Kommission, 1990b). Die bisherigen Maßnahmen sind der Bedeutung des Problems jedoch nicht angemessen. Bei allen Vorteilen von dezentral organisierten, ökonomisch motivierten Einigungen besteht mit zunehmendem internationalem Einvernehmen über die globale Bedeutung (Einmaligkeit des Ökosystems; Irreversibilität der Vernichtung) und damit Schutzwürdigkeit von Wäldern die Notwendigkeit einer wirksameren und schneller greifenden Lösung im Rahmen einer völkerrechtlich verbindlichen Waldkonvention. Dabei ist die Vereinbarkeit mit der Klimakonvention sowie den Zielen wirtschaftlicher Entwicklung erforderlich.

Hinsichtlich der politischen Durchsetzbarkeit sind aus Sicht der betroffenen Länder am einfachsten solche Maßnahmen zu treffen, die für die Regierungen keine finanziellen Aufwendungen mit sich bringen und sowohl zur wirtschaftlichen Entwicklung als auch zum Umweltschutz beitragen. Beispielhaft seien die Beseitigung von Subventionen für Holzwirtschaft und Viehzucht oder die Sicherung der Landrechte der Bauern angeführt. Weiterhin gibt es öffentliche Investitionen, die sich auf die Umwelt wie auch für die Wirtschaft positiv auswirken, wie z.B. Aufwendungen für die Bodenerhaltung oder die Ausbildung. In diesem Zusammenhang ist die Verbreitung angepaßter Agrartechnologien, mit denen vorhandene Flächen intensiver und nachhaltiger genutzt werden können eine wichtige Maßnahme. Erst dann folgen die kostenintensiven Umweltschutzmaßnahmen, d.h. solche, die ausschließlich das Marktversagen ausgleichen; Instrumente dieser Kategorie wären etwa die vermehrte Ausweisung von Schutzgebieten oder die Erhebung von Gebühren für Holzeinschlag (Weltbank, 1992a).

Auch für die Wälder der gemäßigten Zonen besteht Handlungsbedarf. Zwar konnte der Ausstoß an Schwefeldioxid durch geeignete Maßnahmen drastisch gemindert werden, die deutliche Reduzierung der Stickoxide und des Ammoniaks steht jedoch noch aus. Hier sind geeignete Konzepte für das Verkehrswesen und die Landwirtschaft zu entwickeln (siehe 1.1 und 2.3)

Maßnahmen auf internationaler Ebene

- Sofortprogramm zum Schutz der tropischen Wälder fortschreiben (gemäß Enquete-Kommission).

- Internationale Konvention zum Schutz der tropischen Wälder (einschließlich Finanzierungs- und Sanktionsmechanismen) anstreben, insbesondere auch durch die Bundesrepublik Deutschland. Die Mittel sollten in einem zweckgebundenen Sonderfonds angesammelt werden, weil die Zweckbindung für den auch in den Geberländern hochgeschätzten Tropenwald die Aufbringung der Mittel erleichtert.

- Verstärkung und Ausweitung der Programme und Institutionen innerhalb der UN zum Schutz der tropischen Wälder:
  – Umweltprogramm der Vereinten Nationen (UNEP).
  – Ernährungs- und Landwirtschaftsorganisation der Vereinten Nationen (FAO).
  – Organisation der Vereinten Nationen für Erziehung, Wissenschaft und Kultur (UNESCO).

- Innerhalb des GATT: Verhandlungen über die Einführung sozial- und umweltgerechter Mindeststandards (siehe auch Enquete-Kommission).

- Ausbau von Kompensationslösungen.

- Internationale Anstrengungen zum Abbau der Verschuldungsprobleme.

- Umwandlung des bestehenden Tropenwaldaktionsprogramms in Tropenwald-Schutzpläne, da die bisherige Regelung noch zu stark an Nutzung und weniger an Schutz orientiert ist.

Maßnahmen auf nationaler Ebene

- *Prinzipiell alle Länder:*
  – Schaffung bzw. Stärkung der Möglichkeiten zur Planung, Bewertung und systematischen Beobachtung der Wälder.
  – Begrünung von Brachflächen durch Waldsanierung, Wiederaufforstung und andere Wiederherstellungsmaßnahmen.

- *Speziell Tropenwaldländer:*
    - Vermehrte Ausweisung von Schutzgebieten (Gesamtschutz des Primärwaldes).
    - Beseitigung von Subventionen für Holzwirtschaft und Viehzucht.
    - Sicherung der Landrechte der Bauern.
    - Investitionen in die Bodenerhaltung und in Ausbildung (z.B. Verbreitung angepaßter Agrartechnologien).
    - Erhebung von Gebühren für Holzeinschlag.

- *Speziell Länder mit borealen Wäldern:*
    - Erstellung einer Waldinventur und eine systematische Schadenserhebung.
    - Entwicklung langfristig sinnvoller Waldnutzungskonzepte.

- *Spezieller Beitrag der Bundesrepublik Deutschland:*
    - Bereitstellung von Kapital, Wissen und Technologie zum Schutz der Wälder.
    - Schuldenerleichterungen für Tropenwaldländer.
    - Beachtung der Umweltverträglichkeit zwischenstaatlichen Handelns.
    - Wiederaufforstung in noch zu klärendem Ausmaß in der Bundesrepublik Deutschland.

Historische Entwicklung politischen Handelns im Bereich Wald

	national	*international*
1. Charta, Konvention		auf UNCED, nur Wald*erklärung*
2. Protokoll		offen
3. Gesetzestexte		offen
4. Instrumente	z.B. nachhaltige Bewirtschaftung, Schutzzonen	z.B. Kompensationslösungen
5. Finanzieller Rahmen	300 Mio. DM Brasilien-Programm nicht abgerufen; dann über Weltbank geleitet	Schätzwerte in AGENDA 21
6. Durchsetzung		offen

Folgefragen der UNCED-Konferenz für den Bereich Wald

A.
- Erhaltung der vielfältigen Aufgaben und Funktionen aller Wälder,
- Verstärkung der institutionellen und personellen Kapazitäten für die Verwaltung, Erhaltung und Entwicklung der Wälder sowie für ihre nachhaltige Nutzung und Produktion von Walderzeugnissen,
- Aufbau und Fortschreibung eines detaillierten Informationssystems über bestehende und aufzuforstende Waldflächen und deren Nutzung unter demographischen und sozioökonomischen Aspekten. Kostenschätzung: 2,5 Mrd. US-$ pro Jahr (1993 – 2000)

B.
- Erhöhung des Schutzes, der nachhaltigen Verwaltung und der Bewahrung aller Wälder sowie die Begrünung von Brachflächen durch Waldsanierung, Wiederaufforstung und andere Wiederherstellungsmaßnahmen,
- Aufstellung von Programmen zur Erhaltung und Ausdehnung bewaldeter Flächen im Hinblick auf ihre ökologische Ausgleichsfunktion sowie ihren Beitrag zum Bedarf und zum Wohlergehen der Menschen,

Biosphäre 101

- Nutzung der Schutzfunktion des Waldes durch Aufforstung im Gebirge, Hochland, Brachland, in ariden und semiariden Flächen und Küstengebieten, besonders zur Verhinderung der Erosion und Wüstenbildung sowie zur Verbesserung der Funktion als Kohlenstoffspeicher und -senke,
- Verbesserung des Schutzes der Wälder vor Luftverunreinigungen, Bränden, Krankheiten, Schädlingsbefall und anderen anthropogenen Einflüssen, z.B. Einführung nicht heimischer Tier- und Pflanzenarten,
- Unterstützung der Entwicklungsländer bei der Schonung ihrer Waldressourcen durch Einschränkung des Verbrauchs tropischer Hölzer, Verbesserung der Energieversorgung und Schaffung anderer Einkommensmöglichkeiten.
Kostenschätzung: 10 Mrd. US-$ pro Jahr (1993 – 2000)

C.
- Bestandsaufnahme, um Güter und Leistungen durch Nutzung der Wälder vollständig bewerten zu können,
- Verbesserung der Methoden zur Einbeziehung des Waldes in die nationalen Systeme der Kostenrechnung,
- Entwicklung von Methoden für eine multifunktionale Nutzung unterschiedlicher Waldarten im Hinblick auf Holz und andere Waldprodukte, die touristische Nutzung und die ökologischen Funktionen des Waldes,
- Unterstützung der Entwicklungsländer bei der Erhaltung und Wiederherstellung ihrer Wälder als nachhaltige Wirtschaftsgrundlage und bei der Entwicklung geeigneter Technologien zur Weiterverarbeitung von Holz und anderer Waldprodukte zu verkaufsfähigen Erzeugnissen.
Kostenschätzung: 18 Mrd. US-$ pro Jahr (1993 – 2000)

D.
- Schaffung bzw. Stärkung der Möglichkeiten zur Planung, Bewertung und systematischen Beobachtung der Wälder sowie entsprechender Programme, Projekte und Aktivitäten einschließlich Handel und Produktion,
- Einführung oder Verbesserung von Systemen zur Erfassung des Zustandes sowie der Veränderungen von Waldflächen sowie zur Abschätzung von Einflüssen bestimmter Maßnahmen auf Umwelt, soziale und wirtschaftliche Entwicklung,
- Unterstützung der Entwicklungsländer beim Aufbau von Institutionen und der Einführung von Methoden für eine langfristige Planung im Hinblick auf eine wirksame Erhaltung, Verwaltung, Wiederherstellung und nachhaltige Entwicklung ihrer Waldbestände.
Kostenschätzung: 750 Mio. US-$ pro Jahr (1993 – 2000)

Forschungsbedarf

◆ Zusammenwirken aller Verursachungsfaktoren, getrennt nach Tropenwald und neuartigen Waldschäden; jeweils aufeinander abgestimmte naturwissenschaftliche und sozioökonomische Analyse.

◆ Weitere Untersuchungen zu Möglichkeiten einer nachhaltigen Waldnutzung in den tropischen Wäldern, den Wäldern der gemäßigten Zonen und den borealen Wäldern. Prüfung der Wirtschaftlichkeit einer nachhaltigen Forstwirtschaft.

◆ Prüfung von Möglichkeit, Notwendigkeit und Ausmaß von Wiederaufforstungsprogrammen in den verschiedenen Waldzonen, darunter auch in der Bundesrepublik Deutschland.

◆ Rolle der borealen Wälder in den Stoffkreisläufen der Erde und als regionaler klimastabilisierender Faktor (z.B. Windbeeinflussung durch Oberflächenrauhigkeit).

◆ Wechselwirkungen zwischen Waldökosystemen und CO_2-Konzentration in der Atmosphäre (Rolle der Wälder als Kohlenstoffsenke).

◆ Wechselwirkung zwischen biologischer Vielfalt und Stabilität in Waldökosystemen.

- Untersuchungen zur Implementierbarkeit politischer Maßnahmen mit dem Ziel der Einigung auf eine Waldkonvention, insbesondere nach den Erfahrungen der UNCED.

- Analyse des Zusammenhangs von Waldschutz und wirtschaftlicher Entwicklung, aufgeschlüsselt nach Waldzonen.

- Analyse einzelner Typen von Maßnahmen ökonomischer Art gegen die Waldreduktion.

- Entwicklung ökonomischer Bewertungsverfahren, die wirtschaftliche sowie umwelt- und sozialverträgliche Aspekte einbeziehen.

1.5.2 Abnahme der biologischen Vielfalt

Kurzbeschreibung

Zwei der wichtigsten globalen Umweltveränderungen, die Klimaänderungen und die Zerstörung von Lebensräumen einzelner Arten bzw. ganzer Lebensgemeinschaften, werden erhebliche Auswirkungen auf die biologische Vielfalt haben. Unter „biologischer Vielfalt" bzw. „biologischer Diversität" werden die Anzahl und die Variabilität lebender Organismen sowohl innerhalb einer Art als auch zwischen den Arten und den Ökosystemen verstanden. Der Begriff „Artenvielfalt" im engeren Sinne beinhaltet die Anzahl der Arten sowohl innerhalb einer bestimmten Biozönose als auch weltweit, wird aber häufig als Synonym für biologische Vielfalt verwendet. Die biologische Vielfalt bildet die Grundlage für die biologischen Ressourcen. Diese umfassen genetische Ressourcen, Organismen – oder Teile davon – sowie Populationen, die einen tatsächlichen oder potentiellen Wert für die Menschheit haben.

Die genaue Zahl der auf der Erde existierenden Arten ist nicht bekannt. Die Schätzungen der Biologen schwanken zwischen 5 und 30 Millionen, wobei allerdings erst 1,4 Mio. Arten beschrieben worden sind. Diese lückenhafte Informationsbasis läßt eine exakte Aussage über die Anzahl der gefährdeten oder bereits ausgerotteten Arten nicht zu; viele Arten sterben aus, bevor sie überhaupt bekannt geworden sind. Jüngere Analysen der tropischen Wälder, welche das größte Reservoir der biologische Vielfalt darstellen, kommen zu dem Ergebnis, daß bei dem gegenwärtigen Tempo der Habitatzerstörung bis zum Jahr 2040 17 bis 35 % der Arten in den tropischen Wäldern vom Aussterben bedroht sind. Das entspricht 20 bis 75 Arten pro Tag, wenn man von weltweit 10 Mio. Arten ausgeht. Weltweit wird in den nächsten 25 Jahren, wenn sich nichts Entscheidendes ändert, mit dem Aussterben von 1,5 Mio. Arten gerechnet.

Neben den genannten tropischen Wäldern zählen zu den wichtigsten Habitaten die Wälder der gemäßigten Breiten, die Habitate winterfeuchter Subtropen (Südeuropa, Nordafrika, die Kapregion Südafrikas und bestimmte Regionen Kaliforniens) und Inseln.

Die Klassifizierung der Arten mariner Ökosysteme ist noch weitaus lückenhafter als jene der terrestrischen Ökosysteme. Ihr Artenreichtum darf nicht unterschätzt werden. Korallenriffe sind, wie auch die Regenwälder, für ihre große Artenvielfalt bekannt. Dies gilt, wie neuere Untersuchungen zeigen, auch für die Tiefsee (WRI, 1992b).

Generell verfügen die gemäßigten Breiten eher über große Populationen, aber weniger Artenreichtum, während sich die tropischen Regionen durch großen Artenreichtum bei kleiner Populationsgröße auszeichnen. Der größte Artenreichtum findet sich entsprechend in Zentral- und Südamerika und Südostasien, also dort, wo auch der größte Teil der Regenwälder beheimatet ist. Sowohl die nördlichen Länder, wie Kanada, Norwegen, Schweden, Finnland und Rußland, als auch südliche Länder, wie Argentinien und Chile, sind durch vergleichsweise geringe Artenvielfalt gekennzeichnet (WRI, 1992b).

Welche Bedeutung haben die Biodiversität und der Verlust an Arten für die Biosphäre und besonders für die Menschheit? Der Verlust an Arten hat viele Dimensionen. Zu den ethischen Aspekten zählt die Frage, ob die Menschheit das Recht hat, in die Schöpfung derart drastisch einzugreifen und Pflanzen- und Tierarten auf der Erde zu eliminieren. Es gibt ästhetische und kulturelle Gründe, Arten oder ganze Landschaften, die einzigartig sind, zu erhalten. Verwiesen sei in diesem Zusammenhang auf die Darstellung von Tieren und Pflanzen in Religion, Kunst, Architektur und Mode bzw. als Machtsymbol sowie auf die Bedeutung der biologische Vielfalt für Erholung und Tourismus. Des weiteren nutzt die Menschheit wilde Arten als genetische Basis für die Entwicklung von Pharmazeutika sowie für die Züchtung von Nutzpflanzen und -tieren. Die Einkreuzung von Wildformen ist entscheidend für die Resistenz und damit die Leistungsfähigkeit von Kulturarten, die wiederum die Ernährungsbasis für die Menschheit darstellen. Daneben gibt es eine Vielzahl weiterer pflanzlicher Rohstoffe. Schließlich ist auf den wissenschaftlichen Nutzen der Artenvielfalt hinzuweisen; viele noch nicht beschriebene Arten können biologische Eigenschaften besitzen, die helfen, das Verständnis der Natur weiter zu fördern.

Ein eher indirekter, aber außerordentlich hoher Nutzen fließt der Menschheit aus der Stabilität von Ökosystemen zu, die eng mit der biologischen Vielfalt verknüpft ist. Intakte Ökosysteme stellen die Grundlage für die Trinkwasserversorgung, die Regeneration von Böden, Reinhaltung der Luft und die Klimaregulation auf lokaler und regionaler Ebene dar (Solbrig, 1991; Hampicke, 1991).

Um ein möglichst hohes Maß an Quantität und Qualität sich erneuernder natürlicher Ressourcen für die Gegenwart und die Zukunft zu sichern, müssen die Ressourcen nachhaltig genutzt werden. Das heißt, es muß das richtige Verhältnis zwischen der Ressourcennutzung einerseits und der Regeneration von Wäldern, Savannen, Grasland und anderen Ökosystemen andererseits gefunden werden.

Große Gefahren drohen der biologischen Vielfalt durch Änderungen in der Landnutzung. Zur Gewinnung landwirtschaftlicher Nutzfläche und zur Verbesserung der Infrastruktur werden große Teile des tropischen Regenwaldes und damit viele, auch unbekannte, Arten vernichtet. In den Industrieländern sind die Arten vor allem durch die Fragmentierung der Landschaft, hervorgerufen durch deren Zersiedelung und die Erweiterung des Verkehrsnetzes sowie durch Übernutzung von natürlichen Ressourcen und durch eine zunehmende Umweltverschmutzung gefährdet. Um der weiteren Verarmung der Natur und der Lebensgrundlagen der Menschheit wirksam entgegenzuwirken, bedarf es nicht nur des Schutzes einzelner, vom Aussterben aktuell bedrohter Arten; es muß vielmehr der Bestand der Pflanzen- und Tierwelt in ihrem Lebensraum erhalten bleiben. Dazu sind große Anstrengungen im nationalen und internationalen Rahmen notwendig, um einerseits wissenschaftlich fundierte Aussagen zur Rolle und zum Schutz der biologischen Vielfalt zu treffen und diese andererseits zur Grundlage politischen und wirtschaftlichen Handelns zu machen.

Ursachen

Die Suche nach Maßnahmen zum Schutz der biologischen Vielfalt erfordert zunächst die Analyse der Ursachen der Bedrohung bzw. des Aussterbens von Arten. Folgende Ursachenkomplexe lassen sich definieren, die aktuell oder potentiell zur Vernichtung von Arten beitragen:

- Zerstörung bzw. Fragmentierung der Lebensräume von Arten bzw. Lebensgemeinschaften.

- Vernichtung oder Verdrängung von Arten durch Schadstoffeinträge in die Medien Luft, Wasser und Boden.

- Artenverluste durch anthropogene Eingriffe, die durch die natürliche Reproduktion des Ökosystems nicht mehr ausgeglichen werden können.

- Verschleppung von Arten in andere Lebensräume, in denen sie das ökologische Gleichgewicht stören.

Nach vorliegenden Schätzungen wird ein Anteil von weniger als 0,1 % der in der Natur vorkommenden Arten direkt durch den Menschen genutzt (Perrings et al., 1992). An der Ausrottung einzelner Tiere und Pflanzen entzündet sich zwar immer wieder die öffentliche Diskussion, insbesondere, wenn „populäre" Tiere, wie Elefanten, Wale, Pandabären oder Seehunde, betroffen sind: die Bedrohung der Artenvielfalt rührt aber weniger aus der direkten Nutzung einzelner Arten her, sondern vorwiegend aus der Zerstörung der Habitate. Menschliche Aktivitäten, wie Änderung der Landnutzung, Urbanisierung, infrastrukturelle Entwicklung und Industrialisierung, führen direkt zur Zerstörung von Habitaten; indirekt werden sie geschädigt durch Nutzung und Ausbeutung von Umweltressourcen sowie Einleitung von Schadstoffen in die Luft, das Wasser und den Boden. Maßnahmen der Emissionsbegrenzung dienen folglich auch dem Artenschutz.

Struktur und Funktion eines Ökosystems werden aufrechterhalten durch Rückkopplungen zwischen den Organismen und ihrer Umgebung. Die abiotische Umgebung beeinflußt Wachstum und Entwicklung von biologischen Subsystemen, die wiederum aktiv ihre Umwelt modifizieren. Arten und Umwelt sind in ein Netz von Interaktionen (Beziehungen) eingebunden. Die treibende Kraft für fast jedes dieser Systeme ist die Sonnenenergie, die auf das System einwirkt und damit den für die Selbstorganisation und -erhaltung notwendigen Energie- und Stoffluß im System erst ermöglicht. Es ist diese Fähigkeit der Selbstorganisation, die nach Streßeinwirkung das Funktionieren des gesamten Systems aufrechterhält. In einem zu stark belasteten Ökosystem wird der interne Stoffkreislauf irreversibel beeinträchtigt; das System kann sich nicht mehr regenerieren.

Alle sich selbst organisierenden Systeme benötigen ein Minimum an biologischer Vielfalt, um Sonnenenergie einzufangen und eine zyklische Beziehung zwischen Produzenten, Konsumenten und Destruenten (zersetzenden Organismen) aufzubauen. Wird dieses Minimum unterschritten, dann kann das Ökosystem nicht mehr funktionieren, es bricht zusammen. Es herrscht jedoch Unklarheit über die notwendige Mindestzahl an Arten, die zur Erhaltung der Stabilität des jeweiligen Ökosystems erforderlich sind.

Zu den direkten menschlichen Schädigungen von Ökosystemen zählt die vor allem in den Tropen übliche Brandrodung, die große Teile des Regenwaldes vernichtet. Rasch einsetzende Degradation der Böden und Erosion sind die Folge. In den Industrieländern hat die Intensivierung der Landwirtschaft vielerlei Auswirkungen: Vergrößerung der Schläge (mit entsprechender Erosionsgefahr), vermehrter Einsatz von Düngemitteln (Verarmung an Arten mit geringem Nährstoffanspruch, Eutrophierung der Gewässer, Störung des Gleichgewichts aquatischer Systeme) und Pflanzenschutzmitteln (Verschmutzung von Grundwasser und Gewässern und von aquatischen Ökosystemen) sowie Anbau bzw. Haltung einer geringen Zahl von leistungsstarken Nutzpflanzenarten bzw. Tierarten und -rassen (Rückgang der Vielfalt an Kulturarten und -sorten, Monokulturen). Eine besonders wichtige Rolle spielt die Vegetation in ihrer Artenvielfalt im Ökosystem, da sie einen wichtigen Bestandteil des Habitats für die Fauna bildet.

Die Adaptation verschiedener Arten an veränderte Umweltbedingungen wird abhängen von ihrer genetisch und physiologisch geprägten Toleranz gegenüber Belastungen, ihrer Fähigkeit zur Ausbreitung und ihrer Abhängigkeit vom Habitat. Tierarten beispielsweise, die sich auf ganz bestimmte Vegetationstypen spezialisiert haben, sind gefährdeter als weniger spezialisierte Arten.

Die bisher genannten Phänomene sind nicht die eigentlichen Triebkräfte des Verlustes an Artenvielfalt. Die Diskussion der Funktionen der biologischen Vielfalt hat deutlich gemacht, daß die gesamte internationale Staatengemeinschaft Nutzen aus dieser Ressource zieht und entsprechend auch von den Schäden der Reduzierung der Artenvielfalt betroffen ist. Artenvielfalt ist daher ein „globales öffentliches Gut", das zunehmend geschädigt wird. Zu fragen ist dann, warum die biologische Vielfalt aus nationaler Sicht häufig anders bewertet wird als aus globaler Sicht. Oder anders ausgedrückt: Warum kommt es zum Konflikt von nationalen und globalen Interessen? Hier lassen sich verschiedene Formen des Markt- und Staatsversagens identifizieren, die im folgenden kurz skizziert werden sollen.

Aus den zuvor genannten Funktionen der biologischen Vielfalt sind zumindest zwei Arten des Nutzens herauszufiltern, die der ganzen Staatengemeinschaft zugute kommen: Zum einen stellt die Artenvielfalt Informationen bereit, beispielsweise für die Entwicklung neuer Medikamente, zum anderen gewährt sie Sicherheit, beispielsweise durch die Möglichkeit zur Erhöhung der Resistenz von Kulturpflanzen durch Einkreuzung natürlicher Arten oder Unterarten. Der Erhalt der biologischen Vielfalt stellt in diesem Sinne eine Art Versicherung für zukünftige, potentielle Risiken, z.B. in Form von Krankheiten oder fehlender Schädlingsresistenz, dar. Obwohl diese Funktionen für die Menschen von Wert sind, gibt es keine Marktmechanismen, die diese Werte den Besitzern der Arten oder auch den Entdeckern der Ressource zugute kommen lassen. Sie sind bisher vielmehr Güter, deren Nutzung jedem Individuum bzw. Land freisteht, ohne daß die Nachfrage auf dem Markt artikuliert werden muß und ohne daß ein Preis zu zahlen wäre. Deshalb sind keine ausreichenden Anreize zum Erhalt der Ressource biologische Vielfalt vorhanden, die ihre effiziente Verwendung sicherstellen (*Marktversagen*) (Swanson, 1992).

Verschärft wird diese Problematik darüber hinaus durch staatliche Eingriffe, z.B. in Form von Subventionen. Insbesondere die Land- und Forstwirtschaft sind hier zu nennen, die den am stärksten subventionierten Sektor sowohl in den meisten Industrie- als auch in der Mehrzahl der Entwicklungsländer darstellt. Beispielhaft seien die

Landwirtschaftspolitik der EG und Subventionen an die Forstwirtschaft in Brasilien genannt, die die Preisrelationen zuungunsten des Artenschutzes verzerren: Die privaten Kosten der Übernutzung von Arten oder Ökosystemen sinken, und es steigen die Anreize zur Ausdehnung und Intensivierung der Land- und Forstwirtschaft. Der Marktmechanismus wird durch die Politik also bewußt außer Kraft gesetzt (*Staatsversagen*); durch den Abbau dieser Subventionen könnte er wieder wirksam werden.

Für viele Bereiche der Natur sind keine individuellen Eigentums- und Verfügungsrechte festgelegt, oder sie werden nicht durchgesetzt. Dies gilt für einzelne Arten, Landflächen, Wasserläufe usw. Die unzureichende Definition und Zuweisung von Eigentumsrechten ist dafür verantwortlich, daß niemand von der Nutzung der Natur ausgeschlossen werden kann. In dieser Situation setzen sich in der Regel nicht diejenigen Individuen und Unternehmen durch, deren Existenz von einer nachhaltigen Nutzung der Ressource abhängig ist oder die die Natur geschützt wissen wollen, sondern diejenigen, die ohne Blick hierauf eine kurzfristige Nutzen- bzw. Gewinnmaximierung anstreben (WRI, 1992b). Es läßt sich also feststellen, daß der kumulative Effekt sowohl eines Markt- als auch eines Politikversagens ursächlich für die fortlaufende Artenvernichtung ist.

Verknüpfung zum globalen Wandel

Die Verschmutzung der Schutzgüter Luft, Wasser und Boden ist eine Ursache für den weltweiten Verlust an biologischer Vielfalt. Der Klimawandel kann Einfluß auf den Artenreichtum haben, möglicherweise können sich nur intakte Ökosysteme den Änderungen des Klimas anpassen. Die Destabilisierung und der Verlust von Ökosystemen können negativ auf die anderen Schutzgüter wirken, z.B. in Form der zusätzlichen Freisetzung von CO_2. Maßnahmen zum Schutz anderer Schutzgüter können folglich auch dem Artenschutz dienen und umgekehrt. Beispielsweise kommt der Waldschutz dem Artenschutz zugute, wenn etwa Mischwälder aufgeforstet werden.

Bevölkerungswachstum und die damit verbundene erhöhte Nachfrage nach natürlichen Ressourcen wirken in zweifacher Weise auf die biologische Vielfalt: Es steigt zum einen der Druck zur Umwandlung von natürlichen Biotopen z.B. für landwirtschaftliche oder infrastrukturelle Zwecke, zum anderen nimmt tendenziell die Emission von Schadstoffen zu. Diesen Trends kann durch die Stabilisierung der Bevölkerungszahl, durch höhere Effizienz der Ressourcennutzung, durch Erhöhung der Recyclingrate und durch Emissionskontrolle entgegengewirkt werden. Für die Landbewirtschaftung bzw. die ländliche Entwicklung sind Strategien zu entwickeln, die den Druck auf die natürlichen Ressourcen konsequent reduzieren.

Bewertung

Die Auswirkungen einer Verringerung der biologischen Vielfalt für Biosphäre und Anthroposphäre ergeben sich notwendigerweise aus den bereits genannten Funktionen der biologischen Vielfalt (bzw. deren Einschränkungen durch Vielfaltverluste). Wie groß diese Auswirkungen sind, läßt sich erst dann sagen, wenn das Gut „biologische Vielfalt" in irgendeiner Form bewertet worden ist.

Diese Bewertung der biologischen Vielfalt stellt einen zentralen Schritt vor der Zielformulierung, der Erarbeitung politischer Maßnahmen und deren Durchsetzung, dar. Der Umweltbereich „biologische Vielfalt" tritt mit anderen globalen Umweltproblemen zu den bereits bestehenden Umweltproblemen auf nationaler Ebene hinzu. Alle Umweltprobleme gleichzeitig in gleicher Intensität in Angriff zu nehmen, wäre nicht durchführbar und ist darüber hinaus auch nicht effizient. Es ist vielmehr erforderlich, die Gewichte der verschiedenen Politikbereiche gegeneinander abzuwägen sowie auch innerhalb der Problembereiche Schwerpunkte zu setzen.

Verfahren und Probleme einer ökonomischen Bewertung der biologischen Vielfalt

Der *ökonomischen* Bewertung der Ressource „biologische Vielfalt" liegt eine *utilitaristische*, *anthropozentrische* und *instrumentalistische* Sichtweise zugrunde: utilitaristisch, weil davon ausgegangen wird, daß eine Art nur dann einen Wert hat, wenn der Mensch Nutzen aus ihr zieht, anthropozentrisch, weil der Mensch den

Wert der Art bestimmt, und instrumentalistisch, weil Tiere und Pflanzen als Instrumente zur Befriedigung menschlicher Bedürfnisse angesehen werden. Grundlage der Bewertung sind also die Präferenzen der Individuen (Randall, 1992). Allerdings ist der Wert der Ressource „biologische Vielfalt" für den Menschen nicht so offensichtlich wie beispielsweise der Wert reiner Luft oder sauberen Wassers. Hinzu kommt, wie die Ursachenanalyse gezeigt hat, daß derzeit eine Marktbewertung für die biologische Vielfalt unvollständig und fehlerhaft ist.

Grundsätzlich kann man sich zur Bewertung der Ressource „biologische Vielfalt" der Nutzen-Kosten-Analyse bedienen. Soll beispielsweise abgewogen werden, ob der Erhalt eines Biotops oder stattdessen eine intensive Nutzung als landwirtschaftliche Fläche vorteilhafter ist, muß der Nutzen des Biotoperhaltes dem Nutzen der landwirtschaftlichen Verwendung gegenübergestellt werden. Als optimal (effizient) gilt nach dem Nutzen-Kosten-Prinzip das Projekt mit dem größten abdiskontierten gegenwärtigen Nettonutzen.

Der Gesamtwert der biologischen Vielfalt läßt sich dabei durch die Addition der Werte des aktuellen Nutzens (Nutzwert), des erwarteten zukünftigen Nutzens (Optionswert) und des Wertes der Existenz (Existenzwert) ermitteln. Der Nutzwert ergibt sich beispielsweise aus der Nutzung einer Art als Basis für die Entwicklung pharmazeutischer Produkte oder die Züchtung von Kulturpflanzen. Optionswerte drücken die Zahlungsbereitschaft der Individuen aus, die daraus resultiert, daß gegenwärtige und/oder künftige Generationen in der Zukunft möglicherweise Nutzen aus der biologische Vielfalt ziehen. Existenzwerte beruhen darauf, daß für Individuen das Wissen um die Existenz unversehrter Ökosysteme oder Arten eine Befriedigung darstellen kann. Dieser Wert besteht also völlig unabhängig von jeglichem direkten oder indirekten Gebrauch (Randall, 1992). Die Erfassung dieses Gesamtwertes umfaßt also auch die erwähnten kulturellen und ästhetischen Werte.

Bei dieser Vorgehensweise ergeben sich jedoch – abgesehen von den für jede Nutzen-Kosten-Analyse bekannten Schwierigkeiten – einige grundlegende Probleme, die spezifisch sind für eine Bewertung der biologischen Vielfalt.

Es ist zunächst zu klären, welcher Grad der Aggregation der Bewertung zugrundezulegen ist. Einerseits wäre es wünschenswert, der Politik eine Prioritätenliste vorzulegen, die den Beitrag jeder einzelnen Art zu der abstrakten Größe „Artenvielfalt" angibt. Das geringe Wissen um die komplexen biologischen und ökologischen Zusammenhänge stellt aber ein zur Zeit erhebliches Hindernis für eine solche Vorgehensweise dar. Ökologen gelingt es selbst in eher überschaubaren Ökosystemen nicht, alle Zusammenhänge zu benennen (Norton, 1987, 1992). Andererseits dient eine Bewertung der biologische Vielfalt insgesamt nicht unbedingt der Entscheidungsfindung; ihr Wert ist unendlich, da die Vernichtung allen nichtmenschlichen Lebens auch das Auslöschen des menschlichen Lebens bedingen würde. Zu beantworten ist vielmehr die Frage, welcher Wertverlust sich ergibt, wenn hier ein kleiner und dort ein größerer Teil der biologischen Vielfalt verlorengeht (Randall, 1992).

Die Bewertung müßte den gegenwärtigen und zukünftigen Nutzen von Arten möglichst vollständig erfassen. Es ist schon schwierig abzuschätzen, welchen Nutzen die bereits bekannten Arten stiften können, und das Ungewißheitspotential wird durch die große Zahl unbekannter Arten weiter erhöht. Hinzu kommt, daß die Präferenzen der zukünftigen Generationen unbekannt sind. Steigt beispielsweise die Vorliebe für den Genuß unberührter Natur, was mit steigendem Einkommen zu vermuten ist, so sind die mit den heutigen Zerstörungen verbundenen Wohlfahrtsverluste weit höher, als gegenwärtig angenommen wird (Hampicke, 1992a). Neben der Ungewißheit des zukünftigen Nutzens wird die Bewertung durch die Irreversibilität der Ausrottung von Arten erschwert. Heute getroffene Entscheidungen können nicht mehr revidiert werden; die Entscheidung, auf einen potentiellen zukünftigen Nutzen von Arten zu verzichten, ist endgültig und trifft damit nicht nur die gegenwärtige, sondern auch alle zukünftigen Generationen (Arrow und Fischer, 1974; Bishop, 1978).

Um Ungewißheiten abzubauen und Irreversibilitäten zu vermeiden, versucht man in der Bewertung auch die Optionswerte zu erfassen. Ungewißheit und Irreversibilität legen nahe, für die Erhaltung des Gutes „biologische Vielfalt" auch dann etwas zu zahlen, wenn es zwar gegenwärtig nicht genutzt wird, aber die Option, im Bedarfsfall auf das Gut zurückgreifen zu können, offen gehalten wird. Wenn auch unstrittig ist, daß ein Optionswert aus Gründen der Vorsicht berücksichtigt werden muß, so ist doch unklar, welcher Wert für diesen potentiellen Nutzen anzusetzen ist (Hampicke, 1991).

Wichtige Nutzungen der biologische Vielfalt haben, wie erwähnt, den Charakter eines globalen öffentlichen Gutes, weshalb eine marktliche Preisbildung nicht erfolgt. Die Bewertungsmethoden für Güter, die keiner marktlichen Preisbildung unterliegen, lassen sich in zwei Gruppen unterteilen: Die sogenannten „indirekten

Methoden zur Präferenzerfassung" beruhen darauf, daß das Gut „Natur" oftmals nur gemeinsam mit komplementären Privatgütern (für die Marktpreise vorliegen) genutzt werden kann. Der „Reisekostenansatz" beruht beispielsweise auf dem Privatgut „Transport": Von den je nach Entfernung zu einem Biotop unterschiedlich hohen Kosten der Anreise wird auf eine Nachfragefunktion nach diesem Gut geschlossen. Mit der „direkten Methode" wird dagegen unmittelbar danach gefragt, wieviel ein Individuum für eine konkrete Schutzmaßnahme zu zahlen bereit ist, bzw. wie hoch die Kompensation im Falle der Vernichtung einer Art oder eines Ökosystems ausfallen muß. Der Vorteil der direkten Bewertungsmethoden liegt insbesondere in ihrer breiten Anwendbarkeit. Entsprechend haben die bisher durchgeführten Untersuchungen die Ermittlung der Zahlungsbereitschaften für den Erhalt einzelner Arten (z.B. Grizzly-Bär), ganzer Ökosysteme und sogar für den Stopp der Ausrottung jeglicher Arten zum Gegenstand gehabt. Grundsätzlich können mit dieser Methode auch Optionswerte erfaßt werden (Hampicke, 1991).

Die Zahlungsbereitschaft hängt allerdings ganz entscheidend vom Informationsstand ab. Fehlinformationen und jede Form der Ungewißheit über den gegenwärtigen und zukünftigen Nutzen spiegeln sich unmittelbar in der Zahlungsbereitschaft wider. Es ist außerdem zu erwarten, daß diese in den Industrieländern und den Entwicklungsländern auseinanderklafft. In den Industrieländern kann sie dann lediglich als Bereitschaft zur Finanzierung von Maßnahmen zum Artenschutz in den Entwicklungsländern angesehen werden, nicht aber als Indikator für eine durchschnittliche weltweite Wertschätzung. Hier ist methodisch wie inhaltlich noch vieles offen.

Bei der Erfassung der gegenwärtigen Nutzen der Artenvielfalt ergeben sich weitere Probleme: Viele biologische Ressourcen werden konsumiert, ohne auf dem Markt gehandelt zu werden. Dies gilt z.B. für Nahrung, Brennholz und Medikamente, die von der ansässigen Bevölkerung direkt den Biotopen entnommen werden. In welchem Umfang werden sie konsumiert, und welcher Wert soll für diese Güter angesetzt werden? Auch wenn die Erfassung dieser Nutzen Probleme bereitet, so dürfen sie doch bei einer vollständigen Bewertung des Artenschutzes nicht außer acht bleiben (Swanson, 1992).

Trotz oder gerade wegen der genannten Bewertungsprobleme gehört die Forderung nach einer möglichst vollständigen Erfassung und Berücksichtigung der kurz- und langfristigen, monetären und nicht-monetären Nutzen der biologischen Vielfalt zu den wichtigsten Elementen einer wirksamen Artenschutzpolitik.

Den Nutzen einer Art im Einzelfall zu messen, ist also mit erheblichen Schwierigkeiten verbunden. Ein anderes Verfahren zur politischen Entscheidungsfindung definiert deshalb den sicheren Mindeststandard (*Safe-Minimum-Standard*) als das Maß des Artenschutzes. Ausgangspunkt dieses Ansatzes ist die Überlegung, daß die Gesellschaft jene Strategie wählen sollte, die den möglichen Wohlfahrtverlust minimiert. Da der zukünftige Nutzen des Artenvielfalterhalts sehr hoch sein kann, die Entscheidung für die Ausrottung einer Art aber irreversibel ist, ist folgende Entscheidungsregel formuliert worden: Ein Mindestschutz ist zu gewährleisten, sofern die gegenwärtigen sozialen Kosten des Erhalts, d.h. der Nutzenentgang für die Gesellschaft aus dem Verzicht auf die Ausbeutung der Ressource, nicht unakzeptabel hoch sind (Ciriacy-Wantrup, 1968; Bishop, 1978; Randall, 1992). Anders ausgedrückt: Wieviel geht in anderen für den Menschen wichtigen Bereichen verloren, wenn ein sicherer Mindestschutz der Arten aufrechterhalten wird? Da davon auszugehen ist, daß jede Art einen positiven Wert hat, werden die Probleme einer systematischen Erfassung der Nutzen vermieden und wird zugleich die Beweispflicht denjenigen angelastet, die die natürliche Ressource ausbeuten wollen bzw. die artenvernichtende Nutzungsalternative präferieren.

Damit stellt sich – wie auch im Rahmen der Nutzen-Kosten-Analyse – die Frage nach den Kosten des Artenschutzes. Sie entsprechen generell gesehen dem entgangenen Nutzen aus einer artenvernichtenden Aktivität, also beispielsweise dem Wert der Erzeugnisse einer intensiven landwirtschaftlichen Bearbeitung. Da es sich dabei häufig um private Güter, wie Getreide, handelt, Marktpreise also vorliegen, erscheint eine Evaluierung der Kosten des Artenschutzes unproblematisch. Wie bereits angesprochen, wird die land- und forstwirtschaftliche Produktion jedoch durch künstlich hochgehaltene Preise (z.B. EG-Agrarmarktpolitik) subventioniert, folglich spiegeln die Preise nicht die tatsächliche Knappheit dieser Güter wider: Die Produkte müßten billiger sein. Daraus folgt, daß land- und forstwirtschaftliche Flächen künstlich verteuert werden und somit auch die Kosten des Artenschutzes höher erscheinen, als sie tatsächlich sind. Im konkreten Fall kann die artenvielfaltvernichtende Aktivität aus ökonomischer Sicht wegen ihrer offenkundigen Unrentabilität überhaupt nicht zu rechtfertigen sein, etwa wenn ein Staudamm oder Kanal seine Bau- und Betriebskosten nie zurückgewinnen kann.

Aus diesen Überlegungen zur Bewertung der biologischen Vielfalt lassen sich folgende Schlußfolgerungen ziehen (Hampicke, 1992a): Nicht nur theoretische Überlegungen, sondern auch empirische Untersuchungen legen den Schluß nahe, daß die Nutzen des Artenschutzes bisher unterschätzt und gleichzeitig die Kosten überschätzt wurden. Mit Hilfe korrekter, d.h. nicht nur die leicht quantifizierbaren kurzfristigen Nutzen und Kosten des Artenschutzes erfassenden ökonomischen Bewertungen läßt sich nachweisen, daß der Artenschutz oftmals die effizientere, d.h. ökonomisch sinnvollere Verwendungsalternative darstellt und damit gesamtwirtschaftlich zu Wohlfahrtsgewinnen führen kann.

Die Vorgehensweise nach der „Nutzen-Kosten-Analyse" und dem *„Safe-Minimum-Standard"* sind nicht als konkurrierende, sondern als sich ergänzende Konzepte zu verstehen. Der Erhalt der Artenvielfalt geschieht vor dem Hintergrund der Ungewißheit zukünftiger Nutzen und der Irreversibilität der Ausrottung im Dienste der intergenerativen Gerechtigkeit. Zukunftsvorsorge ist aber nicht anders denkbar als durch Gewährleistung eines bestimmten Mindeststandards an Schutz. Diese Grenze stellt eine kollektive Sicherungsschranke dar, die auch entgegen einzelwirtschaftlichen Vorteilen nicht überschritten werden darf.

Handlungsbedarf

Da die Vielfalt der Arten nicht über alle Regionen der Welt gleich verteilt ist, kann es mit Blick auf das Schadensausmaß – im Gegensatz etwa zur Atmosphäre – nicht gleichgültig sein, wo dieses Schutzgut gefährdet wird. Folglich muß sich das Maßnahmenpaket der internationalen Staatengemeinschaft auf jene Regionen richten, in denen die Vielfalt besonders ausgeprägt und zugleich bedroht ist. Durch eine derartige Prioritätensetzung wird gewährleistet, daß die Ausgaben für den Artenschutz hohe Nettoerträge (Grenzerträge) erbringen. Einigkeit besteht auch weitgehend darüber, daß die Entwicklungsländer hohe Priorität genießen sollten, weil die tropischen Ökosysteme, insbesondere der Regenwald, zu den artenreichsten gehören. Wenn allerdings Politiker der Industrieländer vor diesem Hintergrund die Entwicklungsländer dazu drängen, den Artenschutz zu forcieren, dann ist dies inkonsistent: Es ist ein Aufruf, nicht die Fehler der Industrieländer im Umgang mit der Natur zu wiederholen, welche aber möglicherweise Resultat ihrer Entwicklungserfolge sind. Solche Appelle werden von den unterentwickelten Ländern als Öko-Imperialismus verworfen, falls ihre Glaubwürdigkeit nicht durch finanzielle Unterstützungen erhöht wird. Wenn die Entwicklungsländer natürliche Ressourcen von globaler Bedeutung erhalten, müssen die Industrieländer auch bereit sein, dafür zu zahlen. Dies gilt um so mehr, als es sich bei mehreren der Länder mit der reichhaltigsten biologische Vielfalt zugleich um die ärmsten Länder der Welt handelt (Weltbank, 1992a).

Die bisherigen internationalen Übereinkommen zum Artenschutz erfassen – einander ergänzend – einzelne Bereiche des Artenschutzes und legen jeweils das Instrumentarium zur Zielerreichung fest. Zu nennen sind z.B. das „Washingtoner Abkommen über den internationalen Handel mit gefährdeten Arten freilebender Tiere und Pflanzen" (1973) und die „Bonner Konvention zur Erhaltung der wandernden wildlebenden Tierarten" (1979). Die im Rahmen der UNCED-Konferenz 1992 unterzeichnete Artenvielfalt-Konvention (Übereinkommen über die biologische Vielfalt) ist die derzeit wichtigste Basis für diesen Bereich. Diese Konvention kann vor dem Hintergrund bestehender Abkommen als „Dach-Konvention" auch über viele Artenschutz-Vereinbarungen angesehen werden. Wenn Artenschutz weitgehend nur über den Biotopschutz wirksam erfolgen kann, könnte manche bisher – mangels Finanzierungsregelung – kaum genutzte internationale Vereinbarung vielleicht mit neuem Leben erfüllt werden, nicht zuletzt deshalb, weil in dieser Konvention konkrete Finanzierungsregeln vorgesehen sind.

Artikel 8 der Artenvielfalt-Konvention fordert den Schutz der natürlichen Lebensräume („*In-situ-Schutz*"), also z.B. die Ausweisung von Schutzgebieten. Eine traditionelle Schutzmaßnahme der Industrieländer, die später auch von den Entwicklungsländern angewendet wurde, ist die Einrichtung von *Naturparks* und *Reservaten*, aus denen menschliche Aktivitäten mehr oder weniger verbannt werden. Diese Gebiete wurden typischerweise eingerichtet, um „populäre" Arten wie Elefanten, Tiger oder Bären oder auch „spektakuläre" geologische Formationen und Erholungsgebiete zu schützen. Bis in die jüngste Zeit wurden allerdings wenige dieser Gebiete explizit zum Schutz der biologischen Vielfalt eingerichtet. Naturschutzgebiete können in ihrer bisherigen Gestaltung lediglich einen Minimalschutz leisten: die fortlaufende Ausrottung von Arten konnte mit dieser Maßnahme jedenfalls nicht verhindert werden. Eine Reihe von Problemen steht bisher einem größeren Beitrag dieses Instruments zum Artenschutz im Wege.

So folgt die Abgrenzung der Schutzgebiete in der Regel eher politischen als ökologischen Leitlinien. Hinzu kommt, daß viele Parks zu klein sind, um intakte Biotope oder einzelne Arten effektiv schützen zu können; so müssen beispielsweise Tiere zur Futtersuche auf nicht geschützte Gebiete ausweichen oder menschliche Aktivitäten außerhalb der Reservate wirken in die Gebiete hinein, so daß die tatsächlich unberührte Fläche weiter verkleinert wird. Häufig kommt es auch zum Konflikt zwischen lokalen und nationalen Interessen, wenn der Nutzen der Schutzmaßnahmen der Regierung oder bestimmten Unternehmen zufällt, während die ansässige Bevölkerung die Kosten in Form der eingeschränkten Nutzung zu tragen hat. Schließlich leiden viele Naturparks unter einem ineffektiven Management und einer unzureichenden finanziellen Ausstattung (WRI, 1992b).

Biosphären-Reservate sind ein Beispiel für die neue Generation der Konservierungstechniken. Sie basieren auf konzentrischen Arealen für unterschiedliche Nutzungen: Theoretisch erhält die „Kernzone" einen Totalschutz, aus dem menschliche Aktivitäten vollständig verbannt sind. Die „Kernzone" wird umschlossen von einer „Pufferzone", in der gewisse Ansiedlungen und auch Ressourcennutzungen zugelassen sind. An diese schließt sich wiederum eine sogenannte *„Transition Area"* (Übergangszone) an, in der nachhaltige Entwicklungsaktivitäten zugelassen werden.

Seit im Jahre 1976 vom *„Man and the Biosphere Programme"* (MAB) der UNESCO die ersten Biosphären-Reservate eingerichtet wurden, ist ihre Zahl in der Welt auf gegenwärtig etwa 300 angestiegen. In der Praxis entstanden diese Reservate jedoch häufig durch die Umbenennung bisheriger Nationalparks oder Naturschutzgebiete, ohne daß deren Fläche und Funktionen oder die Vorschriften zur Nutzung wirklich verändert wurden. Auch wurde selten ein geeignetes Management eingerichtet, das in der Lage ist, das Zonensystem funktionsfähig zu machen, und das die Autorität hat, entsprechende Vorschriften durchzusetzen (WRI, 1992b). Eine wichtige Rolle für die Überlebensfähigkeit von Arten spielt die Fähigkeit der Migration, also des Ausweichens vor regional drastischen Umweltveränderungen. Bei der Planung von Reservaten sollte deshalb auch die Schaffung von sogenannten „Korridoren" berücksichtigt werden, die das Überleben ganzer Lebensgemeinschaften durch Unterstützung der Migration fördern.

Im Prinzip vereinbaren Biosphären-Reservate den Gedanken des Arten- und Naturschutzes mit dem der nachhaltigen Entwicklung. Ihre Zahl sollte deshalb weiter erhöht und die Förderung ausgebaut werden. Schutzmaßnahmen in Form von Reservaten bleiben allerdings langfristig ineffektiv, wenn nicht Maßnahmen ergriffen werden, die den Druck auf Naturschutzgebiete und natürliche Lebensräume insgesamt verringern. Dazu zählen z.B. Maßnahmen, die die landwirtschaftliche Produktivität steigern und damit die Notwendigkeit der Flächenexpansion reduzieren und die nachhaltige Bewirtschaftung der Wälder und die Entwicklung des Ökotourismus fördern. Diese Maßnahmen versprechen „doppelten Gewinn", da sie sowohl dem Artenschutz dienen als auch die wirtschaftliche Entwicklung fördern. Dadurch werden ihre Umsetzungschancen deutlich erhöht (Weltbank, 1992a).

Artikel 9 der Artenvielfalt-Konvention sieht als ergänzende Maßnahme des Artenschutzes die sogenannte *Ex-situ-Konservierung* von Pflanzen- und Tierarten vor, d.h. ihre Erhaltung außerhalb ihrer natürlichen Biotope in Aquarien, zoologischen und botanischen Gärten oder Genbanken. Eine Vielzahl dieser Institutionen nimmt seit den 70er Jahren systematische Sammlungen seltener und gefährdeter Arten vor, die nach Sicherung oder Wiederherstellung ihrer Biotope in die Natur rückgeführt werden können.

Die Ex-situ-Konservierung bietet oft die letzte Möglichkeit, einige wenige, höchst gefährdete Arten vor dem endgültigen Aussterben zu bewahren. Aus verschiedenen Gründen darf sie jedoch keinesfalls als Ersatz für den In-situ-Schutz, d.h. den Schutz von Tieren und Pflanzen in ihrem natürlichen Lebensraum angesehen werden. Ein Problem stellt der Zeitdruck dar. Die bestehenden finanziellen, personellen und logistischen Kapazitäten erlauben es nicht, die große Zahl an Arten zu retten, die aktuell gefährdet ist. Dieses Hindernis könnte immerhin noch durch einen großzügigen Ausbau der Kapazitäten verringert werden. Die bedeutsamste Begrenzung findet diese Strategie aber zwangsläufig in dem Stillstand des evolutionären Prozesses. Natürliche Selektion und Anpassung in einer sich verändernden Umwelt sind nicht simulierbar, die komplexen Zusammenhänge der Koevolution und Mutation können in einer künstlichen Umwelt – soweit sie überhaupt bekannt sind – nicht erhalten werden, die Populationen sind dafür zu klein. Somit steigt mit zunehmender Dauer der Ex-situ-Konservierung die Gefahr, daß eine Rückführung der Arten in ihre natürlichen Lebensräume unmöglich wird und die Arten in ihrer zukünftigen Existenz weiterhin der menschlichen Unterstützung bedürfen. Die Rückführung von Arten ist aber gerade das Ziel jedes Ex-situ-Projekts. Der Schutz und die Wiederherstellung der natürlichen Lebensräume müssen deshalb Priorität genießen (Weisser et al., 1991)

Nach Artikel 10 der Konvention soll die Nutzung der biologische Vielfalt nachhaltig und umweltverträglich sein und in sämtliche innerstaatliche Entscheidungsprozesse einbezogen werden. Vordringlich sind deshalb auf nationaler Ebene alle wirtschaftspolitischen Maßnahmen daraufhin zu überprüfen, ob sie den Verlust der biologische Vielfalt fördern. Hierzu zählen agrarpolitische Maßnahmen, die die massive Verwendung von Pestiziden, Herbiziden und Düngemitteln sowie das Anpflanzen von Monokulturen fördern, vor allem aber auch Subventionen für die Umwandlung von natürlichen Biotopen in landwirtschaftliche Fläche und für die Abholzung von Wäldern. Solange derartige Anreize das Verhalten der Individuen lenken, bleibt die Effizienz globaler Maßnahmen, einschließlich möglicher Kompensationszahlungen an die Entwicklungsländer, erheblich eingeschränkt; knappe Mittel werden zum Teil verschwendet.

Dies macht deutlich, daß in den einzelnen Ländern die nationalen Politikbereiche besser aufeinander abgestimmt werden müssen. Artenschutz muß in die nationale Politik integriert werden. Land- und Forstwirtschaftspolitik oder auch die Raumplanung und Entwicklungshilfepolitik dürfen nicht isoliert betrieben werden, um nicht der Artenschutzpolitik entgegenzuwirken.

Artikel 16 der Konvention sieht einen Technologietransfer in die Entwicklungsländer vor, der diesen eine eigenständige Veredelung ihrer Ressourcen ermöglichen soll. Um die Forschung in den Industrieländern nicht zu beeinträchtigen, ist der Grundsatz in der Konvention verankert worden, daß das geistige Eigentum weiterhin geschützt bleibt. Zugleich soll den Entwicklungsländern der Zugang zur Biotechnologie erleichtert werden (Artikel 19). Die Unternehmen sollen für diesen zwischenstaatlich vereinbarten Technologietransfer von der öffentlichen Hand Kompensationen erhalten. Offen ist jedoch, woran sich die Höhe der Kompensationen orientieren soll. Die Unternehmen werden versucht sein, den Wert der gehaltenen Patente überzubewerten; die Kompensationen fallen dann zu hoch aus. Liegen die Kompensationen dagegen unter dem Wert der Patente, so werden die Anreize für Innovationen beeinträchtigt. Es bleibt fraglich, ob der staatlich regulierte Technologietransfer dem Artenschutz nachhaltig dienen kann und gleichzeitig negative Auswirkungen auf das Innovationsverhalten vermieden werden können (Heister et al., 1992).

Artikel 15 setzt bei dem Tatbestand an, daß die Entwicklungsländer bisher selten finanziell von ihrer „biologischen Vielfalt" als Genpool profitierten, obwohl diese, durch Technologien in den entwickelten Ländern veredelt, beträchtliche Gewinne abwerfen kann. Gefordert wird, daß die Ergebnisse der Forschung und Entwicklung und die Vorteile, die sich aus der kommerziellen Nutzung der Ressourcen ergeben, gerecht und ausgewogen geteilt werden. Um den kostenlosen Zugang für ausländische Unternehmen zu der nationalen Ressource zu vermeiden, hat beispielsweise Costa Rica im Jahr 1989 eine Organisation (Instituto Nacional de Biodiversidad, INBIO) gegründet, die Informationen über die einheimische Tier- und Pflanzenwelt sammelt: Name, Standort und potentielle wirtschaftliche Nutzungsmöglichkeiten werden erfaßt. Gegen eine Gebühr wird kommerziellen Nutzern Einblick in die Daten gewährt. Erster bedeutender Kunde war einer der weltweit größten Hersteller pharmazeutischer Produkte, der die Zahlung von einer Million Dollar und prozentuale Anteile an den Umsätzen aller Produkte, die auf Basis der Arten Costa Ricas entwickelt werden, zusagte (WRI, 1992a).

Trotz dieser Versuche, die Eigentumsrechte der Entwicklungsländer zu stärken, bleibt auf internationaler Ebene das Kernproblem bestehen, daß die genetische Basis bisher weitestgehend ein öffentliches Gut ist, von dessen Nutzung niemand ausgeschlossen werden kann. Völkerrechtlich bleibt zu klären, wie die Gewinne aus der Nutzung von Arten auf die physischen Eigentumsrechte der Entwicklungsländer und die geistigen Eigentumsrechte an den Veredelungsprozessen in den Industrieländern zu verteilen sind.

Die Gewinne aus der Nutzung der Ressource Artenvielfalt fallen also in den Industrieländern an, die Entwicklungsländer hingegen setzen die Biotope für Zwecke ein, die den Artenschutz ausschließen. Soll dieser Konflikt gelöst werden, müssen die Entwicklungsländer für ihre Artenschutzleistungen entlohnt werden (Heister et al., 1992). Die Artenvielfalt-Konvention verpflichtet daher die Industrieländer nach Artikel 20, neue Finanzmittel in Höhe der zusätzlichen Kosten („*incremental costs*") zur Verfügung zu stellen, um die Entwicklungsländer bei der Umsetzung der Verpflichtungen aus der Konvention zu unterstützen. Wenn auch das Konzept der „*incremental costs*" noch nicht ausgereift ist, so wird es doch grob durch die folgende Berechnung bestimmt: Die zusätzlichen

Kosten der Artenschutzpolitik eines Landes ergeben sich durch die Subtraktion der nationalen Nutzen des Artenschutzes von den Kosten der Artenschutzpolitik (direkte Kosten + Opportunitätskosten). Die Differenz deutet an, welcher finanzielle Transfer von der internationalen Staatengemeinschaft zu leisten ist.

Die Frage, wie hoch die zusätzlichen Kosten eines Artenschutzprojektes sind, ist dann kaum zu beantworten, wenn die nationale Wirtschaftspolitik die Artenvernichtung subventioniert. Die zusätzlichen Kosten des Artenschutzes können sogar negativ sein, wenn durch die Beseitigung von Preisverzerrungen gesamtwirtschaftliche Effizienzgewinne entstehen. Andererseits fallen die Kosten aber sehr hoch aus, wenn bei Beibehaltung der Preisverzerrungen Schutzmaßnahmen finanziert werden müssen. Solange also nationale wirtschaftspolitische Maßnahmen zu den Ursachen der Artenvernichtung zählen, bleiben die zusätzlichen Kosten von Artenschutzprojekten schwer kalkulierbar (Heister et al., 1992). Wenn die Entwicklungsländer jedoch von dem wahren Wert ihrer natürlichen Ressourcen profitieren können, d.h. sie auch für die Nutzen des Artenschutzes entlohnt werden, dann verringern sich die Unterschiede zwischen den nationalen und internationalen Anliegen. Das in den Industrieländern bestehenden Interesse an einem höheren Schutzniveau ist von den politischen Entscheidungsträgern also in einen Zufluß finanzieller Mittel in die Entwicklungsländer zu transformieren. Zu betonen ist, daß diese Zahlungen als Entgelte für Leistungen verstanden werden müssen, die die Vielfalt der Arten für die gesamte Staatengemeinschaft liefert, und nicht als humanitäre oder sonstige Entwicklungshilfe. Dies impliziert einen Transfer zusätzlicher Mittel und nicht etwa die Umstrukturierung bestehender Zahlungen (Weltbank, 1992a).

Als Finanzierungsinstrument dient nach Artikel 21 und 39 bis zur ersten Vertragsstaatenkonferenz die Global Environmental Facility (GEF). Diese ist im Rahmen der UNCED-Konferenz in Rio de Janeiro von bisher 1,4 Mrd. US-$ auf 7 bis 8 Mrd. US-$ aufgestockt worden. Sie ist zur Zeit auf vier Bereiche konzentriert: den Schutz der Ozonschicht, die Begrenzung der Emission von Treibhausgasen, den Schutz der Artenvielfalt und den Schutz der internationalen Gewässer. Dabei wird geschätzt, daß allein der wirksame Schutz bereits in den Entwicklungsländern ausgewiesener Schutzgebiete und die für notwendig gehaltene Ausweitung der Schutzgebiete um 50 % im Laufe dieses Jahrzehnts 2,5 Mrd US-$ pro Jahr kosten wird (Weltbank, 1992a). Der Umfang der Mittel, die von der GEF für den Schutz der biologische Vielfalt aufgewendet werden können, dürfte also bei weitem nicht ausreichend sein.

Die GEF soll die Finanzierung von Projekten fördern, die positiven Einfluß auf die globale Umweltsituation haben. Im Hinblick auf den Schutz der biologischen Vielfalt wären daher eindeutige Kriterien für entsprechende förderungswürdige Projekte zu entwickeln. Bei der Mittelvergabe muß die zuständige Institution dann über gesicherte Informationen im Hinblick auf das beantragte Projekt verfügen. Nach der Mittelvergabe muß die zweckentsprechende Verwendung kontrolliert werden. Zu klären ist schließlich, wie Sanktionsmechanismen im Falle einer zweckentfremdeten Mittelverwendung ausgestaltet werden können. Die in den meisten Entwicklungsländern als sensibel erachtete Frage der staatlichen Souveränität kann jedoch die Informationsgewinnung, die Kontrolle und die Sanktionsmöglichkeiten der über die Mittelvergabe entscheidenden Institution erheblich beeinträchtigen. Bei der Durchführung des Finanzierungsmechanismus sind deshalb Kontroversen zwischen den Nehmer- und Geberländern zu erwarten: Die einen fürchten um ihre Eigenständigkeit, die anderen eine Zweckentfremdung der bereitgestellten Mittel.

Als zusätzliche Finanzierungsquelle für den Artenschutz sind Mitte der 80er Jahre die „Debt-for-Nature Swaps" entwickelt worden, also der Tausch von Schulden gegen Naturschutzleistungen. In seinem bisherigen Umfang kann dieses Instrument nur einen kleinen Anteil zur Reduzierung der Schuldenbelastung der Entwicklungsländer beitragen und deshalb keinen nennenswerten Beitrag zum Artenschutz liefern.

Zusammenfassend ist zu betonen, daß für einen effektiven Artenschutz nicht nur ein Instrument existiert. Es ist vielmehr eine umfassende Strategie zu konzipieren, die sowohl auf lokaler als auch auf nationaler und globaler Ebene ansetzt und deren Teilinstrumente mit anderen Politikbereichen abzustimmen sind. Bei allen von den Industrieländern initiierten Maßnahmen ist darauf zu achten, daß die Entwicklungsländer auf Souveränitätseinschränkungen in aller Regel sehr sensibel reagieren.

Die Irreversibilität der Schäden und das weiterhin ungebremste Tempo der Artenvernichtung macht umgehend Schutzmaßnahmen erforderlich. Dabei muß, insbesondere weil die weltweite Umsetzung der Artenvielfalt-Konvention noch einiger Zeit bedarf, auf eine Vielzahl kleiner Instrumente zurückgegriffen werden, auch wenn deren Beitrag zum Artenschutz, isoliert betrachtet, nur gering erscheint. Dies gilt bisher z.B. für *„Debt-for-Nature Swaps"* oder die Bindung der deutschen Entwicklungshilfe an den Artenschutz.

Historische Entwicklung politischen Handelns im Bereich Biologische Vielfalt		
	national	*international*
1. Charta, Konvention		Verschiedene Abkommen schon vor UNCED, Artenvielfalt-Konvention, AGENDA 21
2. Protokoll		noch nicht vorliegend
3. Gesetzestexte	Naturschutzgesetz Entwurf der Bundesregierung liegt vor	
4. Instrumente		Technologietransfer, Kompensationslösung, globaler Fonds
5. Finanzieller Rahmen		wird im Protokoll präzisiert
6. Durchsetzung		noch offen

Folgefragen der UNCED-Konferenz für den Bereich Biologische Vielfalt

- Verstärkte Einbeziehung von Fragen der biologischen Vielfalt in sektorübergreifende Planungen und Programme; Untersuchungen ihrer Bedeutung für die nachhaltige Nutzung biologischer Ressourcen sowie deren Bewertung im ökonomischen und ökologischen Zusammenhang.
- Unterstützung der Entwicklungsländer bei der Erhaltung der biologischen Vielfalt, bei der Nutzung biotechnologischer Erkenntnisse und bei der Wahrnehmung ihrer Rechte als Ursprungsländer genetischer Ressourcen.
- Förderung von Langzeit-Forschungsprogrammen zur Bedeutung der biologische Vielfalt für die Funktion von Ökosystemen als Basis für die Produktion und Konsumtion, den Umweltschutz allgemein und den Schutz der Ökosysteme als Grundlage für die Erhaltung der biologische Vielfalt.
- Einbeziehung von Umweltverträglichkeitsprüfungen zur Abschätzung der möglichen Auswirkungen geplanter Projekte auf die biologische Vielfalt.
- Beteiligung an der weltweiten Zusammenarbeit und der regelmäßigen Berichterstattung über die biologische Vielfalt auf der Basis nationaler Erhebungen.
- Kostenschätzung: 3,5 Mrd. US-$ pro Jahr (1993-2000)

Forschungsbedarf

Naturwissenschaftlicher Bereich

Auf die Bedeutung der Selbstorganisation von Ökosystemen als Grundlage für die Widerstandsfähigkeit gegenüber Streß wurde weiter oben hingewiesen. Diese Selbstorganisation beruht auf den Stoff- und Energieflüssen zwischen den zum System gehörenden Organismen (Arten) in Wechselwirkung mit ihrer Umwelt. Daraus leitet sich ein erheblicher Forschungsbedarf ab. Es gibt zwar eine Reihe von Forschungsresultaten zur Beziehung zwischen der Komplexität (Anzahl der Arten und Individuen) und der Widerstandsfähigkeit eines Ökosystems, die

Schlußfolgerungen sind jedoch teilweise widersprüchlich. Daher gibt es für die Forschung noch eine Reihe offener Fragen:

- Beziehungen zwischen biologischer Vielfalt, Struktur und Funktion von Ökosystemen.
- Spezifische Zusammensetzung der Arten, die für die Funktionen des Systems erforderlich sind.
- Ermittlung der kritischen Größen verschiedener Ökosysteme, um ihre Biodiversität und Leistungen aufrechtzuerhalten.
- Anpassungsfähigkeit einzelner Arten an Klimaveränderungen.
- Wirkung klimatischer Extreme auf die Verteilung der Arten.
- Ermittlung derjenigen Zustandsgrößen, die für die Beschreibung der Reaktion von Ökosystemen wichtig sind (integrative Größen über viele Arten oder Zeigerarten, d.h. für ein Ökosystem typische Arten).
- Untersuchung der Rückkopplungseffekte zwischen Ökosystem und Umwelt.
- Prüfung der „Korridor"-Hypothese als wichtige Voraussetzung für das Überleben von Ökosystemen einschließlich Auswahl und Managementplänen für geeignete Refugien gefährdeter Ökosysteme.
- Erarbeitung bzw. Weiterentwicklung geeigneter Forschungsmethoden zur Lösung der offenen Probleme wie:
  - Langzeituntersuchungen zur Reaktion von Ökosystemen in verschiedenen Umwelten.
  - Aufbau eines geeigneten Beobachtungssystems zur Erfassung biotischer Änderungen auf der Erde.
- Dynamische komplexe Modelle:
  - Modelle zur Verteilung von Ökosystemtypen auf der Erde bei unterschiedlichen Klimaszenarien.
  - Modelle zur Quantifizierung von Ökosystemfunktionen und dem Zusammenhang mit der biologischen Vielfalt.
  - Modelle, die die Interaktionen zwischen Ökosystemen und dem zu erwartenden Klima quantifizieren.
  - Modelle, die den Einfluß von multiplen Streßeinwirkungen auf die Artenvielfalt sowie Stoff- und Energieflüsse im System beschreiben.

Sozioökonomischer Bereich

- Untersuchungen über die Beziehung von Ökologie (hier: biologische Vielfalt) und Ökonomie in nachhaltig genutzten Ökosystemen.
- Erarbeitung von ökonomischen Bewertungskriterien, die alle Funktionen von Arten bzw. Ökosystemen berücksichtigen.
- Analyse der genaueren Ausgestaltung der Instrumente wie Kompensationslösung und Technologietransfer.
- Einflüsse des GATT und internationaler Abkommen zum Handel mit Wildarten bzw. Gen-Ressourcen auf die biologische Vielfalt.

2 Wandel der Anthroposphäre – Einführung

Die im vorhergehenden Kapitel 1 analysierten Veränderungen der Natursphäre sind im wesentlichen durch menschliche Aktivitäten oder Unterlassungen verursacht: Anthropogene Umweltauswirkungen resultieren aus der *Produktion* und dem *Verbrauch* von Gütern und Dienstleistungen und lassen sich wie folgt charakterisieren:

- Verbrauch von nichterneuerbaren Ressourcen wie Bodenschätzen und fossilen Brennstoffen. *Besondere Problembereiche:* Erfassung und Bewertung der langfristig nutzbaren Vorräte; sparsame Bewirtschaftung im Hinblick auf langfristige Nutzungsmöglichkeiten; Suche nach Substitutionsmöglichkeiten und effizienteren Verwendungen.

- Nutzung von erneuerbaren Ressourcen wie Land, Wasser, Luft etwa zur Nahrungsmittelproduktion oder als alternative Energiequellen. *Besondere Problembereiche:* Erhaltung und Ausbau der Reproduktionsbasis (z. B. Verhinderung von Bodendegradation, Wasserverschmutzung); umweltverträgliche Steigerung der Ertrags- und Leistungsfähigkeit.

- Emissionen: *Besondere Problembereiche:* Belastungen der Umweltmedien Atmosphäre, Wasser und Böden; negative Folgen für die Schutzgüter Mensch, Tier und Pflanze; möglicherweise Verringerung der Basis für erneuerbare Ressourcen; Aufgabe: Vermeidung bzw. Minderung von Emissionen und Emissionsfolgen.

- Abfall: *Besondere Problembereiche:* Verwertung und Entsorgung führen ihrerseits zu weiteren eigenständigen Prozessen, die wiederum mit Ressourcenverbrauch, Emissionen und Abfall verbunden sind; Aufgabe: Vermeidung bzw. Reduzierung von Abfall; Wiederverwertung (Recycling) bietet aber auch die Chance, den Ressourcenverbrauch zu senken.

Neben diesen Umweltauswirkungen ist die gegenwärtige Situation durch folgende globale Probleme gekennzeichnet:

- Mehr als eine Mrd. Menschen leben in absoluter Armut.

- Weitere drei Mrd. Menschen sind nicht ausreichend mit Gütern und Dienstleistungen versorgt.

- In vielen Regionen der Erde ist ein erhebliches Defizit an medizinischer Versorgung festzustellen.

Die Problembereiche „Umwelt" und „Entwicklung" stehen dabei in einem wechselseitigen Ursache-Wirkungs-Verhältnis. Einerseits führen Umweltprobleme (z. B. Reduzierung der Basis für erneuerbare Ressourcen; Emissionen und Abfall) zu einer Verstärkung von Armut, Seuchen und Krankheiten. Andererseits haben Hunger, Armut und mangelhafte Ausbildung Umweltbeeinträchtigungen zur Folge.

Der Beirat vertritt aus den dargelegten Gründen nachdrücklich die Auffassung (wie auch die internationale Staatengemeinschaft auf der Konferenz der Vereinten Nationen für Umwelt und Entwicklung in Rio de Janeiro 1992), daß *Umwelt und Entwicklung keine sich ausschließenden Alternativen sein dürfen, sondern im Zusammenhang und gleichzeitig zu lösende Aufgaben darstellen.*

Quantität und Qualität der Umweltauswirkungen in globaler Sicht werden bestimmt durch

- die Menge an Gütern und Dienstleistungen, die weltweit produziert, verteilt und verbraucht werden *und*

- die Art und Weise, wie Produktion, Verteilung und Verbrauch durchgeführt und organisiert werden (Technologie).

Dieser Zusammenhang läßt sich anhand der folgenden bekannten Formel (z. B. DGVN, 1992a) verdeutlichen:

> **A**uswirkung = **B**evölkerung × **V**erbrauch von Gütern und Diensten (real, durchschnittlich, weltweit) × **T**echnologieeffekt

Folgende Determinanten sind somit von entscheidender Bedeutung:

- Die Bevölkerungsentwicklung.
- Die Veränderung des weltweiten Pro-Kopf-Verbrauchs (Konsum).
- Die Veränderung des Technologieeffektes.

Eine Einschätzung der Handlungs- und Einwirkungsmöglichkeiten bei den entscheidenden Determinanten ergibt: Die *Bevölkerungszahl* wird bis zur Mitte des nächsten Jahrhunderts erheblich wachsen. Verstärkt wird diese Problematik durch umweltbedingte Wanderungen (Migrationen) und durch den Verstädterungsprozeß (Urbanisierung). Diese Feststellung gilt auch bei optimistischen Erwartungen über den Erfolg der Bemühungen zur Stabilisierung der Weltbevölkerung. Bei aller Notwendigkeit, diese Anstrengungen fortzusetzen und zu intensivieren, werden sich hier nur langfristig durchgreifende Wirkungen erzielen lassen (siehe 2.1). Handlungsmöglichkeiten, die kurzfristig Erfolge zeitigen, existieren nicht.

Der *globale Pro-Kopf-Verbrauch* muß wegen der geschilderten Probleme wie Hunger und Armut gesteigert werden. Dies gilt auch, wenn man einen teilweisen Konsumverzicht in den hochentwickelten Ländern und eine Umverteilung zugunsten der Entwicklungsländer in Betracht zieht. Die notwendige Produktionsausweitung führt somit *tendenziell* zu weiteren Umweltbelastungen, selbst wenn man die Möglichkeit berücksichtigt, die Güterstruktur mittels Substitution umweltbelastender Produkte durch umweltverträgliche Güter zu verändern (siehe 2.2). Auch hier ist festzuhalten: Handlungsmöglichkeiten zur Reduzierung des weltweiten Pro-Kopf-Verbrauchs stehen nicht zur Verfügung. Somit bleibt die Hoffnung, durch Veränderung angewandter und Einführung neuer *Technologien* ein strategisches Handlungspotential zur Verfügung zu haben, mit dessen Hilfe auch kurz- und mittelfristig Wirkungen zu erzielen sind (technologische Option).

Technologien sind in mehrfacher Hinsicht von Bedeutung für globale Umweltveränderungen:

- Die zur Anwendung kommenden Technologien können *Ursache* für globale Umweltveränderungen mit negativen Auswirkungen im oben beschriebenen Sinne sein. Sie waren dies in erheblichem Maße in der Vergangenheit und sind es auch in der Gegenwart – in viel stärkerem Maße jedenfalls als das Bevölkerungswachstum und die Zunahme des Pro-Kopf-Verbrauchs (Commoner, 1988). So sind die gegenwärtigen Umweltauswirkungen (z. B. Ozonloch, Treibhauseffekt) wesentlich verursacht durch Art und Weise von Produktion und Verbrauch in den Industrieländern.

- Änderung der angewandter und Einführung neuer Technologien bedeuten ein *Handlungspotential* bzw. einen *strategischen Ansatzpunkt*, um
  - Produktion und Verbrauch in der *Zukunft* so durchzuführen, daß Umweltauswirkungen vermieden oder zumindest abgemildert werden,
  - einen wesentlichen Beitrag für eine nachhaltige Entwicklung zu leisten.

- Darüber hinaus stellt die Entwicklung und Anwendung neuer Technologien ein *Korrekturpotential* dar, das
  - negative Entwicklungen der Vergangenheit revidieren kann (z. B. Revitalisierung und Renaturierung von Böden oder Gewässern),
  - eine Anpassung an oder Schutz vor irreversiblen Entwicklungen ermöglicht (z. B. sichere Endlagerung von Gift- oder Atommüll).

Aus diesen Gründen und wegen der Chance, kurz- bis mittelfristig Erfolge erzielen zu können, unterstreicht der Beirat die Bedeutung von Erforschung, Erprobung, Transfer und Einsatz neuer Technologien.

Technologiebeispiele in drei Bereichen

Endliche Ressourcen
Im Bereich der „endlichen" Ressourcen zielen technologische Entwicklungen vorrangig darauf ab,

- die vorhandenen Ressourcen durch den Einsatz von Substituten zu schonen,
- die Effektivität bei der Nutzung der Ressourcen zu erhöhen und
- die bekannten Ressourcen in nutzbare Reserven umzuwandeln.

Für den Bereich der fossilen Brennstoffe steht mit der Solarenergie beispielsweise ein regenerativer Energieträger zur Verfügung, der dazu beitragen kann, den Bestand an endlichen Energiereserven zu schonen bzw. deren zeitliche Verfügbarkeit zu erhöhen.
Neben der Substitution erweist sich die Erhöhung der Effektivität bekannter Verfahren zur Nutzung nicht nur fossiler Energieträger als bedeutender Forschungsbereich. Bei der Transformation von Primärenergie in tatsächlich nutzbare Energieformen geht ein hoher Anteil an nicht mehr nutzbarer Energie verloren. Insbesondere in Großfeuerungsanlagen läßt sich jedoch über das Prinzip der Kraft-Wärme-Kopplung eine höhere Ausnutzung der eingesetzten Primärenergie – durch die Nutzung der anfallenden Abwärme – verwirklichen.
Weiterhin ermöglichen mechanische, biologische und chemische Separationsverfahren den Zugriff auf Bodenschätze, deren Förderung lange Zeit als technisch unmöglich bzw. als unwirtschaftlich galt.

Erneuerbare Ressourcen
Am Beispiel des Umweltkompartiments „Boden" läßt sich dokumentieren, daß der Einsatz umweltschonender Technologien nicht immer mit einem hohen Kosten- bzw. Zeitaufwand verbunden sein muß. Um den massiven Erosionserscheinungen in den tropischen Ländern entgegenzuwirken, können agrarische Nutzflächen mit dem hochwachsenden und sehr widerstandsfähigen Vetiver-Gras umsäumt werden, um Abschwemmungen und Verwehungen zu begegnen.
Biotechnologische Innovationen tragen vielfach dazu bei, land- und forstwirtschaftliche Pflanzkulturen sowie deren Früchte gegen schädigende Umwelteinflüsse resistenter zu machen. Hirsepflanzungen sind beispielsweise sehr viel eher in der Lage, längere Trockenperioden zu überstehen und können mit Hilfe biotechnologischer Entwicklungen auch widerstandsfähiger gegen zunehmende Salzkonzentrationen im Wasser gemacht werden. Durch den Einsatz sogenannter *„Gene-Shears-Techniken"* ist es möglich, bestimmte, unerwünschte genetische Informationen aus pflanzlichen Erbinformationen herauszuschneiden, ohne andere Erbinformationen zu beeinträchtigen.
Ein verminderter Einsatz von chemischen Düngemitteln und Pestiziden wirkt sich aufgrund resistenterer Pflanzen auch positiv auf die Qualität des Grundwassers aus.

Abfall
Auch wenn in jüngster Zeit – zumindest in den entwickelten Ländern – ein Trend zur sogenannten *„Low-waste-"* bzw. *„No-waste-production"* erkennbar ist, sind umweltschonende Verwertungs- und Entsorgungstechniken dennoch erforderlich.
Den Industrieländern steht nach enormen Forschungsanstrengungen heute eine Vielzahl von umweltgerechten Abfallverwertungs- und -entsorgungstechniken zur Verfügung, die im Rahmen integrierter Konzeptionen kombiniert eingesetzt werden können. Thermische, biologische, chemisch-physikalische Verfahren werden in zahlreichen Varianten erprobt bzw. schon angewandt.
In bezug auf den Transfer dieser technologischen Innovationen gilt es zu berücksichtigen, daß die fraktionelle Zusammensetzung des Abfalls in den Entwicklungsländern einen sehr viel höheren Anteil an organischen Stoffen aufweist als in den Industrienationen. Demzufolge erfordern die Behandlung und Entsorgung von Abfallstoffen in diesen Ländern einen auf ihre Verhältnisse abgestimmten Verfahrenseinsatz.

Welche Rolle „neues Wissen – neue Technologien" bei der Bewältigung der anstehenden Probleme spielen können, wird bereits durch die Reaktion auf die „Club of Rome-Studie" von 1972 ersichtlich. In dieser Studie wurde insbesondere die Knappheit der Ressourcen herausgestellt und prognostiziert, wann jeweils die einzelnen Rohstoffe vollständig abgebaut sein würden.

Begünstigt durch hohe Rohstoffpreise, „Ölkrise" usw. führten privates Interesse (Kosteneinsparung/Erlössteigerung) und staatlich geförderte Forschung (langfristige Sicherung der Rohstoffbasis) zu „neuem Wissen", das eine teilweise „Entspannung" der Diskussion um Rohstofferschöpfung zur Folge hatte.

- Trotz Anstiegs der Nutzung von nichterneuerbaren Ressourcen (Bodenschätze – fossile Brennstoffe) nahmen die nutzbaren Vorräte (d.h. die Kenntnisse über Rohstoffvorkommen sowie über technische und wirtschaftliche Abbaumöglichkeiten) zu (Crowson, 1988).

- Die Furcht vor politischer und wirtschaftlicher Abhängigkeit sowie wachsendes Umweltbewußtsein führten in den Industrieländern zu sinkenden Rohstoffinputs pro Produkteinheit, zur Erfindung technischer Substitute, zur Erhöhung des Ausnutzungsgrades pro Rohstoffeinheit sowie zur Entwicklung von Recycling-Verfahren.

Die beschriebene „Entspannung" bedeutet selbstverständlich nicht, daß das Problem nichterneuerbarer Ressourcen vernachlässigt werden kann. Sie besagt lediglich, daß die übrigen Bereiche, für die der Einsatz neuer Technologien unerläßlich ist, im Augenblick als besonders dringlich anzusehen sind:

- Sicherung und Erhaltung der Basis für erneuerbare Ressourcen (z.B. Wasser, Böden).

- Vermeidung bzw. Minderung von Emissionen (z.B. CO_2) und Emissionsfolgen.

- Vermeidung, Reduzierung bzw. Verwertung von Abfall.

Um der zentralen Bedeutung der Änderung angewandter und der Einführung neuer Technologien Rechnung zu tragen, wird sich der Beirat in einem künftigen Gutachten mit den Notwendigkeiten, Möglichkeiten und Voraussetzungen zur Erforschung, Erprobung, (nationalem und internationalem) dem Transfer und der Umsetzung neuer umweltverträglicher Technologien auseinandersetzen.

Beispielhaft sei auf die Möglichkeiten zum Aufbau eines umfassenden Informations- und Kommunikationssystems durch die Errichtung sogenannter *Clearing*-Stellen hingewiesen (AGENDA 21, Kap. 34).

Damit sind folgende Vorteile verbunden:

- In den Clearing-Stellen werden Informationen über verfügbare Technologien, deren Ressourcen, deren Umweltbelastungspotential und über die für die Verwendung derartiger Technologien notwendigen Rahmenbedingungen und Akquisitionsmöglichkeiten gesammelt, aufbereitet und weitergegeben.

- Dies betrifft z.B. Technologien der Bereiche Landwirtschaft, produzierende(s) und verarbeitende(s) Gewerbe/Industrie, Energiegewinnung und -versorgung sowie Abfallentsorgung.

- Gearbeitet wird nutzerorientiert, d.h., die Informationen werden nutzergerecht verarbeitet und weitergegeben; für interessierte, aber mit dem System nicht vertraute Nutzer werden Nutzungsmöglichkeiten entwickelt und angeboten.

- Es werden darüber hinaus andere bekannte und verwandte Dienstleistungen wie Beratung, Ausbildung und Technologiefolgenabschätzung vermittelt.

- Auf diesem Weg erleichtern Clearing-Stellen das Zustandekommen von Joint-Ventures und anderen Partnerschaften zwischen Industrie- und Entwicklungsländern.

Wesentliche Voraussetzung für den Erfolg bei der Bewältigung des Aufgabenkomplexes Entwicklung *und* Umwelt ist ein Wandel der individuellen und gesellschaftlichen Werte und Einstellungen (siehe 2.4). Wenn z.B. Verbraucher globale Umweltqualität als individuellen Nutzen empfinden und nur noch umweltgerecht produzierte Güter abzunehmen bereit sind, werden Produzenten zur Anwendung „sauberer" Technologien „gezwungen".

Die Erwartung, die Lösung dieser Aufgaben würde im wesentlichen von privaten Entscheidungsträgern gewährleistet werden können, erweist sich jedoch als fragwürdig. Vielmehr sind staatliche, übergeordnete, politische Eingriffe und Initiativen unerläßlich, die durch

- Gebote oder Verbote (Veränderung des privaten Entscheidungsrahmens),

- Preisbelastungen (z. B. Steuern, Abgaben, Gebühren) oder Preisentlastungen (z. B. Investitionshilfen, Subventionen),

- die Schaffung allgemeiner und betriebsspezifischer Infrastrukturen,

- Auftragsvergabe,

- Informationen, Appelle

auf private Produktions- und Verbrauchsentscheidungen einwirken.

Lokale und regionale Schwierigkeiten müssen in erster Linie durch staatliche Politik in den jeweiligen Ländern bewältigt werden. Zur Lösung *globaler* Probleme reicht nationalstaatliche Politik allerdings nicht aus. Vielmehr sind internationale Kooperation und Koordination sowie die Schaffung von supranationalen Institutionen unabdingbar erforderlich. Diese Feststellung basiert auf der Überlegung, daß globale Umweltqualität aus einzelstaatlicher, individueller Sicht durch folgende Merkmale gekennzeichnet ist:

- Niemand kann von dieser Qualität ausgeschlossen werden, unabhängig vom eigenen Verhalten (wenn „andere" für die notwendige Qualität sorgen, hat man in vollem Umfang den Nutzen, ohne selbst Kosten zu tragen).

- Die „Betroffenheit" differiert regional erheblich (z. B. sind Verursacher des Ozonlochs und davon Betroffene in unterschiedlichen Ländern und Regionen anzutreffen).

- Ein individueller Beitrag zur Verbesserung dieser Qualität erscheint für eine einzelne Entscheidungsinstanz relativ wirkungslos, solange die „anderen" ihr bisheriges Verhalten beibehalten.

Dieser Zusammenhang unterstreicht die Verantwortung und Notwendigkeit staatlicher Umwelt- *und* Entwicklungspolitik auf nationaler und internationaler Ebene.

2.1 Bevölkerungswachstum, -migration und Urbanisierung

Kurzbeschreibung

Zu den wesentlichen Herausforderungen bei der Bewältigung der globalen Aufgaben „Umwelt *und* Entwicklung" zählt zweifellos das starke und regional sehr ungleichmäßige Wachstum der Erdbevölkerung. Langfristig gesehen ist die menschliche Reproduktion sogar das Kernproblem: *Jeder Mensch hat Anspruch auf Erfüllung seiner Daseinsgrundbedürfnisse*; dies ist bei Beibehaltung der bisherigen Produktionstechnologien sowie der Gebrauchsgewohnheiten mit einem erheblichen zusätzlichen Verbrauch endlicher und erneuerbarer Ressourcen sowie einer starken Beanspruchung ohnehin belasteter Ökosysteme verbunden.

Gegenwärtig verzeichnet die Welt das höchste Bevölkerungswachstum der Menschheitsgeschichte. Während 1992 etwa 5,5 Mrd. Menschen auf der Erde lebten, geht die mittlere von 3 Bevölkerungsprognosen der UNPD (United Nations Population Division) von 6 Mrd. Menschen im Jahr 1998 und 10 Mrd. Menschen im Jahr 2050 aus. Für das nächste Jahrzehnt bedeutet dies, daß jährlich ca. 97 Mio. Menschen mehr auf der Erde leben und die globalen Umweltveränderungen verstärken werden. Wie aus dem nachfolgenden Schaubild (Abbildung 11) hervorgeht, weichen die Berechnungen der Vereinten Nationen geringfügig von den Prognosewerten der Weltbank ab, die in ihrem Weltentwicklungsbericht 1992 ein Basis-Szenario von 5,3 Mrd. und ein Jahreswachstum von 93 Mio. Menschen für die nächste Dekade zugrunde legt. In Anbetracht der vorliegenden Größenordnungen erweisen sich diese Differenzen jedoch als marginal. Deutliche Projektionsunterschiede sind dagegen für die Extrem-Szenarien der UNPD und der Weltbank festzustellen. Während die Höchstschätzung der Vereinten Nationen von 28 Mrd. Menschen im Jahr 2150 ausgeht, weist das entsprechende Szenario der Weltbank eine Bevölkerungszahl von ca. 22 Mrd. Menschen aus. Für die Minimumschätzung stellt sich die Abweichung noch gravierender dar. Hier sagt die UNPD einen Wert von ca. 4,5 Mrd. voraus, während die Weltbank eine Gesamtbevölkerungszahl von ca. 10 Mrd. Menschen prognostiziert. Die Differenz entspricht in etwa der Weltbevölkerungszahl

Abbildung 11: Bevölkerungsprognosen bis zum Jahr 2150
(nach DGVN, 1992a und Weltbank, 1992a)

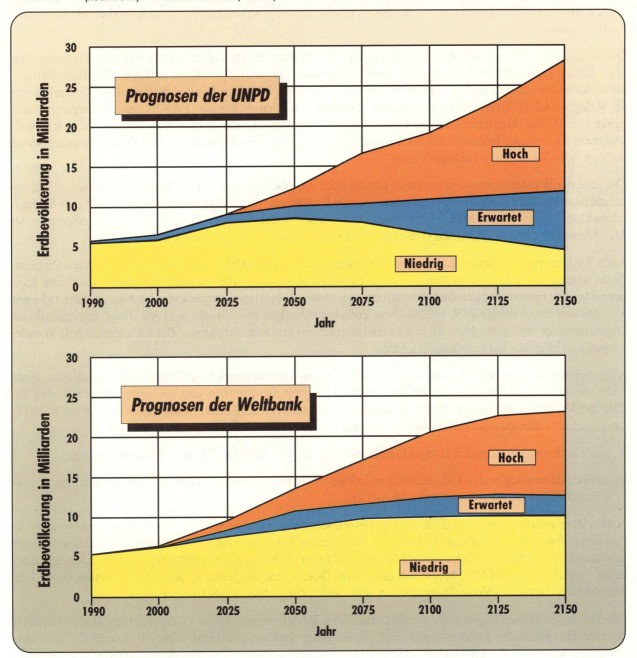

des Jahres 1992 und ist ein Indiz dafür, daß sich die Entwicklung der Zahl der Geburten und Sterbefälle nur sehr schwer einschätzen läßt.

Trotz der bestehenden Projektionsunsicherheiten muß davon ausgegangen werden, daß die Zahl der Menschen weltweit auch bei weiter sinkenden Geburtenraten *zumindest* bis zum Jahr 2050 stetig zunehmen wird und daß mit einer Verdopplung der aktuellen Weltbevölkerungszahl zu rechnen ist.

97 % dieses Bevölkerungswachstums werden dabei auf Afrika, Asien und Lateinamerika entfallen (DGVN, 1992a). Es wäre jedoch verfehlt, aus dieser Form der räumlichen Polarisierung den Schluß zu ziehen, es würde sich um ein regional bzw. kontinental begrenztes Problem handeln. Das Ausmaß des Bevölkerungswachstums so-

wie die ungleichmäßige räumliche Verteilung der Menschheit werden Umweltveränderungen, aber auch massive Migrationsprozesse auslösen bzw. verstärken, mit denen auch Nationen mit stabiler Bevölkerungsentwicklung – wie die Bundesrepublik Deutschland – konfrontiert sein werden. Insoweit handelt es sich wirklich um ein globales Phänomen.

Die Schätzungen über die weltweite Zahl der derzeitigen Migranten schwanken zwischen einigen Millionen und einer halben Milliarde. Das Internationale Komitee des Roten Kreuzes gibt z.B. an, daß 500 Mio. Menschen aus Umweltgründen migriert sind. Die Berechnungen der Vereinten Nationen (United Nations High Commissioner for Refugees, UNHCR) umfassen alle offiziell geschätzten legalen weltweiten Einwanderungsbewegungen und gehen von 16 Mio. Menschen aus. Die Unterschiede in den Schätzungen sind im wesentlichen auf eine unvollkommene Datenbasis, Probleme bei der Unterscheidung zwischen legalen und illegalen Einwanderungen sowie auf eine hohe Dunkelziffer zurückzuführen.

Die Zahl der Wanderungsbewegungen wird künftig noch erheblich steigen und die Situation verschärfen. Mit zunehmender Tendenz werden intra- und interregionale Bevölkerungsmigrationen aus ökonomischen und ökologischen Gründen stattfinden. Man schätzt, daß weltweit, insbesondere in den Entwicklungsländern, jährlich ca. 40 Mio. Menschen aus den ländlichen Gebieten in die Städte ziehen („*intranationale Wanderung*").

Auch Wanderungsbewegungen über nationale Grenzen hinaus werden immer mehr zu einem globalen Problem. Nicht weniger als 70 Mio. Menschen, meist aus Entwicklungsländern, arbeiten legal oder illegal in anderen Ländern. Darüber hinaus stieg die Zahl der jährlich registrierten Flüchtlinge weltweit von 2,8 Mio. im Jahr 1976 auf 17,3 Mio. im Jahr 1990 (DGVN, 1992a). Diese Zahlen werden laut einer Studie der FAO (Food and Agricultural Organization of the United Nations) in den nächsten Jahren drastisch zunehmen. Ziel für internationale Wanderungen sind ebenfalls fast ausschließlich Städte.

Allen Schätzungen ist gemein, daß sie aufgrund ihrer unterschiedlichen begrifflichen und statistischen Basis nicht vergleichbar und im Hinblick auf ihre Prognosefähigkeit nicht präzise sind. Sie zeigen allerdings, daß die Zahl der Migranten von Jahr zu Jahr steigt und weiterhin steigen wird. Allein aus der Tatsache, daß die Bevölkerung der Entwicklungsländer stärker wächst als die Bevölkerung der Industriestaaten, ergibt sich

- ein Wanderungsdruck in den Entwicklungsländern infolge von Armut *und* Umweltbeeinträchtigung,

- ein Wanderungssog in den Industrieländern infolge des hohen Lebensstandards und der Veränderung der Altersstruktur (mehr alte, weniger junge Menschen).

Neben dem regional unterschiedlich starken Bevölkerungswachstum ist seit den 70er Jahren insbesondere in den Schwellen- und Entwicklungsländern eine zunehmende Urbanisierung zu beobachten. 83 % des weltweiten Bevölkerungswachstums entfallen auf städtische Strukturen, d.h. die Stadtbevölkerung wird im nächsten Jahrzehnt jährlich um ca. 80 Mio. Menschen zunehmen. Oder anders ausgedrückt: Jedes Jahr könnten neben den bestehenden städtischen Verdichtungsräumen acht „neue" Zehn-Millionen-Städte entstehen.

Die vorhandenen Siedlungssysteme werden durch den Bevölkerungszuwachs in erheblichem Maße zusätzlich beansprucht. Städtische Infrastrukturen sind bereits heute vielfach überlastet; dies gilt sowohl für sich entwickelnde als auch für entwickelte Staaten. In 15 Jahren müßten die Entwicklungsländer ihre Produktionskapazitäten, ihre städtische Infrastruktur, ihre Dienstleistungen und ihre Siedlungsstruktur um 65 % ausbauen, um zumindest die derzeitigen Lebens-, Wohn- und Arbeitsbedingungen gewährleisten zu können. Um sie gar zu verbessern, wären entsprechend größere Anstrengungen notwendig.

Durch den gewaltigen und rasanten Ausbau der Stadtsysteme entstehen hohe soziale Kosten und Umweltschäden. Beides kann schon heute von den Städten und Metropolen der Erde nicht mehr in der Geschwindigkeit kompensiert bzw. reduziert werden, wie neue Kosten und Schäden entstehen. Die Trinkwasserqualität und Höhe des Anteils der an die Kanalisation angeschlossenen Haushalte sind z.B. wichtige Indikatoren für den Entwicklungsstand und den Belastungsgrad der Umwelt. Gelingt es nicht, das Wachstum der Bevölkerung und die Degeneration der Siedlungssysteme zu steuern oder gar zu reduzieren, werden zuallererst die Städte als Konzentrationspunkte der Bevölkerungsentwicklung kollabieren, weil Luft, Boden und Wasser der Städte verseucht sind und das Stadtklima – atmosphärisch wie sozioökonomisch – dem menschlichen Leben die Grundlagen entzieht. Dies wird zwangsläufig den bestehenden internationalen Wanderungsdruck erhöhen.

Tabelle 19 zeigt die erwartete Entwicklung der Einwohnerzahlen in einigen Megastädten. Wenn die Angaben der verschiedenen Quellen auch z.T. erhebliche Unterschiede aufweisen (unterschiedliche Raumeinheiten, unterschiedliche Parameter, unterschiedliche Prognosemethoden), so ist doch ein Trend unverkennbar.

Tabelle 19: Größe und Entwicklung ausgewählter Megastädte
(Statistisches Bundesamt, 1992; Otterbein, 1991; DGVN, 1992b; Linden 1993)

	Mio. Einwohner						
	Statistisches Bundesamt	Otterbein	DGVN	Linden	DGVN	Linden	Otterbein
	Verschiedene Jahre	Angaben für 1990	Angaben für 1990	Angaben für 1992	Angaben für 2000	Angaben für 2000	Angaben für 2000
Mexico-City	18,7 (1990)	19,4	19,4	15,3	26,3	16,2	24,4
Tokio	28,3 (1989)	28,7	-	25,8	17,1	28,0	21,3
Sao Paulo	16,8 (1989)	17,2	15,8	19,2	24,0	22,6	23,6
New York	18,1 (1990)	17,4	18,1	16,2	15,5	16,6	16,1
Shanghai	9,3 (1989)	9,1	-	14,1	13,5	17,4	14,7
Kalkutta	9,2 (1981)	12,8	9,2	11,1	16,6	12,7	15,9
Buenos Aires	11,1 (1988)	12,4	10,7	11,8	-	12,8	13,1
Rio de Janeiro	11,1 (1989)	10,9	10,5	11,3	13,3	12,2	-
Seoul	9,6 (1985)	15,8	9,6	11,6	13,5	13,0	-
Delhi	5,7 (1981)	9,8	5,7	8,8	13,3	11,7	-
Bombay	8,2 (1981)	12,9	8,2	13,3	16,0	18,1	15,4
Kairo	7,9 (1986)	11,0	-	9,0	-	10,8	-
Lagos	4,6 (1990)	-	-	8,7	-	13,5	-
Jakarta	7,8 (1985)	9,9	-	10,0	-	13,4	13,2

Die regionale und globale räumlich-funktionale Arbeitsteilung und die Polarisierung der Menschheit – etwa in Stadt- und Landbevölkerung, arm und reich, medizinisch versorgt und nicht versorgt, gebildet und ungebildet – werden die heute bereits erkennbaren Migrationsströme verstärken. Die zunehmende Urbanisierung steigert die mit dem Bevölkerungswachstum ohnehin verbundenen negativen Entwicklungserscheinungen und wird sich zu einem der stärksten umweltbelastenden Faktoren auf globaler Ebene entwickeln.

Auch hier ist ein Selbstverstärkungseffekt festzustellen: Menschliche Reproduktion, zunehmende Wanderungsprozesse und sich verstärkende Agglomerationsprozesse ziehen globale Umweltauswirkungen nach sich, z.B. in Form einer Zunahme des CO_2-Gehalts in der Atmosphäre. Andererseits wirken sich eben diese Umweltveränderungen auch wieder auf die Menschen aus. So führt ein Anstieg des Meeresspiegels zu weiteren Verdrängungs- und Migrationsprozessen.

Ursachen

Ursachen des hohen Bevölkerungswachstums

Statistisch gesehen ist das hohe Bevölkerungswachstum zunächst das Ergebnis des Ungleichgewichtes zwischen Fertilität und Mortalität. Der auf dieser Grundlage berechenbare Saldo gibt jedoch keinerlei Aufschluß über die kausalen Zusammenhänge, die das derzeitige, regional sehr unterschiedliche Verhältnis von Geburten- zu Sterberaten bestimmen. Um auch für die Bundesrepublik Deutschland Handlungsperspektiven aufzeigen zu können, die zu einer Reduzierung des globalen Bevölkerungswachstums führen, müssen zunächst die Determinanten von Fertilität und Mortalität und deren Interdependenzen analysiert werden.

Zu den wesentlichen Ursachen des Ungleichgewichtes zwischen Fertilität und Mortalität und den damit verbundenen Defiziten im Zuge des demographischen Übergangs zählen:

Die Rentenfunktion der eigenen Nachkommen

Die Theorie des demographischen Übergangs (demographische Transformation) beschreibt die Entwicklung einer Gesellschaft, deren Bevölkerungsentwicklung durch eine hohe Fertilitäts- und Mortalitätsrate geprägt ist, zu einer Gesellschaftsform mit niedriger Geburten- und Sterberate. Für die entwickelten Nationen kann der Abschluß dieses Transformationsprozesses festgestellt werden. In armen Ländern mit hoher Kindersterblichkeit dagegen wird der demographische Übergang häufig durch ein „familienbezogenes Nachwuchskalkül" gehemmt, da dort eine hohe Kinderzahl oftmals die staatliche Altersversorgung ersetzen muß. Deshalb führt die Steigerung der durchschnittlichen Lebenserwartung nicht zu einer Reduzierung der Geburtenrate, solange die Kindersterblichkeit hoch ist. Die Nachwuchsgenerationen „sprengen (z.T. mit zeitlicher Verzögerung) knapp finanzierte Entwicklungsprogramme, das Gesundheitswesen, die Schulsysteme, Produktionsstätten und üben Druck auf Wohnungsbau, Wasserversorgung und urbane Zonen aus" (DGVN, 1992b). Dieser Entwicklung kann nur mit Hilfe zusätzlicher finanzieller Unterstützung, d.h. Transferzahlungen, die das ökonomische Entwicklungspotential verbessern, begegnet werden.

Die gesellschaftliche Stellung der Frau

Das Recht der Frauen auf Selbstbestimmung wird zunehmend als Schlüsselfunktion im Rahmen einer nachhaltigen Entwicklung erkannt. Neben ethischen Argumenten spielt vor allem die Erkenntnis eine Rolle, daß durch eine bessere Gesundheits- und Bildungsversorgung der Frauen sowie durch Erleichterung des Zugangs zum Berufsleben ein wesentlicher Schritt im Hinblick auf eine Reduzierung des Bevölkerungswachstums getan werden kann.

Untersuchungsergebnisse aus Brasilien dokumentieren eindrucksvoll den Zusammenhang zwischen Bildungsstand und Fertilität. Es wurde nachgewiesen, daß bei Frauen, die eine weiterführende Schule besuchen, im Durchschnitt vier Geburten weniger zu verzeichnen sind als bei Frauen ohne Schulbildung.

Die Statistik der Vereinten Nationen weist zudem aus, daß über 10 % der Geburten in Afrika und Lateinamerika auf Frauen im Alter zwischen 15 und 19 Jahren entfallen. Abgesehen von der Tatsache, daß diesen Frauen frühzeitig der Zugang zu (weiterführenden) Bildungseinrichtungen verwehrt wird, sind Mütter dieser Altersgruppe gesundheitlich stärker gefährdet als ältere Frauen; zudem ergibt sich eine erhöhte Kindersterblichkeit.

Ein weiteres Problem in diesem Zusammenhang stellt die Tatsache dar, daß viele Frauen, die keine weiteren Kinder mehr gebären möchten, nicht die Möglichkeit einer aktiven Empfängnisverhütung besitzen. In Afrika sind 77 % der Frauen, in Asien 57 % und in Lateinamerika immerhin noch 43 % von diesem Mißstand betroffen (UNFPA, 1991).

Defizite im Bereich der Bevölkerungspolitik und der Familienplanung

Bevölkerungsprogramme als Bestandteil einer organisierten Bevölkerungspolitik haben zweifellos einen signifikanten Einfluß auf das Ausmaß des Bevölkerungswachstums. Allerdings sind sich nicht alle Länder mit hohem Bevölkerungswachstum dieser Bedeutung bewußt. Einige Länder lehnen die Familienplanung als Instrument der Bevölkerungspolitik sogar vollständig ab. Dies mag daran liegen, daß bevölkerungspolitische Maßnahmen sehr viel mehr Zeit benötigen als beispielsweise wirtschaftspolitische Maßnahmen, um sichtbare Erfolge zu zeigen. Daher wird den Initiativen der Bevölkerungspolitik vielfach nicht die notwendige Unterstützung und Priorität eingeräumt. Um – wenn auch nur langfristig – erfolgreich zu sein, muß die Bevölkerungspolitik institutionell fest in die politischen Strukturen eines Landes eingebunden werden; eine Vorgehensweise, von der allerdings erst ca. 45 Nationen Gebrauch machen. Bereits sichtbare Teilerfolge auf dieser Ebene verweisen auf ein erhebliches Potential, das noch genutzt werden kann.

Medizinische Versorgung

Die Versorgung der Menschen mit medizinischen Gütern und Dienstleistungen nimmt in bezug auf ihre demographische Wirkung eine ambivalente Stellung ein. Mit der Einführung der Antibiotika, der zunehmenden Anwendung von Schutzimpfungen sowie der Malariabekämpfung stieg die Lebenserwartung der Menschen insbesondere in den Entwicklungsländern deutlich (DGVN, 1992a). Der medizinische Fortschritt ist somit einerseits unmittelbar für das besonders hohe Bevölkerungswachstum zu Beginn der zweiten Hälfte des zwanzigsten Jahrhunderts und den damit verbundenen globalen Umweltauswirkungen verantwortlich. Andererseits gelang es mit Hilfe des medizinischen Fortschritts, die Kindersterblichkeit nachhaltig zu reduzieren, mit der Folge, daß bei einer höheren Überlebensrate die Anzahl der Kinder pro Familie zurückging, da sich die individuelle Sicherheit der Eltern hinsichtlich ihrer Altersversorgung bereits bei geringerer Kinderzahl einstellte.

Die demographischen Auswirkungen des medizinischen Fortschritts lassen sich letztendlich nicht quantifizieren. Die Auswirkungen der Versorgung der Menschheit mit medizinischen Gütern und Dienstleistungen wird weiterhin eine unsichere Variable im Rahmen der Bevölkerungsprognosen bleiben.

Gleichwohl bleibt die Zahl von 1,5 Mrd. Menschen, die im Jahr 1990 im Bereich der Gesundheitsfürsorge keinen Zugang zu moderner medizinischer Versorgung hatten (DGVN, 1992a), eine Verpflichtung für die internationale Gemeinschaft, zu handeln.

Ursachen der Zunahme von Migrationen

Unter Migration versteht man jede „großräumige" Bewegung von einzelnen Menschen oder Menschengruppen, die aus der Region, in der sie bislang überwiegend ihren Wohnsitz hatten, in eine andere Region ziehen, um dort für einen längeren Zeitraum oder dauerhaft zu leben. Wanderungen setzen die Fähigkeit und Bereitschaft zur regionalen Mobilität voraus.

Die *Fähigkeit* zur regionalen Mobilität ist bestimmt durch

- Art und Zustand der Verkehrswege und die verfügbaren Verkehrsmittel und

- die Höhe der Kosten (finanzielle Aufwendungen, Dauer, „Strapazen").

Die *Bereitschaft* zur regionalen Mobilität hängt ab von:

- Wanderungsdruck (Push-Faktoren): Unzufriedenheit über den bisherigen Standort; pessimistische Zukunftserwartungen; Beeinträchtigung bzw. Zerstörung der bisherigen Lebensgrundlagen.

- Wanderungssog (Pull-Faktoren): Attraktivität von Wanderungszielgebieten; Hoffnung auf Verbesserung der persönlichen Lebensumstände (Sicherheit, wirtschaftliche Basis, Zukunftschancen). Dies gilt auch, wenn die Zielregion zu Beginn der Migration noch nicht eindeutig bestimmt ist (Flucht).

Die Ursachen für Migrationen können somit in eher erzwungenen oder eher freiwilligen Gründen liegen (eine exakte Trennung ist nicht in jedem Fall möglich):

- Menschenrechtsverletzungen und Verfolgungen aus politischen, religiösen und ethnischen Gründen.

- Naturkatastrophen.

- Anthropogene Katastrophen, wie z.B. Chemie- oder Nuklearunfälle.

- Nationale und internationale militärische Konflikte.

- Seuchen.

- Reduzierung und Vernichtung der ökonomischen Basis (z.B. Wüstenbildung, Anstieg des Meerwasserspiegels).

- Verdrängung aufgrund des Baus von Großprojekten (z.B. von Staudämmen).

- Wachstum der Landbevölkerung und der damit verbundenen Übernutzung natürlicher Ressourcen.

- Armut.

- Hoffnung auf Sicherung der Existenzgrundlagen.

- Hoffnung auf sozialen Aufstieg.

Die Schätzungen über das Ausmaß gegenwärtiger und künftiger Wanderungen erweisen sich als sehr problematisch. Festzuhalten ist, daß es sich hierbei um einen *global bedeutsamen Trend mit zunehmender Tendenz* handelt.

Der größte Anteil bisheriger Wanderungsbewegungen entfällt auf Migrationen innerhalb nationaler Grenzen. *Intranationale* Wanderungen sind – noch – vorwiegend ökonomisch bedingt. Dies beweisen z. B. die knapp 400.000 Menschen, die innerhalb eines Jahres (1990) aus den neuen in die alten Bundesländer wanderten. Land-Stadt-Wanderungen – vor allem in den Schwellen- und Entwicklungsländern – entstehen, weil ländliche Gebiete in der Regel gegenüber den Städten wirtschaftlich benachteiligt sind. Sie verfügen oft nur etwa über die Hälfte der Versorgungseinrichtungen für Gesundheit, Trinkwasser und Sanitäreinrichtungen. Auch sind die Verdienstmöglichkeiten auf dem Land wesentlich geringer als in den Städten (DGVN, 1992a).

Migrationen sind zunehmend ökologisch begründet. Dies gilt auch für industrialisierte Regionen. Die Reaktorkatastrophe in Tschernobyl beispielsweise ließ mehr als 100.000 Menschen flüchten (Keller, 1990).

Die meisten Migrationen aus Umweltgründen entstehen durch anthropogene Umweltschäden des Schutzgutes Boden. Die Gründe sind

- fehlerhafte bzw. übermäßige Landnutzung,

- Störung des Wasserhaushaltes,

- Verschiebung der natürlichen Vegetationszonen durch anthropogene Klimaänderung.

FAO-Zahlen zufolge entstehen jedes Jahr 6 – 7 Mio. ha neue Wüstenfläche durch falsche Bodenbewirtschaftung. Überschwemmungen, Versalzung und Alkalisierung der Böden lassen weitere 1 bis 2 Mio. ha Ackerfläche jährlich unbrauchbar werden. Insgesamt wird etwa eine halbe Mrd. ha Ackerfläche unwiderruflich verloren gehen (Keller, 1990). Fast eine Milliarde Menschen sind mittel- bis langfristig von der Wüstenbildung betroffen, und die meisten werden dadurch zur Migration gezwungen (Wöhlcke, 1992).

Durch Bevölkerungswachstum auf der einen und Landschaftsverbrauch auf der anderen Seite vermindert sich – unabhängig vom Entwicklungsstand der betrachteten Staaten – die landwirtschaftliche Nutzfläche pro Kopf. Ein Ausdehnen der landwirtschaftlichen Produktionsfläche bzw. eine entsprechende Steigerung der Ertragsfähigkeit ist nach heutigen Erkenntnissen (z.B. bei dem Stand der heute zur Verfügung stehenden Technologien) langfristig nicht in dem Maße und in der Geschwindigkeit möglich, wie landwirtschaftliche Produktionsflächen verloren gehen, da man an natürliche vegetationsklimatische Grenzen stößt.

Außerdem birgt intensive Bewirtschaftung von landwirtschaftlichen Nutzflächen in den Entwicklungsländern häufig die Gefahr, daß der Energieinput in die Landwirtschaft größer wird als der Energieoutput.

Wasserknappheit kann eine weitere Ursache für eine rasche Abwanderung von Menschen in wasserreiche Gebiete sein. Schlechte Wasserqualität führt dagegen meist erst langfristig – wenn überhaupt – zu Abwanderungen, weil die Gefahr von der Bevölkerung unterschätzt wird oder für sie keine Alternativen bestehen. Die Schätzungen über die Zahl der Menschen, die deshalb durch schlechte Wasserqualität erkranken, belaufen sich auf mehr als 1 Mrd. (Wöhlcke, 1992).

Die Anzahl großer Staudämme ist in den vergangenen Jahrzehnten sprunghaft gestiegen. Von den über 35.000 Staudämmen der Erde befinden sich beispielsweise über die Hälfte allein in der Volksrepublik China. Dieses Land benötigt eine dem raschen Bevölkerungswachstum angemessene Wasser- und Energieversorgung. Diesem Ziel werden die negativen Folgen des Baus von Staudämmen vielfach untergeordnet.

- Ganze Landstriche werden überflutet bzw. trocknen durch die Wasserregulierung aus.

- Das Kleinklima kann sich ändern.

- Große, stehende Gewässer können zu Krankheitsherden werden und durch die Akkumulation von Salzen und Chemikalien verschmutzen.

- Menschliche Siedlungen müssen durch Überflutung aufgegeben werden, und die Bevölkerung muß umgesiedelt werden.

- Eine Umsiedlung führt oft zu einer Veränderung der Sozialstrukturen und daher u.a. zu unkalkulierbaren wirtschaftlichen und gesellschaftlichen Umstrukturierungen.

- Die geänderte Wasserbewirtschaftung verändert die Wirtschafts- und Lebensweise der Menschen im Einzugsgebiet der Staudämme. Dies betrifft überwiegend die Erwerbstätigen in der Land- und Forstwirtschaft.

- Der Bau von Staudämmen in den Entwicklungsländern belastet diese mit hohen Kreditschulden und Tilgungszinsen.

- Während der Bau von großen Staudämmen mit seinen negativen ökologischen Folgen von den Industrieländern vorfinanziert wird, gilt dies für die Beseitigung oder Minderung der negativen Folgen nicht im gleichen Maße. So wirken sich gesellschaftliche Veränderungsprozesse zum Teil erst langfristig aus und sind in der Regel monetär nicht meßbar. Demzufolge gehen diese Folgen zu Lasten der Länder, in denen die Staudämme errichtet wurden.

Besonders stark wird sich die mögliche Erhöhung des Meeresspiegels als Folge der Erwärmung der Erdatmosphäre auf die Migration auswirken. Ebenso wird die steigende Gefahr von Stürmen und Überschwemmungen eine zunehmende Rolle spielen.

Ein wesentlicher, wenngleich schwer abzuschätzender Faktor für Umweltzerstörungen und Umweltbelastungen sowie für Wanderungen (Flüchtlinge) stellen kriegerische Auseinandersetzungen dar. Zwar sind derartige Auswirkungen zunächst meistens lokaler oder regionaler Natur. Die Tatsache, daß seit dem Zweiten Weltkrieg weltweit mehr als 150 Kriege geführt worden sind, aber auch die Art der Kriegsführung (z.B. das Anzünden der kuwaitischen Ölquellen im Golfkrieg; die Gefahr des Einsatzes von Atom- und Chemiewaffen) unterstreichen die globale Bedeutung dieses Problemkomplexes.

Die genannten Ursachen können zu einer erheblichen Verstärkung von Wanderungsbewegungen und insbesondere zu Flüchtlingsströmen über die nationalen Grenzen hinaus führen. Internationale Wanderungen sind gegenwärtig im Vergleich zu intranationalen Wanderungen quantitativ allerdings noch von geringerer Bedeutung. Der Großteil der internationalen Wanderungen führt zur Zeit aus ärmeren, bevölkerungsreichen Ländern in wohlhabendere, „bevölkerungsarme" Staaten:

- Innerhalb der Länder der Europäischen Gemeinschaft und vor allem von Ost- nach Westeuropa. Allein 1989 z.B. verließen über eine Million Menschen die ehemaligen Ostblockstaaten.

- Aus Kleinasien (Türkei) und (vorwiegend) Nord-Afrika nach Europa. Hier liegen erhebliche wirtschaftliche und demographische Ungleichgewichte vor. Es wird erwartet, daß in den nächsten drei Jahrzehnten allein aus dem Maghreb 25 – 30 Mio. Menschen nach Europa drängen werden (Stiftung Entwicklung und Frieden, 1991).

- Aus bevölkerungsreichen arabischen und süd- sowie südostasiatischen Staaten in bevölkerungsarme, wohlhabendere Golfstaaten sowie ostasiatische, westeuropäische und nordamerikanische Staaten.

- Aus Lateinamerika und der Karibik nach Nordamerika.

In den Entwicklungsländern finden sich oft fließende, statistisch nicht nachvollziehbare Übergänge zwischen internationalen und intranationalen Wanderungen. Die Grenzverläufe vieler Entwicklungsländer stammen vielfach noch aus früheren Kolonialzeiten und wurden relativ willkürlich und ohne Rücksicht auf nationale, ethnische oder religiöse Merkmale gesetzt.

Ursachen der zunehmenden Urbanisierung

„Selbst wenn die Erdkugel eine vollkommen gleiche Oberfläche besäße, gäbe es Städte!" Diese These von A. Lösch aus dem Jahr 1943 bezieht sich auf das soziale Verhalten der Menschen, sich nicht solitär, sondern in Familien, Gruppen und Nachbarschaften anzusiedeln. Dieses soziale Grundprinzip der allgemeinen Konzentration (Zentralisierung) gilt als Leitprinzip der gesellschaftlichen Raumnutzung (Lösch, 1943).

Mit diesem Leitprinzip läßt sich zwar grundsätzlich erklären, warum es überhaupt zur Urbanisierung, d.h. dem Prozeß der städtebaulichen Erschließung von Gebieten und der räumlichen Verdichtung, kommt; es gibt jedoch keinen Aufschluß darüber, warum es insbesondere in den Ländern der Dritten Welt seit den 70er Jahren zu massiven und extrem schnell verlaufenden Urbanisierungsschüben gekommen ist, die auch heute noch anhalten bzw. sogar verstärkt auftreten und zu Begriffsbildungen wie *„Primatstadt"* und *„Mega-City"* geführt haben. Diese Bezeichnungen sind allerdings nicht allgemeingültig definiert, z.B. durch den Parameter „Einwohnerzahl", so daß die einzelnen Begriffe Überschneidungen aufweisen. Mertins (1992) bezeichnet Großstädte mit mehr als 2 Mio. und weniger als 10 Mio. Einwohnern als *„Metropolen"* und Städte mit mehr als 10 Mio. Einwohnern als „Megastädte". „Primatstädte" wie Buenos Aires oder Santiago de Chile sind dadurch gekennzeichnet, daß sich ein sehr großer Teil der gesamten Landesbevölkerung sowie die politisch-administrativen, wirtschaftlichen, sozialen und kulturell-wissenschaftlichen Funktionen eines Landes in ihnen konzentrieren und vergleichbare Siedlungsstrukturen auf nationaler Ebene fehlen.

Während es 1950 lediglich 3 Megastädte gab, werden es zur Jahrtausendwende bereits 25 sein, 19 davon in den Entwicklungsländern. Zu diesem Zeitpunkt wird etwa die Hälfte der Weltbevölkerung in Städten leben, wobei die regionalen Disparitäten des urbanen Wachstums bemerkenswert sind. Millionenstädte wie Mexico-City oder Sao Paulo haben innerhalb von 20 Jahren mehr Bevölkerung hinzugewonnen als London oder Paris in 2000 Jahren.

Die wesentliche Ursache für das rasche Wachstum der Großstädte ist – zumindest in der ersten Phase der Urbanisierung – in der Landflucht zu sehen, auf deren Ursachen im vorhergehenden Abschnitt eingegangen wurde. In späteren Phasen gewinnt das natürliche Bevölkerungswachstum in den Städten an Bedeutung, was u.a. darauf zurückzuführen ist, daß die Altersgruppen zwischen 15 und 35 Jahren überproportional an der Landflucht beteiligt sind, wodurch auch der Anteil der Frauen im gebärfähigen Alter in urbanen Räumen stark zunimmt.

Hauptgrund für die Landflucht wiederum ist die unzureichende Entwicklung des ländlichen Raumes gegenüber der Stadt. In ländlich geprägten Regionen besteht meist ein Mangel an angemessener Versorgung mit sozialer und technischer Infrastruktur (Push-Faktoren), während diese in den Städten aufgrund von Agglomerationsvorteilen vergleichsweise gut ist (Pull-Faktoren).

Mit zunehmender Urbanisierung konzentrieren sich auch die ökonomischen und demographischen Investitionen auf die städtischen Strukturen. Finanzielle Zuweisungen für Förderprogramme in ländlichen Regionen werden vielfach gekürzt oder bleiben ohne sichtbaren Erfolg, da die bestehenden Grundbesitzverhältnisse einen wirksamen Einsatz der Mittel oft nicht zulassen. Bestehende Einkommensdisparitäten zwischen Land- und Stadtbevölkerung verstärken sich dadurch.

Auswirkungen

Auswirkungen des hohen Bevölkerungswachstums

Jede Form menschlichen Handelns führt zu Veränderungen der Umwelt, die teilweise auch globale Dimensionen erreichen können. Viele dieser Ursache-Wirkungs-Zusammenhänge sind in qualitativer und quantitativer Ausprägung bekannt, während ihre kausalen Verknüpfungen erst noch erforscht werden müssen.

Der Beirat sieht im Hinblick auf diesen Themenkomplex erhebliche Wissens- und Forschungsdefizite, die einen abschließenden Überblick globaler Umweltauswirkungen infolge des Bevölkerungswachstums zur Zeit nicht zulassen.

Bevölkerungswachstum bedeutet eine Verstärkung von Migrations- und Urbanisierungsprozessen. Diese Prozesse führen potentiell zu einer Verringerung der wirtschaftlichen Entwicklungsbasis und gleichzeitig zu einer Erhöhung globaler Umweltauswirkungen. Umgekehrt führen mangelhafte Versorgung und Umweltqualität (z. B. hohe Kindersterblichkeit, geringe Lebenserwartung, mangelhafte Ausbildung) tendenziell zu einer Erhöhung des Bevölkerungswachstums. Dieser „Teufelskreis" birgt somit Selbstverstärkungseffekte, die eine integrierte Lösung und rasches Handeln erforderlich machen.

Auswirkungen der zunehmenden Migrationen

Die globalen Auswirkungen von Wanderungsprozessen auf Atmosphäre, Klima, Wasser, Böden, biologische Vielfalt sowie die ökonomischen Existenzgrundlagen der Menschen mögen gegenwärtig noch als relativ bedeutungslos eingestuft werden. Andere Ursachen, wie die Bevölkerungszunahme, in Verbindung mit Ressourcenverbrauch, die Emissionen oder das Müllproblem scheinen gravierender zu sein. Für die Beantwortung der Frage, welche Rolle die regionale Verteilung des Bevölkerungswachstums spielen wird, ist es von entscheidender Bedeutung, ob

- die oben aufgeführten Probleme verschärft werden oder

- die Brisanz der angesprochenen Fragen abgemildert werden kann mit der Folge, daß wertvolle Zeit zur Lösung der Hauptaufgaben (Umwelt und Entwicklung) gewonnen wird.

Migrationen weisen im wesentlichen folgende Wirkungen auf:

- Räumliche Mobilität hängt vom Alter und Ausbildungsstand ab. Junge und besser ausgebildete Menschen sind eher zur Migration bereit als ältere und weniger gut ausgebildete. Dies führt in den Ausgangsregionen (Quellgebieten) von Wanderungen zur Schmälerung der Entwicklungsbasis und damit zur Erhöhung des ohnehin vorhandenen Wanderungsdrucks.

- In den Zielregionen entsteht differenziert nach der Ausgangssituation eine zusätzliche Belastung der ökonomischen und ökologischen Systeme. Erweist sich diese Belastung als Überbelastung (z. B. durch Kollaps städtischer Strukturen), werden hier aus Wanderungs*sog*faktoren Wanderungs*druck*faktoren, d. h. aus Wanderungs*ziel*- werden Wanderungs*quell*gebiete.

- Der Urbanisierungsprozeß wird verstärkt, da sowohl intra- als auch international fast ausschließlich Städte als Wanderungsziel in Frage kommen.

- Gemessen an der Gesamtzahl aller Migranten ist der Anteil der Flüchtlinge zwar derzeit kleiner als der Anteil derjenigen, die freiwillig migrieren. Aber dadurch, daß Fluchtgründe oft plötzlich auftauchen und schwer steuerbare Migrationswellen auslösen, haben Fluchtbewegungen gravierendere Auswirkungen auf die Schutzgüter als freiwillige Wanderungen.
Der Krieg in Afghanistan z. B. ließ schlagartig 5 Mio. Menschen in die umliegenden Länder Iran und Pakistan flüchten (Dannenbring, 1990). Dort leben sie seit über einem Jahrzehnt und belasten die sozialen und ökonomischen Lebensgrundlagen. In Somalia, einem der ärmsten Länder der Erde, waren zeitweise ein Siebentel der über 6 Mio. dort lebenden Menschen auf der Flucht. Ähnlich geht es vielen anderen afrikanischen Staaten, so etwa Malawi oder der Elfenbeinküste.

- In der Mehrzahl der Fälle suchen Migranten näherliegende Zielregionen, welche durch Sogfaktoren gekennzeichnet sind, auf. Da Zielregionen, wie oben geschildert, durch Überlastung zu Quellregionen werden, entsteht ein sich wiederholender Wanderungsprozeß mit sich ständig verschärfenden Problemen über zahlreiche Wanderungsstationen.
Aus diesen Gründen lassen sich z. B. in Afrika oder Südasien Wanderungen aus verdichteten Räumen in weniger verdichtete Räume beobachten, und die Menschen nehmen dafür auch karge und schwer bestellbare Böden in Kauf. Die Bewirtschaftung von kargen Böden ist wenig ertragreich, daher werden diese Landstriche in absehbarer Zeit ebenfalls keinen Subsistenzraum mehr abgeben. Die Folge ist erneute Migration.

- Die Konsequenz: Nach Erschöpfung intranationaler Wanderungsziele und bei steigendem Wanderungsdruck werden internationale Migrationen zunehmen und letztendlich auf die hochentwickelten Staaten ausgerichtet sein.

- Eine nationale Politik der Beschränkung von Einwanderungen fördert zunächst im wesentlichen die Suche nach Möglichkeiten zur Umgehung derartiger Restriktionen:
  - die Attraktivität der Zielregionen bleibt bestehen (hoher Versorgungsgrad, Fehlen von Alternativen in den Entwicklungsländern);
  - infolge der „Verknappung" von Wahlmöglichkeiten finden sich „Anbieter", die illegale Möglichkeiten zur Einwanderung offerieren.

Zusammenfassend bedeutet dies: Migrationsprozesse

- können – soweit sie sich spontan vollziehen – den Schwierigkeitsgrad der Aufgaben „Umwelt *und* Entwicklung" vervielfachen,

- gewinnen zwangsläufig wegen der Selbstverstärkung globale Dimensionen,

- betreffen – wenn auch mit zeitlichen Verzögerungen – jeden Staat; sie stellen eben nicht nur ein allgemeines – aus ethischen und humanitären Gründen weltweit zu lösendes – Problem dar, sondern sie erreichen für jede Gesellschaft – auch für die Bundesrepublik – nationale Dimension,

- begründen akuten Handlungsbedarf: international abgestimmte und verantwortungsvolle Politik bietet die Chance zur Beeinflussung von Wanderungsbewegungen; wie bereits ausgeführt, ist dies nicht mit einer Lösung, sondern lediglich mit einer Abmilderung der aufgeführten Probleme gleichzusetzen; sie verschafft zumindest einen Zeitaufschub für die Bewältigung der zentralen Aufgabe „Umwelt *und* Entwicklung",

- eröffnen für die hochentwickelten Länder die Möglichkeit, ihr „Altersstrukturdefizit" auszugleichen (steigende Lebenserwartung, sinkende Arbeitszeit, niedrige „nationale" Geburtenrate).

Auswirkungen der zunehmenden Urbanisierung

In der historischen Betrachtung der gesellschaftlichen Raumnutzung ließ sich stets ein enger positiver Zusammenhang zwischen der Größe einer Stadt und ihrem wirtschaftlichen Entwicklungsstand aufzeigen. Das heutige rasante Wachstum der Städte dagegen muß in den meisten Fällen für die Stadtbevölkerung als bedenklich und als Indikator des wirtschaftlichen Niedergangs und der zunehmenden Verarmung der Landbevölkerung angesehen werden.

Die Erfahrungen aus der Vergangenheit belegen, daß rapide wachsende Stadtsysteme gravierende Umwelt- und Verkehrsbelastungen und erhebliche soziale Probleme (z. B. Anstieg der Kriminalität) zur Folge haben (DGVN, 1992a). Es stellt sich die Frage, ob es sich bei den genannten Phänomenen um lokal oder regional begrenzte Problembereiche handelt, oder ob sich hinter dem Prozeß der zunehmenden Urbanisierung Problemkomplexe verbergen, die mit *globalen Umweltveränderungen* in Beziehung stehen.

Betrachtet man Analysen der klimatischen Situation von Städten, so stößt man häufig auf folgende Form der schematischen Darstellung (Abbildung 12). Der städtische Raum wird als isoliertes, geschlossenes System betrachtet, das durch eine Kuppel von der Umwelt getrennt ist. Eine globale Dimension in bezug auf Umweltveränderungen läßt sich aus dieser Darstellung zunächst nicht herleiten. Begriffe wie *Stadtatmosphäre* und *städtische Wärmeinsel* unterstreichen die lokale bzw. regionale Begrenztheit urbaner Systeme genauso wie die quantifizierbare, stärkere Verunreinigung der Stadtluft gegenüber der Luft in der Umgebung, „die ihren sichtbaren Ausdruck in der Dunsthaube über der Stadt findet und die einfallende Strahlung abschwächt" (Heyer, 1972). Temperaturunterschiede im Vergleich zum Umland, die verkürzte Sonnenscheindauer infolge verstärkter Quellbewölkung sowie eigendynamische Windverhältnisse weisen darauf hin, daß urbane Räume zumindest in Hinblick auf ihre klimatischen Verhältnisse eher lokale als globale Umweltveränderungen hervorrufen.

Für das Phänomen der *städtischen Wärmeinsel* läßt sich eine hohe Korrelation zwischen der Stadt-Umland-Temperaturdifferenz und der Anzahl der Stadtbewohner nachweisen. Je höher die Bevölkerungszahl innerhalb eines urbanen Raumes ist, desto größer erweist sich der Unterschied zwischen städtischem und ländlichem Temperaturniveau, wie das Streuungsdiagramm in Abbildung 13 verdeutlicht.

Abbildung 12: Stadtklima *(nach Hutter, 1988)*

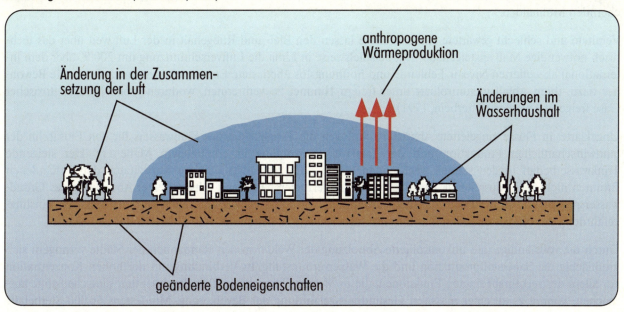

Abbildung 13: Zusammenhang zwischen Stadt-Umland-Temperaturdifferenz und städtischer Bevölkerungszahl *(nach Changnon, 1992)*

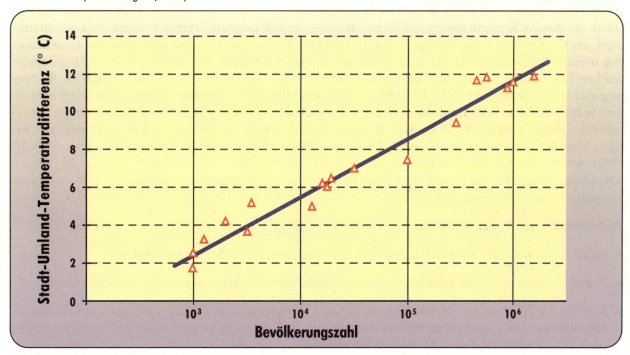

Zur Jahrtausendwende wird jedoch etwa die Hälfte der Erdbevölkerung in Städten leben, was bedeutet, daß etwa 3 Mrd. Menschen zu urbanen Umweltveränderungen beitragen und auch von diesen betroffen sein werden. Somit erhalten scheinbar lokal bzw. regional begrenzte Umweltveränderungen globale Relevanz.

Der Mensch ist in vielfacher Hinsicht Opfer seines eigenen Handelns. Dabei ist der ökologische Notstand das jüngste der sichtbar gewordenen Probleme der Megastädte. Er offenbart sich in der Luft- und Wasserverschmutzung jenseits aller normierten Grenzwerte, in der Lärmemission, der Bodenversiegelung und nicht zuletzt in wuchernden Mülhalden.

Veraltete und schlecht gewartete Kraftfahrzeuge lassen den Blei- und Rußgehalt in der Luft weit über das technisch notwendige Maß ansteigen. So liegt beispielsweise in Lima die Luftverschmutzung um 200 % über dem international akzeptierten Niveau. Fehlende und hoffnungslos überlastete Entsorgungssysteme zwingen die Bewohner dazu, ihren Abfall unkontrolliert unter freiem Himmel zu verbrennen, wodurch große Mengen toxischer Gase freigesetzt werden (Otterbein, 1991).

Ungeklärte, in Flüsse eingeleitete Abwässer schränken die Tauglichkeit des Flußwassers für den Einsatz in der landwirtschaftlichen Produktion und der Trinkwasserversorgung in erheblichem Maße ein. Der steigende Trinkwasserbedarf in den schnell wachsenden Städten hat zur Folge, daß die Kapazitäten der vorhandenen Brunnen nicht mehr ausreichen. Der Bau neuer, immer tieferer Brunnen führt zu einer Absenkung des Grundwasserspiegels und in der Folge zu einer Versteppung von Landschaften und auch zu einer massiven Einsturzgefährdung der oftmals maroden Bausubstanz, insbesondere in den peripheren Gebieten der Großstädte.

Durch die vollständige und unkontrollierte Abholzung der Wälder in den Randzonen der Städte verringern sich großflächig die Sauerstoffproduktion und die Wasserverdunstung. In Verbindung mit der hohen Konzentration vor allem der verkehrsbedingten Emissionen, die in Mexico-City nahezu 80 % der gesamten Luftschadstoffe ausmachen, kommt es zu einer massiven Gesundheitsgefährdung der Bevölkerung. Mindestens 50.000 Sterbefälle jährlich sind in dieser Megastadt auf die Folgen des Smogs zurückzuführen. Insgesamt liegt das Maß der Luftverschmutzung in Mexico-City um den Faktor sechs höher als das für den Menschen als erträglich festgelegte Maß (Schteingart, 1991). 90 % aller Erkrankungen der Atemwege, unter denen die Stadtbevölkerung zu leiden hat, sind diesem Mißstand zuzuschreiben.

Durch die massive Konzentration menschlichen Handelns in den urbanen Räumen nehmen die Umweltveränderungen in quantitativer wie qualitativer Hinsicht extreme Formen an. Alle Umweltkompartimente sind einer weit überdurchschnittlichen Belastung ausgesetzt, die sich unter synergetischen Gesichtspunkten oftmals verstärken bzw. in einen Kreislauf der Selbstzerstörung münden. In dieser Hinsicht spielt zweifellos auch die Bevölkerungsdichte eine bedeutsame Rolle. Es ist leicht nachvollziehbar, daß Verdichtungsräume mit ca. 4.000 Einwohnern je km^2 wie Berlin oder München quantitativ und qualitativ sehr viel größere Umweltveränderungen hervorrufen als ländlich geprägte Regionen wie z.B. das Allgäu mit etwa 90 Einwohnern je km^2. In Megastädten wie Kairo leben bis zu *29.000* und in Kalkutta sogar bis zu *88.000* Menschen auf einem Quadratkilometer (UNDP, 1992), welche die Umweltkompartimente in extremer Form belasten. Exemplarisch sei hier die Luftverschmutzung Neu-Delhis angeführt, die für einen Rückgang der Ernteerträge des Umlandes von 30 % verantwortlich gemacht wird (Otterbein, 1991).

Zusammenfassend läßt sich feststellen:

- Bevölkerungswachstum bedeutet hauptsächlich Wachstum von städtischen Agglomerationen.

- Je mehr Menschen in einer Stadt leben, umso negativere Auswirkungen sind für die Umwelt zu erwarten.

- Je höher die Zunahme der Stadtbevölkerung pro Jahr ist, umso geringer sind die städtischen bzw. staatlichen Möglichkeiten, die Grundversorgung und insbesondere die Entsorgung zu garantieren, und umso höher wird die Wahrscheinlichkeit, daß städtische Systeme kollabieren.

- Je deutlicher „Verfallserscheinungen" von Städten „fühlbar" werden, umso stärker wird der Abwanderungsdruck.

Verknüpfung zum globalen Wandel

Bevölkerungswachstum, zunehmende Migration und sich verstärkende Urbanisierungsprozesse sind die größte Herausforderung globaler Veränderungen. Beispielhaft wird nochmals auf die *besonderen* Auswirkungen der Bevölkerungszunahme und -verteilung hingewiesen.

Atmosphäre

Das Bevölkerungswachstum ist in entscheidendem Maße für die Erzeugung von Treibhausgasen verantwortlich. In Afrika sind beispielsweise 68 % des CO_2-Anstiegs auf das Bevölkerungswachstum zurückzuführen; in Brasilien sind es sogar 76 %. Das Bevölkerungswachstum ist darüber hinaus für 69 % des Zuwachses an Viehbeständen verantwortlich. Die damit verbundene Erhöhung des Methangasausstoßes führt zu einer weiteren globalen Erwärmung und zu einem verstärkten Ozonabbau. Die fortschreitende globale Erwärmung wiederum kann zu einem Anstieg des Meeresspiegels führen. Dadurch würden z. B. 16 % der Bevölkerung Ägyptens und 10 % der Bevölkerung von Bangladesch zu Umweltflüchtlingen werden (DGVN, 1992a).

Wasser

Durch das Bevölkerungswachstum steigt der Wasserverbrauch für die Landwirtschaft, für die Industrie- und Energieproduktion sowie für den privaten Verbrauch. Der erhöhte Bedarf hat oft eine massive Wasserknappheit zur Folge, die bereits heute in vielen Teilen der Erde zu registrieren ist, und die u.a. mit einer Absenkung des Grundwasserspiegels in vielen Regionen verbunden ist. Die Anzahl der von Wasserversorgungsproblemen betroffenen Menschen könnte bis zum Jahr 2025 bis zu 1,1 Mrd. betragen (DGVN, 1992a).

In den Städten können die ständig zunehmenden Abwassermengen nicht mehr in ausreichendem Maße geklärt werden. Unzureichend geklärtes Wasser stellt jedoch eine gesundheitliche Gefahr für alle Lebewesen dar. In der landwirtschaftlichen Produktion gefährdet der Einsatz chemischer Düngemittel zur Ertragssteigerung Grundwasser und Oberflächengewässer. Starke Algenvermehrung deutet darauf hin, daß zuviel Nährstoffe ins Wasser gelangen.

Böden

Das hohe Bevölkerungswachstum führt zu einer weiteren Ausdehnung der Landwirtschaftsflächen. Dennoch werden im Jahr 2050 etwa 50 % weniger Anbaufläche pro Person zur Verfügung stehen, da die Ausdehnung der Landwirtschaftsflächen nicht mit dem Bevölkerungswachstum Schritt halten kann (DGVN, 1992a).

Überweidung, Überbeanspruchung des Bodens durch Verkürzung der Brachzeiten und langanhaltende Trockenperioden schwächen zunächst die Vegetation. Der dadurch ungeschützte Boden verweht und verkrustet. Niederschläge können nicht mehr versickern, sondern fließen oberflächlich ab. Der Boden erodiert und verliert seine Fruchtbarkeit. Durch Rodung von Waldarealen versucht man, den entstandenen Mangel an landwirtschaftlicher Nutzfläche zu kompensieren. Dieser Prozeß wiederholt sich, bis letztlich Wüstenbildung einsetzt.

Bereits 1975 konnte in vielen Ländern die Ernährung aus eigener Produktion nicht mehr sichergestellt werden. Bei diesen Ländern handelt es sich vorwiegend um Entwicklungsländer, die ohnehin einen großen Anteil an Grenzertragsböden aufweisen. Langfristig wird in diesen Ländern nur 1/3 der Bevölkerung durch eigene Landwirtschaftsproduktion ernährt werden können (DGVN, 1992a).

Der Flächenbedarf für nicht landwirtschaftliche Zwecke wird ebenfalls erhebliche Ausmaße annehmen. Für Wohnen, Produktion von Gütern und Dienstleistungen sowie infrastrukturelle Einrichtungen werden allein in den Entwicklungsländern bis zum Jahr 2050 etwa 2,75 Mio. km^2 Nutzfläche benötigt. Weltweit ist mit einem zusätzlichen Flächenverbrauch von 4,5 Mio. km^2 und entsprechenden Versiegelungseffekten zu rechnen (DGVN, 1992a).

Biologische Vielfalt

Wenn sich die natürlichen Lebensräume verkleinern oder zerstückelt werden, verringert sich auch die Vielfalt der in ihnen lebenden Arten. Seit 1900 ist vermutlich die Hälfte der Feuchtgebiete der Erde aufgrund menschlicher Eingriffe durch Trockenlegung für die landwirtschaftliche Nutzung, durch Abholzung für die forstwirtschaftliche Nutzung und für den Ausbau der Städte vernichtet worden. Statistisch gesehen gibt es einen eindeutig positiven Zusammenhang zwischen der Bevölkerungsdichte (als Funktion des Bevölkerungswachstums) und dem Verlust natürlicher Lebensräume.

Durch die befürchtete globale Erwärmung und den dadurch verursachten Anstieg des Meeresspiegels werden Migrationen ausgelöst, die eine Verschiebung der Grenzen menschlicher Landnutzung in Richtung der Pole und in höhere gelegene Regionen erwarten lassen. Dort lebende Pflanzen und Tiere sind somit ebenfalls in ihrer Existenz gefährdet.

Wirtschaftliche Entwicklung

Mehr als zwei Jahrzehnte lang war der Zusammenhang von Bevölkerungs- und Wirtschaftswachstum immer wieder Gegenstand heftiger Kontroversen. Einerseits wurde das Bevölkerungswachstum als das größte Hindernis für den wirtschaftlichen Fortschritt angesehen. Andererseits wurde die Auffassung vertreten, daß das Bevölkerungswachstum für ein langfristiges Wirtschaftswachstum von großem Nutzen sei.

Tatsächlich läßt sich in den Industrienationen bis heute kein Zusammenhang zwischen Bevölkerungswachstum und wirtschaftlicher Entwicklung nachweisen. In den Entwicklungsländern dagegen, die 97 % des zukünftigen Bevölkerungswachstums auf sich vereinigen, kann man seit 1975 eine negative Korrelation zwischen Bevölkerungswachstum und Pro-Kopf-Einkommen feststellen, wie der Weltbevölkerungsbericht von 1992 (DGVN, 1992a) bestätigt.

Das hohe Bevölkerungswachstum wirkt sich beispielsweise negativ auf die schulische Bildung in den Entwicklungsländern aus. Da in diesen Ländern nur sehr begrenzte finanzielle Mittel für Bildungseinrichtungen zur Verfügung gestellt und kaum neue Kapazitäten geschaffen werden können, sind die bestehenden Bildungseinrichtungen mit einer ständig steigenden Nachfrage nach Bildung konfrontiert. Dadurch verschlechtert sich zwangsläufig die Qualität der Ausbildung. Für viele Menschen stehen Bildungseinrichtungen erst gar nicht zur Verfügung. Dies gilt insbesondere für Frauen.

Statistisch ist jedoch ein eindeutiger Zusammenhang zwischen Bildungsstand und wirtschaftlicher Entwicklung eines Landes nachzuweisen. Je länger die durchschnittliche Ausbildung der Bevölkerung, desto größer ist die ökonomische Prosperität. Ein ähnlich positiver Zusammenhang ergibt sich auch für die Komponenten Bildung und landwirtschaftliche Produktion, d.h. je besser und länger die schulische Ausbildung ist, desto höher sind in der Regel die Ernteerträge pro Hektar Anbaufläche.

Handlungsbedarf

Die Weltbevölkerungszahl erweist sich als eine entscheidende Determinante bei der Bewältigung der Aufgaben von Umwelt und Entwicklung. Je höher das Bevölkerungswachstum, umso geringer ist die Chance, für Umwelt- und Entwicklungsprobleme gleichzeitig Lösungswege vorzuschlagen. Unkontrollierbar verlaufende Migrations- und Urbanisierungsprozesse erschweren diese Aufgabe beträchtlich. Daraus ergeben sich folgende Zielsetzungen für den Bereich Bevölkerungsentwicklung und -verteilung:

- Langfristige Stabilisierung der Bevölkerungszahl.
- Verhinderung bzw. Reduzierung von erzwungenen Migrationen.
- Schaffung von tragfähigen städtischen Strukturen.

Wie mehrfach betont, existiert in allen Bereichen ein unmittelbarer, akuter Handlungsbedarf, der in Grundzügen bereits in der Rio-Deklaration und speziell in der AGENDA 21 (UNCED, 1992) dokumentiert wird:

- Bevölkerungsentwicklung:
  Reduktion der Ursachen von Bevölkerungswachstum durch:
  - Bekämpfung der Armut.
  - Gleichstellung der Frauen durch Verbesserung des Zugangs zu Bildungssystemen und zum Berufsleben.
  - Anerkennung des Rechtes auf Familienplanung als individuelles Menschenrecht.
  - Verbesserung der Möglichkeiten zur Familienplanung.
  - Reduktion der Kindersterblichkeit.
  - Verbesserung der Ausbildung.

- Migrationen:
  - Verminderung des Wanderungsdrucks.
  - internationale Koordination von internationalen Wanderungsbewegungen.
- Urbanisierung:
  - International koordinierte Raumordnungspolitik.
  - Konkretisierung raumordnerischer Leitbilder, die eine Harmonisierung von „Umwelt und Entwicklung" zulassen; z.B. durch eine ausgewogene Mischung von Nutzungsstrukturen innerhalb der Städte (Kap. 7 der AGENDA 21) oder durch den Erhalt und die Entwicklung ausreichender innerstädtischer Grün- und Freiflächen (Kap. 6 der AGENDA 21).
  - Schaffung von polyzentrischen an Stelle von monozentrischen Raumnutzungsstrukturen (Kap. 7.19 – 7.22 der AGENDA 21).
  - Technologietransfer zur Vermeidung oder Reduktion von Emissionen und Abfällen in städtischen Verdichtungsräumen.

Fragt man angesichts dieses Handlungsbedarfs nach tatsächlichen Handlungsmöglichkeiten, so fällt auf, daß eine *dauerhafte* Stabilisierung der Weltbevölkerungszahl, eine Verminderung des Wanderungsdrucks sowie eine Vermeidung von unkontrollierten Urbanisierungsprozessen nur zu erreichen sein werden, wenn Entwicklungsprobleme (z.B. Bekämpfung der Armut) und Umweltprobleme (z.B. Wasserverschmutzung) bewältigt sind.

Die Bewältigung der Bevölkerungsproblematik setzt langfristig die Lösung von Umwelt- und Entwicklungsproblemen voraus, die ihrerseits durch Bevölkerungswachstum, Migration und Urbanisierung zunehmend erschwert wird. Dieser „Teufelskreis" schränkt die Handlungsmöglichkeiten zu einer *kurzfristig* wirkenden Beeinflussung der Bevölkerungsentwicklung in starkem Maße ein. Staatliche Zwangsmaßnahmen wie „Bestrafung" hoher Geburtenzahlen können nach Auffassung des Beirats nicht zuletzt aus ethischen Gründen nicht in Betracht gezogen werden. Erfolgversprechende Bevölkerungspolitik muß deshalb vorwiegend bei der Beeinflussung der individuellen Familienplanung ansetzen

- durch Bekämpfung der Ursachen für hohe Geburtenzahlen,

- durch Aufklärung über Methoden und zur Verfügungstellung entsprechender Mittel zur Geburtenkontrolle.

Im Bewußtsein, daß hiermit äußerst sensible, durch kulturelle und religiöse Überzeugungen geprägte Bereiche berührt sind, betont der Beirat das individuelle Recht und die persönliche Verantwortung eines jeden Menschen, Fragen der Familienplanung autonom zu entscheiden. Die Umsetzung dieser Feststellung erfordert nicht nur die weltweite Anerkennung des Rechtes auf individuelle Familienplanung, sondern verpflichtet die *internationale Staatengemeinschaft* auch zur Schaffung von Möglichkeiten zur verantwortungsbewußten Ausübung dieses individuellen Rechtes.

Die internationale Gemeinschaft ist gefordert, da

- Bevölkerungsentwicklung ein zentrales Problem globalen Wandels ist,

- die globale Brisanz dieser Problematik zur Zeit in vielen Staaten noch immer unterschätzt wird,

- sich der Erfolg derartiger Maßnahmen erst langfristig einstellt und deshalb die Notwendigkeit des sofortigen Handelns bezweifelt wird,

- selbst relativ bescheidene finanzielle Mittel eines derartigen Programmes angesichts anderer Aufgaben auf nationaler Ebene vielfach nicht zur Verfügung gestellt wird.

Durch internationale Kooperation (Konventionen; Ansätze hierzu finden sich in der AGENDA 21, Kap. 2) und Finanzierungsprogramme sollte eine institutionelle Verankerung der Bevölkerungspolitik in allen Staaten sichergestellt werden, die derartige Programme in eigener, nationaler Verantwortung unter Berücksichtigung der jeweiligen Gegebenheiten und Sensibilitäten ermöglichen.

Der Beirat vertritt die Auffassung, daß die Bundesrepublik Deutschland (wie alle übrigen hochentwickelten Länder) ein besonderes Maß an Verantwortung zu übernehmen hat. Dieses ergibt sich unmittelbar und mittelbar aus

- der Unterzeichnung der Rio-Deklaration und der AGENDA 21,

- der Verpflichtung zu internationaler Solidarität,

- ihrer Stellung innerhalb der internationalen Staatengemeinschaft,

- der unmittelbaren Betroffenheit durch den internationalen Wanderungsdruck,

- der Feststellung, daß die gegenwärtigen globalen Umweltveränderungen hauptsächlich auf Produktion und Verbrauch in den Industrieländern zurückzuführen sind und die Bewältigung dieser Probleme entscheidend von der Bevölkerungsentwicklung abhängt.

Gerade weil Maßnahmen der Bevölkerungspolitik erst langfristig Wirkungen zeitigen, ist *sofortiges* Handeln geboten. Auch bescheidene Erfolge bei der Reduzierung des Bevölkerungswachstums können wesentliche Beiträge für die Lösung der globalen Umwelt- und Entwicklungsprobleme leisten.

Neben der Initiierung, Beteiligung und Mitfinanzierung internationaler Programme im obigen Sinne muß nochmals die Schlüsselrolle der hochentwickelten Gesellschaften für Entwicklung und Transfer neuer Technologien betont werden. Da die Stabilisierung der Bevölkerungszahl kurzfristig nicht realisierbar ist und von der Lösung der Entwicklungs- und Umweltprobleme wesentlich beeinflußt wird, bietet eine auf die Gegebenheiten der Schwellen- und Entwicklungsländer ausgerichtete Technologiepolitik ein wesentliches Handlungspotential (siehe Kasten in Abschnitt 2: Technologiebeispiele in drei Bereichen).

Forschungsbedarf

Die Erforschung sozioökonomischer Wechselwirkungen im Rahmen globaler Umweltveränderungen steht zumindest in Deutschland erst am Anfang. Dieser Tatbestand kommt in der Übersicht über deutsche Beteiligungen an internationalen wissenschaftlichen Programmen zum Ausdruck, die lediglich das Umweltforschungsprogramm *„Human Dimensions of Global Environmental Change"* des *International Social Science Council* (ISSC) als sozioökonomischen Forschungsschwerpunkt ausweist (BMFT, 1992a).

In dieser Hinsicht sieht der Beirat ein erhebliches Ungleichgewicht zwischen natur- und gesellschaftswissenschaftlicher Forschung. Es bedarf aufgrund der außerordentlichen Bedeutung sozioökonomischer Faktoren – wie etwa der Bevölkerungsentwicklung und -verteilung – im Hinblick auf globale Umweltauswirkungen dringend eines Ausgleichs.

Die Untersuchung des Systems Mensch-Gesellschaft-Umwelt gehört für den Themenbereich „Bevölkerungswachstum, -migration und Urbanisierung" zu den entscheidenden Fragen, um die Grenzen der Belastbarkeit bzw. die Tragfähigkeit der Umwelt zu bestimmen. In dieser Hinsicht weist die Informationsbasis zur Zeit noch zu viele Lücken auf, um verläßliche Aussagen darüber zu treffen, wie sich infolge des hohen Bevölkerungswachstums z. B. der personenbezogene Verbrauch an endlichen und erneuerbaren Ressourcen langfristig entwickeln wird. Demzufolge läßt sich zur Zeit nicht verläßlich prognostizieren, mit welchem quantitativen bzw. qualitativen Ausmaß an lokalen, regionalen und globalen Umweltbelastungen künftig zu rechnen ist. Ebenso fehlen derzeit geeignete Informationen über den Einsatz neuer, umweltschonender Technologien sowie über die Erfolgsaussichten einer Internalisierung der externen Kosten der Nutzung von Umweltressourcen. Schließlich ist nicht abschätzbar, inwieweit sich individuelle und gesellschaftliche Verhaltensmuster im Sinne einer nachhaltigen Entwicklung ändern werden und welchen Einfluß politische Strukturen in diesem Zusammenhang ausüben.

Über die Erhebung umweltrelevanter Daten und die Entwicklung entsprechender Datenbanken im natur- und sozialwissenschaftlichen Bereich hinaus, die bereits in Kapitel 35 der AGENDA 21 eingefordert werden, müssen Erklärungszusammenhänge analysiert werden, die dem Mensch-Gesellschaft-Umwelt-System immanent sind. Ein derartiges Vorgehen erfordert neben einer entsprechenden Institutionalisierung der Forschung in erster Linie die Entwicklung innovativer Analyse- und Prognoseverfahren, mit deren Hilfe auch anthropogene Einflüsse berücksichtigt werden können.

Der konzeptionelle Ansatz des Statistischen Bundesamtes in bezug auf eine *umweltökonomische Gesamtrechnung* ist in dieser Hinsicht richtungsweisend. Derartige Verfahren, die nach einer Anpassung an die jeweiligen Rahmenbedingungen auch auf andere Volkswirtschaften übertragen werden können, bieten zumindest die Möglichkeit einer kostenorientierten Bewertung von Umweltauswirkungen und können Grundlage für den gezielten Einsatz umweltpolitischer Instrumente sein.

Auf internationaler Ebene könnte somit ein Ausbau aufeinander abgestimmter wissenschaftlicher Datenbanken erfolgen, der auch die Möglichkeit der Errichtung globaler Netzwerke zum schnellen Datenaustausch eröffnet und der internationalen Gemeinschaft ein rasches und gezieltes Reagieren auf erkannte Mißstände erlaubt.

Forschungsgebiet Bevölkerungswachstum

- Analyse der dem Mensch-Gesellschaft-Umwelt-System immanenten Erklärungszusammenhänge.
- Gleichgewichtung natur- und gesellschaftswissenschaftlicher Forschung.
- Entwicklung von Methoden zur Tragfähigkeitsberechnung (Grenzbelastbarkeit).
- Systematische Erfassung des evidenten und potentiellen personenbezogenen Verbrauchs an endlichen und erneuerbaren Ressourcen.
- Prognosemodelle hinsichtlich zukünftiger Umweltbelastungen.
- Erfassung verfügbarer und bereits angewandter umweltschonender Technologien.
- Entwicklung und Operationalisierung von Möglichkeiten zur Internalisierung externer Kosten bei der Nutzung von Umweltressourcen.
- Erforschung des Einflusses individueller und gesellschaftlicher Verhaltensmuster sowie politischer Strukturen auf globale Umweltveränderungen.
- Entwicklung innovativer Analyse- und Prognoseverfahren, mit deren Hilfe anthropogene Einflußgrößen berücksichtigt werden können (z. B. umweltökonomische Gesamtrechnung).
- Untersuchung der technischen, institutionellen und finanziellen Rahmenbedingungen für den Technologietransfer.
- Harmonisierung wissenschaftlicher Datenbanken und globaler Netzwerke für ein rasches und gezieltes Reagieren auf erkannte Mißstände.

Forschungsgebiet Migrationen

- Entwicklung von Analyse- und Prognosemethoden für internationale Wanderungen.
- Qualifizierung und Quantifizierung von Wanderungsdruckfaktoren.
- Qualifizierung und Quantifizierung von Wanderungssogfaktoren.

Forschungsgebiet Urbanisierung

- Ermittlung einer „optimalen Stadtgröße"; Erfassung und Bewertung von Tragfähigkeitsdeterminanten urbaner Strukturen; Lokalisierung, Qualifizierung und Quantifizierung der Verstädterung in bezug auf globale Umweltveränderungen.
- Bestimmung von Umweltauswirkungen von Städten in Abhängigkeit von der Einwohnerzahl.
- Entwicklung von Technologien für integrierte Lösungen im Hinblick auf Umwelt und Entwicklung in urbanen Räumen.

2.2 Veränderungen in der Wirtschaft

Definitorische Vorbemerkungen

Einleitung

Unter den Ursachen des globalen Wandels wird dem wirtschaftlichen Tätigwerden des Menschen bzw. dem Wirtschaftswachstum besondere Bedeutung zugemessen. Auch der Beirat teilt diese Auffassung und stellt darum die Wirtschaft neben dem Bevölkerungswachstum als wichtigstes, aber sehr komplexes Verursachungssystem in besonderer Weise in den Mittelpunkt seiner Betrachtungen.

Um dieses wirtschaftliche Tätigwerden des Menschen verstehen und seine gewaltige Dynamik besser begreifen zu können, muß man zunächst konstatieren, daß wirtschaftliches Handeln zuallererst Reagieren auf Engpässe im natürlichen Umweltsystem war und darum den bewußten Versuch des Menschen darstellte, diese Engpaßerfahrung durch Ausweitung seines materiellen Handlungsspielraums zu überwinden. Angesichts der Armut und des Hungers weiter Teile der Weltbevölkerung – in der zweiten Hälfte der 80er Jahre lebten immer noch über eine Milliarde Menschen von weniger als 370 US-$ jährlich und waren damit gemäß dem Weltentwicklungsbericht arm (Weltbank, 1990; Walton, 1990) – gilt dieser Grund für wirtschaftliches Handeln bzw. für die Forderung nach wirtschaftlichem Wachstum auch heute noch für weite Teile der Weltbevölkerung. Neuere Untersuchungen für 1990 zeigen, daß sich die Zahl der von Armut betroffenen Menschen eher noch vergrößert als verringert hat (UNDP, 1992) und heute bei etwa 1,1 Mrd. liegt (Weltbank, 1992a). Wirtschaftliches Reagieren ist für diese Menschen eine Überlebensfrage. Die Forderung nach Änderung des wirtschaftlichen Wachstums aus längerfristigen Umweltüberlegungen wird darum dort kaum Gehör finden.

Letzteres gilt vor allem dann, wenn – wie bereits bei der ersten Umwelt-Konferenz der Vereinten Nationen 1972 in Stockholm hervorgehoben wurde – Armut zunächst einmal selbst Ursache für viele Umweltprobleme ist, da sie Menschen zwingt, ihre natürlichen Ressourcen über ein nachhaltiges Maß hinaus auszubeuten, und – wie gerade der neueste Weltbankbericht (Weltbank, 1992a) an vielen Beispielen belegt – wirtschaftliches Wachstum und eine Steigerung der Effizienz der Ressourcenausnutzung Hand in Hand gehen. Aber auch in den Industrieländern vermag wirtschaftliches Wachstum umweltpolitisch erwünschte Nebeneffekte zu erzeugen, wenn Wachstum Investitionen auslöst und über den kapitalgebundenen technischen Fortschritt der technische Umweltschutz vorangetrieben wird.

Und noch ein Weiteres ist hervorzuheben. Wirtschaftliches Handeln ist häufig mehr als Reagieren auf existentielle Engpaßerfahrung, die Wertschöpfungsaktivitäten sind vielmehr auch, was für das Verständnis der Wachstumsdynamik von zentraler Bedeutung ist, Ausdruck eines dem Menschen innewohnenden „Grundbedarfs" nach Überwindung von Endlichkeit bzw. Abhängigkeit selbst. Wirtschaftliches Handeln kann darum auch als Implikation eines tiefer sitzenden Freiheitsstrebens interpretiert werden. Dies macht es so schwer, Urteile über die Angemessenheit eines Konsums bzw. einer Wohlstandsvorstellung abzugeben, oder mit Blick auf die hochentwickelten Nationen vorschnell von „Verschwendungsgesellschaften" zu sprechen.

Schließlich gilt, daß gesellschaftliche und globale Verteilungskonflikte bei wirtschaftlichem Wachstum in der Regel einfacher zu lösen sind als ohne Wachstum bzw. ein großer Teil der bisher praktizierten Sozialpolitik hochentwickelter Nationen ohne wirtschaftliches Wachstum nicht mehr realisierbar ist. So baut die mittelfristige Finanzplanung der Bundesrepublik Deutschland, der gegenwärtig diskutierte Sozialpakt oder das institutionalisierte System der gesetzlichen Alterssicherung auf das Vorhandensein von Wirtschaftswachstum auf und werden auch die großräumigen Wohlstandsprobleme des wiedervereinigten Deutschlands ohne Wirtschaftswachstum wohl kaum zu bewältigen sein. Noch gravierender sind aber im Vergleich hierzu die Implikationen der globalen Wohlstandsdisparitäten. Recht eindrucksvoll wird dies im neuesten „Human Development Report 1992" des UNDP (UNDP, 1992) sichtbar, wenn dieser pointiert darauf hinweist, daß die reichsten zwanzig Prozent der Weltbevölkerung gegenwärtig bereits ein über 150 mal höheres Einkommen erzielen als die ärmsten zwanzig Prozent und sich diese Disparität in den letzten zehn Jahren noch verschärfte. Angesichts des zu erwartenden globalen Bevölkerungswachstums und seiner Konzentration auf die unterentwickelten Länder ist zu befürchten, daß sich die Kluft zwischen den ärmsten und den reichsten Ländern dieser Welt künftighin noch weiter vertiefen wird.

Die in den protektionistischen Entwicklungstendenzen der meisten Industrieländer zum Vorschein kommenden „Verteilungsinteressen" lassen keine hohe „Bereitschaft zum Teilen" und damit für eine Lösung des Disparitätenproblems über eine Umverteilungspolitik erkennen. Hierfür spricht auch die Tatsache, daß das bereits 1972 auf der UN-Umwelt-Konferenz in Stockholm geforderte Ziel, die Industrieländer sollten 0,7 % ihres Bruttosozialprodukts für die Entwicklungshilfe aufbringen, in den letzten zwanzig Jahren nur von den Niederlanden, Dänemark und anderen skandinavischen Ländern erfüllt wurde, die USA hingegen lediglich 0,19, Großbritannien 0,27 und die Bundesrepublik Deutschland 0,42 % erreichten (Abbasi, 1992). Legt man die vom UNCED-Sekretariat für eine umweltverträgliche Entwicklung der Entwicklungsländer als notwendig angesehene und von den Industrieländern mindestens jährlich zu erbringende Zuwendung von 125 Mrd. US-$ zugrunde, müßte dieser *Beitrag der Industrieländer* sogar schon bei *1 % ihres Bruttosozialprodukts* liegen (Raghavan, 1990). *Der Beirat schließt sich dieser Forderung, die als angemessen und notwendig erscheint, voll an.* Dabei sollte der Bundesrepublik Deutschland aber die Hilfe für viele Staaten Osteuropas angerechnet werden, da diese Länder hinsichtlich ihrer wirtschaftlichen Gegebenheiten sowie der anstehenden Umweltprobleme eine mit den Entwicklungsländern vergleichbare Situation aufweisen.

Wachstum und Entwicklung

Wirtschaftliches Wachstum und wirtschaftliche Entwicklung sind vieldeutige Begriffe, die der Klärung bedürfen. Die gegenwärtige Diskussion um die Grenzen des Wachstums leidet stark darunter, daß unterschiedliche Interpretationen des Wachstums- und Entwicklungsbegriffs existieren. Eine sehr vordergründige Sicht interpretiert Wirtschaftswachstum als laufende Vergrößerung der volkswirtschaftlichen Güterproduktion bei konstanten Strukturen. Unter Struktur wird hierbei das sektorale, regionale und betriebsgrößenmäßige Erscheinungsbild einer Volkswirtschaft sowie die Gesamtheit der Produktionsverfahren, z.B. definiert über die Ressourcenintensität oder die Emissionskoeffizienten, verstanden.

Es ist jedoch notwendig, den Wandel von Wirtschaftsstrukturen in die Überlegungen einzubeziehen, denn in Abhängigkeit von den sich herausbildenden relativen Preisen werden die Nachfragepräferenzen entscheidend beeinflußt. Auch durch sonstige Rahmenbedingungen (etwa Herausbildung von Wirtschaftsräumen über eine politisch gewollte Integration, der institutionellen Ausgestaltung der Weltwirtschaftsordnung usw.) ändert sich das äußere und für die Umwelt relevante Erscheinungsbild der Wirtschaft laufend. Die globalen Umweltveränderungen sind somit nicht nur die Folge des jeweils erreichten Produktionsniveaus, sondern auch das Ergebnis seiner Struktur. Diese Strukturänderungen können, müssen aber keineswegs umweltentlastender Art sein. So beobachtet man einen seit geraumer Zeit andauernden Trend zur Globalisierung betrieblicher Absatz- und Beschaffungsmärkte und damit auch zur räumlichen Ausweitung und Intensivierung von Handelsbeziehungen, zur Internationalisierung und Tertiärisierung der Produktion sowie zur verstärkten zwischenbetrieblichen Arbeitsteilung (*„lean production"*, *„just-in-time production"* usw.). Dies wirkt sich insbesondere negativ auf den Energieverbrauch und die Emissionen des Verkehrsbereichs als zwei weiteren wichtigen Bestimmungsfaktoren der globalen Umweltveränderungen aus.

Über einen längeren Zeitraum hinweg betrachtet änderten und ändern sich des weiteren die Sektorenanteile an der volkswirtschaftlichen Wertschöpfung. Folgt man etwa der klassischen Drei-Sektoren-Hypothese (Fisher, 1939; Clark, 1960; Fourastié, 1971), so sind Länder wie die Bundesrepublik Deutschland seit geraumer Zeit im Begriff, Dienstleistungsgesellschaften zu werden. Manche sprechen von der nachindustriellen Gesellschaft (Touraine, 1972; Bell, 1973), wobei diese Entwicklung häufig mit der Hoffnung auf einen durch den Strukturwandel bedingten Umweltentlastungseffekt verbunden wird. Wie noch später zu zeigen ist, erweist sich die Hypothese von dem Umweltentlastungseffekt eines solchen Strukturwandels als keineswegs gesichert.

Diese eben aufgezeigten Wandlungsprozesse im Erscheinungsbild der Wirtschaft umschreibt man auch mit dem Begriff der Entwicklung. Der Entwicklungsbegriff steht hierbei jedoch nicht nur für die Erklärung von statistisch beobachtbaren und theoretisch erklärbaren (sektoralen, regionalen oder betriebsgrößenmäßigen) Strukturänderungen der Wirtschaft im Zeitablauf, sondern enthält auch über die engere ökonomische Dimension hinausgehende Inhalte. Folgt man etwa der neueren Diskussion (Pearce et al., 1990) zum Entwicklungsbegriff, so sollte dieser nicht nur

- die Erhöhung des realen Pro-Kopf-Einkommens, sondern auch

- die Verbesserung des Gesundheitszustandes und der Ernährungssituation,

- die Verbesserung des Bildungsstandes,
- den Zugang zu den Ressourcen,
- eine „faire" Einkommensverteilung und
- die Verwirklichung der Grundrechte

enthalten. Erste Versuche einer Operationalisierung liegen inzwischen vor. Relevant erscheinen vor allem die Arbeiten des United Nations Development Programme (UNDP), die sich seit geraumer Zeit intensiver mit dem Begriff des *„sustainable development"* auseinandersetzen. So wird im neuesten Human Development Report (UNDP, 1992) ein bereits im Human Development Report 1990 bzw. 1991 (UNDP, 1990 und 1991) vorgeschlagener *Human Development Index* (HDI) weiterentwickelt und um einen *Political Freedom Index* (PFI) ergänzt und weltweit berechnet. Legt man diesen HDI zugrunde, stehen gegenwärtig Kanada, Japan, Norwegen, die Schweiz und Schweden an der Spitze der Weltentwicklungstabelle, die Bundesrepublik Deutschland liegt auf Rang 12, Länder wie Afghanistan, Sierra Leone und Guinea nehmen die letzten Plätze ein.

Zusätzlich sollte auch der Umweltschutz ein wichtiger Bestandteil des Entwicklungsbegriffs werden. Insofern sollte der übliche Kriterienkatalog um Merkmale, die die Umweltbelastungen des Menschen sowie der natürlichen Umwelt berücksichtigen, ergänzt werden.

Bei einem derartig weit gefaßten Begriff der Entwicklung ist wirtschaftliches Wachstum eine Teilmenge davon. Auch wenn dem wirtschaftlichen Wachstum als Ansatzpunkt zur Armutsbekämpfung immer noch große Bedeutung zugemessen wird (so der Brundtland-Bericht, 1987; Weltentwicklungsberichte der Weltbank; Economic Outlook des IWF), plädiert der Beirat für einen derartigen Entwicklungsbegriff, dessen Operationalisierung jedoch noch aussteht.

Letzteres gilt, wie bereits an anderer Stelle gesagt wurde, auch für den Begriff *„sustainable development"*. Dieser Begriff kann als „strategischer Imperativ" für ökonomisches Handeln zum Überleben der Menscheit in der Zukunft angesehen werden. Zu klären ist z. B., inwieweit dieser Begriff auch die Berücksichtigung sozialer und ökonomischer Belange (Sozial- und Ökonomieverträglichkeit einer Entwicklung) erfordert, welche Zeithorizonte zu berücksichtigen sind, und welche Diskontierungsrate zugrundezulegen ist.

Wachstum und Marktwirtschaft

Wie die Evolutions- und Institutionenökonomie (Dopfer, 1992; Schenk, 1992; von Hayek, 1975 und 1981) aufzeigen kann, haben sich im Gefolge des wirtschaftlichen Handelns in einer Art gesellschaftlichem Lernprozeß vielfältige Regeln und Institutionen herausgebildet. Sie wirken auf das wirtschaftliche Verhalten der Menschen zurück und haben ihrerseits auch Einfluß auf die Umwelt. Die Marktwirtschaft ist ein an Effizienzkriterien ausgerichtetes privatwirtschaftlich und dezentral geprägtes Prinzip des Suchprozesses. Dieses ist ausgerichtet auf immer neue und bessere Möglichkeiten der Ressourcenallokation, wobei die einzelwirtschaftlichen Planungen über möglichst wettbewerbsbestimmte Preise miteinander koordiniert werden. In diesen relativen Preisen konzentrieren sich somit vielfältige Informationen, die auch Einschätzungen über die Zukunft sowie wirtschaftsrelevante Umweltbedingungen miteinschließen, wenn es gelingt, die ökologische Knappheit in den Preisen zum Ausdruck zu bringen. Die Marktwirtschaft kann somit zur besseren Berücksichtigung von Umweltbelangen in den einzelwirtschaftlichen Planungen genutzt werden.

Das Preissystem fungiert als Vermittlungsmechanismus von Informationen und dient auch der individuellen Orientierung, wobei – was ein entscheidender Vorteil ist – an die Individuen recht geringe kognitive Anforderungen gestellt werden. Unter bestimmten Konstellationen – etwa bei Gütern mit Kollektivguteigenschaften, Informationsasymmetrien und externen Effekten bzw. bestimmten Marktstrukturgegebenheiten – kann es zu einem Markt- oder Wettbewerbsversagen kommen. Diese Fälle sind aber, wie die neuere Diskussion zeigt (Blankart, 1991, Eickhof, 1992), geringer als vielfach erwartet und haben zu einem beachtlichen Teil ihre Ursache in einem Staatsversagen (etwa unzureichende Zuweisung von Eigentumsrechten).

Grundsätzlich entfaltet dieses System der Marktwirtschaft zwar eine beachtliche Wachstumsdynamik, es ist aber im Gegensatz zu mancher Behauptung – falls die ökologischen Rahmenbedingungen dies erzwingen – im Prinzip auch mit dem Gedanken eines Null-Wachstums vereinbar. Wirtschaftswachstum ist nämlich das kaum vorhersehbare und darum auch kaum prognostizierbare Ergebnis einzelwirtschaftlicher Entscheidungen. Wenn die einzelnen Wirtschaftseinheiten bei ihrer Einschätzung der Handlungsbedingungen per Saldo zum Ergebnis gelangen würden, daß Wachstum einzelwirtschaftlich nicht mehr möglich ist, müßte sich dies als ein Einschwenken der Volkswirtschaft auf einen stationären Entwicklungspfad bemerkbar machen. Wenn es heute im politischen Raum der meisten hochentwickelten Länder eine ausgeprägte Präferenz für wirtschaftliches Wachstum gibt, ist diese darum weniger der Marktwirtschaft als solcher anzulasten. Vielmehr ist sie, wie bereits betont wurde, Ausdruck der Tatsache, daß viele institutionelle Festlegungen dieser Staaten etwa im Bereich der sozialen Sicherung ohne wirtschaftliches Wachstum grundlegend in Frage gestellt werden müßten und demzufolge soziale Spannungen auslösen könnten, d.h. gesellschaftliche bzw. globale Verteilungskonflikte bei wirtschaftlichem Wachstum in der Regel einfacher zu lösen sind als ohne Wachstum.

Ursachen

Weltwirtschaftswachstum

Um die mit dem Wirtschaftswachstum verbundenen globalen Veränderungen besser analysieren, künftige Forschungsbedarfe bestimmen und Prioritätensetzungen bei den Handlungsbedarfen vornehmen zu können, sollte man nach Ansicht des Beirats unbedingt verschiedene Betrachtungsweisen unterscheiden:

1. Eine (hoch-)aggregierte Sicht, bei der primär vom Weltwirtschaftswachstum, und zwar unabhängig von seiner sektoralen und regionalen Ausprägung, als auslösendem Element der zu erklärenden globalen Umweltprobleme, ausgegangen wird,

2. eine regionale Betrachtungsweise, die stärker auf die Zusammenhänge zwischen der regionalen Verteilung dieses globalen Wachstumsprozesses und den hierdurch induzierten globalen bzw. regionalen Umweltbelastungen abstellt,

3. eine sektorale Sicht, die die Beziehungen zwischen den globalen bzw. regionalen Umweltaspekten und dem sie verursachenden sektoralen Strukturwandel der Weltwirtschaft bzw. ihrer Teilgebiete betont, sowie

4. eine anzustrebende Kombination dieser eben skizzierten regionalen und sektoralen Betrachtungsweisen, welche die Zusammenhänge zwischen dem Strukturwandel höher entwickelter Regionen und den strukturellen Änderungen unterentwickelter Gebiete und den hierdurch induzierten globalen bzw. regionalen Umwelteffekten, und zwar unter expliziter Berücksichtigung der sie beeinflussenden institutionellen Gegebenheiten, hervorhebt.

Die aggregierte Sichtweise, bei der zur Erklärung globaler Umweltprobleme primär von dem nicht weiter aufgegliederten Weltwirtschaftswachstum als der eigentlichen Verursachungsgröße ausgegangen wird, stand am Anfang der Konstruktion der ersten Weltmodelle (Meadows et al., 1972 und 1974; Forrester, 1971) und der durch sie ausgelösten Diskussion um mögliche Grenzen des Weltwirtschaftswachstums. Diese Modelle betrachten das globale Ökosystem

- als Ausgangspunkt und Quelle aller materiellen Stoffflüsse, die über einen Ressourcenabbau bzw. eine Ressourcennutzung (erneuerbare Ressourcen) dann

- als Inputs und Durchflußgrößen (throughputs) in das Teilsystem Wirtschaft eingehen, um dieses danach

- als „Abfälle" (inklusive Emissionen) zu verlassen, d.h. wiederum in das Ökosystem zurückkehren.

Ein derartiges wirtschaftliches Wachstum bedeutet Durchflußwachstum und wird dann zum Problem, wenn es bei begrenzter Substitutionsmöglichkeit der einzelnen Inputkategorien zur Erschöpfung endlicher Ressourcen kommt und/oder die Regenerations- oder Assimilationskapazität des globalen Ökosystems stark überfordert wird. Die Weltmodelle beschäftigen sich daher mit der Frage, ob sich derartig relevante Durchflußgrößen bzw. Engpaßsituationen bestimmen lassen.

Faßt man zusammen, so stehen bei den hochaggregierten Weltmodellen gegenwärtig mehrere Engpaßkomponenten im Vordergrund. Auf der Ressourcen- oder Inputseite sind dies

- die global begrenzte landwirtschaftlich nutzbare Fläche, die vor allem die für die Ernährung relevante Biomasse zu produzieren hat, die nicht substituiert werden kann und nach Auffassung mancher Experten (Vitousek, 1986; Daly, 1992) weitgehend ausgenutzt ist,

- damit in Zusammenhang stehend die Forderung nach Schutz weiter Teile der Erdoberfläche (Lebensraumerhaltung) für die Zwecke der Erhaltung der Artenvielfalt durch Blockade einer weiteren Expansion der Siedlungsflächen bzw. der landwirtschaftlich genutzten Flächen,

- des weiteren der zunehmend sichtbar werdende Wasserengpaß (Weltbank, 1992a) sowie

- teilweise noch der begrenzte Vorrat an fossilen Energieträgern. Es darf aber nicht verhehlt werden, daß man der These vom limitierenden Effekt begrenzter Energievorräte heute eher zurückhaltend begegnet.

Auf der Emissions- oder Abfallseite sind dies

- die begrenzte *Aufnahmefähigkeit* der Atmosphäre für die Treibhausgase (siehe 1.1.1), unter denen vor allem Kohlendioxid, Methan und Lachgas im Vordergrund stehen (Enquete-Kommission, 1990a),

- die emissionsbedingte Verdünnung der Ozonschicht (siehe 1.1.2), wobei die Aufmerksamkeit vor allem den Fluorchlorkohlenwasserstoffen gilt,

- die emissions- und bewirtschaftungsbedingte Bodendegradation (siehe 1.4), die längerfristig im Sinne der Reduktion der agrarisch nutzbaren Fläche und der Biotopvernichtung wirkt, sowie

- partiell die Wasserverschmutzung (siehe 1.3), die die natürliche Selbstreinigungskraft bestehender Gewässer überfordert.

Was die Engpässe der Emissions- oder Abfallseite betrifft, so rückten diese zwangsläufig die erneuerbaren Ressourcen in den Mittelpunkt der Betrachtung. Man wurde sich immer mehr bewußt, daß die natürliche Umwelt eine Art „Produktionssystem" darstellt, welches Güter produziert oder Leistungen (etwa Deponiefunktion) vorhält, die für den Menschen nützlich sind. Diese Leistungen werden ohne Tätigsein des Menschen spontan angeboten und in unserer volkswirtschaftlichen Buchhaltung trotz ihrer nutzenstiftenden Wirkung nicht ausreichend berücksichtigt (Klemmer, 1987). Die Güter dieses nicht explizit vom Menschen gestalteten, sondern sich spontan entwickelnden und in starkem Maße am Recycling-Prinzip orientierten natürlichen „Produktionssystems" werden in der Regel als Produktions- bzw. Ertrags-, Regelungs-, Deponie- und Lebensraumleistungen interpretiert (SRU, 1985). Während in früheren Zeiten Entnahmen aus und Abgaben in die natürliche Umwelt von dieser aufgrund ihrer spontanen Leistungsfähigkeit weitgehend kompensiert wurden, besteht heute weitgehend Einigkeit darüber, daß in vielen Bereichen die Leistungsfähigkeit des natürlichen Produktionssystems in Frage gestellt ist. Unterstellt man hierbei eine komplementäre Beziehung zwischen dem natürlichen und dem künstlichen Produktionssystem der Wirtschaft, geht man mit anderen Worten davon aus, daß das ökologische Realkapital nicht durch ein vom Menschen geschaffenes „künstliches" Realkapital ersetzt werden kann, können sich theoretisch Engpaßeffekte ergeben, die das längerfristige Wirtschaften durchaus in Frage zu stellen vermögen. Fällt die Leistungsfähigkeit des natürlichen Produktionssystems nämlich aus – und das ist die Grundbotschaft der meisten Weltmodelle –, kann es zu einem Leistungszusammenbruch mit irreversiblen Folgen, d. h. z. B. zu einem möglichen neuen ökologischen Gleichgewicht, aber auf deutlich niedrigerem ökologischen Tragfähigkeitsniveau als bisher, kommen. Dies würde letztlich einen gesellschaftlichen Wohlstandsverlust implizieren.

Bei einer solchen Betrachtungsweise liegt die Frage nahe, bis zu welchem Grad das Ökosystem mit Entnahmen, aber vor allem mit Emissionen (Abfällen) belastet werden kann, ohne daß es seine spontane Leistungsfähigkeit verliert. Damit wird zwangsläufig die Frage nach jenem Wachstums- oder Entwicklungspfad relevant, der noch als ökologisch tragfähig bzw. als dauerhaft oder nachhaltig realisierbar (*sustainable development*) angesehen werden kann.

Die bisher verfügbaren, zumeist hochaggregierten „Weltmodelle" liefern zu dieser zentralen Frage eine Reihe wichtiger Hinweise, aber noch keine definitive Antwort. Solche Modelle versuchen, das System Erde als Ganzes zu betrachten und zu bilanzieren, inwiefern sich die wichtigsten Quellen und Senken als Folge von Energie- und

Stoffströmen verändern. Dabei konnte insbesondere gezeigt werden, daß ein exponentielles Bevölkerungs- und Wirtschaftswachstum keine zukunftsfähige Entwicklung ermöglicht (Meadows, 1974; Meadows et al., 1992).

Während frühere Weltmodelle die globale Umweltproblematik nur unzureichend berücksichtigten, rückt eine neue Generation von „Integrierten Modellen" das Zusammenspiel von Umwelt und Entwicklung in den Mittelpunkt der Analyse („World 4", persönliche Mitteilung von Meadows; „IMAGE 2", Rotmans, 1990). Dabei wird auch der Versuch einer höheren geographischen Auflösung, also einer „Regionalisierung" der ökonomisch-ökologischen Wechselwirkungen auf diesem Planeten, unternommen. Inwieweit es darüber hinaus gelingen kann, innovatorische Prozesse sowie preis- oder einkommensinduzierte Verhaltensänderungen angemessen einzubeziehen, bleibt noch offen.

Die heute existierenden Modelle können im wesentlichen zweierlei leisten:

- Ausloten der Konsequenzen unterschiedlicher längerfristiger Szenarien im Sinne möglicher, aber nicht vorhersagbarer zukünftiger Entwicklungen.

- Kurzfristige Prognose der globalen Dynamik auf der Basis von fortgeschriebenen Trends und belegten bzw. vermuteten „Gesetzmäßigkeiten".

Häufig verwenden diese Modelle die Extrapolationen aus empirischen Studien – z.B. Wachstumserwartungen – als Inputgrößen oder orientieren sich an den aus Zielvorgaben – z.B. Sicherstellung einer Mindesternährung für die Bevölkerung in allen Regionen der Welt – abgeleiteten Parametern.

Mit Blick auf die Besonderheiten des Bereichs Wirtschaft können die Anforderungen an leistungsfähige „Weltmodelle" wie folgt zusammengefaßt werden: Die Regionalisierung wie auch die Sektoralisierung der Modelluntersuchungen sind dringend erforderlich. Darüber hinaus erscheint aber auch eine Betrachtungsweise notwendig, welche die Lern- und Anpassungsfähigkeit sozialer Systeme sowie deren Selbstorganisationsprozesse besser berücksichtigt. Insbesondere müssen die Entstehung und die Wirkung von Institutionen stärker durchleuchtet werden.

Die Regionalstruktur des Weltwirtschaftswachstums

Eine regionale Betrachtung des Weltwirtschaftswachstums als Ursache des globalen Wandels ist vor allem deswegen notwendig, weil

- bezüglich der eben angesprochenen „Leistungskraft" der natürlichen Umwelt gravierende regionale Unterschiede bestehen, die es nahelegen, von einem regional divergierenden Schutzwürdigkeitsprofil der Umweltgegebenheiten zu sprechen,

- in Abhängigkeit vom sozio-kulturellen Umfeld sowie dem erreichten wirtschaftlichen Wohlstand möglicherweise die Umweltpräferenzen der Menschen divergieren,

- vergleichbare wirtschaftliche Aktivitäten oder demographische Entwicklungsprozesse aufgrund regional divergierender Umweltgegebenheiten von Region zu Region unterschiedlich auf den globalen Wandel einwirken,

- großräumige Emissions-Immissions-Wirkungs-Verflechtungen bestehen, die eine räumliche Trennung von Verursachern und Betroffenen erkennen lassen und bezüglich der hierdurch induzierten Umweltprobleme zur umweltpolitischen Abstimmung internationale Vereinbarungen erfordern, und

- sich hinsichtlich der räumlichen Verteilung des globalen Wirtschaftswachstums und der durch dieses induzierten Wohlstandseffekte gravierende Unterschiede auftun, die das Umweltbewußtsein, die Bereitschaft zum umweltpolitischen Handeln sowie die umweltpolitischen Reaktionsmöglichkeiten beeinflussen und damit auch Konsequenzen für die politischen Handlungsempfehlungen haben.

Wie wichtig eine regionalisierte Betrachtung von Entwicklungsprozessen ist, kann bereits anhand der Bevölkerungsentwicklung deutlich gemacht werden. So ist es z.B. für die Analyse der zu erwartenden Auswirkungen auf den globalen Wandel von entscheidender Bedeutung zu wissen, wie sich die gegenwärtig prognostizierte Zunahme der Weltbevölkerung um 3,7 Mrd. Menschen im Zeitraum von 1990 bis 2030 regional verteilen wird. Konzentriert sie sich z.B. auf Gebiete mit hoher Bevölkerungsdichte, werden die Urbanisierungsprobleme zunehmen, erfolgt sie in Gebieten mit begrenzt verwertbarer agrarischer Nutzfläche, kann eine Mobilisierung von Grenzböden mit nachfolgender Bodendegradation oder eine irreversible Vernichtung ökologisch wertvoller Flächen stattfinden. Findet sie in unterentwickelten Gebieten statt, wird sich möglicherweise der wirtschaftliche Verelendungsprozeß beschleunigen, wohingegen in hochentwickelten Gebieten mit einer Beschleunigung des wirtschaftlichen Wachstums gerechnet werden kann. Angesichts der Tatsache, daß sich dieser Bevölkerungszuwachs in der Tat regional sehr ungleich verteilen wird, muß eine räumlich differenzierte Betrachtung vorgenommen werden. So werden sich 90 % dieses Bevölkerungswachstums mit größter Wahrscheinlichkeit auf die Entwicklungsländer konzentrieren, wobei in den kommenden vier Jahrzehnten Schwarzafrika von 500 Mio. auf 1,5 Mrd. Menschen, die Bevölkerung Asiens von 3,1 Mrd. auf 5,1 Mrd. Menschen und die Lateinamerikas von 459 Mio. auf 750 Mio. ansteigen kann (Weltbank, 1992a; UNDP, 1992).

Bevölkerungsentwicklung und wirtschaftliches Wachstum verlaufen jedoch keineswegs parallel. Aus gleich näher zu belegenden Gründen ist vielmehr davon auszugehen, daß diese Prozesse räumlich auseinanderklaffen, woraus sich besondere globale Umweltprobleme ergeben. Um dies besser zu verdeutlichen, wird nachfolgend, unter Bezugnahme auf die umfangreichen Ergebnisse der Entwicklungsländerforschung, eine *Ländergliederung* vorgenommen, die die globalen Zusammenhänge, die in diesem Gutachten im Vordergrund stehen sollen, schärfer herausarbeitet und Grundlage politischer Empfehlungen werden kann. Grobe Unterscheidungsmerkmale sind hierbei die Bevölkerungsentwicklung und -dichte, der erreichte wirtschaftliche Wohlstand und die wirtschaftlichen Entwicklungsperspektiven, die global relevanten Interessen, die globalen Funktionen und die Durchsetzungsfähigkeit umweltpolitischer Maßnahmen. Danach könnte man unterscheiden:

Gruppe 1: Die hochentwickelten Länder bzw. ökonomischen Welt-Gravitationszentren

Annäherungsweise kann diese Gruppe durch die OECD-Mitglieder (der „*Organization for Economic Cooperation and Development*" gehören an: Australien, Belgien, Dänemark, Deutschland, Finnland, Frankreich, Griechenland, Großbritannien, Irland, Island, Italien, Japan, Kanada, Luxemburg, Neuseeland, die Niederlande, Norwegen, Österreich, Portugal, Schweden, die Schweiz, Spanien und die Vereinigten Staaten) charakterisiert werden. Unter globalen Überlegungen zählen sie sicherlich zu den Hauptemittenten von Schadstoffen und Treibhausgasen. Im Mittelpunkt dieser Gruppe stehen, vor allem wenn man an den Einfluß auf das Weltwirtschaftsgeschehen sowie die Rolle im Rahmen der UNCED-Konferenzen denkt, die G-7-Staaten (in alphabetischer Reihenfolge: Deutschland, Frankreich, Großbritannien, Italien, Japan, Kanada und die USA), im engeren Sinne sogar nur die G-5-Staaten (Deutschland, Frankreich, Großbritannien, Japan und die USA). Insofern kommt Deutschland bei der Bewältigung globaler Umweltfragen besondere Bedeutung zu.

Diese Staaten stehen gegenwärtig im Mittelpunkt der nachfolgend noch näher beschriebenen Triadenbildung und heißen hochentwickelt, weil sie nicht nur über ein überdurchschnittlich hohes Pro-Kopf-Einkommen und in Abhängigkeit hiervon über ein bereits ausgeprägtes gesellschaftliches und politisches Umweltbewußtsein verfügen, sondern in der Regel auch stabile politische Verhältnisse aufweisen, ein gut ausgebautes Umweltrecht besitzen, das aufgrund einer funktionsfähigen Verwaltung auch durchgesetzt werden kann (geringe Vollzugsdefizite), und sich aufgrund ihres Wohlstandes auch einen hochentwickelten technischen Umweltschutz (etwa gut ausgebaute Versorgungs- und Entsorgungsinfrastruktur) leisten können.

Auch ihre künftigen Wachstumsperspektiven können trotz aller gegenwärtigen Wirtschaftsprobleme als gut bezeichnet werden (UNDP, 1992). Es hat sich aber im Vorfeld der UNCED-Konferenz von Rio de Janeiro gezeigt, daß die G-5-Staaten wenig Neigung zeigen, sich auf feste Zusagen bezüglich Umfang und Zeitpunkt einer verstärkten Entwicklungshilfe einzulassen. Auch hinsichtlich der Frage eines Schuldenerlasses nehmen sie eher eine zurückhaltende Position ein. Tendenziell zeigen sie auch geringes Interesse an der Gründung neuer Weltinstitutionen.

Die Länder dieser Gruppe entfalten eine beachtliche Gravitationskraft. Insbesondere sind sie als Importeure und Exporteure für die wirtschaftliche Entwicklung der Entwicklungsländer von großer Bedeutung. Letztere stehen – wirtschaftlich gesehen – häufig in einer Abhängigkeitsposition. Eine Steigerung des Wachstums der OECD-Staaten um 1 % über drei Jahre hinweg löst z.B. in den Entwicklungsländern pro Jahr eine Exportsteigerung von

60 Mrd. US-$ aus (Weltbank, 1992b). Eine Wachstumsabschwächung dieser Ländergruppe oder eine protektionistisch orientierte Handelsabschottung trifft die Staaten der anderen Gruppen in der Regel überproportional.

Die entwickelten Staaten sind Ausgangspunkt neuer technologischer Entwicklungslinien. Bei ihnen liegt somit die Mehrheit der Eigentumsrechte an neuen Produkten und Produktionsverfahren. Insofern kommt ihnen auch beim Technologietransfer eine besondere Bedeutung zu.

Des weiteren vermögen diese Länder vielfach aufgrund ihrer Kontrollmechanismen (Behörden, neutrale Prüfeinrichtungen, öffentliche Meinung) in effizienter Weise umweltsensible Wirtschaftsaktivitäten (etwa Stromerzeugung auf der Basis von Kernenergie oder chemische Produktion) zu handhaben und sind in starkem Maße Ausgangspunkt neuer Produktlebenszyklen, Produktionsverfahren und damit auch neuer Umwelttechnologien. Hinzu kommt, daß sie in anderer Weise für die globalen Umweltprobleme verantwortlich zeichnen als die Entwicklungsländer (Weltbank, 1992a). So stehen unter globalen Aspekten vor allem die Kohlendioxid-, Kohlenmonoxid-, Stickoxide- und Schwefeldioxid-Emissionen, die Zerstörung der Ozonschicht der Stratosphäre durch die FCKW-Einträge, der photochemische Smog und die gefährlichen Abfälle im Vordergrund. Letztere sind vor allem global dann von Bedeutung, wenn sie zu ihrer Beseitigung in andere Länder mit problematischen Deponien transportiert werden.

Gruppe 2: Die osteuropäischen Länder

Bei diesen handelt es sich – vor allem gemessen am Produktionsumfang – immer noch um wirtschaftlich bedeutsame Nationen, die jedoch aufgrund der Transformation ihrer Wirtschaftssysteme, der offenkundigen Effizienzprobleme ihrer Ökonomien sowie der Auflösung ihrer politisch abgeschotteten Wirtschaftsräume aus der Gruppe der entwickelten Länder zurückzufallen drohen.

Sie sind mehrheitlich durch ein noch unterdurchschnittlich entwickeltes Umweltbewußtsein sowie – im Vergleich zu den hochentwickelten Gebieten – vor allem durch einen rückständigen Umweltschutz, d.h. im Vergleich zu den Ländern der nachfolgenden Gruppen durch sehr große Emissionsminderungspotentiale gekennzeichnet.

Teilweise in Übereinstimmung mit den USA nahmen diese Staaten bis Anfang dieses Jahrzehnts gegenüber klimapolitischen Beschlüssen eine eher ablehnende Position ein. Bei den Vorverhandlungen zur UNCED-Konferenz haben die meisten Länder dieser Gruppe das Ziel verfolgt, als Länder mit Ökonomien im Übergang von den Emissionslimitierungen der Industrieländer ausgenommen zu werden und für sich den Status von Entwicklungsländern zu reklamieren (Czakainski, 1992). Als Geldgeber im Rahmen einer globalen Entwicklungshilfe werden diese Länder zunächst ausscheiden.

Der bereits erreichte Umfang der volkswirtschaftlichen Wertschöpfung mit hohem Anteil an industrieller Produktion, in Verbindung mit dem defizitären technischen Umweltschutz, führt dazu, daß die Länder dieser zweiten Gruppe bezüglich der CO_2-, SO_2- und FCKW-Einträge mit zu den Hauptemittenten der Welt zählen und darum für viele globale Umweltprobleme mitverantwortlich zeichnen. So stammte Ende der 80er Jahre rund ein Drittel aller globalen CO_2-Emissionen aus Osteuropa einschließlich der damaligen UdSSR (RWI, 1993). Gemäß ersten Einschätzungen stellen die Luftbelastungsprobleme, gefolgt von der Gewässerbelastung, die größte Hypothek der Vergangenheit dar (Hughes, 1992).

Angesichts ihrer gegenwärtigen und mittelfristig zu erwartenden Wirtschaftsprobleme ist zu befürchten, daß ohne Hilfe von außen der dringend erforderliche Auf- und Ausbau des technischen Umweltschutzes (etwa allein durch Modernisierung der Kraftwerke) und damit die Mobilisierung eines beachtlichen Emissionsminderungspotentials bei Luftschadstoffen unterbleibt.

Gruppe 3: Die Schwellenländer („Newly Industrializing Countries")

Es handelt sich hier um Länder, für die in den nächsten Jahren im Vergleich zum Weltdurchschnitt und sogar zu den hochentwickelten Ländern die höchsten Wachstumsraten erwartet werden (Weltbank, 1992b). Da die meisten gleichzeitig immer noch hohe Bevölkerungszuwachsraten verzeichnen und teilweise eine bereits hohe Einwohnerdichte aufweisen, kommt ihnen für den künftigen globalen Wandel besondere Bedeutung zu.

Im asiatisch-pazifischen Raum zählen zu dieser Gruppe der Schwellenländer die vier „alten Tiger" Korea, Taiwan, Hongkong, Singapur und die „Nachwuchs-Tiger" Malaysia, Thailand und Indonesien; außerhalb dieses Raumes werden vor allem Argentinien, Brasilien sowie die Türkei dieser Gruppe zugeordnet (Weltbank, 1989; IWF, 1989).

Kennzeichnend für diese Schwellenländer ist in der Regel, daß bei ihnen der Anteil unmittelbar produktiver Investitionen am Volkseinkommen – als wichtigstem Kriterium für einen wirtschaftlichen Aufstieg – in den letzten Jahren stark anstieg, es vor allem zu einer vertikalen Diversifizierung der Produktionsstruktur verbunden mit einer überproportionalen Zunahme der interindustriellen Verflechtung kam, was, mit Ausnahme der Investitionsgüter, häufig auch eine Substitution von Importprodukten und die Erwirtschaftung exportfähiger Produktionsüberschüsse ermöglichte. Die Exportstruktur verlagerte sich weg von den rohstoffnahen und standortbestimmten Gütern hin zu Industriewaren, die mit Standardtechnologien produziert werden können, und vielfach gelang es sogar, eigene Schlüsselsektoren aufzubauen (Milton, 1990; Weltbank, 1992b; UNDP, 1992).

Durch den eben skizzierten sektoralen Wandel konnte in den Schwellenländern teilweise eine Umweltentlastung erzielt werden. Noch relevanter ist jedoch, daß die sich neu entwickelnden Schlüsselbereiche (z. B. Mikroelektronik) zumeist hohe Anforderungen an den Standort und damit auch an die Umweltqualität stellen, und vor allem bei den Schwellenländern im asiatisch-pazifischen Raum dem technischen Umweltschutz doch allmählich höherer Stellenwert eingeräumt wird.

Die wirtschaftliche Entwicklung dieser Ländergruppe führte indirekt zu beachtlichen Produktivitätssteigerungen in der Landwirtschaft und damit zur Ausweitung der Ernährungsbasis.

Die Hauptprobleme dieser Länder sind die Urbanisierungsprobleme, die Ausweitung der Siedlungsfläche, die Beseitigung der giftigen Industrieabfälle sowie ein stark ansteigendes Verkehrsaufkommen.

Gruppe 4: Die brennstoffexportierenden Länder

Es handelt sich hier um eine sehr heterogene Ländergruppe, deren Exporte von Erdöl und Erdgas jedoch mindestens 50 % der Waren- und Dienstleistungsausfuhren ausmachen (Weltbank, 1992a). Hierzu gehören insbesondere Algerien, Angola, Irak, Islamische Republik Iran, Kongo, Libyen, Nigeria, Oman, Saudi-Arabien, Trinidad und Tobago, Venezuela und die Vereinigten Arabischen Emirate. Im Mittelpunkt stehen vor allem die OPEC-Staaten, deren Erdölexporte im Durchschnitt 75 % ihrer Exporterlöse erzielen (Schürmann, 1992).

Diese Länder verdanken ihren Wohlstand vor allem den hohen Deviseneinnahmen, die sie aus dem Export einer immer knapper werdenden und bislang kaum ersetzbaren Ressource ziehen, wobei es ihnen im Vergleich zu anderen Rohstoffexporteuren gelang, über Kartellstrategien (OPEC-Kartell) sie begünstigende Preise durchzusetzen. Sie zeigen darum wenig Interesse an Maßnahmen zur Einschränkung und Verteuerung des Verbrauchs fossiler Energieträger. In ihrem Wiener Kommunique (1991) sprachen sie sich entschieden gegen wachstumslimitierende Überlegungen aus und lehnten die Vorschläge zur Reduktion der CO_2-Emissionen ab.

In ihren Ländern konzentriert sich häufig eine auf das Mineralöl ausgerichtete Verarbeitung und chemische Industrie, die sich nicht immer an den Umweltstandards der hochentwickelten Länder orientiert. Vielfach gilt für diese Länder auch das ökonomisch und umweltbezogene Problem eines „Wachstums ohne Entwicklung", und zwar auch zu Lasten der Umwelt. Einige Länder haben darum ihre Entwicklungschance vertan und rutschen immer stärker in die nachfolgende Gruppe ab.

Gruppe 5: Die Entwicklungsländer

Hier handelt es sich um eine sehr heterogene Gruppe von Ländern, die sich alle durch das Kriterium der Unterentwicklung auszeichnen. In dieser Situation sind sie sowohl Verursacher als auch Betroffene globaler Umweltprobleme. So haben sich 36 Staaten, vor allem pazifische Inselstaaten, die kaum einen Beitrag zu den Treibhausgasemissionen leisten, aber aufgrund ihrer Inselsituation sowie ihrer geographischen Lage negative Folgen einer Klimaänderung (Anstieg des Meeresspiegels) befürchten, zur Alliance of Small Island States (AOSIS) zusammengeschlossen. Sie fordern den Aufbau eines internationalen Klimafonds und setzen sich für die Etablierung eines internationalen Versicherungssystems für Klimafolgen ein. Eine weitere Gruppe bilden die G-77-Staaten und

China, die vor allem Entwicklungshilfe und kostenlosen Technologietransfer fordern. Hierbei setzen etwa China, Indien oder Brasilien das von ihnen ausgehende ökologische Bedrohungspotential oft als Druckmittel zur Durchsetzung ihrer Forderungen ein. Mehrheitlich sprechen sie sich gegen eine substantielle Verpflichtung zur Begrenzung der Treibhausgasemissionen aus (vgl. die von 55 Staaten im Vorfeld von UNCED unterschriebene Kuala Lumpur-Deklaration). Dies gilt u.a. für Indien und China, die über die größten Kohlenvorräte der Welt verfügen.

Unter den Ländern dieser Gruppe stehen vor allem die *„Least Developed Countries"* vor großen Problemen. Sie werden vom Weltwachstumstrend nicht nur immer stärker abgekoppelt, sondern sind vor allem durch eine Art „Krise der Entwicklung" bzw. „Verelendungswachstum" (Nohlen und Nuscheler, 1992a) gekennzeichnet, d.h. auch durch eine beachtliche Konzentration von Krankheit, Analphabetismus und Unterernährung (Sachs, 1989; Nohlen und Nuscheler, 1992b) bzw. einen „Teufelskreis der Armut" (Stucken, 1966). In diesen Ländern geht es teilweise nur noch um das blanke Überleben, was in der Regel eine Vernachlässigung längerfristig orientierter Umweltschutzüberlegungen bedeutet. Die Bevölkerung wächst bei steigender, aber im Vergleich zu den Ländern der ersten Gruppe immer noch niedriger Lebenserwartung vor allem aufgrund der hohen Geburtenraten rasch, das gesellschaftliche und politische Umweltbewußtsein ist häufig wenig ausgeprägt, für den technischen Umweltschutz fehlt das notwendige Geld. Da eine effizient arbeitende Verwaltung fehlt, kommt es selbst beim Ausbau eines Umweltrechtsrahmens in der Regel zu Kontroll- und Vollzugsdefiziten, was vor allem den Einsatz des ordnungsrechtlichen Instrumentariums fast unmöglich macht. Staatsunternehmen werden häufig großzügig von Umweltauflagen befreit.

Die dringendsten Umweltprobleme dieser Länder sind in der Regel verseuchtes Wasser, ungenügende sanitäre Einrichtungen, Raubbau am Boden, der Rauch von Feuerstellen in den Häusern und die Emissionen aus dem Einsatz von Holz und Kohle (Weltbank, 1992a). Im Gegensatz zu den hochentwickelten Ländern dominieren die direkte Gefährdung des menschlichen Lebens und die regionale Konzentration dieser Probleme – etwa in den explodierenden Großstädten.

Unter globalen Aspekten spielen die durch Bevölkerungsentwicklung und Unterentwicklung erzwungene Vernichtung schutzwürdiger Ökosysteme (z.B. der tropischen Wälder), die durch unangepaßte Agrartechnik induzierte Bodendegradation sowie die über katastrophale Hygieneverhältnisse ausgelöste Seuchengefahr eine große Rolle. Anfang des nächsten Jahrhunderts werden die unterentwickelten Länder ein Viertel zum globalen CO_2-Eintrag beisteuern, wobei den Haushalten bzw. dem Kleingewerbe, aber auch dem Verkehr große Bedeutung zukommt (RWI, 1993).

Das Wirtschaftswachstum sowie die Entwicklung der Handelsbeziehungen innerhalb und zwischen diesen fünf Gruppen divergieren beachtlich. Dies wird mit größter Wahrscheinlichkeit auch für die Zukunft gelten. Teilweise bewegen sich deswegen auch die Ursachen des globalen Wandels auseinander. Unverkennbar ist z.B., daß sich – vor allem wenn man die räumliche Verflechtung des Güter- und Kapitalverkehrs berücksichtigt – in der Nachkriegszeit drei große Gravitationszentren (Isard, 1962; Tinbergen, 1962; Milton, 1990) herausgebildet haben, was neuerdings auch mit dem Bild der *Entwicklungs-Triade* umschrieben wird. So tritt seit geraumer Zeit neben

- den relativ festgefügten und in das östliche Mitteleuropa expandierenden europäischen Handelsblock (12 EG-Länder, die 3 skandinavischen Länder, Schweiz und Österreich) sowie

- die drei nordamerikanischen Staaten Kanada, USA und Mexiko (NAFTA) als zweitem Block

- zunehmend ein noch nicht so festgefügter asiatischer Block mit Japan, Korea, Taiwan, Hongkong, Singapur, Malaysia, Thailand und Indonesien.

Inwieweit China und Indien als potentielle Schwellenländer hierzu aufschließen können, ist noch offen. Da es sich in beiden letztgenannten Fällen aber um sehr bevölkerungsreiche Länder handelt, die eine umfassende Industrialisierung anstreben und hierbei vor allem auf ihre enormen Vorräte an fossilen Energieträgern zurückgreifen werden, ist deren Entwicklung unter dem Aspekt der für die globalen Umweltveränderungen relevanten Emissionen bedeutsam.

Es herrscht gegenwärtig jedoch weitgehend Konsens darüber, daß die eben umrissenen drei Gravitationszentren samt der Schwellenländer das Wachstum der Weltwirtschaft in den nächsten zehn bis zwanzig Jahren wesentlich bestimmen werden (Weltbank, 1992b), wobei ihr Wachstum aufgrund der bestehenden ökonomischen Abhängigkeiten in starkem Maße auch über die wirtschaftliche Expansion der anderen Gruppen mitentscheiden wird. Wachstumsabschwächungen in diesen drei großen Gravitationszentren haben, wie gerade die Entwicklung der letzten Jahre belegt, oft einen überdurchschnittlichen wirtschaftlichen Einbruch der anderen Gruppen zur Folge. Insofern stellen die im Vergleich zu den 80er Jahren sich gegenwärtig anbahnenden Wachstumsrisiken in wichtigen Ländern dieser Triade eine eher ungünstige mittelfristige Rahmenbedingung für die unterentwickelten Länder dar, die zusätzlich mit der Gefahr einer Neubelebung protektionistischer Überlegungen einhergeht. Umweltpolitisch ist dies insofern ein Dilemma, als sinkende Wachstumsraten den Widerstand der Wirtschaft der hochentwickelten Länder gegen verschärfte Umweltanforderungen wecken und eine durch wirtschaftliches Wachstum induzierte Umweltentlastung in den anderen Gruppen unterbleibt. Letzteres trifft, wie gleich noch dargestellt wird, vor allem für die Gruppe 5 zu.

Eine Prognose über die schwer einzuordnende neue Gruppe der osteuropäischen Länder zu wagen, ist gegenwärtig kaum möglich (Borenzstein und Montiel, 1992; Weltbank, 1992a). Tendenziell dominiert zur Zeit ein gewisser Pessimismus. Dies ist insofern problematisch, weil diese Ländergruppe mit zu den entscheidenden Emittenten global schädlicher Stoffe zählt (Ende der 80er Jahre z.B. ein Drittel aller globalen CO_2-Emissionen) und weil bereits über eine Modernisierung des überkommenen Realkapitals – etwa zur Steigerung des Wirkungsgrads im Kraftwerksbereich – Emissionen drastisch gemindert werden könnten. Während z.B. in Westeuropa und Japan 1989 pro Kopf und Jahr 2,2 t Kohlenstoff emittiert wurden, betrugen die entsprechenden Werte für Osteuropa 2,9 t, für die ehemalige UdSSR sogar 3,7 t (CO_2-Werte: × 3,67). Während in Japan zu diesem Zeitpunkt zur Produktion im Werte von 1000 US-$ lediglich 4,2 Gigajoule (GJ) an Brennstoffen und knapp 1,3 GJ an Strom verbraucht wurden, benötigten die osteuropäischen Staaten nahezu achtmal soviel Energie, um die gleiche Produktionsleistung zu erwirtschaften (RWI, 1993). Würde es daher gelingen, diese Länder wachstumsbedingt – nur dann findet die erforderliche Modernisierung des überkommenen Realkapitalbestandes statt – an die bereits realisierten Wirkungsgrade bzw. Umweltstandards Japans oder Westeuropas heranzuführen, könnte bereits eine beträchtliche ökologische Entlastung stattfinden.

Letzteres wäre mit mehreren Konsequenzen für die unterentwickelten Länder (Least Developed Countries) und damit auch für den globalen Wandel verbunden, wobei man, was den gegenwärtigen Entwicklungsstand und die Entwicklungstendenzen betrifft, innerhalb dieser Gruppe auf wichtige Unterschiede aufmerksam machen muß (Weltbank, 1991 und 1992a; UNDP, 1992). Geht man zunächst von der Zustandsbeschreibung Ende der 80er Jahre aus, so lag der größte Teil der wirklich armen Länder mit einem Jahreseinkommen von weniger als 370 US-$ damals in Südostasien sowie Schwarzafrika und betraf dort die Hälfte der Gesamtbevölkerung, verglichen mit ca. 20 % in Ostasien und Lateinamerika (Weltentwicklungsbericht 1990, 1991 und 1992; Walton 1990; Summers, 1992; UNDP, 1992). Das bedeutet, daß auch heute noch über eine Milliarde Menschen von weniger als einem Dollar pro Tag leben müssen – ein Lebensstandard, den Westeuropa und die Vereinigten Staaten, statistisch gesehen, bereits vor etwa 200 Jahren erreicht hatten (Thomas, 1992; Weltbank, 1991 und 1992). Ländliche Gebiete sind hierbei von Armut am stärksten betroffen, was die starke Landflucht und in ihrer Folge den beschleunigten Urbanisierungsprozeß erklärt.

Was den Rückgang der Armut betrifft, wurden in den letzten Jahren – über die Gesamtheit dieser Länder gesehen – unverkennbar Fortschritte erzielt und waren die 80er Jahre entgegen manchen Behauptungen auch keineswegs das vielzitierte „verlorene Jahrzehnt" (Karaosmanoglu, 1991). Die Mehrzahl der Länder der ehemaligen Dritten Welt konnte – gemessen am Pro-Kopf-Einkommen, der Ausweitung der Nahrungsmittelproduktion (Osten-Sacken, 1992), der Steigerung der Lebenserwartung sowie der Absenkung der Kindersterblichkeit – in den letzten 25 Jahren durchaus eine positive Entwicklung verzeichnen (Summers, 1992; Weltbank, 1991 und 1992a). Dies trifft, läßt man einmal Bangladesch, Laos, Nepal, Pakistan, die Philippinen, Sri Lanka und Afghanistan außer acht, insbesondere für die Armen Süd- und Ostasiens zu (Walton, 1990; Summers, 1992; Weltbank, 1991und 1992a). Besonders auffallend war hierbei das im Vergleich zu allen Entwicklungsländern überdurchschnittliche Wachstum der sich schnell industrialisierenden Länder Korea, Thailand, Malaysia und Indonesien. Wenn sich darum die Prognosen der Weltbank bewahrheiten, könnte sich der Anteil Asiens, in dem gegenwärtig etwa die Hälfte der Weltbevölkerung von ca. 5 Mrd. lebt, an der Weltarmut durchaus von 72 % (1985) bis zum Jahre 2000 auf etwa 53 % verringern (Weltbank, 1990).

Unverkennbar ist aber auch die Tatsache, daß sich im asiatischen Raum angesichts des hohen Bevölkerungswachstums – etwa 35 % sind jünger als 15 Jahre – sowie der bereits erreichten hohen Bevölkerungsdichte in besonderer Weise im Gefolge dieses zu erwartenden Bevölkerungs- und Wirtschaftswachstums ökologische Probleme einstellen werden (siehe 2.1). So nutzen in Asien (außer Pakistan) zur Zeit etwa 354 Menschen einen Quadratkilometer landwirtschaftlich verwertbaren Bodens, verglichen mit 55 Menschen in Lateinamerika, 58 in der Region südlich der Sahara und 116 Menschen im Nahen Osten und Nordafrika. In Bangladesch sind es sogar über 1000 Einwohner je Quadratkilometer agrarisch verwertbaren Bodens (Karaosmanoglu, 1991). Regionale Unterschiede innerhalb dieser Länder blieben hierbei unberücksichtigt, können jedoch künftighin immer bedeutungsvoller werden. Dies gilt vor allem dann, wenn man die künftige Bevölkerungsentwicklung – Zuwachs von 3,1 Mrd. auf 5,1 Mrd. Menschen – in diesem Raum berücksichtigt. So wird heute davon ausgegangen, daß bis zum Jahr 2025 dort mehr als 50 Städte jeweils mehr als 4 Mio. Einwohner haben werden, verglichen mit gegenwärtig etwa 20 (Karaosmanoglu, 1991). In Bangladesch kann die Einwohnerdichte auf den fast unvorstellbaren Wert von 1.700 Einwohner je Quadratkilometer steigen (Weltbank, 1992a; zum Vergleich: Ruhrgebiet Ende der 80er Jahre knapp 1.200 Einwohner je Quadratkilometer; KVR, 1989).

Trotz der für manche Entwicklungsländer positiver klingenden wirtschaftlichen Zukunftserwartung wird sich am bestehenden Nord-Süd-Entwicklungsgefälle in den nächsten Jahren voraussichtlich nichts entscheidend ändern. Ein Viertel aller Entwicklungsländer läuft sogar Gefahr einer rückläufige Entwicklung (Thomas, 1991). So gab es Ende der 80er Jahre bereits 40 Länder, die hinter das Entwicklungsniveau, das sie bereits vor 25 Jahren erzielt hatten, zurückgefallen waren. Diese Zahl wird sich möglicherweise in den nächsten Jahren eher vergrößern als verringern. Sorge bereiten einige Länder Lateinamerikas, insbesondere aber Schwarzafrikas[4], wo sich südlich der Sahara eine fast unaufhaltsame Entwicklungskatastrophe anzubahnen scheint (Walton, 1990; Boeckh, 1992). Hier lebten Mitte der 80er Jahre fast eine halbe Milliarde Menschen, deren Bruttoinlandsprodukt aber nur dem Belgiens mit seinen 10 Mio. Einwohnern entsprach (Landell-Mills et al., 1989). Einige dieser afrikanischen Länder hatten Ende der 80er Jahre Pro-Kopf-Einkommen, die niedriger waren als diejenigen bei der Erlangung der Unabhängigkeit vor dreißig Jahren; in vielen dieser Länder nahm sogar das tägliche Kalorienangebot je Kopf ab (Easterly, 1991).

Aus diesem Grunde geht die Weltbank auch davon aus, daß sich der afrikanische Armutsanteil von 16 % im Jahre 1985 – das waren immerhin 85 Mio. Menschen – bis zum Jahr 2000 auf etwa 32 % verdoppeln könnte. Sorge bereitet vor allem, daß die Nahrungsmittelproduktion vielfach mit dem Bevölkerungswachstum nicht Schritt halten kann. Sollte sich das Bevölkerungs-„Alptraum-Szenario" der UN-Wirtschaftskommission vom Anfang der 80er Jahre bewahrheiten, muß in Schwarzafrika alle 23 Jahre mit einer Verdopplung der Bevölkerung gerechnet werden (Landell-Mills et al., 1989). Ein solches Bevölkerungswachstum wäre, was die Ernährungsbasis betrifft, durchaus noch verkraftbar. So stünde gemäß den Berechnungen von Experten in weiten Teilen Afrikas selbst bei herkömmlicher Agrartechnologie im Falle der verkehrsinfrastrukturellen Erschließung, der Bewältigung der logistischen Probleme einschließlich der Lagerhaltung und der Liberalisierung der Preis- und Absatzsysteme (Ali und Pitkin, 1991) noch genügend Fläche zur Verfügung, um das für die Bevölkerungsernährung erforderliche Wachstum der afrikanischen Landwirtschaft (voraussichtlich 4 %) zu erreichen. Problematisch würde es lediglich in Nigeria, Äthiopien und Kenia (FAO, 1984). Alle Anzeichen sprechen jedoch dafür, daß dieses Potential nicht genutzt werden kann.

Dieser Mißerfolg bei der Armutsbekämpfung in Schwarzafrika wird vor allem auf die Vernachlässigung der landwirtschaftlichen Bereiche zurückgeführt. Hinzu kommen eine unzureichende Investition in die Schulausbildung, eine problematische Industrialisierungsstrategie in den vergangenen Jahren, eine Verschlechterung der „Terms of Trade" in der zweiten Hälfte der 80er Jahre (Nsouli, 1989; Summers, 1992), steigende Haushaltsdefizite bei häufig relativ hohem Militärausgabenanteil (Hewitt, 1991), eine wachsende Auslandsverschuldung (Summers, 1992), ein Verfall der die politische und ökonomische Stabilität wahrenden Institutionen sowie die sich ausbreitenden kriegerischen Auseinandersetzungen (Walton, 1990; Summers, 1992). Teilweise spielten auch eine Serie von Dürreperioden in den 70er und 80er Jahren eine wichtige Rolle.

Gerade bei der Gruppe der „Least Developed Countries" zeigt sich in besonders prägnanter Weise, daß Umweltzerstörungen vielfach Ursache und Folge von Armut und Entwicklungskrise sind. Berücksichtigt man z. B., daß das für das Umwelthandeln relevante Umweltbewußtsein der Individuen, der Gesellschaft oder Politiker durch

---

[4] Der Begriff Schwarzafrika bezieht sich in der Regel auf die Länder südlich der Sahara ohne Südafrika.

entwicklungsabhängige Faktoren mitbestimmt wird oder daß die Bevölkerungsentwicklung invers zur Wohlstandsentwicklung verläuft, wird bereits hier deutlich, daß wirtschaftliche Entwicklung auch positive Umwelteffekte auslösen kann. Sowohl unter dem Blickwinkel der Ursachenforschung als auch unter dem Aspekt der Handlungsempfehlungen ist eine regionalisierte Betrachtung der Entwicklung des Weltwirtschaftswachstums unverzichtbar.

Die Sektoralstruktur des Weltwirtschaftswachstums

Wissenschaftlich befriedigende Antworten auf die Frage, in welchem Ausmaß der erkennbare sektorale Strukturwandel, insbesondere im Bereich der Industrie, dazu beitragen kann, die Belastung der Umwelt zu erhöhen oder zu vermindern, sind bis jetzt selbst im nationalen Bereich nur wenige zu finden. In der Bundesrepublik Deutschland wurden hierzu vor allem im Bereich der Strukturberichterstattung Analysen vorgenommen (Graskamp et al., 1992), auf internationaler Ebene sind solche Analysen jedoch noch selten. Insbesondere bestehen über die These, der Wandel von der Industrie- zur Dienstleistungsgesellschaft verbinde sich mit „ökologischen Gratiseffekten", immer noch unterschiedliche Auffassungen. Dies hat verschiedene Gründe.

Zum einen ist es selbst in den hochentwickelten Nationen keineswegs sicher, daß von einem ungebrochenen Trend in die Dienstleistungsgesellschaft gesprochen werden kann. Neuere Prognosen lassen z. B. für die Bundesrepublik durchaus eine Phase leichter „Re-Industrialisierung" erkennen (RWI, 1993). Unter globalen Aspekten wird jedoch eine weitere Industrialisierung unausweichlich sein. Des weiteren ist zu berücksichtigen, daß viele Bereiche im Tertiärsektor (Dienstleistungssektor) unter bestimmten Bedingungen mit signifikanten Umweltbelastungen verbunden sein können. Hierzu zählen bedeutende Dienstleistungssektoren wie Verkehr oder Tourismus. Der mögliche Entlastungseffekt durch intersektoralen Strukturwandel kann jedoch durch mögliche Belastungswirkungen des intrasektoralen Wandels zunichte gemacht werden. Dies ist z. B. dann der Fall, wenn die Vorleistungsverflechtung zunimmt und zusammen mit einer Globalisierung der Märkte bzw. einer Internationalisierung der Produktion zusätzlichen Verkehr induziert. Regionale Entlastungseffekte (etwa Umweltentlastung des Ruhrgebiets durch Rückgang der Montanindustrie) können darum durchaus mit überregionalen oder globalen Belastungseffekten verknüpft sein.

Die Rolle des Primärsektors

Der Land- und Forstwirtschaft sowie der Fischerei müssen unter dem Aspekt globaler Umweltveränderungen besondere Bedeutung beigemessen werden. Diese Bedeutung kommt in Teilen schon in den Kapiteln Wasser, Böden und Wald zum Ausdruck, kann aber in dem vorliegenden Gutachten nicht erschöpfend behandelt werden. Es wird die Aufgabe des Beirats sein, sich mit der Rolle des Primärsektors in weiteren Gutachten auseinanderzusetzen. Dabei sollen die zur Zeit von der Enquete-Kommission zum Schutz der Erdatmosphäre bereits erarbeiteten Grundlagen miteinbezogen werden.

Sowohl in den Entwicklungsländern als auch in den höher entwickelten Ländern ist der Primärsektor eng mit globalen Umweltveränderungen verknüpft. Bei den erstgenannten Ländern sind es im wesentlichen die Ausdehnungen der Acker-, Weide- und Bewässerungsflächen zu Lasten anderer Ökosysteme sowie die Übernutzung von Weiden und Wäldern, die Anlaß zur Sorge bereiten. Bei den letzteren sind es die mit der Intensivierung der Landbewirtschaftung verbundene Mechanisierung und Chemisierung, die Probleme verursachen. In beiden Fällen können aus der Sicht nachhaltiger Nutzbarkeit drei übergeordnete Fragen unterschieden werden.

1. Inwieweit wird durch die in verschiedenen Regionen verwendeten Nutzungsstrategien und ihre sozioökonomische Steuerung die nachhaltige Nutzbarkeit und Produktivität der bewirtschafteten Acker-, Weide- und Waldflächen beeinträchtigt?

2. Inwieweit beeinflussen Veränderungen des physikalischen und chemischen Klimas die Nutzbarkeit und Produktivität der bewirtschafteten Acker-, Weide- und Waldflächen (Stichwort zu 1 und 2: Nachhaltige Landbewirtschaftung)?

3. Inwieweit gehen von den bewirtschafteten Acker-, Weide- und Waldflächen Belastungen für benachbarte Ökosysteme (terrestrische und aquatische) sowie für das Grundwasser und die Atmosphäre aus (Stichwort: Umweltschonende Landbewirtschaftung)?

Die Produktivität wird wesentlich durch die im Kapitel Boden beschriebenen Degradationsprozesse vermindert. So beschleunigt zum Beispiel in Regionen mit hohen Niederschlägen die zeitweise Freilegung der Bodenoberfläche durch Ernte, Beweidung oder Brand die Erosion durch Wasser ganz erheblich. Dieser Prozeß wird noch verstärkt, wenn die Eingriffe mit Bodenverdichtungen einhergehen. In Regionen mit starken Winden oder Stürmen, wie dies in ariden Regionen häufig der Fall ist, führt die Verminderung oder Vernichtung der Bodenbedeckung zum Abtrag durch Winderosion. Beispiele hierfür finden sich in allen Teilen der Welt, allerdings gibt es starke regionale Unterschiede. Zu nennen sind unter anderem für die höherentwickelten Länder der Trend zu großen zusammenhängenden Ackerflächen und daran geknüpfte gleichmäßige Bewirtschaftung, der Einsatz überschwerer Maschinen, nicht angepaßte Bearbeitungsmethoden, die Vereinfachung der Fruchtfolgen sowie Monokulturen. In den Entwicklungsländern sind es die unkontrollierte Ausdehnung der Acker- und Weideflächen zu Lasten der Wälder, die Überweidung von Graslämdern mit geringer Produktivität sowie die Anwendung falscher Techniken bei der Bewirtschaftung.

Die chemische Degradation besteht zum einen in der Nährstoffverarmung von land- und forstwirtschaftlichen Ökosystemen. Sie erfolgt durch Auswaschung, Verbrennung und Biomasseexport. Diese Form der Degradation ist in den Entwicklungsländern häufig, da oft keine finanziellen Mittel für Dünger vorhanden sind. Das Gegenteil ist in vielen höher entwickelten Ländern festzustellen, wo Überdüngung zu Belastungen von Nachbarsystemen führt. In diesem Zusammenhang sind insbesondere gelöste (NO_3^-) und gasförmige (NH_3, NO_x, N_2O) Stickstoffverbindungen zu nennen (siehe 1.4). In Industrieländern und Ballungsgebieten kommen lokale und regionale Belastungen mit Säuren, toxischen Substanzen wie Schwermetallen und human- und ökotoxischen organischen Substanzen hinzu. Diese Bodendegradationen und die mit zunehmender Intensivierung der Landwirtschaft einhergehende Homogenisierung der Pflanzenbestände bis hin zu genetisch einheitlichen Sorten führt zu einer Reduktion der biologischen Vielfalt. Die damit verbundene Abnahme der Stabilität und Regenerationsfähigkeit von Ökosystemen ist dann nur noch mit erhöhtem Aufwand an Energie, Düngern und Pflanzenschutzmitteln zu erreichen. Hier muß eine Optimierung der Landnutzung angestrebt werden, die auch eine Reduzierung des Energie- und Stoffeinsatzes zum Ziel hat.

Anders als natürliche und Forstökosysteme mit langen Umtriebzeiten sind vom Menschen gesteuerte Agrarökosysteme im Hinblick auf die zu erwartenden Klimaveränderungen anpassungsfähiger. Durch die Wahl bereits vorhandener Pflanzenarten und -sorten, die Züchtung neuer Sorten und die Anwendung geeigneter Bewirtschaftungsformen kann elastisch auf Veränderungen reagiert werden. Allerdings sind den Anpassungen Grenzen gesetzt. Hinsichtlich der Nährstoffausstattung und Wasserversorgung können marginale Standorte nur durch Meliorations- oder Bewässerungsmaßnahmen gehalten werden. Sie müssen allerdings aus ökonomischen Gründen häufig aufgegeben werden.

Der Anstieg der CO_2-Konzentration kann für die Landwirtschaft eine Düngung bedeuten. Da in der Landwirtschaft die anderen ertragsbildenden Faktoren optimiert werden, ist hier mit deutlichen Effekten zu rechnen. Inwieweit natürliche Ökosysteme darauf reagieren (Wachstum, Artenverschiebung) ist weitgehend unbekannt, dies gilt auch für die Wälder der Erde (siehe 1.5).

Die spezielle Ausprägung der Landwirtschaft kann hierfür immer nur vor dem Hintergrund eines räumlich definierten Naturhaushalts (siehe 1.5) umweltpolitisch bewertet werden (SRU, 1985). Dies muß angesichts der Bedeutung und Empfindlichkeit von Ökosystemen in den Tropen, dem Bereich mit dem größten Bevölkerungswachstum, in besonderer Weise beachtet werden.

Land- und Forstwirtschaft sind nicht nur von globalen Umweltveränderungen betroffen, sondern wirken auch mitverursachend. So tragen sie zu den Emissionen von Spurengasen durch die Abholzung von Wäldern (siehe 1.5.1) und die Änderung der Landnutzung (siehe 1.4), durch die Methan-Freisetzung aus dem Reisanbau und den Mägen der Wiederkäuer, durch die Freisetzung von CO_2 aus dem Abbau von organischen Substanzen der Böden sowie durch die Freisetzung von Lachgas aus hochgedüngten Agrarökosystemen (siehe 1.4) bei. Die aus land- und forstwirtschaftlich genutzten Ökosystemen ausgetragenen Stoffe können in gelöster Form das Grundwasser und Gewässer belasten (Nitrat, Pestizide, Schwermetalle) oder in partikulärer Form in Flüssen, Seen oder den Flachmeeren sedimentieren. Dadurch können diese Nachbarsysteme in ihren Eigenschaften stark verändert werden.

Aus diesen Beispielen wird nicht nur ersichtlich, daß gleiche wirtschaftliche Aktivitäten bei divergierenden naturräumlichen Gegebenheiten hinsichtlich ihrer globalen Auswirkungen (Tropenwaldvernichtung, Desertifikation usw.) unterschiedlich einzuschätzen sind (Guppy, 1984), sondern es wird auch deutlich, daß viele globale Umwelteffekte Folge einer nichtangepaßten Agrartechnologie sind. So sind – über die Fläche definiert – die Spielräume für eine landwirtschaftliche Nutzung der Erdoberfläche begrenzt, beachtliche Möglichkeiten bestehen aber immer noch bezüglich des biologischen, technischen und organisatorischen Fortschritts (Revelle, 1976).

Die Rolle des Sekundärsektors

Die Ausführungen zur Landwirtschaft zeigten, wie wichtig eine differenzierende Betrachtung bzw. eine gleichzeitige Berücksichtigung regionaler Aspekte ist. Dies gilt auch für den unter Umweltaspekten ebenfalls bedeutsamen Sekundär- oder Industriebereich, für den in den Entwicklungsländern hohe Wachstumsraten erwartet werden. Eine solche Entwicklung verbindet sich mit einem hohen Investitionsbedarf, der – falls genügend Mittel zur Verfügung stehen – auch die Chance der hohen Realisierung eines integrierten Umweltschutzes gestattet. So geht man davon aus, daß in etwa zehn Jahren neue Anlagen mehr als die Hälfte der industriellen Erzeugung in den Entwicklungsländern bereitstellen werden und in zwanzig Jahren praktisch die gesamte. Im Gegensatz zu den Industrieländern wird darum die Einflußnahme auf die Neuinvestitionen wichtiger sein als die Umrüstung bestehender Anlagen.

Insbesondere wird es zu einer Ausweitung der Stromerzeugung in den Entwicklungsländern kommen, die aber – wie neuere Studien der Weltbank (Weltbank, 1992a) zeigen – bei konsequenten Reformen zur Steigerung der Effizienz, bei Maßnahmen zur Senkung der Umweltbelastung und bei Bereitstellung der dafür erforderlichen Mittel durchaus noch ohne gravierende Steigerung der Emissionen an umweltverschmutzenden Stoffen realisiert werden könnte. So divergiert der Wirkungsgrad bei der Stromerzeugung nach Brennstoffeinsatz und Ländergruppen immer noch beachtlich. Er lag z. B. 1990 bei der Kohle in der OECD bei 38,2 %, in Westeuropa bei 40,5 % und in Japan bereits bei 44,2 %, erreichte in Osteuropa hingegen nur 28 %, in Afrika 29 %, in Lateinamerika 31,4 % und in China 32,4 % (RWI, 1993). Noch höher sind die Divergenzen beim Gaseinsatz, ebenfalls hoch beim Mineralöleinsatz.

Definiert man die Umweltbelastung der einzelnen Wirtschaftsbereiche über ausgewählte Schadstoffindikatoren (z. B. deren Anteile an den gesamten SO_2-, NO_x-, CO_2-Emissionen sowie dem Abwasser- und Abfallaufkommen), rücken in Deutschland, aber auch in anderen Ländern, zehn Sektoren stärker in den Vordergrund. Dies sind die Energie- und Wasserversorgung, der Bergbau, die Mineralölverarbeitung, die Nicht-Eisen-Metallerzeugung, die Chemische Industrie, die Eisenschaffende Industrie, die Zellstoff-, Papier- und Pappeerzeugung, die Gießereien, die Holzbearbeitung und der Sektor Steine und Erden (Graskamp et al., 1992). Man kann nachweisen, daß diese Bereiche ganz entscheidend zur Belastung der Umweltmedien Luft und Wasser sowie zum Abfallaufkommen beigetragen haben und darum in besonderer Weise auch Ansatzpunkte umweltpolitischer Maßnahmen waren. Sollte sich im Zeitablauf herausstellen, daß diese Sektoren – vor allem gemessen an ihrem Produktionsumfang – absolut oder relativ an Bedeutung verlieren, könnte man durchaus von einem durch Strukturwandel bedingten Umweltentlastungseffekt sprechen.

In der Tat fand in den meisten hochentwickelten Ländern aufgrund des entwicklungsbedingten Strukturwandels per Saldo eine solche Entlastung statt, welche sich vor allem regional bemerkbar machte (etwa im Ruhrgebiet). Gesamtwirtschaftlich war bislang aber der Entlastungseffekt, der durch Reduktion der sektoralen Emissionskoeffizienten erreicht werden konnte, größer als der Effekt des Strukturwandels. Hierbei kam dem „additiven" Umweltschutz in Form der *„end-of-the-pipe-solution"* besondere Bedeutung zu. Er beinhaltete jedoch zwangsläufig einen zusätzlichen Kostenaufwand für den Betreiber. Bei produktionsintegriertem Umweltschutz ist es hingegen durch Optimierung des Verfahrensablaufs möglich, die Kosten für die Verringerung der Emissionen gering zu halten oder sogar die Herstellungskosten zu senken (Lipphardt, 1989). Es ist davon auszugehen, daß in Zukunft der integrierte Umweltschutz bzw. der über den Strukturwandel herbeigeführte Umweltentlastungseffekt eine größere Rolle spielen wird.

Für die Entwicklungsländer sind umfassende Untersuchungen zu dieser Thematik noch selten. Es zeigt sich jedoch bereits jetzt, daß sich dort eine verstärkte Industrialisierung vor allem mit drei Problemen verbindet (Weltbank, 1992a):

- Kurzfristige Erhöhung der Emissionen in bereits existierenden Industriebetrieben mit geringem Standard an Umwelttechnologien.

- Ausdehnung der Industriestädte mit Verschärfung der lokalen bzw. regionalen Umweltbelastung sowie der Urbanisierungsprobleme, da die Industrialisierung Menschen anlockt.

- Veränderungen innerhalb der Industriestruktur, weg von Aktivitäten, die eine moderate Umweltverschmutzung zur Folge haben (Herstellung von Textilien, Holzprodukten und die Nahrungsmittelverarbeitung), hin zu anderen Aktivitäten mit höherem umweltbelastendem Potential (Metall- und chemische Industrie, Papierherstellung).

Für globale Umweltveränderungen bedeutsam sind auch jene Zusammenhänge, die sich aus dem Wechselspiel sektoraler und regionaler Entwicklungstendenzen der einzelnen Ländergruppen ergeben. So wird die Wirtschaftsstruktur einer Region oder einer Nation auf ganz entscheidende Weise nicht nur vom Wachstum der Beobachtungseinheit selbst, sondern vor allem von der Art und Entwicklung der interregionalen oder internationalen Arbeitsteilung geprägt. Im Rahmen der sich herausbildenden internationalen Arbeitsteilung, die ihrerseits von ökonomischen und politischen Machtkonstellationen, institutionellen Rahmenbedingungen (z. B. Weltwirtschaftsordnung, Handelsabkommen oder vertragliche Herausbildung von Wirtschaftsräumen usw.), protektionistischen Maßnahmen der großen Wirtschaftsblöcke usw. mitbestimmt wird, ergeben sich Spezialisierungsprozesse, die auf die Umwelt dieser Länder sowie auf die globalen Umweltgegebenheiten zurückwirken. Diese Fragen werden im Zusammenhang mit der Diskussion der institutionellen Rahmenbedingungen des Welthandels immer wichtiger (UNDP, 1992; Weltbank, 1992b) und berühren insbesondere die aktuelle Auseinandersetzung im Rahmen der Uruguay-Runde bzw. der Reform des Allgemeinen Zoll- und Handelsabkommens (General Agreement on Tariffs and Trade – GATT).

Auf einige Zusammenhänge soll verwiesen werden. So können globale Umweltprobleme z. B. auftreten, wenn es im Zusammenhang mit dem Strukturwandel der hochentwickelten Länder zu einem Export „schmutziger Industrien" in die unterentwickelten Länder kommt. Dies kann über eine direkte Standortverlagerung (Verlagerung einer Betriebsstätte) oder aber auch über verstärkte Investitionstätigkeit in den Entwicklungsländern geschehen und ist dann problematisch, wenn diese Länder aufgrund ihrer Umweltgegebenheiten sowie ihrer institutionellen Rahmenbedingungen (Gefahr der Kontroll- und Vollzugsdefizite) hierfür weniger geeignet wären. So kann sich möglicherweise chemische Produktion (etwa von Produkten des Chlorkomplexes) in Deutschland aufgrund der restriktiven Anforderungen der Umweltschutzgesetzgebung, der höheren Umweltstandards und der geringeren Vollzugsdefizite der Behörden viel umweltfreundlicher vollziehen als in Brasilien. Dort ergaben sich z. B. 1984/85 in Cubatao nahe Sao Paulo durch die räumliche Überlagerungen der Emissionen von Produktionsstätten der Stahl-, Kunstdünger-, Petrochemischen und Zementindustrie – wobei insbesondere die staatlichen Unternehmen eine unerfreuliche Rolle spielten (Weltbank, 1992a) – erschreckende Immissionswerte mit katastrophalen Folgen für die dort lebenden Einwohner.

Auch der Welthandel und seine Rahmenbedingungen können auf die globalen Umweltgegebenheiten einwirken (Siebert, 1974; Bender, 1976; Walter, 1975; Gronych, 1980). Die empirische sowie theoretisch-analytische Durchleuchtung dieses komplexen Beziehungsgefüges steht jedoch erst in den Anfängen und sollte intensiviert werden. So sind die spezifische Rolle multinationaler Unternehmen beim Technologietransfer sowie die negativen Rückwirkungen des verstärkten Protektionismus der Industrieländer zu überprüfen.

Die Frage, wie die internationale Arbeitsteilung unter dem Aspekt der globalen Umweltveränderungen zu bewerten ist, rückt immer stärker in den Vordergrund. Erste empirische Analysen hierzu liegen bereits vor. Sie betreffen etwa die „Ausfuhrbelastung" mit umweltsensiblen Gütern. Hierbei ergab sich für Ende der 80er Jahre bei einem Vergleich von 109 Ländern für Deutschland eine mittlere, für die Sowjetunion oder Brasilien eine deutlich überdurchschnittliche und für Japan und die meisten Schwellenländer ein signifikant unterdurchschnittliche „Ausfuhrbelastung" mit umweltintensiven Bereichen (Low und Yeats, 1992). Mit einer gewissen Vorsicht kann man aus diesen Forschungsarbeiten auch einen Trend zur Verlagerung von umweltproblematischen Produktionsbereichen in die weniger entwickelten Länder erkennen. So wird teilweise von einer „Industrieflucht" gesprochen, bei der als Reaktion auf die Verknappung des Gutes Umwelt in den hochentwickelten Ländern „schmutzige Industrien" in die unterentwickelten Länder ausweichen (Low und Yeats, 1992). Ob dies jedoch primär Folge von Lohnkostenunterschieden oder doch von standortrelevanten Umweltschutzvorschriften war, kann gegenwärtig nicht eindeutig beantwortet werden. Dies zeigen auch neuere Untersuchungen für die Bundesrepublik Deutschland (DIW/RWI, 1993). Problematisch wäre es auf alle Fälle, wenn sich die strukturelle Entwicklung der unterentwickelten Länder allein aus komparativen Kostenvorteilen bei den „schmutzigen Industrien" ergeben würde (Siebert, 1991).

Diese Diskussion lenkt die Aufmerksamkeit auf die Frage nach den ökologischen Auswirkungen der Welthandelsinstitutionen (Kulessa, 1992), wobei die Diskussion vor allem unter dem Stichwort „Freihandel und Umweltschutz" stattfindet und bereits das GATT beschäftigt (Kulessa, 1992; Klepper, 1992; Petersmann, 1991). So herrscht vielfach die Befürchtung vor, daß sich eine Handelsliberalisierung mit negativen regionalen und globalen Wohlfahrts- und Umwelteffekten verbinden könnte. Regionale Wohlfahrtseffekte können auftreten, wenn unterentwickelte Länder – bedingt durch die Marktpreis- oder Wechselkursentwicklung und ihren Bedarf an Devisenerwirtschaftung – Güter exportieren müssen, deren gesamtwirtschaftliche Kosten höher sind als der soziale bzw. der gesamtwirtschaftliche Wert der durch die Deviseneinnahmen ermöglichten Importe (El-Shagi, 1991). In Abhängigkeit von jeweiligen Preiselastizitäten kann es hierbei den höher entwickelten Ländern gelingen, einen Teil der Umweltkosten auf das Ausland abzuwälzen, umgekehrt können unterentwickelte Länder kurz- oder mittelfristig „gezwungen" sein, auf verschärften Umweltschutz zwecks Erhaltung ihrer Handelsposition zu verzichten.

Die Rolle des Tertiärsektors

Der Dienstleistungssektor wird in den hochentwickelten Industrieländern das globale wirtschaftliche Geschehen der nächsten Jahrzehnte entscheidend prägen. Umso überraschender ist es, daß über die Umweltimplikationen dieses Entwicklungstrends bis jetzt selbst auf nationaler Ebene nur wenige Kenntnisse vorliegen. Teilweise hat dies mit der Heterogenität dieses Tertiärsektors, der vom Handel über den Verkehr, die Versicherungen, das Beratungswesen, die Verbände, das Bildungs- und Gesundheitswesen, die Organisationen ohne Erwerbscharakter bis hin zum staatlichen Sektor reicht, zu tun, zum anderen liegt dies aber auch an beachtlichen Datendefiziten. Dies gilt insbesondere für die globale Ebene. Darum sollte man, wie bereits einleitend betont wurde, mit der Hypothese von der umweltentlastenden Wirkung der Entwicklung des Dienstleistungssektors zunächst noch zurückhaltend sein.

Dies wird aus globaler Sicht besonders deutlich, wenn man zwei Beispiele aus diesem Sektor, den Verkehr und den Ferntourismus, betrachtet. Diese haben in den letzten Jahren zunehmend an Bedeutung gewonnen. Durch die Verkürzung der Arbeitszeit, die Verlängerung des Jahresurlaubs sowie die ansteigende Zahl der altersbedingten Nichterwerbstätigen wächst mit gleichzeitig steigendem Einkommen die Reiseaktivität vieler Menschen. In Spanien beispielsweise ist die Anzahl der Touristen innerhalb zweier Jahre, von 1986 bis 1988, um 50 %, von 25 auf 38 Mio. Touristen pro Jahr, angewachsen. In Italien stieg der Touristenstrom im gleichen Zeitraum um 40 %, von 25 auf 35 Mio., und in Griechenland um mehr als 100 %, von 7 auf 16 Mio. (Schneider, 1990). Hinter diesem Prozeß verbirgt sich der Wunsch nach Erholung sowie nach Befriedigung bestimmter Interessen, wie z.B. der Besichtigung von Kunst- und Naturdenkmälern. Die erstgenannten Erholungsaktivitäten sind zumeist auf eine spezifische Infrastruktur (Hotelbauten, Sportanlagen, Strandgestaltung, Wanderwege usw.) ausgerichtet, für die zweitgenannte Kategorie spielt der Wunsch nach Erleben von Natur, Landschaft, Erfahrung freilebender Tierwelt sowie nach Besichtigung von historischen Denkmälern eine wichtige Rolle (Klockow und Matthes, 1990). Der erholungsorientierte Massentourismus konzentriert sich in der Regel auf bestimmte Regionen und Orte, wobei es aufgrund der infrastrukturellen Vorleistungen sowie der Freizeitaktivitäten zu teilweise gravierenden Eingriffen in die Landschaft kommt. Umgekehrt reagiert auch der Massentourismus bereits sensibel auf Informationen über Beeinträchtigungen im Landschaftsbild bzw. die Qualität der Umweltmedien Wasser und Luft. Noch sensibler sind die Reaktionen jener Touristen, für die die Qualität des Landschafts- oder Naturerlebnisses zum entscheidenden Reiseanlaß wird.

Damit wird die ambivalente Einschätzung des Ferntourismus unter Umweltaspekten sichtbar. Einmal ist er Ursache für gravierende Umweltschäden, die dann globale Bedeutung erlangen, wenn sie sich mit großräumigen Verkehrsbewegungen sowie der Zerstörung der Lebensräume wichtiger Tier- und Pflanzenarten verbinden. Andererseits können spezifische Erscheinungsformen (Ökotourismus in Costa Rica und Indonesien) und die damit zusammenhängenden ökonomischen Effekte Anlaß für ein verstärktes Interesse an der Erhaltung naturnaher Räume bzw. der biologischen Vielfalt werden. Sollte sich im Zeitablauf ein steigendes Umweltbewußtsein, d.h. eine zunehmend kritische Haltung der Erholungssuchenden sowie eine wachsende Sensibilität gegenüber Umweltschäden herausbilden, können sich hieraus durchaus positive Umwelteffekte ergeben. Eine differenzierte Betrachtung und Bewertung der Tourismusaktivitäten erscheint darum sehr wichtig und soll in einem späteren Gutachten erfolgen.

Auswirkungen

Die vorausgegangenen Abschnitte machten deutlich, daß das wirtschaftliche Teilsystem ein komplexes Beziehungsgefüge darstellt, dessen globale Umweltwirkungen nicht nur von seinem globalen Input-, Produktions- und Emissions- bzw. Abfallvolumen (Weltwirtschaft als hochaggregierte Größe), sondern auch von seinem regionalen und sektoralen Erscheinungsbild abhängen. Weiter wurde sichtbar, daß hinter den wirtschaftlichen Aktivitäten auch ein gesellschaftspolitisches Anliegen steht, das aus verschiedenen Gründen (Überwindung von Hunger und Armut, Streben des Menschen nach materieller Unabhängigkeit bzw. Absicherung, soziale Absicherung innerhalb eines institutionellen Rahmens, Erleichterung der anstehenden Verteilungsaufgaben) auch in Zukunft auf Ausschöpfung aller Expansionsmöglichkeiten drängt, was jede Problemlösung in besonderer Weise erschweren wird. Schließlich wurde deutlich, daß Armut und Umweltbelastung sich gerade in den unterentwickelten Ländern wechselseitig bedingen und wirtschaftliche Entwicklung sowie Umweltentlastung dort zumindest temporär Hand in Hand gehen.

Das aus diesen Gründen zu erwartende materielle Wachstum ist unter folgenden Aspekten zu betrachten (Hartje, 1992):

- Implikationen für das Ökosystem bzw. Engpässe auf der Ressourcenseite sowie limitierende Effekte der Senken.

- Schätzung der Kosten des praktizierten bzw. unterlassenen Umweltschutzes bzw. des Nutzens des Umweltschutzes.

Was den erstgenannten Themenkomplex betrifft, so spielen vor allem folgende Faktoren, die sich auch gegenseitig verstärken können, eine wichtige Rolle (Goodland, 1992):

- Engpässe bei der Produktion von Biomasse.

- Das Risiko eines Klimakollaps.

- Die Verdünnung der Ozonschicht.

- Die Bodendegradation.

- Der Rückgang der biologischen Vielfalt.

- Die vor allem aus regionaler Sicht wichtige Wasserverschmutzung und Wasserknappheit.

Auf die einzelnen Komponenten wird nachfolgend näher eingegangen.

Engpässe bei der Produktion von Biomasse

Der Mensch benötigt für seine Ernährung Biomasse, die nach Ansicht der Verfechter einer „Engpaßhypothese" (Vitousek et al., 1986; Daly, 1992) nicht beliebig vermehrbar ist. So werde gegenwärtig bereits 40 % der Netto-Primärproduktion der terrestrischen Photosynthese durch die Humanwirtschaft verbraucht, und es bestünde die Gefahr, daß wegen der Wüstenbildung, des Rückgangs landwirtschaftlicher Nutzfläche, Brandrodung, Erosion usw. das Biomasse-Produktionspotential längerfristig sogar noch abnehme. Angesichts des Bevölkerungswachstums sei auf alle Fälle davon auszugehen, daß in etwa dreißig bis vierzig Jahren 80 % des noch vorhandenen Spielraums und bald danach 100 % desselben ausgeschöpft seien. Hier wird somit in fast klassischer Weise auf eine Inputkomponente Bezug genommen und eine Art ökologische Tragfähigkeit, vor allem für die vertretbare Zahl von Menschen, definiert. Die Möglichkeit einer Beeinflussung dieser ökologischen Tragfähigkeit wird weitgehend ausgeschlossen.

Engpaßhypothesen, die die Biomasseproduktion betreffen, tauchten – denkt man nur an die Vorstellungen von Thomas Robert Malthus (1766 bis 1834) – im Laufe der Geschichte schon häufiger auf, um dann von der tatsächlichen Entwicklung wieder in Frage gestellt zu werden. Primäre Ursache für ihre Infragestellung war weniger die Ausweitung der landwirtschaftlichen Nutzfläche als vielmehr der biologische, organisatorische und technische Fortschritt im Bereich der Agrarproduktion. Auch heute stellt nach Ansicht vieler Experten die fehlende Technologie in semiariden Gebieten ein ernsthaftes Problem dar (Nelson, 1991). Spielraum für eine Ausweitung der Biomasseproduktion eröffnet sich möglicherweise durch die Anwendung kostengünstiger Techniken der Feuchtigkeitskonservierung – etwa eine Kombination von Konturenanbau, der ein Kammuster auf der Bodenoberfläche bewirkt, und Bepflanzung der Konturen mit Vetivergras in dichter Reihe bzw. der Bildung von Steinreihen. Es zeigte sich auch in den letzten Jahren, daß durch den Anbau bewässerungsabhängiger Hochertragssorten von Reis und anderen Getreidesorten viele asiatische Nationen von Nahrungsmittelimporteuren zu Überschußproduzenten wurden (Barghouti und Moigne, 1991). In Nigeria wurden mit Erfolg neue Verfahren der Bodenkonservierung in die Cassavaproduktion eingeführt. Von diesem Anbauprodukt ernähren sich immerhin 600 Mio. Menschen (Blake, 1992). Diese und andere Beispiele sind noch kein ausreichender Beweis für die Entkräftung der Biomasse-Engpaßhypothese. Sie zeigen aber, daß die Chance ihrer Milderung besteht, so daß in den Entwicklungsländern durchaus Möglichkeiten für eine Ausweitung der Ernährungsbasis gegeben sind.

Das Risiko eines Klimakollapses

Während bei der eben behandelten Engpaßkomponente neben der begrenzt nutzbaren Agrarfläche vor allem die Bevölkerungsentwicklung als Verursachungsgröße in den Mittelpunkt rückt, stehen bei der Weltklimafrage eindeutig die Folgen eines bestimmten wirtschaftlichen (Durchfluß-)Wachstums im Vordergrund, wobei es vor allem um die begrenzte Aufnahmefähigkeit bzw. Assimilationskapazität unseres globalen Ökosystems für bestimmte Schadstoffe, d.h. die Senkenproblematik, geht. Auf die Frage, ob diese Senkenproblematik ausreicht, um Aussagen über noch bestehende Wachstumsperspektiven zu machen, wird im Abschnitt Bewertung näher eingegangen.

Die vom Menschen veränderten Treibhausgase sind Kohlendioxid (CO_2), Methan (CH_4), Ozon (O_3) und Lachgas (N_2O) sowie die Fluorchlorkohlenwasserstoffe (FCKW). Hier ist nach Ansicht des Beirats die kritische Aufnahmekapazität bereits überschritten und es besteht angesichts der zu erwartenden Folgen Handlungsbedarf.

Die Verursacher des CO_2-Anstiegs sind bekannt. Man weiß, daß bei Realisierung der gegenwärtigen Entwicklungstrends im Jahre 2000 etwa 35 % aller CO_2-Emissionen aus Ost-Europa, ca. 25 % aus den Entwicklungsländern und ca. 40 % aus den hochentwickelten Volkswirtschaften stammen werden, wobei in den unterentwickelten Ländern den Haushalten und Kleinverbrauchern, in Osteuropa der Elektrizitätserzeugung und Industrie und in den hochentwickelten Nationen der Elektrizitätserzeugung sowie dem Verkehr unter Verursachungsüberlegungen primäres Gewicht eingeräumt werden muß (RWI, 1993). Landwirtschaftliche Emissionen tragen weltweit mit 15-17 % zum erhöhten Treibhauseffekt bei (Armbruster und Weber, 1991; Burdick, 1991; Ashford, 1991).

Schwieriger sind die regionalen Folgen zu bestimmen. Bereits die Ableitung der direkten Folgen für die Umwelt im Falle eines Meeresspiegelanstiegs ist umstritten, noch schwieriger sind die Implikationen der zu erwartenden Verschiebungen von Klimazonen vorherzusehen. Besondere Probleme bereitet die Überführung dieser Effekte in ökonomische Größen, d.h. z.B. in DM oder Dollar. Zumeist arbeitet man mit dem nicht unproblematischen Vermeidungskostenansatz und gelangt dann zu volkswirtschaftlichen Kosten in einer Spannbreite zwischen 0,04 und 1 % des weltweiten Bruttoinlandprodukts (Weltbank, 1992a; Masuhr et al., 1992). Hier besteht weiterer Forschungsbedarf.

Probleme verbinden sich aber auch mit dem Schadenskostenansatz. Er verlangt vor allem eine starke Regionalisierung der Folgeeffekte. Nur so ist es möglich, regionale Schäden (Ernteausfälle, Einkommensverluste, Produktivitätsminderung usw.) zu bestimmen. Hinzu kommt, daß es nicht nur Geschädigte, sondern – etwa bei der Verschiebung der Klimazonen – auch Begünstigte geben kann. Hier wird man allerdings kaum eine Saldierung zulassen können. Offen ist auch, wie man die Migrationseffekte bewerten soll. Sie können großes Ausmaß annehmen, sprechen doch viele Gründe dafür, daß vor allem die bevölkerungsreichen Entwicklungsländer betroffen sein werden. Will man schließlich einen Vergleich mit den Ergebnissen der Volkswirtschaftlichen Gesamtrechnungen anstellen, müßte mit der Zahlungsbereitschaftsanalyse gearbeitet werden (Junkernheinrich und Klemmer, 1992).

Da es sich um künftige Folgen handelt, taucht auch die Frage auf, mit welcher Rate (Diskontrate) zukünftige Nettoerträge in ihren gegenwärtigen Wert umgewandelt werden sollen. Cline (1992 und 1993) empfiehlt eine 2%ige Diskontrate, andere Autoren präferieren eine inflationsbereinigte Rate von 10 % pro Jahr. Je niedriger die Diskontrate ist, desto eher ist eine konsequente Klimaschutzpolitik möglich. Der Beirat hält die apodiktische Festlegung einer bestimmten Höhe von Schadens- oder Vermeidungskosten nicht für sinnvoll; er ist aber der Auffassung, daß bereits die vorliegenden Folgeanalysen ausreichen, um politisches Handeln zur Bewältigung des Klimaproblems zu begründen.

Die Ausdünnung der Ozonschicht

Erhöhte UV-B-Strahlung als Folge der Verdünnung der Ozonschicht wird vor allem von den chlorhaltigen FCKW-Bruchstücken in der Stratosphäre verursacht. Die Schätzungen über das quantitative Ausmaß dieser Schädigungen gehen jedoch noch auseinander (siehe 1.1.2). Ob Ersatzstoffe für die FCKW, z.B. R 134a, globale Umweltprobleme verursachen, wird noch kontrovers diskutiert. Kritiker machen vor allem darauf aufmerksam, daß deren Treibhauspotential hoch ist. Wohlfahrtsschätzungen, die mit dem Schadenskostenansatz oder sogar mit der Zahlungsbereitschaft arbeiten müßten, liegen bis jetzt nicht vor.

Die Bodendegradation und der Rückgang der biologischen Vielfalt

Während die Behandlung der drei eben genannten Wirkungs- und Engpaßkomponenten in vielen Fällen zu Schätzungs-, teilweise sogar zu Bewertungsversuchen führte, ist die Diskussion um die Größenordnung der globalen Bodendegradation, der hierdurch induzierten Produktivitätsabsenkung im Bereich der Landwirtschaft oder der Erosions-, Versalzungs- und Wüstenbildungseffekte noch weitgehend offen. Teilweise werden jährliche Bodenverlustraten von zwischen 10 und 100 Tonnen je Hektar genannt oder von einer jährlichen Versalzung oder Versumpfung von möglicherweise 6 Mio. Hektar gesprochen (Pimental et al., 1987; Goodland, 1992). Nach ersten Schätzungen betrug die in starkem Maße der Landwirtschaft anlastbare Entwaldungsrate im letzten Jahrzehnt 0,9 % jährlich, wobei Asien aufgrund seiner höheren Bevölkerungsdichte und seiner Bevölkerungsentwicklung mit 1,2 % eine höhere Entwaldungsrate aufwies als Schwarzafrika mit 0,8 % (Weltbank, 1992a). Immerhin sind aber bereits während der 80er Jahre die Wälder Afrikas um 8 % zurückgegangen. Die Weltbank schätzt die Einbußen an Flächenproduktivität auf tropischen Böden auf 0,5 bis 1,5 % des Bruttosozialprodukts dieser Länder (Weltbank, 1992a). Noch schwieriger wird es, die Effekte des Verlusts der biologischen Vielfalt zu bestimmen. Quantifizierungsversuche, wie sie etwa Hampicke (1992a) beispielhaft für die alten Bundesländer vornahm, sind auf globaler Ebene zur Zeit noch nicht zu finden.

Die Wasserverschmutzung und Wasserknappheit

In vielen neueren Studien wird die Wasserverschmutzung bzw. die Wasserverknappung als ernstzunehmendes globales Umweltproblem herausgestellt. Dies ist jedoch umstritten, da nicht erkennbar ist, inwieweit regionale Belastungs- und Engpaßeffekte, läßt man einmal die hierdurch ausgelösten Wanderungsreaktionen außer acht, globale Auswirkungen haben. Es trifft aber zu, daß direkt und indirekt diese Verschmutzung bzw. Verknappung Folge wirtschaftlicher Gegebenheiten ist, wobei vor allem auf den Zusammenhang von Bevölkerungsentwicklung, Bevölkerungsverdichtung, Unterentwicklung und Umweltbelastung hingewiesen werden muß. Insbesondere Armut und Unterentwicklung führen zu Defiziten in der Wasserver- und -entsorgung sowie manchmal – etwa bei kostenlosem Wasserangebot oder subventionierten Preisen – zur Wasservergeudung.

Die hierdurch induzierten Effekte sind beachtlich, jedoch noch primär von regionaler Bedeutung. Die Wasserverschmutzung könnte jedoch zu einer globalen Frage werden. So verfügen rund 1,7 Mrd. Menschen nicht über sanitären Einrichtungen, was das Auftreten von Durchfallserkrankungen – ca. 900 Mio. Fälle pro Jahr (Weltbank, 1992a) – sowie das großräumige Ausbreiten von Cholera, Typhus und Paratyphus begünstigt. Nach Schätzungen der Weltbank muß man gegenwärtig über 2 Mio. Sterbefälle und Milliarden von Krankheitsfällen pro Jahr der Wasserverschmutzung zurechnen, teilweise kommt es auch zu Beschränkungen der Wirtschaftsaktivitäten bedingt durch Wasserknappheit (Weltbank, 1992a), d.h. Wasser wird zum regionalen Engpaßfaktor. Geht man z.B. von der üblichen Normgröße von 1000 Kubikmeter erneuerbarer Wasserressource je Kopf aus, herrscht bereits in 22 Ländern der Erde Wassermangel, weitere 22 erscheinen gefährdet, wobei sich die Mehrzahl dieser Länder auf den Nahen Osten, Nordafrika und das Subsaharagebiet konzentriert (Weltbank, 1992a). Versuche der Monetarisierung dieser Schäden sind noch selten.

Bewertung

Die bisherigen Ausführungen haben deutlich gemacht, daß das Teilsystem Wirtschaft ebenso wie die Bevölkerungsentwicklung in zentraler Weise für die globalen Umweltveränderungen verantwortlich ist und die bisherige Form des Wirtschaftens unter globalen Aspekten einen kritischen Punkt erreicht hat, der keine „Entwicklungs-Nachhaltigkeit" verspricht. Mit anderen Worten: Kommt es nicht zu einem entscheidenden Kurswechsel, läuft die menschliche Gesellschaft Gefahr, ihr „natürliches Kapital" zu Lasten nachfolgender Generationen aufzuzehren. Insofern ist auch der Beirat der Überzeugung, daß eine gewaltige Umstrukturierung des wirtschaftlichen Teilsystems ansteht, von der noch keineswegs gesichert ist, ob sie auch bewältigt werden kann. Möglich ist hierbei, daß das ökonomische System anpassungsfähiger ist als das gesellschaftliche und daß die Hauptprobleme in den gesellschaftlichen Anpassungswiderständen gesehen werden müssen. Erhöhung des Umweltbewußtseins, Verbesserung der gesellschaftlichen Lernfähigkeit und umweltgerechtes individuelles bzw. gesellschaftliches Handeln sind darum in besonderem Maße gefordert.

Primäre Aufgabe dieses ersten Gutachtens ist, wie bereits ausführlich erläutert wurde, die Analyse der wechselseitigen Zusammenhänge zwischen den menschlichen Aktivitäten und den globalen Umweltaspekten. Die Frage nach den aus dieser Analyse zu ziehenden Schlußfolgerungen und den politischen Empfehlungen wird der Beirat in einem späteren Gutachten ausführlicher beantworten. Trotzdem sollen an dieser Stelle einige grundlegende Aspekte angesprochen werden.

In welche Richtung ist die Art des Wirtschaftens zu beeinflussen?

Versucht man zunächst eine Antwort auf die erste Frage unter Bezug auf das grob skizzierbare Leitbild einer „nachhaltigen Wirtschaftsentwicklung", so besteht weitgehend Einigkeit darüber, daß das bisherige materialintensive Durchflußwachstum geändert werden muß. Soll es nicht – schon allein aus dem Entwicklungsinteresse der Entwicklungsländer heraus – zu einer die gesellschaftlichen Spannungen verschärfenden Reduktion des globalen Wachstumsspielraums kommen, muß tendenziell eine Steigerung der Ressourceneffizienz und eine Abfallminderung, letzteres etwa über eine Abfallvermeidung oder über eine Kreislaufschließung der Wirtschaft, herbeigeführt werden. Viele sprechen sogar von einer notwendigen „Effizienzrevolution", die sie mit einer entschiedenen Dematerialisierung der Produktion, einer Reduzierung der Stoffflüsse, einer ökologischen Produktgestaltung (Ökodesign) und insbesondere mit einer Steigerung der Energieproduktivität gleichsetzen. Gefordert wird dabei eine Ausschöpfung aller (technisch möglichen) Einsparungspotentiale sowie eine aktive Strukturpolitik, die über einen "ökologischen Strukturwandel" eine Entkopplung von Einkommenswachstum und Umweltbelastung bewirken soll.

Hinzu tritt manchmal noch der Wunsch nach einer „Suffizienzrevolution", d. h. nach einem neuen Lebensstil in Form einer „neuen Genügsamkeit", eines Verzichts auf Konsumwachstum oder des Abbaus des energieintensiven Güterverbrauchs. Damit wird deutlich, daß die Leitbildkonkretisierung mit einigen gravierenden normativen Festlegungen verbunden ist – etwa der Definition der „Angemessenheit" bestimmter Konsumaktivitäten, der Definition von Begriffen wie „Verschwendung" oder „Vergeudung" und der Anerkennung des Anliegens der Ressourceneinsparung um ihrer selbst willen. Diese Fragen werden zur Zeit noch sehr kontrovers behandelt, so daß der Beirat zunächst von einer Positionsfestlegung Abstand nehmen möchte.

Einigkeit besteht aber darüber, daß vor allem die Behandlung der erneuerbaren Ressourcen Operationalisierungen zuläßt. Gibt es nämlich Grenzen der Belastbarkeit von Ökosystemen, die – wenn sie nicht beachtet werden – zu nicht akzeptablen ökologischen Folgekosten (etwa einer Klimakatastrophe) oder zu einem Zusammenbruch der Leistungsfähigkeit dieser Ökosysteme (etwa verminderte Reinigungskapazität von Fließgewässern oder abnehmende Ertragskraft von Böden aufgrund von Degradation) führen und damit auch den Interessen künftiger Generationen zuwiderlaufen, kann man maximale Nutzungen oder Emissionen festlegen und darauf hinwirken, daß die Wirtschaft diese Randbedingungen einhält. Ein typisches Beispiel ist die Klimakonvention von Rio de Janeiro, die über ihren Abschnitt 2 die Ableitung einer maximalen Emissionsmenge von CO_2 vorsieht und damit eine für die künftige Wirtschaftsentwicklung relevante und mindestens einzuhaltende Nebenbedingung umschreibt. Der Beirat ist daher der Auffassung, daß die Politik gefordert ist, diesen Aspekt nachhaltiger Wirtschaftsentwicklung möglichst schnell umzusetzen. Daraus ergibt sich die Frage nach den Umsetzungsstrategien, worauf später einzugehen sein wird.

Welches Umweltinformationssystem wird für die Bewältigung dieser Aufgabe benötigt?

Akzeptiert man die These, daß nachhaltige Wirtschaftsentwicklung teilweise über die begrenzte Deponierungskapazität von Ökosystemen oder – was noch besser ist – über die Erhaltung der Leistungsfähigkeit von Ökosystemen, d.h. den Erhalt der erneuerbaren Ressourcen definiert werden kann, lassen sich auch Schlußfolgerungen bezüglich des Ausbaus eines ökonomisch ausgerichteten Umweltinformationssystems ziehen. Sie müssen dann nämlich nicht nur global orientiert sein, sondern vor allem eine Umwelt-Vermögensrechnung aufweisen. Nachhaltigkeit bedeutet dann den Erhalt des „ökologischen Realkapitals". So wie eine Gesellschaft gut beraten ist, auf einen Abbau ihres „künstlichen Realkapitals" (Realvermögen der Volkswirtschaft) zu verzichten, da sie sonst von ihrer Sustanz leben würde, muß sie auch in einem längerfristigen Interesse ihr ökologisches Realkapital aufrechterhalten. Dies setzt jedoch eine Vermögensrechnung voraus. Insofern unterstützt der Beirat explizit die laufenden Bemühungen um die Entwicklung einer umweltökonomischen Gesamtrechnung, fordert aber, daß diese sich nicht nur auf die Korrektur der Stromgrößen (wie etwa Kosten oder Umsatz), um ökologische Belange (sog. Ökosozialprodukt) sowie die Entwicklung nationaler Systeme volkswirtschaftlicher Buchhaltung konzentrieren darf, sondern möglichst bald zu einer globalen Vermögensrechnung übergehen sollte. In einem späteren Gutachten wird unter Berücksichtigung der gegenwärtig laufenden Arbeiten, z.B. des Umweltökonomischen Beirats beim Statistischen Bundesamt und entsprechender Gremien der UNO, dieses Thema nochmals aufgriffen.

Was muß getan werden, um das krasse Nord-Süd-Wohlstandsgefälle auf der Welt zu überwinden?

Die Konferenz von Rio de Janeiro hat weiterhin gezeigt, daß Umwelt und Entwicklung zwei eng miteinander verknüpfte Themen sind. Mit anderen Worten: Nicht nur die Interessen der Natur oder künftiger Generationen, sondern auch die Interessen der heute Notleidenden sind zu berücksichtigen. Dies muß über finanzielle Transaktionen sowie einen Technologietransfer geschehen. Insofern muß es auch Änderungen im Bereich der Entwicklungshilfe geben. So plädiert der Beirat für eine Aufstockung dieser Mittel und ist der Auffassung, daß angesichts der weltweiten Wohlstandsdisparität durchaus ein Anteil der Entwicklungshilfe am Bruttosozialprodukt in der Größenordnung von 1 % wünschenswert erscheint. Die Hilfestellungen der Bundesrepublik Deutschland für Osteuropa sollten hierbei ganz oder teilweise angerechnet werden, da sich viele dieser Länder in einer schwierigen wirtschaftlichen Situation (häufig vergleichbar mit jener der Entwicklungsländer) befinden und eine Sanierung der dort häufig mit geringer Ressourceneffizienz arbeitenden Anlagen auch in globaler Hinsicht umweltentlastend wirkt. Spielraum besteht aber auch für eine Effizienzsteigerung der Entwicklungshilfe selbst. So gäbe es durchaus die Möglichkeit, die Mittel auf die oben beschriebenen Länder, die auch Entwicklungsaspekte berücksichtigen, quotenmäßig aufzuteilen, um dann innerhalb dieser Gruppen – zumindest für einen Teil der quotierten Mittel – eine Ausschreibung vorzunehmen, bei der Wert auf die Berücksichtigung umweltpolitischer Belange gelegt werden könnte. Hinzu kommen müßte ein globaler Tropenwaldfonds auf der Basis eines weltweiten Kooperationsvertrages, der finanziell vor allem von den höher entwickelten Industrieländern getragen werden sollte (Scheube, 1993).

Besteht überhaupt noch ein Wachstumsspielraum?

Die Beantwortung dieser wichtigen Frage bereitet einige Schwierigkeiten. Auch die Weltmodelle vermögen hierüber nur bedingt Auskunft zu geben. Sie informieren eher über jene Probleme, die bei Beibehaltung der bisherigen Form des Wirtschaftens bzw. bei ihrer Übertragung auf alle Länder dieser Erde zu erwarten sind. Sie vermögen jedoch nicht den technischen Fortschritt oder Substitutionsprozesse selbst zu prognostizieren. Manches spricht dafür, daß wir an Grenzen stoßen oder sie bereits überschritten haben, eine genaue Grenzfestlegung ist aber schwierig. Selbst die von einigen Ökonomen (etwa Georgescu-Roegen, 1971 und 1976) formulierte Hypothese, wonach jedes globale Wirtschaftswachstum längerfristig aufgrund des zweiten Hauptsatzes der Thermodynamik in einer Art „Entropiemeer", d.h. im Zustand „materieller Unordnung" enden muß, bedarf einer differenzierten Betrachtung (Nicolis und Prigogine, 1977 und 1989; Haken, 1978; Kafka, 1989).

Trotzdem ist die Frage ernst zu nehmen, ob nicht doch dem Energie- oder Senkenproblem wachstumsbegrenzende Wirkung zukommt. Hierauf soll eine erste klärende Antwort versucht werden. Es stimmt in der Tat, daß die anthropogene Energieerzeugung sowohl eine entscheidende Rolle spielt als auch zu dem das wirtschaftliche Wachstum gewährleistenden Medium und manchmal sogar zum Motor wirtschaftlichen Wachstums (*„engine of growth"*) wurde. War der Mensch bis zur beginnenden Industrialisierung noch weitgehend in den natürlichen Photosyntheseprozeß eingebunden, hat er sich heute mit einer anthropogenen Energieerzeugung von etwa 11 Terawatt pro Jahr von diesem weitgehend abgekoppelt (Seifritz, 1993). Dies geschah insbesondere durch die Erschließung immer neuer fossiler Energievorräte. Jegliche Form des wirtschaftlichen Wachstums bzw. der mit diesem verbundenen Güterproduktions-, -verteilungs- und -verwendungsprozesse war und ist darum mit einem Einsatz bzw. einer Transformation natürlicher Ressourcen verbunden. Während es bei vielen Ressourcen gelang, über Substitutionsprozesse auf immer weitere Vorräte zurückzugreifen, ist die Abhängigkeit von der Energieerzeugung sogar noch gestiegen. Daran haben auch alle neueren Versuche, Energieverbrauch und wirtschaftliches Wachstum zu entkoppeln, nichts Wesentliches geändert. Insbesondere wurde in den hochentwickelten Ländern teure Arbeit durch energieintensive Verfahren ersetzt. Heute verbrennt die Menschheit darum pro Tag mehr fossile Energieträger als in 1000 Jahren entstanden sind (BMFT, 1992b).

Die anthropogen erzeugte Energie wird hierbei selbst nicht verbraucht, sondern nur von einer hochwertigen in eine niederwertige Erscheinungsform (Exergieextraktion) umgewandelt. Insofern kann diese Form des bislang dominierenden Wirtschaftswachstums, wie es sich in den vier zurückliegenden *Kontradieffschen Zyklen* abspielte, zu Recht als „Durchflußwachstum" bezeichnet werden. Ein solches Durchflußwachstum ist in der Tat dann problematisch, wenn entweder

- die Energievorräte zu Ende gehen und keine Substitutionsmöglichkeit dieses Engpaßfaktors besteht und/oder

- die Deponierungskapazität für den „Abfall" dieser Form des Wirtschaftens erschöpft ist bzw. ohne Gefährdung der Menschheit nicht mehr erweitert werden kann.

Was diesen „Abfall" betrifft, ist es nicht die Abwärme, die zum besonderen Problem wird, sondern der CO_2-Eintrag in die Erdatmosphäre. Mit anderen Worten: Es ist nicht die Erschöpfung der endlichen Vorräte an fossilen Energieträgern, die zum Engpaßfaktor wird, sondern das Senkenproblem des CO_2. Inzwischen verbrennen nämlich 5,8 Mrd. Menschen jährlich etwa 5,9 Mrd. Tonnen Kohlenstoff zu 22 Mrd. Tonnen Kohlendioxid. Ein solcher Eintrag ist aber, wie oben gezeigt werden konnte, mit so hohen ökologischen Risiken verbunden, daß er nicht weiter hingenommen werden kann.

Eine Begrenzung dieses Eintrags ist grundsätzlich nur möglich, wenn

- es zur Entkopplung von Wirtschaftswachstum und Energieverbrauch kommt,

- sich das Wirtschaftswachstum selbst begrenzen läßt,

- ein neues kohlenstofffreies Energiesystem zur Verfügung steht oder

- sich neue technische Möglichkeiten für eine klimaneutrale Nutzung der fossilen Brennstoffe auftun.

Eine Entkopplung von Energieverbrauch und Wirtschaftswachstum erscheint gegenwärtig kaum möglich, Spielraum für eine relative Entkopplung ist aber noch vorhanden. Angesichts des weltweiten Bevölkerungswachstums und des damit verbundenen Energiemehrbedarfs reicht die absehbare Steigerung der Energieeffizienz möglicherweise aber nicht aus, um den CO_2-Eintrag in ausreichendem Maße zu begrenzen, so daß vielfach für eine Politik der Wachstumsbegrenzung in Verbindung mit einer Ausschöpfung aller Möglichkeiten einer Steigerung der Energieeffizienz sowie des Energiesparens plädiert wird. Dafür spricht nach Ansicht der Befürworter einer solchen Politik auch, daß es kurzfristig kaum möglich erscheint, in ausreichendem Maße auf kohlenstofffreie Energiesysteme zurückzugreifen. Dies wären regenerative Energiequellen (Wasser, Wind, Biomasse), Wasserkraft, Photovoltaik oder Kernfusion. Deren Zukunftsperspektiven sind noch unsicher und/oder mit einem hohen Kapital- und Zeitaufwand verbunden.

Sind staatlich forciertes Energiesparen, Ausschöpfen aller technischen Handlungsspielräume zur Steigerung der Energieeffizienz sowie Energievermeidung bzw. Wachstumsbegrenzung dann noch die einzigen kurzfristig zur Verfügung stehenden Möglichkeiten? Diese Frage, die von vielen bejaht wird, ist nach Ansicht des Beirats doch vorsichtiger anzugehen. Bislang hat es nur wenig ökonomische Anreize für einen grundlegenden Wandel unserer bisherigen Wirtschaftsweise gegeben, die Entwicklung der relativen Preise legte sogar eine energieintensive Produktions- und Konsumtionsweise nahe, das CO_2-Senken-Problem war aufgrund fehlender Verfügungsrechte über die Deponierungsspielräume kaum preiswirksam, und auch die Suche nach kohlenstofffreien Energiesystemen erschien zumindest aus einzelwirtschaftlicher Sicht kaum erforderlich. Insofern kommt der instrumentellen Ausgestaltung einer nationalen und internationalen Umweltpolitik größte Bedeutung zu.

Bevor hierauf eingegangen wird, muß aber betont werden, daß auch noch die grundsätzliche Möglichkeit einer CO_2-Endlagerstrategie besteht. Sie ist zumindest, wie neuere Untersuchungen zeigen (Seifritz, 1993), nicht auszuschließen. Gedacht wird dabei an künstliche CO_2-Lager, an eine Deponierung in den Meerestiefen oder an terrestrische Trockeneislager. Die Frage der verschiedenen Möglichkeiten soll hier nicht ausdiskutiert werden, wichtig ist nur, daß durchaus theoretische Lösungen bestehen, die eine Atempause für die Schaffung eines funktionsfähigen kohlenstofffreien Energiesystems gewähren könnten. Bislang fehlen allerdings noch die ökonomischen Anreize, sich näher mit der Ausreifung und Umsetzung solcher Überlegungen zu beschäftigen. Dies verlangt darum nach einem Vorgehen, welches nicht einseitig der Wirtschaft Handlungsanweisungen gibt, sondern sich als eine Verbesserung des gesamtgesellschaftlichen und globalen Suchprozesses darstellt.

Handlungsbedarf

Politikkonzept

Damit gelangt man wiederum zu der bereits oben angesprochenen Grundsatzfrage, wie der Wandel der Wirtschaft hin zu einem Entwicklungspfad, der „Nachhaltigkeit" verspricht, realisiert werden kann. Muß er vom Staat vorgegeben und dann durchgesetzt werden oder reicht es aus, Rahmenbedingungen zu setzen und die Beantwortung dieser Frage einem gesellschaftlichen Suchprozeß zu überantworten? Bevorzugt man die letztgenannte Strategie, müssen sich die staatlichen Anstrengungen auf die Verbesserung der Organisation des Suchprozesses konzentrieren, wobei der Marktwirtschaft als Organisation eines derartigen Suchprozesses große Bedeutung zukommt. Es ist aber unübersehbar, daß wir es hier mit einem Fragenkomplex zu tun haben, der teilweise sehr kontrovers beantwortet wird. Es mischen sich ideologische Positionen mit divergierenden Einschätzungen über die Leistungsfähigkeit des Marktes. Fest steht auch, daß es in der Realität nicht nur ein Markt-, sondern auch ein Politikversagen gibt. Auch die Meinungsbildung im Beirat ist hierüber noch nicht abgeschlossen.

Etwas überspitzt formuliert kann man – was die eben angesprochenen strategischen Schlußfolgerungen betrifft – aber auch schon jetzt zwei Politikrichtungen (Klemmer, 1993) unterscheiden:

1. Ein Politikansatz, der – vielfach unter Bezugnahme auf Modellanalysen – sich um eine explizite Modifizierung des anzustrebenden Entwicklungspfades bemüht, diese Operationalisierungsaufgabe zumeist dem Staat überträgt, wobei häufig die Ausschöpfung aller Ressourceneinsparungs- und Kreislaufschließungsmöglichkeiten um ihrer selbst willen zum eigenständigen Ziel erhoben und vor allem von den höher entwickelten Ländern in diesem Sinne vorbildhaftes Wirtschaften gefordert wird. Zu diesem Zweck will man über den expliziten und gezielten Einsatz des gesamten Instrumentariums des Ordnungsrechts, der ökonomischen Anreize (insbesondere Abgaben und Umweltsteuern) sowie des Planungsrechts gezielt auf die Wirtschaftsstruktur Einfluß nehmen und diese Wirtschaft zur Abkehr von einer ressourcen- und deponierungsaufwendigen sowie risikobehafteten Wirtschaftsform hin zu einer ressourcensparenden, risikomindernden und den Kreislaufgedanken bevorzugenden Art des Handelns bringen. Da man neuerdings sieht, daß das Ordnungsrecht in vielen Ländern weitgehend ausgeschöpft ist, plädiert man in starkem Maße für eine generelle Verteuerung des Ressourceneinsatzes und des Abfallweges. Im Grunde steht hier eine interventionistische Wirtschafts- und Gesellschaftspolitik im Vordergrund, die sich am technisch Möglichen, aber auch an der „Angemessenheit" des

Konsums orientiert. Letzteres impliziert im Extrem einen Eingriff in die Konsumentenfreiheit, die über Einzelinterventionen (etwa Verbot des Drogenkonsums und FCKW-haltiger Produkte) weit hinausgeht.

2. Ein zweiter Politikansatz verzichtet auf die quantifizierte Vorgabe eines anzustrebenden Leitbildes und überläßt die erfolgreiche Anpassung an die ökologische Knappheit den Wirtschaftseinheiten selbst. Dem Staat kommt dann nur noch die Aufgabe zu, die „Knappheit" festzulegen und Rahmenbedingungen zu setzen. Dahinter steht die Auffassung, daß die Zukunft nur bedingt erfaßbar ist und kein Mensch um die künftigen Bedarfe, Risiken und Handlungsmöglichkeiten ausreichend Bescheid weiß. Mit anderen Worten: Man versteht die zu bewältigende Aufgabe als die effiziente Organisation eines Suchprozesses, dessen Ergebnis selbst noch unbekannt ist. Der Staat muß bei diesem Ansatz primär dafür Sorge tragen, daß sämtliche Folgekosten individuellen Handelns preiswirksam (d.h. internalisiert) werden, den Individuen dann aber Spielraum für eine möglichst schnelle Anpassung an diese Knappheitsinformationen belassen. Dort wo aufgrund der Kollektivguteigenschaften (mangelndes Ausschlußprinzip, Schwarzfahrerproblem) eines Umweltgutes (etwa der Erdatmosphäre als CO_2-Senke) die Gefahr der Übernutzung und des Entstehens gesellschaftlich nicht mehr akzeptierter Folgekosten besteht, muß der Staat unter Bezugnahme auf naturwissenschaftliche Erkenntnisse die maximal nutzbare Menge festlegen.

Die Internalisierung aller Folgekosten erscheint als eine besonders wichtige Aufgabe. Nur sie schafft jene „ökologische Wahrheit" der Preise, die über staatliche Abgabensetzungen in der Regel nicht zu erreichen ist. Für diese Internalisierung reichen zumeist Änderungen wichtiger Rahmenbedingungen, wie etwa eine Verschärfung des Haftungsrechtes, die Zuweisung von Eigentumsrechten oder der Abbau einer problematischen Subventionierung aus. Mit anderen Worten: Dort wo kein explizites Marktversagen (wie etwa beim Kollektivgut Tropenwald) vorliegt, reicht es zumeist aus, darauf hinzuwirken, daß die sich selbst bildenden Preise die ökologische Knappheitssituation besser zum Ausdruck bringen. Dies ist etwas anderes als die (läßt man einmal die *„Pigou"*-Steuer außer acht) Strategie, über staatlich gesetzte Ressourcen- oder Energiesteuern bzw. Abfallabgaben den Ressourceneinsatz oder das Abfallaufkommen generell zu verteuern, um die Wirtschaft zur kontinuierlichen Steigerung der Effizienz zu zwingen. Besteht doch dort stets die Gefahr, daß dieser Interventionismus auf Gruppeninteressen oder Wahlen Rücksicht nehmen muß und darum ökologisch ineffizient und ökonomisch zu teuer ausfallen wird. Man kann diesen zweiten Politikansatz auch als ordnungspolitisch geprägten Ansatz bezeichnen.

Bei der Entscheidung darüber, welchem der beiden Ansätze man zuneigen soll, ist neben ordnungspolitischen Aspekten zu berücksichtigen, daß auf der globalen Ebene wichtige Besonderheiten herrschen. So fehlt eine Art „Weltregierung", die Ordnungsrecht zu setzen und seine Einhaltung zu gewährleisten vermag. Auch weltweite Abgaben sind schwer durchzusetzen, da dies in die Einnahmeautonomie der Nationen eingreift und auch die Preiselastizitäten in Abhängigkeit vom jeweiligen Durchschnittseinkommen divergieren. Die Mittelverteilung solchermaßen gespeister Fonds wird wegen der unterschiedlichen Interessen stets umstritten sein, und alles bedarf des Instruments der Konventionen (international vereinbarter Normen). Insofern wird jenen Lösungen, die Handlungsautonomie gewährleisten und eine Umweltorientierung über ökonomische Anreize versuchen, zwangsläufig große Bedeutung zukommen müssen.

Beschreibt man den Weg der globalen Organisation eines Suchprozesses, so muß vor allem eine Einigung über wichtige Rahmenbedingungen erzielt werden. Es sind dies:

Die Zuweisung von klaren Eigentumsrechten an den natürlichen Ressourcen

Bei vielen natürlichen Ressourcen haben wir es mit Allmendegütern zu tun, die der gemeinschaftlichen Nutzung zur Verfügung stehen oder dem Staat gehören, der seine Eigentumsrechte nicht geltend machen will bzw. vielfach nicht kann. Die Erfahrung zeigt, daß in solchen Fällen stets die Gefahr der unkontrollierten Übernutzung oder Fehlnutzung (Allmendegüter) besteht. Hierbei wird die Verstaatlichung häufig als Hauptursache für das Vordringen des Raubbaus, der Waldreduktion oder der Bodendegradation genannt und auf die positiven Erfahrungen verwiesen, die man mit der Übertragung von klaren Nutzungsrechten (etwa in Costa Rica, Neuseeland, Thailand oder Kenia) oder der Schaffung förmlicher Rechtsnormen für das gemeinschaftliche Bodeneigentum (etwa in Burkina Faso) gemacht hat (Weltbank, 1992a). Der Erwerb von Eigentumsrechten etwa an Resten des zu schützenden Tropenwaldes kann auch über Naturschutzverbände, die sich international über Spenden oder Mitgliedsbeiträge finanzieren, erfolgen (*„Debt-For-Nature Swaps"*).

Eigentumsrechte können aber auch Nutzungsrechte von Umweltgütern betreffen, die bislang überhaupt keine eindeutig definierten „Eigentümer" kannten. Dies ist etwa dann der Fall, wenn es darum geht, einen Nutzungsspielraum (in diesem Fall auch Mengenpolitik) – etwa der Erdatmosphäre für den CO_2-Eintrag – zu definieren und anschließend eigentumsrechtlich zuzuweisen. Dies verlangt eine internationale Vereinbarung über die maximale Emissionsmenge und über die Erstzuweisung der Rechte an dieser Menge. Hierauf soll später noch kurz eingegangen werden.

Die Beseitigung von Subventionen

Immer deutlicher wird sichtbar, daß die verbreitete Subventionierung des Ressourcenverbrauchs, auch in den hochindustrialisierten Ländern, die Entwicklungsländer einschließlich Osteuropa nicht nur Geld kostet – geschätzte 230 Mrd. US-$ jährlich (Weltbank, 1992a) –, sondern auch umweltpolitisch problematische Signale sendet. Wasser wird teilweise kostenlos abgegeben, der Energieeinsatz ist verbilligt, die Gebühren für den Holzeinschlag decken die Kosten der Wiederaufforstung nicht, und die Subventionierung der Pestizide beläuft sich teilweise auf bis zu 80 %. Dies reizt – gemessen an jenem Verbrauch, der sich bei Internalisierung aller Kosten einstellen würde – zur „Ressourcenverschwendung" und erschwert den Aufbau von sich selbst tragenden Versorgungs- und Entsorgungseinrichtungen. Es muß, mit anderen Worten, dafür Sorge getragen werden, daß alle ökologischen Folgekosten internalisiert werden. Ohne eine solche Internalisierung ist auch die Zuweisung von Eigentumsrechten problematisch.

Die Verschärfung des Haftungsrechts

Ein großer Teil der bisherigen Umweltrisiken resultiert aus dem Tatbestand, daß keine Entschädigungen für grenzüberschreitende Schädigungen eingeklagt werden konnten. Hier kann darum eine Verschärfung des Haftungsrechts nicht nur ausgleichend, sondern aufgrund seiner Eigenschaften sogar vorbeugend wirken. Mit anderen Worten: Eine Zuweisung von Eigentumsrechten ist nur dann vertretbar, wenn Schädigungen von Schutzgütern anderer Nationen rechtlich verfolgt bzw. prophylaktisch wirkende Entschädigungen eingefordert werden können.

Die eindeutige Definition schutzwürdiger Tatbestände

Es gibt Güter, die von globaler Bedeutung sind oder die Eigenschaften von Kollektivgütern (mangelnde Realisierbarkeit des Ausschlußprinzips) aufweisen. Hier sind zur Lösung des Problems andere Maßnahmen gefordert. Zuvor ist aber eine eindeutige Definition erforderlich: So wurde im Rahmen dieses Gutachtens mehrfach die Notwendigkeit betont, globale Umweltgüter festzulegen, um sie dann unter einen besonderen Schutz zu stellen. Zur Durchsetzung des Schutzanliegens reicht hierbei vielfach die Zuweisung von Eigentumsrechten nicht aus; dann muß das Planungsrecht eingesetzt werden. Die Erfahrungen aus den hochentwickelten Ländern machen nämlich deutlich, daß die Raumplanung häufig weniger Entwicklungsprozesse anzustoßen, aber eine beachtliche Konservierungswirkung (Ressourcenschutz, planender Umweltschutz) zu entfalten vermag. Unverkennbar ist aber, daß dieses Instrument einen handlungsfähigen Staat voraussetzt, der für die Einhaltung der raumplanerischen Festlegungen die notwendige Kraft aufzubringen vermag.

Handlungsprioritäten

Eine Politik mit solchen Rahmenbedingungen ordnet dem Staat oder der internationalen Staatengemeinschaft durchaus wichtige Aufgaben zu. Dies soll an *drei* Problemfeldern, die mit Priorität angegangen werden sollten bzw. die der Bewältigung bedürfen, näher umrissen werden.

Die Bewältigung des Klimaproblems

Die UNCED-Konferenz hat zu einer Konvention geführt, die sich in Hinblick auf die Reduktion der CO_2-Emissionen durch Interpretation des Abschnitts 2 der „Klimakonvention" in ein Mengenziel übersetzen läßt. Die Bundesregierung sollte die dort begonnene Diskussion fortführen und instrumentelle Überlegungen einbringen, d.h. die Diskussion nicht mehr um das *Ob*, sondern nur noch um das *Wie* führen. Es geht dann primär um die

Frage, wie der in der Klimakonvention indirekt definierte Nutzungsspielraum der Erdatmosphäre für den klimaverträglichen Eintrag von CO_2 auf die verschiedenen Nationen bzw. die Nutzungsinteressenten verteilt werden kann und wie mit diesen Nutzungsrechten umgegangen werden soll.

Hier sollte nach Auffasung des Beirats die Chance genutzt werden, über die Zuweisung von Eigentumsrechten den eben beschriebenen Weg eines globalen Suchprozesses zu beschreiten, d.h. einen neuen Markt zu installieren. CO_2 ist ein „Schad"-Stoff, der nicht die Lösung des Regionalisierungsproblems (Bestimmung räumlicher Emissions-Immissions-Verflechtungen) verlangt, einen Massenstrom darstellt, der aufgrund seiner „Teilbarkeit" eine große Stückelung von Nutzungsrechten zuläßt und angesichts der großen Zahl von Anlagenbetreibern (oder Ländern als Eigentümern) funktionsfähige Märkte garantiert (Kölle, 1992; Heister und Michaelis, 1990; Grubb, 1990). Bei der Erstverteilung der Eigentumsrechte der indirekt über den Abschnitt 2 der Klimakonvention schon vordefinierten maximalen CO_2-Emissionsmenge sollte man sich an der gegenwärtigen Bevölkerungszahl oder der Bevölkerungszahl eines zurückliegenden Bezugsjahres orientieren. Dies erscheint als eine „Gerechtigkeitsregel", die allgemein akzeptiert werden könnte. Insbesondere würde sie den meisten Entwicklungsländern angesichts ihres geringen Industrialisierungsgrades fast automatisch einen über noch nicht ausgenutzte Eigentumsrechte definierten Entwicklungsspielraum garantieren. Dem Argument, über einen „Einkauf" der Nutzungsrechte könnten die hochindustrialisierten Nationen den armen Ländern ihren Entwicklungsspielraum „wegkaufen", kann man mit dem Einwand und entsprechenden Vorkehrungen begegnen, daß die temporäre Verpachtung von Rechten (kombiniert mit Preisgleit-Klauseln) für die Entwicklungsländer interessanter sein sollte. Außerdem kann das Präsentieren von ausschöpfbaren Nutzungsrechten wie eine Investitionsprämie wirken und den Industrialisierungsprozeß ohne Aufstockung des globalen CO_2-Eintrags beschleunigen. Hinzu kommt, daß Investitionen in den hochentwickelten Ländern über Kapitaltransfers „freigekauft" werden können, welche der Sanierung ineffizienter Energieerzeugungsanlagen (etwa in Osteuropa) dienen. Auf alle Fälle wäre eine rasche ökologische Effizienz bei globaler Kostenminimierung sichergestellt. Letztlich gäbe es bei einer Orientierung der Erstverteilung auf die momentane Bevölkerungszahl (bzw. auf ein zurückliegendes Basisjahr bezogen) auch einen indirekten Anreiz dahingehend, daß die Entwicklungsländer noch stärker auf ihre demographischen Prozesse Einfluß nehmen müßten.

Der Erhalt der Tropenwälder

Ein zweiter Handlungsschwerpunkt globaler Umweltschutzpolitik betrifft den Schutz der Tropenwälder. Dies erfordert vermutlich andere instrumentelle Schlußfolgerungen als im eben dargestellten Beispiel einer CO_2-Minderungspolitik. Tropenwälder haben nämlich – bezogen auf ihre Funktionen für das Weltklima bzw. den Artenerhalt – den Charakter eines Weltkollektivgutes, das im Interesse der gesamten Weltbevölkerung erhalten werden sollte. Aufgrund der Kollektivguteigenschaften kommt dieses Interesse nicht in individuellen Nachfrageaktivitäten zum Ausdruck; die Nachfrage muß also organisiert werden. Nur so kommt der globale Nutzen ökonomisch auch zur Geltung und können den Ländern die „Kosten" erstattet werden, die mit dem Tropenwaldschutz verbunden sind. Diese Kosten haben den Charakter von Opportunitätskosten, d.h. von Nachteilen, die aus dem Nutzungsverzicht (etwa Verzicht auf Nutzung der Tropenhölzer oder Nutzung der Waldflächen als Weideland) resultieren. Insofern ist zu überlegen, ob der Abschluß eines Kooperationsvertrags zur Einrichtung eines globalen Tropenwaldfonds betrieben werden sollte, der von der Weltbevölkerung – etwa unter Bezugnahme auf Bevölkerungszahl und Durchschnittseinkommen – finanziert wird. Der Erwerb solcher Nutzungsrechte an den Tropenwäldern könnte, um die Finanzierungslast zu minimieren, über die Versteigerung von Verpflichtungsscheinen geschehen (Scheube, 1993). Deren Besitzer (private oder öffentliche Waldbesitzer) verpflichten sich, die eingebrachten Waldflächen entweder überhaupt nicht oder nur umweltschonend zu nutzen. Über Satellitenfernerkundung ließe sich die Einhaltung dieser Verpflichtungen überwachen.

Die Sicherung der Ernährungsbasis

Einen dritten Handlungsschwerpunkt stellt die Landwirtschaft bzw. die Sicherung der Ernährungsbasis in den Entwicklungsländern dar. Ausgangspunkt ist die Überlegung, daß es selbst einer erfolgreichen Bevölkerungspolitik nicht gelingen wird, kurz- und mittelfristig die rasche Bevölkerungsexpansion zu bremsen, letztere somit den Charakter einer nicht zu korrigierenden Rahmenbedingung erhält, wobei der Großteil der Bevölkerungsexpansion auf die Entwicklungsländer entfallen wird. Bei unproduktiver Landnutzung wird nicht nur die landwirtschaftlich genutzte Fläche zu Lasten von Wäldern und Grasländern ausgedehnt oder die Landflucht gefördert, vielmehr kommt es auch zu einer Verschärfung des Armuts- und Hungerproblems. Hier sind Beratung, Finanz- und Technologietransfer gefordert. Anzustreben ist die Entwicklung und Implementierung angepaßter Landnutzungsformen sowie die Schaffung heimischer Märkte, etwa durch Förderung des Ausbaus der Nahrungs- und Genußmittelindustrie.

Forschungsbedarf

Lange Zeit dominierten im Bereich der globalen Umweltforschung die Naturwissenschaften. Sie waren es auch, die auf die Folgewirkungen der Bevölkerungsentwicklung und vieler Formen unseres Wirtschaftens aufmerksam machten. In der Ursachenanalyse der umweltökonomischen Forschung ging es von Beginn an um die Frage, ob es sich um ein Markt- oder ein Politikversagen handelt bzw. welche Rolle den institutionellen Einflußfaktoren zukommt. Hinzu kam bald das Interesse an der Transformation der Wirkungsforschung in ökonomische Größen (Schätzung der Folgekosten) bzw. der adäquaten Berücksichtigung der intergenerativen Gerechtigkeit. Diese Fragenkomplexe können noch keineswegs als ausreichend beantwortet angesehen werden.

In der Zwischenzeit besteht jedoch weitgehender Konsens über den Handlungsbedarf, was die Frage nach den Handlungsmöglichkeiten sowie nach den Ansatzpunkten bzw. den Instrumenten einer nationalen bzw. internationalen Umweltpolitik aufwirft. Dies führt dazu, daß neuerdings die Leitbilddiskussion neu entflammt, sich das Interesse in besonderer Weise auch institutionellen Aspekten zuwendet und konzeptionelle Fragen globaler Umweltpolitik behandelt werden.

Angesichts des gegenwärtigen Standes der umweltökonomischen Forschung besteht zu den nachfolgend aufgelisteten Fragen noch beachtlicher Forschungsbedarf.

Folgekostenschätzung und Ursachenanalyse

- Anwendbarkeit der Zahlungsbereitschaftsanalyse bzw. des Schadenskosten- sowie des Schadensvermeidungskostenansatzes auf globale Analysen der Kosten unterlassenen Umweltschutzes.

- Adäquate Berücksichtigung räumlich und zeitlich divergierender Präferenzstrukturen.

- Abgrenzung und Bewertung globaler Kollektivgüter.

- Entwicklung einer globalen Vermögensrechnung zur Abschätzung des „ökologischen Realkapitals".

- Globale Umwelt- und Entwicklungsauswirkungen der gegenwärtigen Institutionen der Weltwirtschaftsordnung.

- Globale Umweltaspekte des sektoralen und regionalen Strukturwandels der Weltwirtschaft, einschließlich der räumlichen Verlagerung umweltintensiver Wirtschaftsbereiche.

Grundlagenforschung für Politikempfehlungen

- Operationalisierung des Begriffs „*sustainable development*" aus ökonomischer Sicht.

- Die Bedeutung der Steigerung von Ressourceneffizienz sowie Kreislaufschließung im Rahmen des umweltpolitischen Zielkatalogs.

- Rahmenbedingungen für eine Umweltpolitik auf der internationalen Ebene, insbesondere Anwendbarkeit des Ordnungsrechts, des Haftungsrechts bzw. ökonomischer Instrumente im Rahmen einer globalen Umweltpolitik.

- Ökonomische Instrumente globaler Klimaschutzpolitik – Zertifikate versus Abgaben.

- Konzeptionelle und instrumentelle Implikationen bestimmter Schutzgüter (Schutz der Meere, Schutz des Bodens, Schutz des Wassers usw.).

- Sicherung der Ernährungsbasis in den Entwicklungsländern – agrarpolitische Schlußfolgerungen.

Indikatorensysteme

Bei der Entwicklung eines Indikatorensystems zur Erfassung jener Größen, die unter Verursachungs- und Wirkungsaspekten die globalen Umweltveränderungen zu verdeutlichen vermögen, sind mehrere Fragen zu lösen:

- Lösung des Regionalisierungsproblems.
- Lösung des Kriterienproblems.
- Lösung des Indikatorenproblems.
- Bestimmung kritischer Schwellenwerte.

Was das erste Problem betrifft, so wird bis jetzt bevorzugt auf die Länderebene zurückgegriffen. Unter dem Aspekt der politischen Verantwortlichkeit ist dies sicherlich eine zutreffende Beobachtungseinheit. Es wurde im Rahmen dieses Gutachtens jedoch deutlich, daß an vielen Stellen ein Regionalisierungsbedarf besteht. So konnte aufgezeigt werden, daß bei entwicklungsrelevanten Faktoren, die nur mit hohen Kosten transportiert oder verändert werden können, kleinere räumliche Einheiten benötigt werden. Typisches Beispiel ist hier der Bereich des Wassers, da hier in vielen Ländern schon eine entwicklungslimitierende Komponente vorliegt. Ähnliches trifft für die Festlegung von global relevanten Schutzgebieten zu. Der Weltentwicklungsbericht 1992 versucht, eine weltweite Festlegung von für den Naturschutz vorrangigen Gebieten vorzunehmen (Weltbank, 1992a; Mittermeier, 1992; Myers, 1988 und 1990).

Die Ableitung eines Kriterienkatalogs sollte sich weniger an dem verfügbaren Datenmaterial, sondern vor allem an dem Hypothesenvorrat über globale Ursache-Wirkungs-Zusammenhänge orientieren. Danach wäre zu prüfen, wie die benötigten Einzelinformationen beschafft oder über Hilfsindikatoren Ersatzinformationen verdeutlicht werden können.

Die Frage der Indikatorenbildung betrifft den vielfach vorgetragenen Wunsch nach Verdichtung von Einzelinformationen. Dies würde eine Standardisierung und Gewichtung der Einzelkriterien verlangen. Da die Möglichkeiten der Konstruktion eines allen Umweltaspekten gerecht werdenden Gesamtindikators gering sind, dürfte die Entwicklung von Teilindikatoren wichtiger sein.

Jede Indikatorenbildung drängt schließlich zur Klasseneinteilung. Dies impliziert die Suche nach kritischen Schwellenwerten, deren Über- oder Unterschreitung politisches Handeln verlangt. Hier ist zu prüfen, inwieweit global relevante Schwellenwerte bestimmbar sind oder noch weiterer Differenzierungsbedarf besteht.

2.3 Zunahme des Verkehrs

Kurzbeschreibung

Der Verkehr ist ein prägendes Element des globalen Wandels. Er gewährleistet eine interregionale und internationale Arbeitsteilung, schafft Absatz- bzw. Beschaffungsspielräume und liefert damit u.a. die Voraussetzungen für eine kostensenkende großbetriebliche Produktion. Gleichzeitig fördert er die Entstehung großer Wirtschaftsblöcke. Lange Zeit hat man diese positiven Effekte besonders hervorgehoben und durch Ausbau der Verkehrswege auch bewußt gefördert. In der Zwischenzeit steht aber auch fest: Der Verkehr zählt zu den Hauptverursachern von Umweltbelastungen. Er ist eine wichtige Emissionsquelle für Luftschadstoffe, er führt zu starkem Flächenverbrauch und zur Beeinträchtigung des Landschaftsbildes. Darüber hinaus leiden viele Menschen unter dem Verkehrslärm, gefährden Transportvorgänge Menschenleben und die Umwelt und die Entsorgung nicht mehr benötigter Verkehrsmittel schafft erhebliche Abfallprobleme. Der Beirat wird sich nachfolgend auf jene Verkehrsaspekte konzentrieren, die von globaler Bedeutung sind. In diesem Zusammenhang werden vor allem die Emissionsproblematik und von den klassischen Verkehrsträgern der Straßenverkehr behandelt.

Verkehr ist Ausdruck der *Raumüberwindung* von Personen, Gütern und Informationen, wobei unter Umweltaspekten – läßt man einmal den Bau der Verkehrswege außer acht – vor allem dem Personen- und Güterverkehr besondere Bedeutung zukommt. *Mobilität* bedeutet hierbei Beweglichkeit im Raum. Das Ausmaß der Mobilität hängt entscheidend von der Qualität der infrastrukturellen Verkehrserschließung und der Verkehrsmittel (Geschwindigkeit, Netzbildungsfähigkeit usw.), der Verkehrsbelastung der Verkehrswege, den Transportkosten (je km und Person oder Mengen- bzw. Gewichtseinheit), den Produktionsgesetzmäßigkeiten der Wirtschaft (etwa Wunsch nach mehr Just-in-time-Verkehr bei sinkender betrieblicher Fertigungstiefe), der wirtschaftlichen Entwicklung, dem verfügbaren Einkommen und der verfügbaren Zeit ab. Der Wunsch nach mehr Mobilität kann hierbei eine abhängige Größe (Verkehr als Folge wirtschaftlicher Entwicklung bzw. des Auftretens neuer Produktionsgesetzmäßigkeiten), aber auch eine unabhängige Größe (Wunsch nach mehr Mobilität im Sinne eines konsumtiv ausgerichteten „Bedarfs") sein. Die Mehrheit der Verkehrsvorgänge ist zwar noch funktionaler Natur, mit steigendem Einkommen und wachsender Freizeit wächst aber auch der Wunsch nach Mobilität als solcher.

Unter verkehrs- und umweltpolitischen Überlegungen muß nicht nur den Entwicklungstendenzen beim Fahrzeugbestand und beim Verkehrsaufkommen der einzelnen Verkehrsträger, sondern vor allem auch den Zusammenhängen zwischen Verkehrsaufkommen (gemessen in Personen oder Tonnen), Verkehrsleistung (gemes-

Tabelle 20: Trendentwicklung des Kraftfahrzeugbestandes nach Ländern und Ländergruppen *(IEA, 1991; RWI, 1993)*

	PKW				
	Mio. Fahrzeuge im Jahr		Veränderungen in % von	Anteile am Gesamtfahrzeugbestand in %	
	1990	2000	1990 – 2000	1990	2000
OECD					
Nord-Amerika	158	190	20	37	32
West-Europa	146	212	45	34	35
Pazifik	10	12	20	2	2
Japan	33	46	39	8	8
Nicht OECD					
Asien	11	18	64	3	3
Nahost	6	10	67	1	2
Afrika	9	15	67	2	2
Lateinamerika	26	47	81	6	8
Ost-Europa	15	30	100	4	5
ehem. UdSSR	13	21	62	3	3
Welt	427	601	41	100	100

	LKW				
	Mio. Fahrzeuge im Jahr		Veränderungen in % von	Anteile am Gesamtfahrzeugbestand in %	
	1990	2000	1990 – 2000	1990	2000
OECD					
Nord-Amerika	47	55	17	36	29
West-Europa	19	30	58	15	16
Pazifik	3	4	33	2	2
Japan	22	28	27	17	15
Nicht OECD					
Asien	11	22	100	9	11
Nahost	3	11	267	2	6
Afrika	4	8	100	3	4
Lateinamerika	9	16	78	7	8
Ost-Europa	2	4	100	2	2
ehem. UdSSR	9	14	56	7	7
Welt	129	192	49	100	100

sen in Personen- oder Tonnenkilometern) und der Fahrleistung (gemessen in Fahrzeugkilometern) Aufmerksamkeit geschenkt werden. Um einen ersten Eindruck von den globalen Entwicklungstendenzen zu erhalten, kann man die Entwicklung des unter Umweltaspekten relevanten Kraftfahrzeugbestandes nach Ländern und Ländergruppen verfolgen und die daraus resultierenden Trends ableiten (Tabelle 20).

Es zeigt sich hierbei, daß im *emissionsrelevanten Straßenverkehr* generell von stark ansteigenden Fahrzeugbeständen auszugehen ist, wobei die Entwicklung teilweise exponentiell (z.B. Asien ohne Japan) verläuft (Abbildung 14). Zwar werden, wenn sich diese Trends so fortsetzen, die hochentwickelten Industrienationen Nord-Amerikas, Westeuropas und Japan am Ende dieses Jahrtausends immer noch über zwei Drittel des weltweiten Pkw-Bestandes auf sich vereinen, unverkennbar steigt aber der Anteil der restlichen Welt, insbesondere in den Schwellenländern. Im Lkw-Bereich ist dieser Trend bereits weiter fortgeschritten. Es ist jedoch davon auszugehen, daß sich die Altersstruktur der Bestände unterscheidet. In den Entwicklungsländern dominieren eher die unter Emissionsüberlegungen negativ zu beurteilenden „Alt"-Bestände.

Ursachen

Verkehr und wirtschaftliche Entwicklung stehen in einer engen wechselseitigen Beziehung. So induziert wirtschaftliches Wachstum in der Regel Verkehr, umgekehrt zählen aber auch Ausbau und Unterhalt von Verkehrswegen zu den wichtigsten Maßnahmen einer wachstumsorientierten Infrastrukturpolitik in den unterentwickelten Ländern, die die Beseitigung entwicklungslimitierender Engpaßfaktoren zum Ziel hat. Der geringere Planungs-, Realisierungs- und Finanzierungsaufwand beim Straßenbau im Vergleich zum Schienenwegebau begünstigt hierbei vor allem den Straßenverkehr bzw. in Ländern mit großen Wegedistanzen den Flugverkehr. Hinzu kommt, daß der moderne Schienenverkehr in der Regel hohe Anforderungen an Personal und Anlagen stellt und unter den spezifischen Bedingungen tropischer Länder häufig sehr störanfällig ist. Dies führte dazu, daß dem Straßen- sowie Luftverkehr in den meisten unterentwickelten Ländern eine besondere Rolle zuzumessen ist. Im Gegensatz zu den hochentwickelten Ländern bestehen dort häufig nur geringe Möglichkeiten einer Beeinflussung oder Änderung der Fahrleistungsverteilung auf die verschiedenen Verkehrsträger (*„modal split"*). Hierdurch wird der umweltpolitische Handlungsspielraum stark eingeengt.

Im Hinblick auf die Umweltproblematik müssen nicht nur die Fahrzeugbestände, sondern vor allem die Entwicklungstendenzen im *Verkehrsaufkommen* der einzelnen Verkehrsträger sowie die Zusammenhänge zwischen Verkehrsaufkommen (gemessen in Personen und Tonnen), Verkehrsleistung (gemessen in Personen- und Tonnenkilometern) und der Fahrleistung (gemessen in Fahrzeugkilometern) beachtet werden. Das Güterverkehrsaufkommen wird hierbei entscheidend vom Umfang der volkswirtschaftlichen Güterproduktion bestimmt, wobei in den höher entwickelten Ländern das Güterverkehrsaufkommen unterproportional steigt, was vor allem mit dem sektoralen Strukturwandel begründet werden kann. Hochgewichtige, homogene Massengüter, die zumeist in konsumfernen Bereichen dominieren, weisen nämlich im Zeitablauf einen abnehmenden Anteil am Gesamtgüterangebot auf. Auch das Personenverkehrsaufkommen wird durch die volkswirtschaftliche Wertschöpfung mitbestimmt; nur tritt hier als weitere entscheidende Determinante der Umfang und die räumliche Verteilung der Bevölkerungsentwicklung hinzu. Insofern muß man einen großen Teil des künftigen Personenverkehrsaufkommens der unterentwickelten Länder auch als eine vom wirtschaftlichen Wachstum unabhängige Größe ansehen, die den Charakter eines eigenständigen und schwer zu beeinflussenden Trends hat.

Für die Erklärung der globalen Umweltveränderungen noch wichtiger als das Verkehrsaufkommen ist die Entwicklung der Verkehrsleistung. Bedingt durch die Globalisierung der betrieblichen Absatz- und Beschaffungsmärkte, die Internationalisierung der Produktion und die Steigerung der zwischenbetrieblichen Arbeitsteilung sind die durchschnittlichen Versandweiten fast aller Verkehrsträger in letzter Zeit stark angewachsen. Dies bewirkte, daß sich die Transportleistung in der Regel schneller als das Aufkommen entwickelte. Beim Personenverkehr der höher entwickelten Nationen wurde dieser Trend zur steigenden Mobilität vor allem durch die Wohlstandsentwicklung begünstigt, die insbesondere beim Individualverkehr – bezogen auf die reale Einkommensentwicklung – zu einem überproportionalen Anstieg der Transportleistungen (Personen-km) führte. Es ist davon auszugehen, daß die Entwicklungsländer diesem Trend folgen werden. Bis jetzt dominiert aber noch der urbane Verkehr (Nahverkehr).

Abbildung 14: Entwicklung des PKW-Bestandes für verschiedene Ländergruppen *(RWI, 1993)*

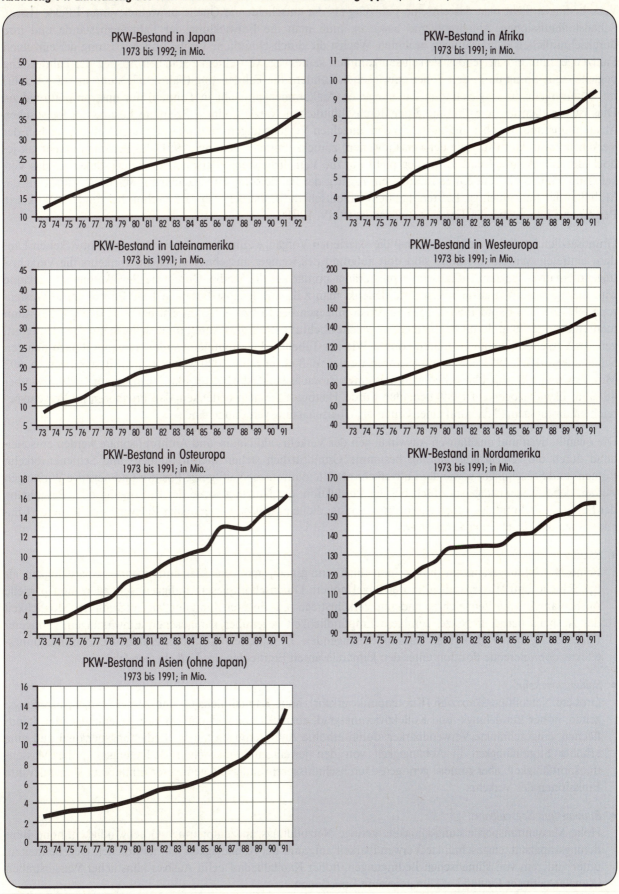

Unter Umweltaspekten besonders wichtig ist die Entwicklung der *Fahrleistung* im Bereich der einzelnen Verkehrsträger. Sieht man das einzelne Fahrzeug als die entscheidende Quelle umweltrelevanter Effekte (Lärm, Schadstoffemissionen, Abfallprobleme usw.) an, muß man die Entwicklung der Fahrzeugbestände und ihre durchschnittlichen Fahrleistungen beachten. Wächst die durchschnittliche Größe und Auslastung der einzelnen Fahrzeuge, muß ein steigendes Verkehrsaufkommen keineswegs von einem parallelen Anstieg der Fahrleistung begleitet sein. So nahm in den höher entwickelten Ländern die Fahrleistung (Fahrzeugleistung in km pro Jahr) im Güterverkehr im Vergleich zum Güterangebot (Aufkommen pro Jahr in Tonnen) nur unterproportional zu. Dies ist vor allem auf die Erhöhung der durchschnittlichen Nutzlast, eine effizientere Lösung der logistischen Abstimmungsaufgaben bei und zwischen den einzelnen Verkehrsträgern und teilweise auch auf den Ausbau der Verkehrsinfrastruktur (Kürzung der Versandweiten) zurückzuführen (Klemmer, 1991). Im Personenverkehr gilt jedoch der umgekehrte Trend. Dort stieg nicht nur die Verkehrsleistung (Personenkilometer) stärker als das Verkehrsaufkommen an, sondern es ist auch ein Anstieg der Fahrleistung zu verzeichnen, welche Ausdruck für die Mobilität der Individuen ist. Letztere lag in Westdeutschland Ende der 80er Jahre schon bei rund 17.500 km je Person und Jahr, wobei die Tendenz steigend ist (BMV, 1991).

Grundsätzlich ist davon auszugehen, daß die skizzierten Vorgänge zunächst auch in den unterentwickelten Ländern eintreten werden. Allerdings sind dort aufgrund des weniger ausgebauten Schienenverkehrs die Verkehrsträgeralternativen begrenzt, d.h. der Verkehr drängt primär auf die Straße. Durch die Bevölkerungsentwicklung wird diese Situation zusätzlich verschärft. Bedenkt man z.B., daß der Pkw-Besatz je 1000 Einwohner in Westeuropa 1990 bei 325 (Nordamerika: 553), in Afrika hingegen bei 13 bzw. in Asien erst bei 3 lag (RWI, 1993), kann man eine Vorstellung davon bekommen, in welche Richtung die Entwicklung ohne signifikante Trendänderungen des Verkehrsaufkommens führen könnte. Wie aus Tabelle 20 entnommen werden kann, muß nach neueren Schätzungen (RWI, 1993) davon ausgegangen werden, daß es im Jahre 2000 weltweit einen Bestand von ca. 602 Mio. Pkw und 192 Mio. Lkw geben wird, was einen Zuwachs von fast 41 % für Pkw (bezogen auf 1990) bzw. über 48 % für Lkw (bezogen auf 1989) bedeuten würde. Hierbei sollte man bedenken, daß Prognosen im Verkehrsbereich erfahrungsgemäß eher mit einer Unter- als Überschätzung verbunden sind.

Die quantitativen und qualitativen Auswirkungen des Verkehrs auf Natur- und Anthroposphäre werden entscheidend durch die *Verkehrsträgernutzung* bestimmt. Grundsätzlich stehen hierfür Straßen- und Schienenverkehr, Binnen- und Seeschiffahrt sowie der Luftverkehr als Alternativen zur Verfügung. Positive und negative Wirkungen werden dabei verkehrsträgerspezifisch bei der Produktion, der Nutzung sowie der Entsorgung oder Beseitigung der Betriebsmittel und der Verkehrsinfrastrukturbestandteile ausgelöst. Von globaler Relevanz sind folgende Charakteristika der einzelnen *Verkehrsträger*:

- *Straßenverkehr:*
  Feine Netzbildungskapazität, hoher Individualisierungsgrad, geringere Massentransportleistungsfähigkeit als bei Schiene und Wasserstraßen, in der Regel höhere Durchschnittsgeschwindigkeit, schnellere und partielle Ausbaufähigkeit im Vergleich zu anderen Verkehrsträgern, geringerer Kapitalbedarf aufgrund der Möglichkeit des Ausbaus partieller Netze, geringere Empfindlichkeit gegenüber klimatischen Einwirkungen, geringerer Pflegebedarf, hoher Bedarf an zusammenhängenden Landflächen („Flächenverbrauch"), Zerschneidungseffekte, dominierende Position unter den klimarelevanten Emittenten des Verkehrsbereichs.

- *Schienenverkehr:*
  Gröbere Netzbildungskapazität (Knotenpunktverkehr), hohe Kapitalintensität und zumeist lange Ausreifungszeiten, hoher Bündelungs- und Kollektivierungsgrad, ebenfalls hoher Bedarf an zusammenhängenden Landflächen, eingeschränkte Verwendbarkeit durch erhöhte Anforderungen an das Bedienungspersonal und eine erhöhte Störanfälligkeit in Abhängigkeit von den jeweiligen klimatischen Bedingungen, hohe Massentransportfähigkeit, aber zumeist geringere Durchschnittsgeschwindigkeit, geringerer Einfluß auf klimarelevante Emissionen des Verkehrs.

- *Binnen- und Seeschiffahrt:*
  Hohe Massentransportleistungsfähigkeit, geringe Netzbildungskapazität, geringe Geschwindigkeit, hohe Bündelungskapazität, eingeschränkte Verwendbarkeit aufgrund der Abhängigkeit von natürlichen Gegebenheiten, unter anderem von klimatischen Bedingungen, hoher Kapitalbedarf beim Ausbau künstlicher Wasserstraßen (Kanäle), geringer Einfluß auf klimarelevante Emissionen.

- *Luftverkehr:*
  geringe Netzbildungskapazität, geringere Massentransportleistungsfähigkeit, relativ schnelle Ausbaufähigkeit, hohe Geschwindigkeit über große räumliche Distanzen, eingeschränkte und lediglich kleinräumlich-punktuell auftretende Beanspruchung von Landflächen, Empfindlichkeit gegenüber besonderen klimatischen Bedingungen, hoher Pflegebedarf, hohe Emissionen klimarelevanter Gase.

Über den ökonomisch effizienten und ökologisch akzeptablen Verkehrsträgermix kann lediglich auf der Grundlage einer Analyse der regional bestehenden Ausgangsbedingungen entschieden werden. Eine *Typologie der verschiedenen Regionen* könnte anhand der folgenden Kriterien gebildet werden:

1. *Geographische Lage*
   Eine geringe Entfernung zu bedeutenden Wirtschaftszentren oder die Lage an einer global bedeutsamen Verkehrsachse kann die Verkehrsträgerwahl beeinflussen (Meyer-Schwickerath, 1989).

2. *Einflußfaktoren der Verkehrsleistungsnachfrage*
   Hierbei sind im Güterverkehr die wirtschaftliche Entwicklung und die sektorale Wirtschaftsstruktur mit der Affinität einzelner Güter zu bestimmten Verkehrsträgern, im Personenverkehr die Dispersität der Siedlungsstruktur, das Bevölkerungswachstum, die Bevölkerungsdichte sowie das verfügbare Einkommen zu berücksichtigen.

3. *Institutionelle Infrastruktur und finanzielle Ausstattung zur kurzfristigen Flexibilität bei der Verkehrsträgernutzung*
   Ineffiziente Strukturen im Verwaltungsbereich sowie finanzielle Engpässe durch fehlende funktionsfähige Kapitalmärkte und hohe Auslandsverschuldung schränken die Verwendbarkeit komplexer und aufwendiger Verkehrsträgerstrukturen sowie die Nutzung umweltverträglicherer Technologien ein (Meyer-Schwickerath, 1989; Weltbank, 1992a).

Ausgehend von diesen Kriterien lassen sich damit folgende Ländergruppen unterscheiden:

Die hochentwickelten Länder bzw. ökonomischen Welt-Gravitationszentren

Diese Gruppe ist geprägt durch geringe Restriktionen bei den Verkehrsträgernutzungsoptionen aufgrund natürlicher Gegebenheiten (Kriterium 1), durch eine aktive Einbindung in alle wesentlichen globalen Verkehrsverbindungen, zunehmend individualisierte und differenzierte Anforderungen bezüglich der Geschwindigkeit, Zuverlässigkeit und Häufigkeit der Verkehrsleistungen im Bereich des Güterverkehrs, disperse Siedlungsstrukturen, hohe Pro-Kopf-Einkommen und daraus resultierend starke Präferenzen für Straßen- und Luftverkehrsmittel im Güter- und Personenverkehrsbereich, eine funktionsfähige institutionelle Infrastruktur und gute Potentiale zur Weiterentwicklung umweltverträglicher Verkehrssysteme. Ausgehend von einem hohen Nutzungsniveau des Verkehrsbereichs und damit den positiven und negativen Wirkungen in diesen Ländern und einer weiterhin zu erwartenden Verlagerung zu Verkehrsträgern mit relativ starken negativen globalen Umwelteffekten (Luftverkehr), ergibt sich in diesen Ländern eine besondere Dringlichkeit zur Bildung *effizienter Anreizmechanismen*. Diese sollen die Gegenüberstellung der umweltrelevanten Verkehrsträgernutzung mit den tatsächlichen volkswirtschaftlichen Kosten ermöglichen, womit zum einen ökonomisch effiziente und ökologisch verträgliche Verkehrsträgerkombinationen, zum anderen zusätzliche Anreize zur Erhöhung der Umweltverträglichkeit der Verkehrsbestandteile induziert werden können.

Die osteuropäischen Länder

Diese Länder sind geprägt durch geringe natürliche Restriktionen der Verkehrsträgerwahl (Kriterium 1), durch eine aufgrund der relativ engen Anbindung an die EG-Staaten verhältnismäßig günstige Lage im Rahmen der globalen Verkehrsanbindungen und eine zu erwartende starke Veränderung des „modal splits" aufgrund des Wegfalls einer zuvor rigoros propagierten Eisenbahnnutzungspflicht. Zudem ist in diesen Staaten ein sektoraler Strukturwandel, der sich in einem verminderten Anteil der Massentransportgüter niederschlagen wird, und ein Anstieg des motorisierten Individualverkehrs in Richtung Straßen- und Luftverkehr, der sich aus einer Angleichung der Siedlungsstrukturen und Einkommensverhältnisse ergibt, zu erwarten. Die ungenügende institutionelle Infrastruktur und der geringe Entwicklungsstand im Bereich des technischen Umweltschutzes zeigen Handlungsbedarf in diesen Staaten auf. Aufgrund der erwarteten Erhöhung des Verkehrsvolumens und einer Änderung der Verkehrsträgernutzungsstruktur hin zu weniger umweltverträglichen Verkehrsträgern ergibt sich für diese Länder insbesondere die Notwendigkeit zur Emissionsminderung und einer Weiterentwicklung des institutionellen Rahmens zur Regulierung des Verkehrsanstiegs.

Die Schwellenländer („Newly Industrializing Countries")

Die Gemeinsamkeit dieser Staaten betrifft insbesondere die wirtschaftliche Entwicklung (Kriterium 2). Ein sektoraler Strukturwandel von arbeitsintensiven Industrien mit Massengütern zu differenzierten und kapitalintensiven Sektoren induziert auch in diesen Staaten eine Nachfrageverlagerung hin zu individuell genutzten Verkehrsträgern. Natürliche regionsspezifisch auftretende Restriktionen bei der Verkehrsträgerwahl betreffen insbesondere die Bahn. In diesen Ländern mit großen unberührten Gebieten kann der Bau achsenförmig verlaufender Trassen für terrestrische Verkehrsträger als „Einfallstor" zur Ansiedlung größerer Gemeinschaften wirken. Um eine solche Entwicklung zu vermeiden, wird dort wahrscheinlich der Ausbau des Luftverkehrs forciert werden. Diese Staaten sind in die globalen Verkehrsachsen integriert, so daß ihr Anteil am Welthandel weiter ansteigen und auch die Übernahme umweltverträglicherer Technologien erleichtert werden dürfte. Die institutionelle Infrastruktur ist in dieser Gruppe heterogen verteilt: während in einigen asiatischen Staaten relativ stabile politische Systeme mit einer straffen Verwaltungsstruktur vorzufinden sind, ist insbesondere in den südamerikanischen Staaten dieser Gruppe der Abbau negativer Verkehrsauswirkungen aufgrund mangelnder institutioneller Voraussetzungen begrenzt. Für die Länder dieses Staatengruppentyps ergibt sich somit die Notwendigkeit einer den natürlichen Restriktionen angepaßten Verkehrsträgernutzung, wobei sich bei einer internationalen Vorgabe der Verkehrsträgerstruktur in diesen Staaten Widerstände aufgrund einer Verletzung der staatlichen Souveränität ergeben können (vgl. Streit zwischen Brasilien und den USA über die Finanzierung eines Straßenbaufonds; Kennedy, 1993). Dieses Problem ist bei diesen Ländern besonders evident, da die Verkehrsträgeroptionen nur begrenzt sind, während bei den meisten hochentwickelten Staaten mehrere Alternativen zur Verfügung stehen. Zum anderen ist aufgrund des zu erwartenden Anstiegs der negativen Wirkungen des Verkehrs eine weitere Verbesserung der technischen Potentiale für eine umweltverträglichere Entwicklung zu fördern.

Entwicklungsländer mit großen Verkehrsanstiegspotentialen

Innerhalb der heterogenen Gruppe der Entwicklungsländer ist es zweckmäßig, eine weitere Differenzierung anhand der oben genannten Typisierungskriterien vorzunehmen. Als übergreifende Indikatoren werden die länderspezifisch vorhandenen Potentiale zum Anstieg des Verkehrsleistungsvolumens und die damit verbundenen Wirkungen verwendet. Große Potentiale sind dann zu vermuten, wenn eine Anbindung an die globalen Verkehrsachsen relativ schnell und mit geringem Aufwand möglich ist, z. B. aufgrund geringer räumlicher Distanzen oder einer Anbindung an natürliche Verkehrsinfrastruktur (Seehäfen) (Kriterium 1). Zumeist konzentriert sich die Masse der Verkehrsaktivitäten noch auf die urbanen Räume. Entscheidende Komponente ist zudem der Entwicklungsstand im Bereich der institutionellen Infrastruktur, da Defizite im Verwaltungsaufbau ebenso wie unzureichendes technisches know-how und finanzielle Engpässe aufgrund unzureichender Ausbildungseinrichtungen und Kapitalmärkte zu limitierenden Faktoren bei der Entwicklung effizienter Verkehrsträgerkombinationen werden können (Kriterium 3) (vgl. zu Fallstudien in Ägypten: Soliman, 1991; Hafez Fahmy Aly, 1989). Bei einer Mobilisierung der vorhandenen Potentiale könnte in diesen Ländern ein den Schwellenländern entsprechender Verkehrsleistungsanstieg bevorstehen. Um die damit verbundenen positiven ökonomischen Effekte nicht zu gefährden, empfiehlt es sich, mit Hilfe des Transfers umweltverträglicherer Technologien eine verbesserte Umweltverträglichkeit dieses Entwicklungspfades zu ermöglichen.

Entwicklungsländer mit geringen Verkehrsanstiegspotentialen

Diese Länder sind durch ein geringes Ausgangsniveau an Verkehrsleistungen, eine große Distanz zu den globalen Verkehrsachsen, starke Restriktionen bei der Verkehrsträgernutzung aufgrund natürlicher Gegebenheiten und unzureichendem Finanz- und Humankapital, unzureichende institutionelle Strukturen aufgrund politischer Instabilitäten, starkes Bevölkerungswachstum, hohe Bevölkerungsdichte bei unzureichendem Bestand an natürlichen Ressourcen und unzureichender ökonomischer Entwicklung geprägt (Kriterium 1 und 3). Von diesen Ländern ist ein geringer Einfluß auf die globalen Auswirkungen des Verkehrs zu erwarten.

Diese Grobstruktur muß für die einzelnen Regionen weiter ausdifferenziert werden. So sind z. B. in den Entwicklungsländern gravierende Unterschiede zwischen der Verkehrsentwicklung in den Metropolen und den ländlichen Regionen festzustellen (Weltbank, 1992a). Die daraus abgeleiteten regional unterschiedlichen Anforderungs- und Wirkungspotentiale müssen bei der Beurteilung der einzelnen Verkehrsträger berücksichtigt werden.

Auswirkungen

Die Umweltauswirkungen des Verkehrs sind schon vielfach untersucht und bewertet worden (SRU, 1978; SRU, 1987). Man unterscheidet hierbei in der Regel zwischen jenen Auswirkungen,

- die auf den Ausbau und die Erhaltung der Verkehrsinfrastruktur zurückzuführen sind, und solchen
- die aus den Transportvorgängen selbst resultieren.

Bei den erstgenannten stehen als *direkte Effekte*

- der „Flächenverbrauch",
- die lokale Beeinflussung der Bodeneigenschaften durch Versiegelung, Verdichtung, usw.,
- die Zerschneidungseffekte (z. B. von Biotopen),
- die Veränderungen des regionalen Kleinklimas (Barriereeffekte) und
- die Beeinträchtigungen des Landschaftsbildes

im Vordergrund. Hinzu treten als *indirekte Umwelteffekte*

- die umstrittenen Verkehrsinduzierungseffekte („Wer Straßen sät, wird Verkehr ernten"),
- die umweltrelevante Beeinflussung des „*modal split*".

Unter der zweitgenannten Kategorie (*Effekte der Transportvorgänge*) behandelt man in der Regel

- klimarelevante Verkehrsemissionen,
- die Schadstoffeinträge in die Umweltsektoren Luft, Wasser und Boden,
- den Verkehrslärm und die Erschütterungen,
- die mit den einzelnen Verkehrsmitteln verbundenen Abfallprobleme (Beseitigung von Altöl, Autoreifen, Kühlmitteln, Autowracks usw.),
- die Unfallfolgen beim Transport von (gefährlichen) Gütern.

Bei vielen der aufgeführten Auswirkungen handelt es sich nur bedingt um global relevante Umweltprobleme. Die hierfür verantwortlichen Ursachen und ihre Beseitigung betreffen vor allem die Regierungen der einzelnen Länder oder die zuständigen Gebietskörperschaften. Anders sieht es hingegen dort aus,

- wo globale Effekte beobachtet werden können und
- zur Beseitigung problematischer Entwicklungstendenzen auf kleinräumiger Ebene eine internationale Abstimmung erforderlich ist.

Was die erstgenannte Gruppe betrifft, stehen gegenwärtig vor allem die *klimarelevanten Verkehrsemissionen* im Vordergrund. Der Beirat sieht hier, insbesondere vor dem Hintergrund der Klimaschutzdiskussion, auch primären Handlungsbedarf. Dies gilt insbesondere für den CO_2-Eintrag in die Atmosphäre.

Es ist davon auszugehen, daß bis zum Jahre 2000 rund ein Fünftel aller globalen CO_2-Emissionen aus Verkehrsquellen stammen werden, wobei die Emissionen aus dem Bereich der Elektrizitätserzeugung und dem Verkehr von

1986 bis 2000 mit 48 % und 42 % die größten Steigerungen erfahren können (RWI, 1993). Prüft man, wie sich die zu erwartenden Verkehrsemissionen regional verteilen, so zeigt sich, daß der Anteil der höher entwickelten Länder zwar zurückgehen wird, daß ihnen aber im Jahre 2000 immer noch über die Hälfte aller CO_2-Emissionen zugeordnet werden muß. Zusammen mit Osteuropa werden auf sie rund drei Viertel aller Emissionen entfallen, die Entwicklungsländer werden erst für ein Viertel verantwortlich zeichnen. Anders sieht es bei den CO- und NO_x-Emissionen aus. Bei den ersteren geht der Anteil der OECD-Länder stark, bei den NO_x-Emissionen leicht zurück.

Hinter diesen Emissionen stehen Verkehrsleistungen. Besondere Beachtung verdient die Entwicklung im Bereich des Personenverkehrs, da hier der Wunsch nach steigender Mobilität sowie die wachsende Weltbevölkerung zur Verschärfung der Situation beitragen. Noch konzentrieren sich die Transportleistungen (Personen-km) im Personenverkehr in starkem Maße auf die hochentwickelten Industrieländer, die Entwicklungsländer verzeichnen aber schon jetzt hohe Zuwachsraten.

Neben dem Schienen- und Straßenverkehr ist unter globalen Aspekten auch der Flugverkehr wichtig. Die von diesem Verkehrsmittel in die Atmosphäre eingetragenen Schadstoffe haben aufgrund der Reisehöhe der Flugzeuge eine deutlich längere Verweilzeit als an der Erdoberfläche, hinzu kommen noch die Wasserdampfemissionen. Wenn die bisherigen Zusammenhänge zwischen Wirtschaftswachstum und Transportleistung im Flugverkehr weiterhin gelten, muß von einem deutlichen Anstieg des Kraftstoffverbrauchs und damit auch der klimarelevanten Emissionen in diesem Bereich ausgegangen werden. Diese Entwicklung geht vor allem von den OECD-Ländern aus.

Bewertung / Handlungsbedarf

Beschränkt man, wie in diesem Gutachten, die Betrachtung der globalen Umweltauswirkungen des Verkehrs primär auf die Schadstoffemissionen und hierbei wegen der dringlichen Klimaschutzpolitik auf die CO_2-Emissionen, ergibt sich aus den Daten zur regionalen Verteilung der CO_2-Emissionen eindeutig, daß auch weiterhin dem Straßenverkehr vor allem in den hochentwickelten Ländern sowie in Osteuropa eine besondere Bedeutung zukommen wird.

Eine Reduktion dieser verkehrsbedingten CO_2-Emissionen könnte primär ansetzen

- an der Reduktion des Kraftstoffverbrauchs der Fahrzeuge,

- an der Verringerung der Fahrleistung bzw. der Fahrzeugleistung sowie

- an der Änderung der Fahrleistungsverteilung auf die verschiedenen Verkehrsträger (Änderung des *„modal split"*).

Den Spielraum zur *Änderung des „modal split"* sollte man zwar unbedingt nutzen, darf ihn aber nicht überschätzen. Eingeschränkt wird er in den hochentwickelten Ländern durch eine vor allem in der Nachkriegszeit entstandene disperse Siedlungsstruktur. Diese kann kurz- und mittelfristig kaum beeinflußt werden, da sie aufgrund ihrer Ausprägung weniger auf einen Knotenpunktverkehr ausgerichtet ist, sondern als Folge der Flächenerschließungswirkung des Straßen- bzw. Individualverkehrs angesehen werden muß. Hinzu tritt häufig ein – gemessen an Kriterien wie Bequemlichkeit oder Anpassungsfähigkeit an individuelle Bedarfe – Qualitätsgefälle zugunsten des Pkw-Verkehrs. Für bestimmte Strecken und Zeiten ist darüber hinaus die Aufnahmefähigkeit des umweltfreundlicheren Schienenverkehrs für eine zusätzliche Verkehrsnachfrage begrenzt. Noch gravierender ist, daß in vielen Entwicklungsländern der Schienenverkehr fehlt oder sich in einem schlechten Zustand befindet. In manchen Fällen sind alternativ die natürlichen Wasserwege nutzbar. Vielfach fehlt es aber auch hier, wie bei der Schiene, an finanziellen Mitteln für den Erhalt bzw. den Ausbau von Häfen und Anlagen.

Insofern müssen neben langfristige Überlegungen kurzfristige Anstrengungen treten, die sich vor allem auf die *Reduktion des Kraftstoffverbrauchs* sowie die Verringerung der Fahr- bzw. Fahrzeugleistung konzentrieren. Dies gilt insbesondere für den Individual- und Straßengüterverkehr. Berücksichtigt man die immer noch bestehende beachtliche Streuung im Kraftstoffverbrauch in Litern je Fahrzeug und Jahr, gibt es selbst in den höher entwickelten Ländern durchaus noch Spielraum für eine weitere Reduktion. Es ist davon auszugehen, daß diese Länder zur Realisierung und Umsetzung dieses umwelttechnischen Fortschritts in der Lage sein müßten. Das politische Bestreben müßte deshalb dahin gehen, international den durchschnittlichen Kraftstoff-Verbrauch entscheidend zu verringern, z.B. auf Werte unter 6 Litern je 100 km. Daraus ergibt sich zwangsläufig die Frage nach den Umsetzungsstrategien auf internationaler Basis, einschließlich der Bezugsgrößen Flotte oder Fahrzeug.

Was die Verringerung des *Fahrleistungsvolumens* betrifft, könnte dieses langfristig einmal durch die Implementation eines regional differenzierten, in der Methodik international abgestimmten Modells für gebührenpflichtige Straßenbenutzung geschehen (Ewers, 1991). Durch solche „*road pricing*"-Modelle würde sich nicht nur eine bessere Internalisierung der externen Kosten des Verkehrs realisieren lassen, vielmehr würde sich auch ein großer Spielraum für eine bessere Berücksichtigung regional differenzierter Handlungsoptionen ergeben, was den Interessen der Entwicklungsländer entgegenkäme. Außerdem würde damit eine feinere Angleichung der Nutznießer- und Kostenträgerstruktur entsprechend der „fiskalischen Äquivalenz" ermöglicht (Klemmer, 1991). Dieser Ansatz verspricht insbesondere eine bessere Bewältigung der Nahverkehrsprobleme bzw. eine schnellere Reduktion der Belastung urbaner Räume mit Verkehrsemissionen. So zeigen bisherige internationale Erfahrungen mit regional entwickelten Verkehrsbeeinflussungsmodellen (z.B. *Area Licensing System* in Singapur, *Electronic Road Pricing* in Hong Kong) eindeutige Emissionsreduktionswirkungen (zur Beurteilung einiger internationaler Ansätze vgl. Frank und Münch, 1993).

Noch interessanter wäre jedoch der Versuch, die verkehrsbedingten Emissionsprobleme mit den analogen Emissionsproblemen anderer Bereiche und Regionen zu verknüpfen, wobei auch Nutzen-Kosten-Überlegungen einfließen sollten. Hierzu wäre es z.B. für das CO_2-Problem erforderlich, die Emissionsminderung im Bereich der Elektrizitätserzeugung und des Straßen- und Luftverkehrs unter Berücksichtigung regionaler Belange miteinander zu verknüpfen.

Dies könnte über die Verbindung des Konzepts einer *Flottenstandardlösung* mit einer *globalen Zertifikatsstrategie* geschehen (Klemmer, 1993; RWI, 1993). Der Kerngedanke hierbei ist folgender: Jeder Automobilproduzent verkauft mit einem Neuwagen gleichzeitig ein auf eine bestimmte Kilometerzahl (etwa 150.000 km) beschränktes Nutzungsrecht. Ist dieses Nutzungsrecht abgelaufen, erlischt auch die Fahrerlaubnis für den Wagen, es sei denn, der Nutzer habe erneut ein auf eine bestimmte Kilometerzahl ausgestelltes Nutzungsrecht erworben. Ist letzteres teuer, wird das Bestreben des Fahrzeugbesitzers möglicherweise dahin gehen, über eine Verringerung der jährlichen Fahrzeugleistung den Nutzungszeitraum des erworbenen Wagens zu strecken. Damit wäre ein Anreiz für die Nutzung anderer Verkehrsträger bzw. eine Reduktion der jährlichen Fahrzeugleistung bzw. eine bessere Auslastung der Fahrzeuge gegeben.

In Abhängigkeit vom Kraftstoffverbrauch je 100 km ließen sich der mit einem bestimmten Nutzungsrecht verbundene Kraftstoffverbrauch und damit die bei voller Nutzung zu erwartenden CO_2-Emissionen - evtl. einer ganzen zum Verkauf anstehenden Flotte - bestimmen. Um einen Wagen verkaufen zu können, müßte der Pkw-Produzent vorweg auf einem nationalen oder internationalen Markt Emissionsrechte (Zertifikate) erwerben. Bei steigenden Zertifikatspreisen ergäbe sich für viele Wirtschaftsbereiche ein Anreiz, nach CO_2-mindernden Produktionsverfahren Ausschau zu halten. Für die Automobilproduzenten, die für eine ganze Flotte Emissionsrechte kaufen müssen, würde die Entwicklung kraftstoffsparender Typen lohnend. Damit könnte ein umweltpolitisch begrüßenswerter Suchprozeß initiiert werden.

Ein solcher Vorschlag wäre effizienter als eine Abgaben-Lösung. Angesichts der geringen Preiselastizität der Kraftstoffnachfrage und der zu erwartenden Widerstände im Bereich der Bevölkerung bzw. der regionalen Verteilungseffekte ist nämlich eine nur zögerliche Abgabenfestsetzung bzw. -anhebung zu erwarten. Damit sinkt die ökologische Effizienz des Abgaben- oder Steueransatzes. Unverkennbar ist auch, daß die Entwicklungsländer zur Lösung ihrer ökonomischen Probleme zunächst Verkehr induzieren müssen. Sie werden darum bei der Anhebung der Mineralölsteuer zurückhaltend sein, und zwar insbesondere dann, wenn der Straßenverkehr kurz- oder mittelfristig die einzige Verkehrsalternative darstellt und angesichts großer Räume regionale Verteilungseffekte zu erwarten sind. Entwickelt sich mit der Zertifikatslösung ein Markt, dessen Ergebnisse tendenziell den Entwicklungsländern zugute kommen, kann davon ausgegangen werden, daß diese der Zertifikatslösung eher zustimmen werden. Dies gilt vor allem dann, wenn sich die Erstzuteilung globaler Rechte an der Bevölkerungszahl orientieren würde. Insofern empfiehlt der Beirat, diesen eben vorgestellten Vorschlag in die internationale Diskussion einzubringen, wobei es unter anderem notwendig ist, die länderspezifischen Gegebenheiten und die sich daraus ergebenden Bedingungen und Kontrollmöglichkeiten zu erörtern.

Forschungsbedarf

Neben der Vielzahl der an anderen Stellen bereits laufenden Forschungsvorhaben sollten Untersuchungen über Umfang und Auswirkungen der globalen Umweltbelastungen durch den Flugverkehr durchgeführt werden.

2.4 Der Mensch als Verursacher und Betroffener globaler Umweltveränderungen: Psychosoziale Einflußfaktoren

Kurzbeschreibung

Viele globale Umweltveränderungen, die derzeit die Menschen mit Besorgnis erfüllen und Politiker und Umweltschützer aus aller Welt zur Konferenz von Rio de Janeiro 1992 zusammenkommen ließen, sind direkte oder indirekte Folgen menschlichen Handelns. So ist etwa der rapide Anstieg des Treibhausgases CO_2 vor allem Resultat der Verbrennung fossiler Brennstoffe, etwa beim Heizen und Kühlen von Wohnungen und Arbeitsstätten, Autofahren oder im Rahmen von industriellen Produktionsprozessen. Viele dieser Tätigkeiten und Verhaltensweisen stehen in Zusammenhang mit ökonomischem Handeln, vor allem industriellen Produktionsprozessen. Aber nicht alles, was zu globalen Umweltveränderungen führt, ist auf diese ökonomische Ebene zu reduzieren. Auch alltägliche Aktivitäten, von liebgewordenen Gewohnheiten bis zu wert- und einstellungsgesteuerten, explizit beabsichtigten Verhaltensweisen, tragen dazu bei.

Menschliches Handeln ist also daraufhin zu analysieren, welcher Stellenwert ihm für die Veränderungen von regionalen und globalen Systemzuständen zukommt. Weiterhin ist zu untersuchen, welche der umweltschädigenden Verhaltensweisen durch welche Strategien und Maßnahmen verändert werden können.

Globale Umweltveränderungen sind als Ergebnis der Wechselwirkung von Mensch und Umwelt zu verstehen. Dabei wird deutlich, daß Umwelt ein *relationaler* Begriff ist, d. h. er ist immer auf eine Spezies bezogen.

Für die Spezies Mensch impliziert dies zweierlei:

1. Umwelt ist notwendigerweise Korrelat menschlicher *Wahrnehmung* (oder allgemeiner: menschlicher Kognition). Das bedeutet, daß der Mensch nicht auf eine Welt „als solche" bezogen ist, sondern auf seine Umwelt, d. h. auf die Welt, so wie er sie wahrnimmt und versteht. Dies gilt sowohl für das alltägliche als auch für das wissenschaftliche Umweltverständnis.

2. Umwelt ist notwendigerweise auch Korrelat menschlichen *Handelns*. Umweltgegebenheiten können *Ursache* oder Anreiz, ihre Veränderung aber auch *Ziel* und Zweck von Handlungen sein, und zwar mit *Mitteln* (z. B. Werkzeugen), die der Mensch seiner Umwelt abgerungen hat. Die Handlungsrelevanz von Umwelt zeigt sich somit in dreierlei Hinsicht: als Ursache, als Ziel und als Mittel menschlichen Handelns.

Veränderungen der Umwelt galten im Verständnis der Menschen lange Zeit als „natürliche" Prozesse, d. h. als Prozesse, die sich ohne Zutun des Menschen vollziehen. Die Bedeutung von Umwelt als etwas, das durch menschliches Verhalten verändert, verschmutzt oder auch zerstört werden kann, hat sich erst in jüngster Zeit im öffentlichen Bewußtsein durchgesetzt.

Wie bei jedem Handeln lassen sich auch beim umweltbezogenen Handeln *beabsichtigte* und *unbeabsichtigte* Effekte unterscheiden. So wird z. B. gegenüber der „guten", vernünftigen Absicht einer Ertragssteigerung durch den Einsatz von Pestiziden die Dezimierung und schließlich die Ausrottung bestimmter Arten als unbeabsichtigte Neben- oder Spätfolge angesehen. Auch die jetzt als potentiell bedrohlich erkannten globalen Umweltveränderungen sind teilweise solche letztlich unbeabsichtigten Effekte menschlichen Handelns.

Allerdings beginnen wir zu lernen, in vernetzten Systemen zu denken, und sind daher besser in der Lage, Neben- oder Spätwirkungen von vornherein ins Kalkül zu ziehen, d. h. als in einem vernetzten System potentiell gleich bedeutsame Wirkungen zu verstehen. Dieses Denken in vernetzten Systemen fällt, wie die entsprechende Forschung zeigt, sehr schwer und wird nur mühsam gelernt. Doch erst wenn wir imstande sind, in diesem Sinne systemisch zu denken, gewinnen wir die Einsicht in unsere *Verantwortlichkeit auch für Neben- oder Spätwirkungen*. Dieser Einsicht entspricht auch die Notwendigkeit, eine neue, die Umwelt einbeziehende *Ethik* zu entwickeln.

Globale Umweltveränderungen als Ergebnis der Wechselwirkung von Mensch und Umwelt zu fassen, bedeutet, daß menschliches Handeln einerseits Ursache für die Veränderungen ist, andererseits von diesen Veränderungen auch betroffen wird und des weiteren als Reaktion darauf (oder in Antizipation möglicher Effekte) wirksam werden kann. Der Mensch ist also Verursacher, Betroffener und potentieller Bewältiger von globalen Umweltveränderungen. Wenn das, was wir heute als ökologische Krise oder als bedrohliche globale Umweltveränderungen bezeichnen, in seinen Ursachen wie in seinen Wirkungen auf menschliches Verhalten verweist, so muß gefolgert werden, daß wir es mit einer Krise der Mensch-Umwelt-Beziehungen, oder, genauer, mit *fehlangepaßtem Verhalten* zu tun haben.

Globale Umweltveränderungen (mit negativen Folgen für Menschen, Tiere und Pflanzen) in Umfang, Intensität oder Geschwindigkeit zu vermindern bzw. in eine zukunftsfähige Entwicklung zu überführen, impliziert eine Veränderung menschlichen Handelns gegenüber der Umwelt und setzt Umweltbildung und Umwelterziehung voraus. Mit der Entwicklung von „Umweltbewußtsein" oder umweltrelevanten Werten ist es dabei nicht getan. Vielmehr ist es notwendig, mehr über die multiplen Bedingungen umweltrelevanten Verhaltens und die Möglichkeiten seiner Veränderung zu wissen, um adäquate politische, ökonomische, soziale und technische Strategien initiieren zu können.

Daher sind bei der Analyse globaler Umweltveränderungen auch die Humanwissenschaften gefordert, speziell die Sozial- und Verhaltenswissenschaften (z. B. Psychologie, Soziologie, Ökonomie, Kulturanthropologie). Die sozial- und verhaltenswissenschaftliche Forschung hat die Problematik globaler Umweltveränderungen bisher noch kaum aufgegriffen. Die wenigen relevanten Forschungen sind meist Fallstudien, sie beziehen sich in der Regel auf kleinere (regionale, eventuell nationale) räumliche Einheiten. Auch die bisher berücksichtigten Zeiträume sind zu kurz. Kulturübergreifende oder gar kulturvergleichende Forschung zu globalen Umweltveränderungen existiert kaum. Auch interdisziplinäre Forschung innerhalb der Sozial- und Verhaltenswissenschaften sowie zwischen Sozial- und Naturwissenschaften ist bisher nur schwach entwickelt. So sind die Sozial- und Verhaltenswissenschaften gefordert, aufzuklären und genauer zu untersuchen,

- welche gesellschaftlichen Veränderungen Art und Ausmaß der Veränderungen der Natursphäre beeinflussen könnten,
- welche Rolle individuelles und kollektives Handeln von Menschen für die globalen Umweltveränderungen spielt und welche Ursachen diesen Handlungsmustern zugrunde liegen,
- wie Menschen globale Umweltveränderungen wahrnehmen und bewerten,
- wie sie auf wahrgenommene oder aber antizipierte Umweltveränderungen adaptiv reagieren und präventiv agieren, und welche Barrieren für Verhaltensänderungen bestehen,
- wie Veränderungen innerhalb der Anthroposphäre die Menschheit weniger verwundbar für globale Umweltveränderungen werden lassen, und
- wie solche Verhaltensänderungen motiviert und durch politische und Verwaltungsmaßnahmen in Gang gebracht werden können.

Es ist hier nicht beabsichtigt, einen „*state of the art*"-Bericht zu geben, um auf dieser Basis Handlungsempfehlungen für Forschung und Politik zu formulieren. Der Schwerpunkt des vorliegenden Kapitels liegt vielmehr auf der Entfaltung eines konzeptuellen Rahmens und dem Hinweis auf exemplarische Befunde. Dabei wird zunächst eine vorwiegend psychologische Sichtweise eingenommen und damit das Verhalten von Individuen und kleinen Gruppen betont. Die Datenlage umfassender zu klären und zu bewerten muß weiteren Gutachten des Beirats vorbehalten bleiben. Auf die beiden Themenfelder „Risikowahrnehmung und -akzeptanz" sowie „umweltrelevante Werte" soll jedoch etwas ausführlicher eingegangen werden, da hier bereits einige Forschungsergebnisse vorliegen. Die Forschungsempfehlungen beziehen sich vor allem auf die Überwindung der defizitären Situation in den einzelnen Sozial- und Verhaltenswissenschaften, auf die Notwendigkeit transdisziplinärer Ansätze innerhalb der Sozial- und Verhaltenswissenschaften sowie auf die Entwicklung von Forschungsansätzen, die Sozial- und Naturwissenschaften zusammenführen, und auf die dafür erforderlichen Forschungsförderungsstrukturen.

Politische Handlungsempfehlungen werden hergeleitet aus bisher gewonnenen Erkenntnissen der sozial- und verhaltenswissenschaftlichen Umweltforschung. Sie orientieren sich an der Notwendigkeit zur Vorsorge angesichts potentiell riskanter Szenarien.

Ursachen

Außerordentlich viele menschliche Aktivitäten, die im Zusammenhang mit Landnutzung, Erschließung von Bodenschätzen, Rohstoff- und Energieverbrauch, industriellem Wirtschaften oder Mobilität stehen, können als *unmittelbare Ursachen* globaler Umweltveränderungen angesehen werden. Diesen liegen als *treibende Kräfte* Bevölkerungswachstum und -verteilung, Wirtschaftswachstum, technologische Entwicklung, politische und ökonomische Strukturen, aber auch individuelle Wahrnehmungen, Einstellungen, Werthaltungen, Motive und Bedürfnisse zugrunde (die somit *indirekt* auf globale Umweltzustände wirken). Bedürfnisse werden u.a. geprägt und beeinflußt durch kulturelle, historische, ökonomische, technologische und psychologische Variablen, die wiederum den Rahmen für die Entfaltung menschlicher Aktivitäten definieren, d.h. sie ermöglichen oder einschränken.

Wahrnehmung, Werthaltungen, Motive usw. und damit verbundene Verhaltensweisen spielen allein, aber auch in Wechselwirkung mit weiteren treibenden Kräften, eine bedeutsame Rolle als Ursachen für globale Umweltveränderungen. Ob z.B. höhere Einkommen von Individuen in vermehrte Fernreisen, ein größeres Auto oder aber in die eigene Weiterbildung investiert werden, kann u.a. vom vorherrschenden Wertesystem, aber auch von den sozialen Normen der Eigengruppe oder dem Werbeerfolg der Wirtschaft abhängen und dementsprechend unterschiedliche Auswirkungen auf globale Umweltbedingungen haben. Den Beitrag menschlicher Aktivitäten in ihrer multiplen Bedingtheit für die verschiedenen Aspekte globaler Veränderungen zu klären, ist ein wichtiges Ziel aller „*Human Dimensions*"-Programme (Jacobson und Price, 1990; Stern et al., 1992). Seine Erforschung ist nur interdisziplinär möglich.

Wenn nun Wahrnehmung, Werthaltungen, Motive usw. als eine Art möglicher Ursachen für umweltrelevantes Handeln untersucht werden sollen, ist es zunächst erforderlich, entsprechende Handlungsmuster zu identifizieren und in ihrer Bedeutung für globale Umweltveränderungen zu bestimmen, d.h. die Frage lautet, wieviel welches Verhaltensmuster zu welchen globalen Umweltveränderungen beiträgt. Für einige Phänomene globaler Umweltveränderungen (z.B. für anthropogene Treibhausgase) liegen dazu bereits Schätzungen vor (Abbildung 15), für andere sind die unmittelbaren Verhaltensursachen noch wenig erforscht oder quantifiziert.

Die relative Bedeutung einzelner Klassen von Verhaltensweisen für bestimmte globale Umweltveränderungen zu kennen, ist wichtig, um die Forschung zu leiten, um Szenarien künftiger Entwicklung zu entwerfen, aber auch, um Interventionsmaßnahmen an der richtigen Stelle anzusetzen. Wenn etwa bekannt ist, daß nur ein Drittel der Energie in Deutschland von privaten Haushalten, zwei Drittel aber von der Industrie, von öffentlichen Einrichtungen und im Verkehr verbraucht werden, kann mit der Untersuchung der Bedingungen von *Verbraucherverhalten* und seiner Veränderung nur ein Teilaspekt der relevanten Verhaltensproblematik aufgegriffen werden. Wenn allerdings, wie Zahlen des amerikanischen Energieministeriums von 1989 belegen, im Bereich privaten Wohnens ein hohes Potential und eine entsprechende Motivation zum Energiesparen gefunden werden (ein Drittel aller Einsparungen zwischen 1972 und 1986 lagen in diesem Sektor, hingegen nur 10 % im Bereich Verkehr), dann wäre es widersinnig (und unökonomisch), solche Potentiale nicht zu nutzen (Kempton et al., 1992).

Um Ursachen und Folgen globaler Umweltveränderungen zu thematisieren, sind folgende analytische Unterscheidungen sinnvoll:

1. Zu unterscheiden ist zwischen verschiedenen *typischen Arten* von Verhalten hinsichtlich ihrer Relevanz für globale Umweltveränderungen: *Einmalige Investitionen* (z.B. Isolierung der Wohnung) oder die Änderung *alltäglicher Verhaltensweisen* (z.B. Absenkung der Raumtemperatur) sind nicht nur für das angestrebte Ziel (Einsparung fossiler Brennstoffe, CO_2-Minderung) unterschiedlich effektiv, sondern auch für das Individuum mit unterschiedlichen „Kosten" verbunden (einmalige finanzielle Aufwendung bzw. alltäglicher Aufwand an Zeit,

Abbildung 15: Relative Anteile verschiedener menschlicher Aktivitäten am Treibhauseffekt *(nach Stern et al., 1992, p. 51)*

Mühe, Geld, Verzicht auf Komfort). Zudem ist zwischen Maßnahmen für *kurzfristig* wirkende Verhaltensänderungen (z.B. Preispolitik) und für erst *langfristig* zu erwartende Veränderungen von Werthaltungen und Einstellungen (z.B. Umweltbildungsmaßnahmen) zu unterscheiden.

2. Umweltrelevantes Verhalten findet auf verschiedenen *Ebenen* individuellen und gesellschaftlichen Handelns statt (von individuellen Verhaltensweisen über gemeinschaftliches Handeln auf der Ebene von Familien, Betrieben, Gemeinden, Ländern bis hin zu den Ebenen nationaler und internationaler Organisationen). Diese sind jeweils gesondert, aber auch in ihren Wechselwirkungen zu betrachten. Wahrnehmungen, Wissen, Werthaltungen usw. kommen jedoch auf jeder dieser Ebenen besonderes Gewicht zu. Die Analyse von Verhaltensweisen (und ihrer Bedingungen) mit direkter Umweltwirkung ist daher genauso wichtig wie die Analyse des Beitrags individuellen Verhaltens zu kollektiven Handlungsmustern (Wahlverhalten, Partizipation in „grünen" Bewegungen). Um ihre jeweilige Bedeutung für globale Umweltveränderungen oder deren Bewältigung und Prävention zu erkennen und zu erfassen, bedarf es weiterer empirischer Forschung.

3. Menschen haben innerhalb umweltrelevanter Prozesse verschiedene *Rollen* und *Funktionen* inne. Sie sind alle *Konsumenten* (Verbraucher), einige von ihnen sind *Produzenten*, andere sind *policy makers* auf verschiedenen Ebenen, auf denen strategische und taktische Entscheidungen getroffen werden. Von besonderer Bedeutung ist die Rolle von Journalisten und anderen *Multiplikatoren* von Meinungen und Wertungen zu umweltrelevanten Sachverhalten in den verschiedenen Massenmedien.

Die Bestimmung der Determinanten von Verhalten, das globale Umweltveränderungen verursacht, und der Determinanten für die Auswirkungen globaler Umweltveränderungen auf das Verhalten verläuft ähnlich: Das heißt, *Verhalten ist nicht nur eine Funktion seiner Bedingungen, sondern auch seiner Folgen* und zwar in einem doppelten Sinne:

- Viele Reaktionen auf Umweltreize sind nicht nur Anpassungen des Verhaltens auf eine relativ unveränderte Umwelt, sondern sind Veränderungen der Umwelt. Dadurch ist die Reizvorlage für das darauf folgende Verhalten eine andere, und so fort.

- Je nachdem, welche Konsequenz Verhalten im Sinne einer Bekräftigung hat, erhöht oder vermindert sich die Wahrscheinlichkeit dieses Verhaltens.

In beiden Fällen ist die Wirkung eine veränderte Ursache für das Folgeverhalten: Das Überhandnehmen bestimmter getreideschädigender Insekten ist z.B. Ursache für den Einsatz von Insektiziden. Handlungsergebnis ist einerseits die Dezimierung der Schadinsekten, aber auch der von ihnen lebenden Vogelarten. Die Wahrnehmung und Bewertung dieser Situation kann wiederum Anlaß bzw. Ursache für weitere Verhaltensweisen werden.

Die derartige Handlungssequenzen steuernden Bedingungen werden gemeinsam im Abschnitt „Determinanten umweltschädigenden und umweltverträglichen Verhaltens" behandelt.

Folgen

Ebenso bedeutsam ist die Betrachtung von Wahrnehmung, Wissen, Werten und Handlungen, wenn es um die *Folgen* globaler Umweltveränderungen geht. Dabei ist zu beachten, daß die Menschen nicht nur auf bereits eingetretene, sondern auch auf antizipierte Umweltveränderungen reagieren können. Weiterhin ist zu berücksichtigen, daß globale Umweltveränderungen nicht auf eine inaktive, starre Gesellschaft stoßen, sondern daß diese Gesellschaft in (oft sehr rascher) Bewegung ist und sich unabhängig von Umweltveränderungen oder auch diese antizipierend wandelt (bevor der Meeresspiegel bedrohlich ansteigt, werden die Menschen z.B. Dämme gebaut haben oder ausgewandert sein). Nichtsdestoweniger werden globale Umweltveränderungen mit ihren je spezifischen lokalen und regionalen Auswirkungen für viele Menschen und Gesellschaften „Streß" bedeuten, und häufig werden (zunächst) diejenigen am meisten betroffen sein, die am wenigsten zu ihrer Verursachung beigetragen haben. Umso wichtiger ist es zu wissen, wie solche Umweltstressoren wahrgenommen und bewertet werden und wie Menschen und Gesellschaften darauf reagieren.

Reaktionen auf globale Umweltveränderungen können einerseits als *Anpassung* („*adaptation*") an bereits eingetretene oder antizipierte Veränderungen stattfinden. Dadurch werden nicht die Umweltveränderungen selbst beeinflußt, sondern der Versuch unternommen, die Auswirkungen dieser Umweltveränderungen auf menschliches Leben und Wohlbefinden und das, was Menschen wertschätzen, zu begrenzen. Andererseits können Handlungsweisen der Vermeidung oder *Milderung* („*mitigation*") dienen, um unerwünschte globale Umweltveränderungen zu verhindern, zu begrenzen oder zu verzögern. Diese Handlungen können an verschiedenen Stellen der Verknüpfung von Natur- und Anthroposphäre ansetzen (Stern et al., 1992) (Abbildung 16).

Besondere Bedeutung kommt Verhaltensweisen in Antizipation von Umweltveränderungen zu. Sie können einerseits präventiv wirken im Hinblick auf die Entstehung globaler Umweltveränderungen, auch bevor man im einzelnen verstanden hat, welchen Beitrag menschliche Handlungen zu globalen Umweltveränderungen leisten. Andererseits bieten sie die Chance, die menschliche Gesellschaft auf mögliche Folgen globaler Umweltveränderungen vorzubereiten und ihre Fähigkeiten zur Bewältigung dieser Veränderungen zu erhöhen (damit diese beispielsweise nicht unvorbereitet von Dürren, steigendem Meeresspiegel, vermehrter UV-B-Strahlung getroffen wird).

Die Folgen globaler Umweltveränderungen werfen eine Fülle von Forschungsfragen für die Sozial- und Verhaltenswissenschaften auf. Wichtige Problemstellungen sind hierbei:

- Die unterschiedliche Wahrnehmung und Bewertung globaler Umweltveränderungen durch Laien und Experten, durch Politiker und Wirtschaftsführer, durch Reiche und Arme. Dies geschieht vor allem aufgrund der

Psychosoziale Einflußfaktoren

Abbildung 16: Schema möglicher Maßnahmen zur Bewältigung globaler Umweltveränderungen
(nach Stern et al., 1992, p. 106)

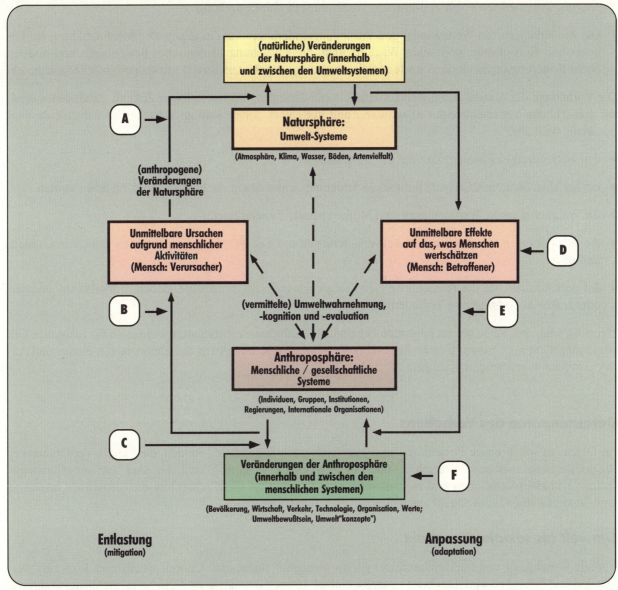

Zwei prinzipielle Arten von Maßnahmen werden unterschieden:
1. Entlastung (mitigation): Diese Gruppe möglicher Bewältigungsmaßnahmen (A-C) zielt darauf ab, auf Seiten der menschlichen Ursachen zu intervenieren und so Auswirkungen auf die Natursphäre durch die Vermeidung, Verringerung oder Verzögerung anthropogener Wirkungen zu mildern. Sie umfaßt Maßnahmen, die
   (A) negative Effekte menschlichen Verhaltens unmittelbar in der Natursphäre ausgleichen (korrektive Maßnahmen, z. B. Renaturierung geschädigter Landschaften)
   (B) das Zustandekommen solcher Effekte verhindern (präventive Maßnahmen, z. B. Verordnungen zur Reduktion von Emissionen) oder
   (C) die menschlichen/gesellschaftlichen Systeme unmittelbar beeinflussen (z. B. Entwicklung alternativer Technologien, Weckung bzw. Veränderung des Umweltbewußtseins, Begünstigung eines Wertewandels).
2. Anpassung (adaptation): Die zweite Gruppe möglicher Bewältigungsmaßnahmen (D-F) betrifft Interventionen hinsichtlich der Auswirkungen globaler Umweltveränderungen auf die Anthroposphäre, vor allem im Sinne einer Anpassung an bereits eingetretene oder aber antizipierte Umweltveränderungen.
   Dazu gehören etwa Maßnahmen
   (D) zur Verhinderung negativer Umwelteffekte auf den Menschen (z. B. Bau von Dämmen, Benutzung von Sonnenschutzmitteln, Entwicklung trockenheitsresistenter Getreidesorten)
   (E) zur – im weitesten Sinne – kurativen Behandlung bereits eingetretener bzw. drohender Schäden (z. B. Evakuierung überflutungsbedrohter Gebiete, Abschluß von Versicherungen für den Schadensfall) oder
   (F) zu einer (präventiven) Verringerung der Vulnerabilität des menschlichen gesellschaftlichen Systems gegenüber globalen Umweltveränderungen (z. B. Diversifikation von Anbaukulturen anstatt Monokulturen).

schleichend ablaufenden und selten sichtbaren Umweltveränderungen, die den Zusammenhang zwischen Ursachen und Wirkungen nicht erkennen lassen. Ein generelles Problem ist die Ungewißheit des Eintretens und des Verlaufs solcher Veränderungen.

- Die Änderung umweltschädigender individueller und kollektiver Handlungsmuster entweder direkt über den Ansatz an konkreten Verhaltensweisen oder indirekt über die Veränderungen von globalen Werten und Überzeugungssystemen sowie von individuellen Werthaltungen und Einstellungen.

- Die Auswirkungen von Wertewandel und Einstellungsänderungen auf das allgemeine Meinungsklima, auf Lebens- und Konsumstile, politisches Wahlverhalten, die Entstehung ökologischer Bewegungen und anderer Nicht-Regierungsorganisationen sowie auf die Ablehnung oder Unterstützung umweltpolitischer Maßnahmen.

Die Vorhersage der Auswirkungen globaler Umweltveränderungen, die erst in ferner Zukunft stattfinden mögen, auf menschliche Verhaltensweisen ist schwierig und mit einem hohen Maß an Unsicherheit behaftet, da man nur wenig weiß über

- den zukünftigen (regionalen) Zustand der Natursphäre,

- die sozialen, ökonomischen und politischen Strukturen, unter denen die Betroffenen dann leben werden,

- die Wahrnehmungen, Werthaltungen und Motive späterer Generationen,

- die Auswirkungen von globalen Umweltveränderungen auf das, was diese Generationen dann wertschätzen, und über

- Art und Ausmaß, wie die menschliche Gesellschaft präventiv auf antizipierte globale Umweltveränderungen oder reaktiv auf eingetretene Veränderungen antwortet.

Dennoch wird eine Reihe der im folgenden behandelten Verhaltensdeterminanten wohl auch für zukünftige Generationen Gültigkeit haben. Welche Bedeutung sie jedoch im Kausalsystem der Elemente von Natur- und Anthroposphäre haben werden, ist ungewiß.

Determinanten des Verhaltens

Im folgenden sollen einige Forschungs- und Interventionsfelder behandelt werden, die für das Verständnis der Wechselwirkung zwischen Natursphäre und Anthroposphäre wesentlich sind. Sie und ihre möglicherweise kulturspezifischen Variationen sind zu berücksichtigen, wenn unsere Gesellschaft bzw. die Menschheit insgesamt eine „zukunftsfähige Entwicklung" anstrebt.

Umwelt als soziales Konstrukt

Für alle Forschungs- und Interventionsfelder gilt als wichtige Prämisse, daß Umwelt als „soziales Konstrukt" verstanden und behandelt wird. Das heißt zunächst einmal: Umwelt ist subjektives Korrelat menschlicher Wahrnehmung und menschlichen Verhaltens. Die wahrgenommene oder erlebte Umwelt ist dabei oft wichtiger, d.h. handlungswirksamer, als die objektiv meßbare Umwelt (wobei Wahrnehmung immer selektiv und perspektivisch ist, d.h. rollen- und hypothesengeleitet vonstatten geht).

Als Korrelate menschlichen Wahrnehmens, Denkens, Fühlens und Handelns werden Umweltgegebenheiten in verschiedenen *Bedeutungen* (Wertigkeiten, Valenzen) als attraktiv oder abstoßend, als harmlos oder gefährlich erlebt. Derartige Bedeutungen sind nicht Eigenschaften der Dinge, Orte oder Zustände, sondern Korrelate menschlicher Fähigkeiten, Wünsche, Bedürfnisse, Stimmungen und Ziele. Entsprechend wandeln sich manche Bedeutungen von einem Augenblick zum nächsten (der strahlend schöne Apfel wird als „verstrahlt" erkannt), während andere ein Leben lang anhalten (z.B. der Reiz des Meeres oder des Hochgebirges).

Manche Bedeutungen werden aufgrund eigener Erfahrung erworben, andere werden angeeignet/gelernt durch die Vermittlung von Eltern, Lehrern oder durch Medien (Bücher, Zeitungen, Filme), über Gebote und Verbote, oder einfach schon über bestimmte Etikettierungen (z.B. als schön oder eßbar, häßlich oder ungenießbar, prestigefördernd oder „unmöglich"). Welche Bedeutungen erworben werden, hängt z.B. nicht nur von der Geschlechterrolle, dem sozioökonomischen Status, den Persönlichkeitsmerkmalen oder vom Alter ab, sondern auch vom jeweiligen soziokulturellen, politisch-ökonomischen Kontext.

Umweltbedeutungen werden nicht unmittelbar wahrgenommen, sondern durch soziale Kommunikation – im unmittelbaren, interpersonalen Kontakt oder durch Medien – vermittelt. Die Art und Weise, wie z. B. von Experten, politischen Parteien, Journalisten, Wirtschafts- oder Verbrauchervertretern oder von den Leuten auf der Straße über Umwelt, Umweltprobleme oder die „ökologische Krise" geredet und verhandelt wird, bestimmt den *Umweltdiskurs* in einer Gesellschaft (siehe Kasten Umweltdiskurs) und ist wesentlicher Bestandteil der sozialen bzw. gesellschaftlichen Konstruktion von Umwelt.

Mit der Rede von *Umwelt als gesellschaftlicher Konstruktion* (Graumann und Kruse, 1990) wird ein Konzept aus der Wissenssoziologie aufgegriffen (Berger und Luckmann, 1972), das in der Sozio-Psychologie im Begriff der sozialen Repräsentation eine Entsprechung hat (Moscovici, 1981 und 1982) und auf kollektive, gesellschaftlich geteilte Wissensbestände, Werthaltungen und Praktiken verweist.

Gesellschaftliche Konstruktionen von Umwelt sind in unterschiedlichen, auch eng benachbarten Gesellschaften verschiedenartig, also kulturspezifisch ausgebildet (Douglas und Wildavsky, 1982; Johnson und Covello, 1987). Ein treffendes, auch politisch relevantes Beispiel ist die unterschiedliche Konzeption, Bewertung und Behandlung des „Waldsterbens" in Deutschland und Frankreich (Kruse, 1989; Roqueplo, 1988). Auch die Behandlung des Robbensterbens, der Lebensmittelbelastung durch Schadstoffe oder der globalen Klimaveränderungen weist politikrelevante nationale Bedeutungs- und Bewertungsunterschiede auf, die man kennen muß, wenn man sich auf das Feld internationaler Arbeit begibt, um die ja immer auch lokalen/nationalen Probleme globaler Umweltveränderungen in den Griff zu bekommen.

Umweltdiskurs

Ein wichtiger Bestandteil der gesellschaftlichen Konstruktion von Umwelt ist der *Umweltdiskurs*.

Es macht einen großen Unterschied, ob man einen Naturpark als „verwildert" oder „naturbelassen" ansieht, von „Müllkippen" oder „Entsorgungsparks", von „Giftmüll" oder von „Sonderabfall" spricht, ob man „Müll verbrennt" oder „Reststoffe thermisch behandelt", ein Unglück als „Katastrophe" oder als „Störfall" bezeichnet. „Ungeziefer", „Schädlinge", „Raubtiere" legen schon vom Begriff her nahe, vom Menschen bekämpft zu werden, während „Nützlinge und „seltene Arten" geschützt werden sollen.

Zum heutigen Umweltdiskurs gehört vor allem ein Krisen- und Gefährdungs-, sowie zunehmend ein Betroffenheitsvokabular (Nothdurft, 1992; von Prittwitz, 1992).

Die soziale Repräsentation von Umwelt und der verbale Umweltdiskurs sind wichtige Variablen der Beziehung des Menschen zu seiner Umwelt, denen eine bisher noch kaum erforschte Rolle bei der Entwicklung bzw. Veränderung von Einstellungen und Verhaltensweisen gegenüber globalen Umweltveränderungen zukommt. Weitere Faktoren müssen berücksichtigt werden, wenn man menschliche Aktivitäten als Ursache globaler Umweltveränderungen verstehen sowie die Anpassungsreaktionen an und Maßnahmen zur Prävention bzw. Milderung globaler Umweltveränderungen beeinflussen will.

Zukunftsfähige Entwicklung setzt „ökologisch verantwortliches Verhalten" (Lipsey, 1977) voraus, d.h. ein Verhalten, das geeignet ist, der Degradation der Umwelt entgegenzuwirken und Ressourcen zu schonen. Es ist unmittelbar einleuchtend, daß es hierbei um eine Vielzahl unterschiedlicher Verhaltensweisen von einzelnen Individuen oder Milliarden von Menschen gehen kann, in unserer Kultur z. B. um Abfallvermeidung, Wertstoffrecycling, den Einsatz ausgereifter Techniken zur Minderung der Luft- und Wasserverschmutzung, ökologisch verträgliche Anbaumethoden, Energie- und Wassersparen oder die Verminderung privater Pkw-Nutzung.

In der Öffentlichkeit, in der Politik, aber auch bei manchen Wissenschaftlern ist die Ansicht weit verbreitet, daß all diesen Verhaltensweisen eine einheitliche Einstellung oder Werthaltung zugrundeliegt (z. B. eine saubere, intakte Umwelt zu haben), die häufig als „Umweltbewußtsein" bezeichnet wird. Demnach wären Anstrengungen zur (weltweiten) Verbesserung dieses Umweltbewußtseins der beste Weg für die Entwicklung ökologisch verantwortlichen Handelns. Dabei stehen vor allem eine umfassende Information zur Verbesserung des Wissens sowie Appelle zur Förderung pro-ökologischer Einstellungen im Vordergrund. Aus der sozialpsychologischen

Einstellungsforschung ist jedoch seit langem bekannt, daß zwischen Werthaltungen und Einstellungen einerseits und tatsächlichem Verhalten andererseits häufig nur ein schwacher Zusammenhang besteht. Weitere handlungssteuernde Bedingungen müssen daher mitberücksichtigt werden.

Andere gesellschaftliche Gruppen bauen eher darauf, daß z. B. das Problem der Ressourcenschonung im wesentlichen durch technologische Entwicklungen zu lösen sei, oder daß das Verhalten von Konsumenten und Produzenten vor allem über Preise und finanzielle Anreize gesteuert werden könne. Auch diese Ansätze sind, ausschließlich oder einseitig eingesetzt, weit weniger erfolgreich als angenommen, da sie oft von politisch unrealistischen, gelegentlich auch psychologisch naiven Annahmen ausgehen. Schließlich zielen alle diese Maßnahmen letztlich auf langfristige und stabile Verhaltensänderungen, also auf die Umwandlung von umweltschädigendem in umweltverträgliches Verhalten.

Dabei muß berücksichtigt werden, daß umweltschädigendes wie umweltverträgliches Verhalten von vielen Faktoren abhängig ist, deren jeweiliges Gewicht für einzelne Verhaltensweisen bei verschiedenen Menschen in Abhängigkeit vom jeweiligen ökologischen, kulturellen, ökonomischen und technologischen Kontext variiert. Die empirische Erfassung dieser Unterschiede ist bisher nur für wenige Verhaltensmuster, z. B. für das Energiesparen, und wenige Kontexte einigermaßen umfassend in Angriff genommen worden. Auch wenn globale Umweltveränderungen anderen Voraussetzungen unterliegen, lassen sich doch aus der Energiesparforschung der 70er Jahre wertvolle Erkenntnisse gewinnen.

Ohne hier einem bestimmten Modell zur Konzeptualisierung von umweltbezogenem Handeln den Vorzug geben zu wollen – deren werden viele gehandelt (Fietkau und Kessel, 1981; Stern und Oskamp, 1987) – gilt es, einen Rahmen zu skizzieren, der einige wichtige Variablen enthält, die auf das umweltrelevante Handeln von Menschen Einfluß haben können.

Wesentliche Einflußfaktoren für die Entwicklung, Änderung und Stabilisierung von Verhalten sind

- die Wahrnehmung und Bewertung von Umweltgegebenheiten,

- umweltrelevantes Wissen und Informationsverarbeitungsprozesse,

- Einstellungen und Werthaltungen,

- Handlungsanreize (Motivationen, Verstärker),

- Handlungsangebote und -gelegenheiten,

- wahrnehmbare Handlungskonsequenzen (*feedback*).

Zwischen diesen Faktoren gibt es vielfache *Wechselbeziehungen*, die sich grob folgendermaßen skizzieren lassen: Umweltrelevantes (schädigendes wie schützendes) Verhalten ist abhängig von Anreizen, die zu einem bestimmten Verhalten motivieren (z. B. finanzielle Anreize, soziales Prestige), von Handlungsgelegenheiten (Vorhandensein des öffentlichen Nahverkehrs als Alternative zum Individualverkehr, von Wertstoffcontainern zur Abfalltrennung) und von Einstellungen und Werthaltungen, die sowohl das Handeln als auch den Erwerb von Wissen und andere Informations(verarbeitungs)prozesse beeinflussen können. Wahrgenommene Verhaltenskonsequenzen (z. B. durch Rückmeldung über Stromeinsparung im Haushalt) können sich wiederum auf Einstellungen, aber auch auf die Aufnahme und Verarbeitung weiterer Information auswirken.

Die für die Verhaltensursachen von globalen Umweltveränderungen wie für die Reaktion auf ihre Folgen relevanten psychosozialen Faktoren und Prozesse werden in den folgenden Abschnitten näher erläutert.

Kognitionen (Wahrnehmung und Beurteilung) globaler Umweltzustände und -veränderungen

Für viele Umweltzustände und Umweltveränderungen hat der Mensch keine Sinnesorgane: Sie werden nicht sinnfällig. Das Ozonloch sieht, hört und riecht man nicht (Problem der absoluten Schwelle). Nicht erfahrbar sind auch Veränderungen, die so minimal sind, daß sie unterhalb der Schwelle des „eben merklichen Unterschieds" liegen oder bei denen die zeitliche Distanz zwischen Umwelteingriff und Auftreten der Effekte sehr groß ist. Ein mittlerer Temperaturanstieg von 0,5 Grad über mehrere Jahrzehnte etwa ist als „Signal" aus dem „Rauschen" der allgemeinen Temperaturvarianz nicht herauszufiltern. Ähnliches gilt für die zeitliche Distanz zwischen dem unmittelbaren Nutzen eines umweltschädigenden Verhaltens und den langfristigen Schäden/Kosten für das Individuum bzw. für die Gesellschaft (siehe unten zum *commons dilemma*). Zum Problem der zeitlichen Distanz kommt das der räumlichen (oder auch noch sozialen) Distanz zwischen Verursachern und Betroffenen von Umweltveränderungen hinzu, wenn z. B. im industrialisierten Norden Raubbau an der Natur betrieben wird und die Menschen irgendwo weit weg in den Entwicklungsländern unter den Konsequenzen dieser Umwelteingriffe zu leiden haben (Pawlik, 1991). Wo die unmittelbare Erfahrung fehlt, wird sie durch die *mittelbare* ersetzt. Die Vermittlung erfolgt durch soziale Kommunikation in der Familie, mit Gleichgesinnten, mit Kollegen, vor allem aber durch die (Massen-)Medien.

Die fehlende Anschaulichkeit und Erlebbarkeit vieler Umweltprobleme, die großen zeitlichen und räumlichen Distanzen zwischen Verursachung und Manifestation globaler Veränderungen, aber auch die Unsicherheit bezüglich der globalen Effekte und ihrer Signale, werfen viele Fragen auf: Wie werden Umweltzustände und -veränderungen überhaupt wahrgenommen, repräsentiert, beurteilt und bewertet? Welche Konsequenzen ergeben sich daraus für den Umgang mit solchen Umweltzuständen (Entscheidungen, alltägliches Handeln, emotionale Reaktionen)? Wie unterscheiden sich Wahrnehmungen und Urteile von Laien und Experten? Welche Rolle spielen die Berichterstattung in den Medien und der dort ausgetragene Streit der Experten?

Für eine Reihe dieser Fragen geben uns die kognitiven Wissenschaften, die Umweltpsychologie und -soziologie, aber auch die Naturkatastrophen-Forschung der Geographie erste Antworten. Die spezifischen Probleme der globalen Umweltveränderungen sind jedoch erst vereinzelt aufgegriffen worden.

Welche Merkmale von Umweltproblemen sind feststellbar, die Menschen aufmerken lassen und möglicherweise für Verhaltensänderungen ausschlaggebend sind? Sind es die räumlich nahen, konkret erfahrbaren (die spürbare Luftverschmutzung, die wahrnehmbare Trinkwasserverseuchung) oder die eher abstrakten und entfernten Probleme einer globalen Erwärmung? Welche Bedeutung hat der Zusammenhang dieser Probleme mit den Urelementen Feuer, Wasser, Boden und Luft? Müssen erst die eigene Gesundheit oder der eigene Lebensstandard bedroht sein, oder reagieren Menschen auch auf die bedrohte Existenz von Tier- und Pflanzenarten? Und wie reagieren Menschen auf diese verschiedenen Charakteristika von Umweltproblemen? Erste Auswertungen einer umfangreichen Fragebogenuntersuchung an Schülern zwischen 14 und 19 Jahren (Lehmann und Gerds, 1991) ergeben z. B., daß das Ozonloch und die Klimaveränderung übereinstimmend als dringlichste Umweltprobleme bezeichnet werden, daß sie aber *kaum Relevanz für das eigene Handeln* haben. Geographisch nahe Umweltprobleme haben weniger Reaktionen zur Folge als weiter entfernt liegende. Dazu paßt auch ein in anderen Studien häufig berichteter Befund, daß die Umweltprobleme in der eigenen Nachbarschaft im Vergleich zu anderen Gebieten als weniger gravierend eingestuft werden. Lehmann und Gerds machen aber auch deutlich, daß selbst das Gefühl der Bedrohung des eigenen Lebensstandards oder auch der Gesundheitsgefährdung nicht notwendigerweise Handlungskonsequenzen nach sich ziehen und daß wahrgenommene Umweltprobleme allenfalls zu vermehrter Kommunikation mit anderen, aber nicht auch zu einem veränderten Konsumverhalten führen.

Dreiviertel aller Amerikaner haben vom Treibhauseffekt gehört; ihre Auffassung der Ursachen und Konsequenzen weicht von der der Wissenschaftler jedoch erheblich ab. Die Korrelationen zwischen objektiv meßbaren Umweltzuständen und der vom Menschen wahrgenommenen Realität sind meist gering (Kempton, 1991). Nicht Klimaveränderungen werden wahrgenommen, sondern allenfalls das Wetter und seine Auffälligkeiten. Der außergewöhnlich heiße Sommer des Jahres 1992, die zu „milden" Winter der vergangenen Jahre – sie werden anhand von Standards beurteilt, die entweder der eigenen tatsächlichen oder vermeintlichen Erfahrung oder einem durch Medien vermittelten Wissen (Halbwissen) entnommen werden. Bei der eigenen Erfahrung ist aus psychologischer Sicht mit Erinnerungstäuschungen zu rechnen, die das Urteil verzerren können.

Um Auffälliges oder Unverständliches verständlich zu machen, wird versucht, es auf Ursachen zurückzuführen. Dabei besteht die Neigung zu *monokausalen* Erklärungen. Wurden Wetterveränderungen in den 60er Jahren häufig auf die Atomtests zurückgeführt, wird heute der Treibhauseffekt als Erklärung bemüht. Eine solche Strategie kognitiver Ökonomie wird komplexen Sachverhalten nicht gerecht, die sich, wie etwa das Klimasystem, durch

Vernetztheit, Intransparenz und Eigendynamik auszeichnen. Untersuchungen zum *vernetzten Denken* (Dörner, 1989) haben die Schwierigkeiten, aber auch gewisse Möglichkeiten der Trainierbarkeit des Umgangs mit komplexen Systemen gezeigt.

Neben der Tendenz zu monokausalen Erklärungen sind als weitere kognitive Strategien, die Individuen bei der Beurteilung komplexer und ungewisser Ereignisse benutzen, *Urteilsheuristiken* zu berücksichtigen (Kahneman et al., 1982). Diese werden häufig als „Fehler" der Informationsverarbeitung gesehen, sind aber eher als „Faustregeln" zu verstehen, „die komplexes Problemlösen auf einfachere Urteilsoperationen reduzieren" und meist „automatisch und unreflektiert" verwendet werden (Stroebe et al., 1990).

1. Bei Anwendung der *„Repräsentativitätsheuristik"* wird Merkmalen, die für eine Klasse von Ereignissen typisch zu sein scheinen, übermäßiges Gewicht beigemessen, ohne die *a priori* Wahrscheinlichkeit für ein Ereignis oder die Größe der Stichprobe, aus der ein bestimmtes Ereignis stammt, zu beachten. So werden langsame Veränderungen möglicherweise übersehen und Zufallsereignisse wie der heiße Sommer 1992 überbewertet und als Indiz für den Treibhauseffekt eingestuft.

2. Als *„Verfügbarkeitsheuristik"* wird die Tendenz bezeichnet, neue oder besonders dramatische Ereignisse, die viel Aufmerksamkeit erregt haben und ausführlich in den Medien behandelt wurden, in ihrer Häufigkeit zu überschätzen. Verfügbar und sinnfällig sind Ereignisse, die vertraut sind und besonders bildhaft und lebendig dargestellt werden. So kann der Befund aus der Energiesparforschung, daß Investitionen in energieeffiziente Geräte eher aufgrund von Empfehlungen durch Bekannte als durch sachgerechte Informationen durch die Medien gefördert werden, durch die bessere Verfügbarkeit persönlicher Information erklärt werden.

3. Auch die Form der *Präsentation eines Problems* (*framing*) beeinflußt die Urteilsbildung. Ein und dieselbe Option, z. B. eine Investition, kann als Vermeidung finanzieller Verluste formuliert eher akzeptiert werden, als wenn sie bei gleichem objektiven Wert Gewinn verspricht.

Risikowahrnehmung und -akzeptanz

Besondere Bedeutung gewinnen diese Befunde zu kognitiven Strategien und fehlerbehafteten Urteilsprozessen, wenn es um die Wahrnehmung, Kommunikation und Akzeptanz von Risiken geht. Die globale Erwärmung, die zunehmende Ausdünnung der Ozonschicht – dies sind Risiken, die schon von Wissenschaftlern, mehr aber noch von Politikern, Angehörigen bestimmter Parteien oder Interessengruppen und nicht zuletzt von Laien unterschiedlich bewertet werden, mit den entsprechend unterschiedlichen Folgen für präventives oder adaptives Handeln.

Zur Wahrnehmung und Akzeptanz von Risiken durch den Menschen existiert eine mittlerweile beachtliche Anzahl an Untersuchungen und empirisch gestützten Konzeptualisierungen. Diese beziehen sich allerdings zumeist auf Risiken aus technischen Entwicklungen (Kernenergie, neue Chemikalien usw.). Schleichende Prozesse, wie sie globale Umweltveränderungen darstellen, tauchten hingegen als Gegenstand der Risikowahrnehmungsforschung bislang noch kaum auf (Fischhoff und Furby, 1983; Jungermann et al. 1991).

Die vorliegenden Forschungsergebnisse lassen sich folgendermaßen umreißen (Slovic, 1987): Menschen akzeptieren eher Risiken, die sie selbst freiwillig eingegangen sind, als solche, die sie als von außen aufgebürdet wahrnehmen (z. B. Autofahren vs. Kernenergie). Dabei kommt es häufig zu einer Überschätzung der eigenen Fähigkeiten bzw. Kapazitäten (*self-serving bias*). Risiken, die als unbekannt oder unkontrollierbar eingeschätzt werden, werden als bedrohlich wahrgenommen, wohingegen Risiken, die als kontrollierbar eingeschätzt werden und/oder deren Auswirkungen und Folgen bekannt sind, einen wesentlich geringeren Bedrohlichkeitscharakter aufweisen. Schwierigkeiten bereitet offenbar das Abschätzen der Eintrittswahrscheinlichkeit von Gefährdungen bzw. Schäden, wobei es zu charakteristischen „Fehlern" kommt: Selten auftretende und latente Bedrohungen werden überschätzt, während häufige bzw. permanente, tatsächliche Bedrohungen unterschätzt werden.

Durchgängig sind Unterschiede in der Beurteilung von Risiken durch „Experten" und „Laien" gefunden worden: „Laien" gehen – sozusagen intuitiv – von einem wesentlich breiteren Risikobegriff aus, während „Experten" ihren Risikoanalysen ausschließlich „objektives" Zahlenmaterial über potentielle unmittelbare Folgen (z. B. Mortalitätsraten) zugrundelegen. Zwar wird der breitere Risikobegriff der Laien häufig als „irrational" bezeichnet; dennoch muß er ernst genommen werden, zumal auch die von „Experten" angelegten Kriterien nicht selten bereits durch politische Vorgaben oder wirtschaftliche Erwägungen „kontaminiert" sind (Fischhoff, 1990).

Globale Umweltveränderungen nehmen in bezug auf die Freiwilligkeit des eingegangenen Risikos eine ambivalente Rolle ein, da zu den Verursachern sowohl der Einzelne in seinem konkreten Umweltverhalten als auch von ihm nur bedingt kontrollierbare Instanzen (z. B. die Industrie) zählen. Angesichts der schleichenden, oft unmerklichen Entwicklung der Folgen globaler Umweltveränderungen wäre mit einer Überschätzung der eigenen Fähigkeiten oder Kapazitäten zu rechnen im Sinne der Annahme, persönlich nicht betroffen zu sein. Der geringe Grad der Bekanntheit und Kontrollierbarkeit globaler Umweltveränderungen würde hingegen eher für eine hohe Bedrohlichkeit sprechen. Da es sich bei den erwarteten globalen Umweltveränderungen nicht in erster Linie um abgrenzbare und konkret beschreibbare Unfälle oder Katastrophen mit entsprechend kurzfristiger, intensiver Medienberichterstattung, wie z. B. in den Bereichen Kernenergie oder Chemie, handelt, sondern um schleichende Prozesse, erweisen sich Kalküle auf der Grundlage von Eintrittswahrscheinlichkeiten für eine Abschätzung der Bedrohlichkeit als wenig geeignet.

Die Wahrnehmung und Bewertung der zu erwartenden Umweltveränderungen muß als eine wichtige Voraussetzung für alles nachfolgende Handeln im Sinne einer Bewältigung angesehen werden. Angesichts der neuen Qualität globaler Bedrohungen gegenüber den bereits erforschten Risiken wird eine global angelegte entsprechende Risikowahrnehmungs-Forschung unumgänglich, zumal auch in der sozialen Konstruktion von Risiken kulturspezifische Unterschiede anzunehmen sind (z. B. Bayerische Rück, 1993).

Zur Rolle der Medien

Globale Umweltveränderungen sind nicht unmittelbar wahrnehmbar. Ganz entscheidend sind daher Informationen, die zum Verständnis und zum Aufbau von Wissen über globale Probleme, ihre Ursachen und ihre Konsequenzen beitragen. Derartige Informationen sucht man normalerweise in der direkten Kommunikation. Das gilt vor allem in Situationen allgemeiner Ungewißheit, in denen es aber häufig zur Gerüchtebildung kommt. Für das Wissen aus zweiter Hand spielen die Medien eine wichtige Rolle. Ihnen kommt für die gesellschaftliche Konstruktion von globalen Umweltveränderungen und ihrer Risikohaftigkeit besondere Bedeutung zu. Medien sind wichtige Filter im Prozeß der Informationsverarbeitung naturwissenschaftlicher Meßergebnisse. Dies gilt von der Veröffentlichung bis zu dem, was schließlich als öffentliche Meinung seine Wirkung entfalten kann (als individuelle Kognition von Umweltproblemen, als direkter oder über das Wähler- bzw. Verbraucherverhalten vermittelter Einfluß auf politische und wirtschaftliche Entscheidungsträger, als Engagement bei Umweltinitiativen oder Konsumboykott usw.). Die Untersuchung medienvermittelter Information über globale Umweltprobleme und ihrer Wirkung auf das Publikum hat auch in den Entwürfen zu *„Human Dimensions"*-Forschungsprogrammen eine hohe Priorität. Manche Erkenntnisse lassen sich dabei einerseits aus der Risikoforschung (Dunwoody und Peters, 1993), andererseits auch aus der Forschungstradition zu Einstellungsänderungen, z. B. im Energiebereich, gewinnen.

Die Rolle der Medien ist vielfältig:

1. Sie haben die Aufgabe, unanschauliche und „abstrakte" Sachverhalte und Prozesse wie globale Umweltveränderungen, mit denen (noch) die eigene Erfahrung fehlt, anschaulich und verständlich zu machen. Ein wichtiger Faktor dabei ist die *Visualisierung*. Jeder von uns konnte im Fernsehen die wandernde Tschernobylwolke oder das wachsende Ozonloch „sehen". Computeranimationen sind ein wesentliches didaktisches Mittel, um z. B. exponentielles Wachstum oder globale Veränderungen über lange Zeiträume hinweg zu veranschaulichen, d. h. sie überhaupt ins Bewußtsein zu heben und die öffentliche Aufmerksamkeit dafür zu gewinnen oder wachzuhalten. Zu klären bleibt aber, unter welchen Bedingungen und für welche Empfänger solche Darstellungen adäquat sind oder aber zur Verharmlosung bzw. Dramatisierung von Umweltproblemen beitragen können.

2. Die *Art der Darstellung* hat eine Reihe teilweise bekannter Effekte auf die Empfänger. Dies trifft zu für das quantitative Verhältnis, aber auch für die Positionierung von Pro- und Contra-Argumenten bei strittigen Sachlagen. Schon erwähnt wurde die Bedeutung des *„framing"*: die Darstellung von Gewinnen oder Verlusten, von

Überlebenschancen und Todesfallrisiken wird, bei gleichem objektiven Gehalt, unterschiedlich verarbeitet. Wesentlich ist auch – und dies ist für die Berichterstattung über technische Risiken, vor allem im Zusammenhang mit dem Tschernobyl-Unfall intensiv untersucht worden – die sprachliche Darstellung, die Wahl von Begriffen einschließlich der damit verbundenen semantischen Assoziationen. Die von amtlichen Stellen und Verbänden bewußt eingesetzte Sprachpolitik in Presseverlautbarungen, Inseraten und Fernsehfeatures ist ein Mittel, um Risiken hoch- oder herunterzuspielen.

Der mehr oder minder bewußte Einsatz von angsterzeugenden oder verharmlosenden Ausdrucksmitteln, das Schüren oder Abwiegeln von Emotionen und Affekten ist von erheblicher Bedeutung für die Informationsverarbeitung, vor allem aber auch für die daraus folgenden Handlungskonsequenzen. Emotionale Betroffenheit ist, wie verschiedene Studien zeigen, eine notwendige Voraussetzung für die Umsetzung von pro-ökologischen Werthaltungen und Einstellungen in konkretes Handeln (Lantermann et al., 1992). Zu intensive Gefühle, z. B. Angst, können jedoch auch gegenteilige Wirkungen haben (Bumerang-Effekt): Man steckt den Kopf in den Sand oder mißachtet die Risikoinformation (z. B. über die Gefahren des Rauchens), verhält sich einstellungskonträr oder verfällt in Resignation. Verstärkt findet man derartige Reaktionen dort, wo die Komplexität des Problems adäquate Reaktionen nicht erkennen läßt bzw. dort, wo Handlungsmöglichkeiten fehlen. Der subjektiv erlebte *Kontrollverlust*, sowohl als Folge bestimmter Umweltwahrnehmungen oder -informationen wie auch als Ursache für Reaktionen wie die Verleugnung von Umweltproblemen oder die Tendenz, seine eigene Umwelt als „sicher" wahrzunehmen, bis hin zur Entwicklung von Umweltkrankheiten, ist ein ernstzunehmendes Phänomen.

3. Für die globale Umweltproblematik besonders relevant ist der in den Medien ausgetragene *Streit der Experten*, der – wie Beck (1986) es pointierend formuliert hat – beim Publikum zur „Nichterfahrung aus zweiter Hand" führt. Die Öffentlichkeit wird immer wieder mit einander widersprechenden Informationen konfrontiert. Dadurch kann es zur „*kognitiven Dissonanz*" (Festinger, 1978) kommen, die für den Einzelnen schwer erträglichen Unvereinbarkeit konkurrierender Standpunkte. Wenngleich der Trend zur „Expertokratie" und zur Verwissenschaftlichung des Alltags nicht zu übersehen ist, kann der öffentlich ausgetragene Meinungsstreit zu einem Glaubwürdigkeitsverlust von Experten und derjenigen führen, die sich auf Experten berufen, wie z. B. die Politiker. Da die Glaubwürdigkeit ebenso wie die Kompetenz und die Reputation des Kommunikators eine wichtige Rolle für die Rezeption und Wirkung von Informationen spielt, ist diesem Faktor verstärkte Aufmerksamkeit zu schenken.

Werthaltungen/Einstellungen („Umweltbewußtsein")

Umfrageergebnissen zufolge hat das „Umweltbewußtsein" der Bevölkerung in den letzten Jahren deutlich zugenommen. Dieser allgemeine Trend zeigt sich zumindest in den Staaten der Europäischen Gemeinschaft (Wasmer, 1990; Schuster, 1992; Hofrichter und Reif, 1990) und in den USA (Milavsky, 1991), wobei im einzelnen allerdings von erheblichen Unterschieden zwischen Kulturkreisen, Nationen und Regionen ausgegangen werden muß.

Auf EG-Ebene bezeichneten 1992 85 % der Befragten Umweltschutz als „unmittelbares und drängendes Problem" (das sind 11 % mehr als noch 1988), wobei sich dieser Zuwachs in nahezu allen Mitgliedsländern vollzog, allerdings in unterschiedlichem Ausmaß. 69 % der Befragten hielten wirtschaftliches Wachstum und Umweltschutz in direkter Gegenüberstellung für gleich wichtig, während nur 4 % dem wirtschaftlichen Wachstum Vorrang gaben. Bezogen auf globale Umweltveränderungen zeigten sich 92 % der Interviewten besorgt über das Verschwinden von Pflanzen- und Tierarten sowie Biotopen, über die Zerstörung der Ozonschicht und das Verschwinden der tropischen Regenwälder (Commission of the European Communities, 1992). Dies bestätigt die generelle Tendenz, „allgemeine" Umweltveränderungen als gravierender zu beurteilen als persönliche Bedrohungen vor Ort.

Die Bundesrepublik zählt im europäischen Vergleich zu den Nationen mit stark ausgeprägtem Umweltbewußtsein (Hofrichter und Reif, 1990; Commission of the European Communities, 1992). Auch dabei ist jedoch von regionalen Unterschieden auszugehen, insbesondere beim Vergleich der Bevölkerung in den neuen Ländern mit derjenigen in der alten Bundesrepublik. So ist etwa in den Jahren 1990/91 für die neuen Bundesländer ein deutlicher Rückgang der Besorgnis in bezug auf Umweltprobleme zu konstatieren, während sich gleichzeitig Themen wie die eigene wirtschaftliche Situation sowie die gesamtwirtschaftliche Lage als Sorgen verursachende

Problemfelder in den Vordergrund drängten (Schuster, 1992). Sollten die wirtschaftlichen Probleme, die sich z.Zt. für die gesamte Bundesrepublik abzeichnen, über einen längeren Zeitraum anhalten, ist auch für die alten Bundesländer eine ähnliche Entwicklung nicht auszuschließen.

Befragt nach den am meisten gefürchteten Umweltveränderungen, sind die Bundesbürger vor allem über die Klimaprobleme besorgt: Bei den Westdeutschen stehen das Ozonloch (37 %) und die Luftverschmutzung (36 %) im Vordergrund, gefolgt von Müllproblemen (20 %) und Klimaveränderungen (18 %). Die Ostdeutschen fürchten am meisten Müllprobleme (41 %) und Luftverschmutzung (37 %), aber auch für sie spielen Ozonloch (34 %) und Klimaveränderungen (25 %) auf den Plätzen drei bzw. sechs eine wichtige Rolle (Institut für Praxisorientierte Sozialforschung, 1992).

Betrachtet man die längerfristigen Trends in der Umfrageforschung der vergangenen Jahre, so zeigt sich ein deutlicher Anstieg des Umweltbewußtseins in den Jahren 1986/87, der nach übereinstimmender Interpretation auf den damaligen Reaktorunfall in Tschernobyl zurückgeführt wird. Ob diese Veränderung des Umweltbewußtseins, das sich seither auf hohem Niveau stabilisiert hat, auch eine Folge der *Häufung* von Umweltkatastrophen im Jahr 1986 darstellt (Sandoz-Katastrophe, zahlreiche Chemieunfälle), bleibt allerdings offen. Schuster (1992) jedenfalls sieht in dem *„Tschernobyl-Effekt"* eine Bestätigung der Ergebnisse aus der Risikoforschung: Ein seltener, spektakulärer Unfall mit einer großen Zahl von Betroffenen führt offenkundig zu der Einschätzung, daß das Gefahrenpotential hoch ist.

Häufig werden Ergebnisse aus der umweltbezogenen Einstellungsforschung mit dem werttheoretischen Konzept des Materialismus/Postmaterialismus in Zusammenhang gebracht (Inglehart, 1977, 1989 und 1991), demzufolge die zu beobachtenden Veränderungen im Umweltbewußtsein nur *Symptome* für den wesentlich breiteren Prozeß eines allgemeinen Wandels von einer materialistischen Wertorientierung (Betonung von ökonomischer und physischer Sicherheit) hin zu einer postmaterialistischen Wertorientierung (Betonung von Selbstverwirklichung und Lebensqualität) darstellen. Als Ursache für diesen „kulturellen Wandel" sieht Inglehart kohortenspezifische Sozialisationseffekte an: So trage etwa das nie gekannte Ausmaß an ökonomischer Sicherheit, das die Nachkriegsgenerationen in den westlichen Industrienationen vorfinden, zum Aufkommen postmaterialistischer Wertvorstellungen entscheidend bei.

Immer wieder wird über korrelative Zusammenhänge zwischen Umweltbewußtsein und dem – nicht unumstrittenen – Inglehart'schen Konzept berichtet. Wasmer (1990) etwa konstatiert eine deutliche Beziehung zwischen Postmaterialismus und der Wahrnehmung von Umweltbelastungen. Am stärksten zeigt sich dieser Zusammenhang danach bei Belastungsarten mit relativ geringer Sichtbarkeit – einem dominierenden Merkmal auch von globalen Umweltveränderungen. Daneben können aber auch noch für weitere Faktoren Zusammenhänge mit dem Umweltbewußtsein postuliert werden, etwa für den Faktor Schulbildung. Das Bildungsniveau scheint immer dann einen gesteigerten Einfluß zu haben, wenn eine direkte Wahrnehmbarkeit von Belastungen nicht gegeben ist.

Eine abschließende Bewertung möglicher Zusammenhänge zwischen allgemeinem Wertewandel und Umweltbewußtsein scheint vor dem Hintergrund fehlender Längsschnittdaten (insbesondere aus den Entwicklungsländern) noch verfrüht. Ein großangelegtes *Monitoring*-Projekt unter jährlicher Einbeziehung von 40 Ländern aus allen Kontinenten und damit von 70 % der Weltbevölkerung (auf der Grundlage des World Values Survey von 1990) könnte langfristig jedoch helfen, die entsprechenden Datenlücken zu schließen (Inglehart, 1991).

So instruktiv und öffentlichkeitswirksam die Ergebnisse der bisherigen Umfrageforschung (von denen hier nur ein kleiner Ausschnitt präsentiert wurde) auch sein mögen, so sind sie doch aus einer methodischen Perspektive mit Vorsicht zu betrachten: Meist beruhen die veröffentlichten Zahlen auf Antworten zu jeweils nur einer Frage, und zwar in sehr unterschiedlichen Kontexten. Auch Einflüsse der Frageformulierung und -positionierung, der mehr oder weniger starken Suggestivwirkung von Instruktionen, Wortwahl, vorgegebenen Alternativen und Interviewerverhalten sind als mögliche Fehlerquellen zu beachten.

Zudem ist bei der Interpretation von derartigen, hochaggregierten Daten Vorsicht geboten: Erstens lassen sie die beträchtliche Variabilität individueller Wahrnehmungs- und Einstellungsmuster und damit auch Wertkonflikte innerhalb der Bevölkerung meist nicht erkennen. Zweitens ist die Beziehung zwischen der öffentlichen Meinung (d.h. generellen Werten), individuellen Werthaltungen und schließlich umweltrelevanten Verhaltensweisen viel weniger eng als gemeinhin angenommen wird. Entsprechende Korrelationen zwischen generellen Werthaltungen und selbstberichtetem Verhalten liegen meist nicht höher als zwischen 0,1 und 0,2, die Beziehung zum tatsächlich beobachteten Verhalten ist noch geringer. Eine methodisch weniger angreifbare Einstellungsforschung zu Umweltfragen, die von theoretisch, aber auch empirisch fundierten Konstrukten ausgehen kann und daneben der Globalität der Umweltveränderungen sowohl inhaltlich als auch methodisch Rechnung trägt, steht noch aus.

Motivation und Handlungsanreize

Werthaltungen und Einstellungen, aber auch das Wissen um Umweltprobleme werden nur dann handlungsrelevant, wenn Individuen entsprechend motiviert sind, etwas zu tun oder zu unterlassen. Umweltorientiertes Verhalten dient zunächst einmal der Befriedigung von Bedürfnissen (besser: dem Bedarf) nach Nahrung, Obdach, aber auch nach Sicherheit (oft als Grundbedürfnisse von Bedürfnissen „höherer Ordnung", wie z.B. nach Anerkennung und Selbstverwirklichung unterschieden). Um jedoch die für umweltgerechtes Handeln entscheidenden motivationalen Voraussetzungen zu erkennen und gegebenenfalls zu beeinflussen, ist es notwendig, diejenigen Motive zu kennen, von denen wir wissen, daß sie bisher wesentlich (als „Nebeneffekt") zu umweltschädigendem Verhalten beigetragen haben. Das sind, kurz gefaßt, das Streben nach individueller Bequemlichkeit, unmittelbarem Genuß, Vermeidung von Unlust – ganz allgemein egozentrische Motive: Solche Motive und die ihnen entsprechenden Handlungsmuster sind per se nicht „falsch" oder unmoralisch, werden aber dann zum Problem, wenn sie auf eine Ressource ausgerichtet sind, an der alle Menschen partizipieren müssen oder sollen.

Hier ist ein Paradigma relevant, daß sowohl in der ökonomischen wie in der sozio-psychologischen Forschung vielfach aufgegriffen wird, wenn es um die Nutzung begrenzter (erneuerbarer oder nichterneuerbarer) Ressourcen (z.B. Fischbestände, intakte Landschaft) oder auch um die Verschmutzung und Schädigung von Umwelt (z.B. durch Abfälle oder Schadstoffe) geht. Es handelt sich dabei um das Paradigma des *„commons dilemma"* (Hardin, 1968), in der Literatur auch als „Allmende-Klemme", „ökologisch-soziales Dilemma" (Spada und Ernst, 1992), „soziale Falle" (Platt, 1973) oder als „Trittbrettfahrer"-Problem (Olson, 1968) beschrieben. Das Dilemma besteht darin, daß individuelle (kurzfristige) Interessen (Hedonismus, Bequemlichkeit), die zu einer übermäßigen Ressourcennutzung führen, über die Zeit hinweg mit Interessen der Gemeinschaft oder auch den künftigen Interessen des Individuums kollidieren. Das, was für den einzelnen zunächst erstrebenswert, genußvoll erscheint (z.B. uneingeschränkter Konsum, individuelle Pkw-Nutzung, verstärkter Einsatz von Düngemitteln) wird der Gemeinschaft, deren Teil das Individuum ist, über kurz oder lang zum Schaden gereichen bzw. künftige Generationen treffen. Das heißt, wenige haben den Gewinn, die Mehrheit das Nachsehen.

Obwohl von klein auf zum Belohnungsaufschub erzogen, scheinen viele Menschen gerade beim umweltbezogenen Verhalten nicht zu einem Verzicht bereit zu sein. Maximen wie „genieße jetzt, zahle später" und „nach uns die Sintflut" scheinen das Handeln vielfach eher zu leiten als der Gedanke an Umweltkatastrophen oder an künftige Generationen. Hinzu kommt, daß die Konsumenten für kurzfristige individuelle Gewinne (an Genuß und Bequemlichkeit) oft bereit sind, viel Geld auszugeben und soziale und ökologische Kosten in Kauf, aber nicht zur Kenntnis zu nehmen. Die Beziehung zwischen Kostensteigerung und abnehmendem Verbrauch ist in der Regel nicht so einfach, wie es manche ökonomischen Modelle vermuten lassen.

Zu den individuellen Motiven und Werthaltungen kommen *soziale Werte* (gesellschaftliche Normen, Normen der Bezugsgruppe) hinzu. Umweltbelastendes Verhalten (schnelles Fahren, aufwendiges Verpacken) hat in der Regel einen hohen Prestigewert und wird von der sozialen Gruppe oder auch der Gesellschaft insgesamt „belohnt", umweltschonendes Verhalten dagegen wird kaum erkannt und anerkannt (d.h. sozial verstärkt), sondern eher negativ bewertet.

Solche „sozialen Fallen" zu durchbrechen und ein individuelles Verhalten zu fördern, das dem Allgemeinwohl dient, ist eine wichtige Voraussetzung auch für die Entwicklung und Stabilisierung umweltgerechten Handelns. Die Forschung hat verschiedene Bedingungen spezifiziert, die dem egozentrischen Ausbeutungsverhalten entgegenwirken und altruistisches Verhalten fördern. Dies sind vor allem das Wissen um ökologische Systemzusammenhänge und um die ökologischen Konsequenzen des eigenen Handelns, aber auch das Vertrauen auf das Wissen und die Handlungsbereitschaft der anderen, an der Erhaltung einer Ressource mitzuwirken (Spada und Ernst, 1992). Außerdem ist eine Reihe weiterer lern- und motivationspsychologischer Prinzipien zu berücksichtigen.

Nur bei wenigen Menschen wird man finden, daß ihr ausgeprägtes Umweltbewußtsein ausreicht und sie aus eigenem Antrieb, d.h. *intrinsisch motiviert*, ein als schädlich erkanntes, aber subjektiv befriedigendes Verhalten aufgeben und durch ein anderes ersetzen. Dies gelingt umso weniger, je stärker ein solches Verhalten automatisiert und mit einer langen Sozialisationsgeschichte verbunden ist.

In der Regel müssen stärkere *Verhaltensanreize* eingesetzt werden, um ein zunächst unbequemeres, zeitaufwendigeres, kognitiv anspruchsvolleres Verhalten zu übernehmen. Dies geschieht durch den Einsatz von „Verstärkern" als Verhaltenskonsequenzen, die die Wahrscheinlichkeit von umweltschonendem Verhalten erhöhen, von umweltschädigendem Verhalten verringern sollen, z.B. durch Verteuerung von Einwegflaschen und Parkraum oder durch Verbilligung der Preise für den öffentlichen Nahverkehr.

„Belohnungen" müssen nicht immer finanzieller Natur sein, wenngleich materielle Gewinne in unserer Gesellschaft der mächtigste Verhaltensanreiz zu sein scheinen. Motivierend kann auch die *soziale Anerkennung* durch relevante Bezugsgruppen (Nachbarn, Freunde) wirken.

Als eine Art kognitive Verstärkung wird im übrigen jede Rückmeldung (*feedback*) empfunden, die über die positiven Folgen angemessenen bzw. die negativen Konsequenzen unangemessenen Verhaltens informiert. Rückmeldungen hinsichtlich eines Maßstabs (z.B. Energieeinsparung im Vergleich zum Vorjahr oder zum Gemeindedurchschnitt) können dazu motivieren, ein angestrebtes, möglichst selbst gesetztes, durch öffentliche Selbstverpflichtung vielleicht noch bekräftigtes Ziel zu erreichen. Ein Problem solcher Verstärkungsstrategien ist es allerdings, daß die Verhaltensänderungen oft nur solange aufrechterhalten werden, als sie auch belohnt werden, also externe Verstärkung erfahren. Für eine Stabilisierung des Verhaltens ist es letztlich notwendig, über diesen Weg der extrinsischen Motivierung und der Aufklärung über ökologische Zusammenhänge eine intrinsische Motivation aufzubauen.

Handlungsgelegenheiten, -möglichkeiten und -kontext

Für umweltschonendes Verhalten fehlen häufig die *Verhaltensmöglichkeiten*, und zwar einmal im Sinne fehlender Kompetenz und Fertigkeit: Manche wissen nicht, was sie tun sollen, andere können ein bestimmtes Verhalten (wie Radfahren) nicht ausüben, weil sie es nicht gelernt haben bzw. nicht mehr lernen können. Zum anderen fehlt es oft an Handlungsgelegenheiten, z.B. an verpackungsarmen Produkten, energieeffizienten Haushaltsgeräten, wassersparenden Einrichtungen oder auch an öffentlichen Nahverkehrsmitteln, die ein Umsteigen vom privaten Pkw überhaupt erst ermöglichen. Wie unsinnig ist z.B. der Aufruf, durch Abfallvermeidung den eigenen Geldbeutel zu schonen, wenn es keine Möglichkeit zur individuellen Einsparung von Müllgebühren gibt.

Zum Handlungs*kontext* gehört auch das *soziale Umfeld*, in dem ein neues Verhalten gelernt oder wirksam werden soll. Gute Nachbarschaftskontakte (soziale Netze) bieten die Möglichkeit zu sozialem Vergleich und sozialer Kontrolle (Hormuth und Katzenstein, 1990), vor allem aber auch die Chance zur Entwicklung von kooperativen Beziehungen und solidarischen Verhaltensweisen (Diekmann und Preisendörfer, 1992; Neuman, 1986).

Bei der Planung von Handlungsgelegenheiten und Handlungsanreizen ist abzuwägen, ob es sinnvoll ist, die Änderung alltäglicher Verhaltensweisen (z.B. Reduzierung der Pkw-Nutzung) anzustreben, um z.B. die CO_2-Produktion zu vermindern, oder eher einmaliges Investitionsverhalten (z.B. den Kauf eines Energiesparautos) zu fördern. Einige Sozialwissenschaftler (Stern und Gardner, 1981) argumentieren, daß die Umweltrelevanz und das (Energie-) Sparpotential alltäglicher Verhaltensweisen gegenüber der Bedeutung von einmaligen größeren Haushaltsinvestitionen oft überschätzt wird. Für eine ganze Reihe von Umweltproblemen ist jedoch die Veränderung von Konsumgewohnheiten und Alltagshandeln unverzichtbar (z.B. Abfallvermeidung). Täglicher Konsumverzicht verlangt die Änderung von Gewohnheiten und muß gegebenenfalls durch (unregelmäßige) Verstärkung aufrechterhalten werden. Investitionen in energieeffiziente Technik erfordern nur einmalige Entscheidungen. Relativ gut bestätigt ist der Befund, daß die einmalige Entscheidung für vergleichsweise kostspielige Investitionen vor allem durch ökonomische Gesichtspunkte beeinflußt wird, während für relativ leicht auszuführendes Verhalten (z.B. Einkaufen oder Abfallsortieren) eher umweltbezogene Werthaltungen und Normen maßgebend sind (Diekmann und Preisendörfer, 1992).

Strategien der Verhaltensänderung

Wurde bisher versucht, Determinanten umweltrelevanten Verhaltens als Ursache, aber auch als Folge von globalen Umweltveränderungen vorwiegend konzeptuell und kategorial zu behandeln, sollen abschließend noch Hinweise auf einige wichtige Strategien und Interventionsansätze zur Verhaltensänderung gegeben werden, die in Reaktion auf die erste Energiekrise Anfang der 70er Jahre (vor allem in den USA) entwickelt wurden. Damals wurde das Öl knapp, die Energiepreise stiegen, was großen Einfluß auf Verhaltensänderungen hatte (Investitionen in energiesparende Autos, Wärmeisolierung an Gebäuden, Umsteigen auf andere Energiequellen, z.B. von Gas auf Kohle). Trotzdem stellte sich heraus, daß die Kräfte des Marktes allein nicht ausreichten, um die energierelevanten Verhaltensweisen der Bevölkerung in ausreichendem Maße zu ändern.

Die „neue" globale Umweltkrise ist von anderer Art. Auch jetzt richtet sich das Augenmerk wieder auf den Energieverbrauch, aber nicht weil Energie knapp und teuer ist, sondern weil die Emissionen durch den Verbrauch fossiler Brennstoffe eine der wesentlichen Ursachen für den Treibhauseffekt sind. Was damals „Nebenwirkung" des Energieverbrauchs war, steht jetzt als eine Hauptursache anthropogener Klimaänderung im Mittelpunkt: die CO_2-Emissionen durch die Nutzung fossiler Brennstoffe. Energie ist genügend vorhanden, die Preise sind niedrig, so daß zunächst einmal wichtige externe Anreize für Verhaltensänderungen fehlen (Kempton et al., 1992).

Zur Veränderung umweltschädlicher, vor allem energieintensiver Verhaltensweisen sind eine Reihe von Programmen entwickelt und vor allem in den USA eingesetzt und auch evaluiert worden. Dabei finden nicht nur die genannten Determinanten Berücksichtigung, sondern auch eine große Zahl weiterer Faktoren, die man als wesentliche Bedingungen oder Moderatoren von Verhaltensänderungen kennt – denn das System Mensch ist nicht minder komplex als das System Natur. Das System Mensch umfaßt *individuelle* Faktoren (z.B. kognitive Fähigkeiten oder demographische Variablen wie Alter, Geschlecht, sozioökonomischer Status), *interpersonale* Faktoren (soziale Normen, soziale Kontakte) und *Kontextfaktoren* (Wohnort, Haushaltsgröße, Eigentumsrechte an technischen Geräten, usw.).

Die wichtigsten Typen von Interventionsstrategien sind (Kempton et al., 1992; Stern, 1992a):

1. *Information, Aufklärung, Feedback*

   Information und Aufklärung finden durch die Massenmedien, aber auch durch Broschüren, Werbung, Schulbücher und andere Bildungsmaterialien statt. Es konnte vielfach bestätigt werden (Dennis et al., 1990; Stern und Aronson, 1984), daß die reine Informationsvermittlung relativ wirkungslos ist, wenn nicht bestimmte Grundsätze der Informationsgestaltung beachtet werden. Dies gilt vor allem dann, wenn andere Verhaltensanreize wie etwa hohe Energiepreise nicht gegeben sind. Einstellungs- und Verhaltensänderungen sind eher zu erwarten, wenn Informationen präzise, leicht verstehbar, personalisiert und lebendig vermittelt werden und Grundsätze für die optimale Darstellung von Alternativen (Verluste vs. Gewinne) beachtet werden.

   Wirkungsvoller als reine Information ist die konkrete *Rückmeldung* über den eigenen Handlungserfolg. Die wahrgenommenen Konsequenzen umweltschonenden Verhaltens können wiederum Anlaß für die Änderung von Einstellungen und Werthaltungen sein, die dann ihrerseits wieder Einfluß auf das Verhalten haben. Rückmeldungen sind besonders dann effektiv, wenn Preise und Umweltbewußtsein hoch und die Menschen bereits zur Verhaltensänderung motiviert sind. Bei niedrigen Preisen und schwach ausgeprägtem Umweltbewußtsein sind Informationen wenig wirksam, es sei denn, die Motivation ist hoch. Die Motivation kann, vor allem dann, wenn diese öffentlich erfolgt, durch eigene Selbstverpflichtung zu umweltschonendem, energiesparendem Verhalten verstärkt werden.

   Wirksamer ist bisweilen auch das „Lernen am Modell", wenn etwa bekannte Persönlichkeiten umweltschonendes Verhalten präsentieren (der Minister kommt regelmäßig mit dem Fahrrad zum Dienst). Als besonders bedeutsame Variable hat sich auch die Glaubwürdigkeit des Kommunikators bzw. der Informationsquelle erwiesen. So hatte z.B. die Energieinformation von Elektrizitätswerken weniger Wirkung als die gleiche Information durch Verbraucherberatungen oder lokale Gemeindegruppen. Informationen von Freunden und Bekannten oder die „Mund-zu-Mund"-Propaganda in lokalen Gruppen haben mehr Gewicht für eine Verhaltensänderung als eine noch so umfassende und sachliche Information durch die Medien. In kleineren, bisher eher experimentellen Untersuchungen hat sich die „foot-in-the-door"-Strategie bewährt. Sie beruht auf der Erkenntnis, daß eine Person eher bereit ist, in Zukunft eine größere Verpflichtung (z. B. Abfall in vier Fraktionen zu trennen) einzugehen, wenn sie zuvor schon einmal einer kleineren Verpflichtung zugestimmt hat. Durch eine zunächst kleine Verhaltensänderung – durch welchen externen Beweggrund oder Anreiz auch immer – wird die Basis für ein umfassenderes Engagement gelegt. Daraus folgt, daß man nicht „mit der Tür ins Haus fallen" sollte, wenn Verhaltensänderungen notwendig sind, sondern eher in kleinen Schritten vorgehen muß.

Der Einsatz von Informationsstrategien ist insgesamt eine komplexe Aufgabe. Die Berücksichtigung vielfach bestätigter Erkenntnisse aus der Kognitions- und Kommunikationsforschung könnte solche Ansätze aber erfolgreicher machen als sie bislang sind.

2. *Handlungsanreize*

Der Einsatz von positiven und negativen Handlungsanreizen, z. B. Gewährung von Rabatten für den Kauf eines energiesparenden Autos oder die Festsetzung einer Energieabgabe, ist eine weit verbreitete und insgesamt wirksame Strategie, vor allem dann, wenn es um die Einführung „neuer" Verhaltensweisen geht. Anreize sind um so wirkungsvoller, je verhaltensnäher sie eingesetzt werden. Eine niedrige Stromrechnung am Jahresende hat weniger Effekt für ein kontinuierlich energiesparendes Verhalten als eine Prämie am Monatsende. Kontraproduktiv ist jedoch eine Erhöhung der Stromrechnung wegen gestiegener Strompreise trotz niedrigem Stromverbrauch, da Verbraucher eher in Geldeinheiten als in der Einheit von Kilowattstunden denken (Kempton und Montgomery, 1982) und sich daher für ihre Energiesparanstrengungen bestraft fühlen könnten.

Haushalte reagieren – bei gleichem Nettowert – positiver auf die Gewährung einer Prämie als auf die Gewährung eines Darlehens (Stern, 1992b). Eine neuere Fragebogenuntersuchung in der Bundesrepublik (Karger et al., 1992) ergab, daß die Befragten eher bereit sind, Umweltkosten zu übernehmen, über die sie selbst Kontrolle haben (Kauf eines energiesparenden Gerätes) als Abgaben oder Steuern, die der Staat zwangsweise erhebt, zu akzeptieren. Obwohl also Kosten ein wirksamer Anreiz zur Verhaltensänderung sind, können entsprechende Programme durch die Berücksichtigung nicht-monetärer Faktoren noch effektiver gemacht werden.

3. *Nicht-monetäre Strategien*

Geld ist nicht der einzige Motor für Verhaltensänderungen. Auch nicht-monetäre Strategien können erfolgreich sein. Dies ist für die globale Umweltproblematik der 90er Jahre und vielleicht auch der weiteren Zukunft, die ja nicht mit gleichzeitig steigenden Energiepreisen einhergeht, besonders relevant. Die Bedeutung persönlicher Präferenzen (es wird offenbar lieber in Sturmfenster als in Wandisolierung investiert), von Gruppenstrukturen und sozialen Netzen, von persönlichen Werthaltungen und Einstellungen und der Tatsache, daß Menschen häufig erst dann reagieren, wenn die Krise oder Katastrophe da ist, erfordert die Entwicklung weiterer Programme zur Einstellungs- und Verhaltensänderung.

**Folgefragen der UNCED-Konferenz
für den Bereich Psychosoziale Einflußfaktoren**

Relevant sind aus sozial- und verhaltenswissenschaftlicher Sicht vor allem die Kapitel 23 bis 32. In ihnen wird die Rolle derjenigen gesellschaftlichen Gruppen näher beschrieben, die in besonderem Maße von globalen Umweltveränderungen betroffen sind und die als besonders relevante Akteure für Umwelt und Entwicklung angesehen werden (Kinder, Jugendliche, Frauen, lokale Bevölkerung).

Für folgende Gruppen und Bereiche der Gesellschaft werden Maßnahmen zu ihrer Förderung vorgeschlagen: Frauen (Kapitel 24), Kinder und Jugendliche (Kapitel 25), eingeborene Bevölkerungsgruppen (Kapitel 26), Nicht-Regierungsorganisationen (Kapitel 27), lokale Behörden (Kapitel 28), Arbeiter und ihre Gewerkschaften (Kapitel 29), Privatwirtschaft (Kapitel 30), Wissenschaft und Technik (Kapitel 31) und Bauern/Landbevölkerung (Kapitel 32).

Insgesamt ist festzustellen, daß nicht eine einzelne Strategie, sondern eine Kombination verschiedener Strategien am wirksamsten ist. Diese müssen situations- und zielgruppenspezifisch geplant werden und vor allem auch den kulturellen, technologischen, ökonomischen, politischen und rechtlichen Kontext miteinbeziehen.

Bewertung

Für das Ziel der zukunftsfähigen Entwicklung (*sustainable development*) ist es notwendig, daß letztlich jeder einzelne, vor allem aber diejenigen, die für das Handeln anderer Verantwortung haben oder Multiplikatorfunktionen wahrnehmen – Politiker, Wirtschaftsführer, Arbeitgeber- und Arbeitnehmervertreter, aber auch Journalisten und Pädagogen – über eine Reihe von Voraussetzungen verfügen:

1. Notwendig ist die Einsicht in den *Systemcharakter der Umwelt* – auf lokaler, regionaler, globaler Ebene – und in die Tatsache, daß dieses System durch menschliche Aktivitäten in gravierender Weise verändert wird, mit negativen Konsequenzen für die Natursphäre und die Anthroposphäre.

2. Notwendig ist das Wissen um den *Systemcharakter menschlichen Handelns*, das individuell und kumulativ Ursache für viele globale Umweltveränderungen ist und von ihnen in vielfacher Hinsicht betroffen ist, wobei es adaptiv reagieren, aber auch präventiv agieren kann. Menschliches Handeln ist das Ergebnis vielfältiger Bedingungen (Multivariabilität), die in unterschiedlicher Weise ursächlich miteinander verknüpft sind (Multikausalität), und es kann eine Vielzahl unterschiedlicher Auswirkungen haben (Multieffektivität). Durch seine Mischung von Natur- und Kulturbedingtheit hat menschliches Handeln eine so hohe Variabilität, daß einfache, gesetzmäßige Korrelationen nur selten zu finden sind.

3. Bei der Planung von Maßnahmen zur *Veränderung* der letztlich „fehlangepaßten" Verhaltensweisen von Individuen und Gesellschaften sind folgende wesentliche Einflußfaktoren zu berücksichtigen:

   – Wahrnehmung und Bewertung von globalen Umweltveränderungen.
   – Umweltrelevantes Wissen und Informationsverarbeitung.
   – Einstellungen und Werthaltungen.
   – Handlungsanreize.
   – Handlungsangebote und -gelegenheiten.
   – Wahrnehmbare Handlungskonsequenzen.

Da viele globale Umweltprobleme nicht unmittelbar anschaulich und erlebbar sind, kommt ihrer *Vermittlung* in alltäglicher Kommunikation, durch die Medien oder durch Bildungsmaßnahmen große Bedeutung zu. Um eine Sensibilisierung in Gang zu setzen und aufrechtzuerhalten, sind verschiedene sozialwissenschaftliche Erkenntnisse zu Informationsvermittlungs- und -verarbeitungsprozessen zu beachten. So ist z.B. die Wirkung von Informations- und Aufklärungskampagnen weit geringer als oft angenommen wird, vor allem dann, wenn Grundsätze der Informationsverarbeitung, wie die Bedeutung von Merkmalen des Kommunikators und der Nachricht, nicht beachtet werden.

Die Rolle von Einstellungen und Werthaltungen für umweltschonendes Verhalten wird in der Regel überschätzt. Dies gilt vor allem auch für globale gesellschaftliche Werte. Einstellungen haben eine umso höhere Vorhersagekraft für umweltschonendes Verhalten, je spezifischer sie erfaßt werden. Die Beeinflussung von Einstellungen und Wissen muß daher ergänzt werden durch motivierende Maßnahmen, bei denen nicht nur monetäre Anreize, sondern auch soziale Anerkennung mitberücksichtigt werden. Zu beachten ist ferner die Rolle von Rückmeldungen über das eigene Verhalten.

Die Einbeziehung bereits vorhandener Kenntnisse, aber auch das Ermöglichen weiteren Erkenntnisgewinns (durch Forschung, Interventionsmaßnahmen und ihre systematische Evaluation), ist eine wesentliche Grundlage für eine Umwelt-, Wirtschafts-, Arbeits- und Bildungspolitik, die eine zukunftsfähige Entwicklung anstrebt und eher einer Prävention globaler Umweltveränderungen als einer adaptiven Strategie den Vorzug gibt.

Handlungsbedarf

Umweltpolitik, die die Gefahren globaler Umweltveränderungen nicht nur für die jetzt lebenden Menschen, sondern vor allem für zukünftige Generationen ernst nimmt, muß versuchen, den Bürgern klarzumachen, welche Forderungen sich daraus für die Gegenwart, für die jetzt lebenden Generationen ergeben. Gefragt ist ein „Generationenvertrag", ein „Solidarpakt", der die voraussehbaren bzw. möglichen Interessen künftiger Generationen berücksichtigt. Dies verlangt Schonung, d. h. verantwortlichen Gebrauch von erneuerbaren und nicht-erneuerbaren Ressourcen, Verminderung von Umweltverschmutzung und -zerstörung und den Erhalt der biologischen Vielfalt.

Vor allem die Politik hat die Aufgabe, diese Perspektiven nicht nur durch entsprechende Aufklärung der Bevölkerung zu vermitteln, sondern sie als Ziele politischen Handelns in entsprechenden, am individuellen oder kollektiven Verhalten orientierten Programmen zu verankern. Ein durchgreifender Wertewandel ist notwendig: Erhaltung der Natur um ihrer selbst willen und als Lebensgrundlage für kommende Generationen muß eine überwiegende Orientierung an Wachstum und Gewinn relativieren und moderieren. Vorsorge und Prävention sind gefragt, trotz und gerade wegen fehlender Sicherheiten über die Zukunft unseres Planeten. Ein Belohnungsaufschub (*delay of gratification*) ist nötig, auch wenn die „Belohnung" für unseren Verzicht erst späteren Generationen zugute kommt.

Um diesen Wertewandel, die Entwicklung von Umweltbewußtsein und vor allem von umweltverträglichem Handeln zu befördern, muß sich die Politik auch wissenschaftlicher Erkenntnisse bedienen, und zwar der Erkenntnisse jener Wissenschaften, die zur Analyse von gesellschaftlichen Werten und Wertewandel, von individuellen Werthaltungen und Einstellungen und deren Beeinflussung einen Beitrag leisten können (Umweltpsychologie, -soziologie, -pädagogik, philosophische Ethik und eine ökologisch orientierte Ökonomie). Bereits die Berücksichtigung jetzt vorliegender Erkenntnisse zur Veränderung von umweltrelevanten Einstellungen und Verhaltensweisen eröffnet der Politik genügend Handlungsspielräume: Hochglanzbroschüren, Inserate und Fernsehspots allein haben nur begrenzte Wirkung, wenn es letztlich um die Notwendigkeit geht, Verhalten dauerhaft zu ändern und Akzeptanz für umweltpolitische Maßnahmen zu gewinnen. Die Berücksichtigung von Informationsverarbeitungsstrategien, von Risikowahrnehmung und -akzeptanz, der Bedeutung von Verhaltensanreizen und Handlungsgelegenheiten und des sozialen Kontextes könnten mancher umweltpolitisch sinnvollen Maßnahme zu größerem Erfolg verhelfen. Die Erarbeitung konkreter Informations- und Interventionsprogramme könnte die Aufgabe einer interdisziplinär zusammengesetzten *task force* sein.

Forschungsbedarf

Globale Umweltveränderungen sind komplexe Prozesse, die als Wechselwirkung zwischen Natur- und Anthroposphäre zu verstehen sind. Weder in den Naturwissenschaften noch in den Gesellschaftswissenschaften sind sie aus der Perspektive und auf den theoretischen und methodischen Grundlagen nur einer einzigen wissenschaftlichen Disziplin zu analysieren. Die sozial- und verhaltenswissenschaftliche Forschung zu globalen Umweltveränderungen ist zudem noch kaum entwickelt. Sie ist meist disziplinär begrenzt und findet nur auf lokaler, allenfalls nationaler Ebene in eng begrenzten zeitlichen Horizonten statt. Es fehlen dagegen multidisziplinäre und multinationale Forschungsansätze. Die streng einzelwissenschaftlich organisierte vertikale Struktur unserer Universitäten und die Tendenz zur Spezialisierung auf immer kleinere Wissensgebiete ist für die Analyse komplexer globaler Umweltprobleme alles andere als förderlich. Große, international vernetzte Projekte gibt es nur wenige, eine Zusammenarbeit zwischen Sozial- und Naturwissenschaften findet noch kaum statt (vergleiche dazu den Bericht des Wissenschaftsrates zur Umweltforschung, der 1993 erscheinen wird).

Verglichen mit der naturwissenschaftlichen Umweltforschung wird sozialwissenschaftliche Umweltforschung in der Bundesrepublik Deutschland noch nicht explizit gefördert. Ein spezifisches Forschungsprogramm mit entsprechender finanzieller Ausstattung ist noch nicht in Sicht. Auf EG-Ebene gibt es mit dem dritten Rahmenprogramm für den Bereich Umwelt 1990-1994 ein erstes Förderprogramm. Dessen Sub-Programm zu „sozioökonomischer Umweltforschung" ist mit 15 Mio. ECU ausgestattet. Für die Jahre 1994-98 soll ein viertes Forschungsrahmenprogramm aufgelegt werden, das sich auch mit der Problematik globaler Umweltveränderungen beschäftigt. In den USA sind weniger als 5 % des *Global Change*-Forschungsprogramms den *Human Dimensions* gewidmet.

Auf der Grundlage einer Rahmenkonzeption zu den menschlichen Dimensionen globaler Umweltveränderungen (Jacobson und Price, 1990) verabschiedete das *International Social Science Council* (ISSC) 1990 das *Human Dimensions of Global Environmental Change Programme* (HDGEC, jetzt HDP). Ziel des HDP ist u.a. die materielle und immaterielle Förderung sozial- und verhaltenswissenschaftlicher Forschung zu globalen Umweltveränderungen (siehe Kasten).

> **Human Dimensions of Global Environmental Change Programme (HDP)**
>
> Das Programm des ISSC konzentriert sich im wesentlichen auf sieben inhaltliche Bereiche:
> 1. Soziale Dimensionen der Ressourcennutzung
> 2. Wahrnehmung und Bewertung globaler Umweltbedingungen und -veränderungen
> 3. Einflüsse lokaler, nationaler und internationaler sozioökonomischer und politischer Strukturen und Institutionen
> 4. Landnutzung
> 5. Energieproduktion und -verbrauch
> 6. Industrielles Wachstum
> 7. Umweltpolitische Sicherheitsfragen und nachhaltige Entwicklung

Für die umfassende Untersuchung von Ursachen wie Folgen globaler Umweltveränderungen ergeben sich aus den obigen Betrachtungen folgende forschungspolitische Forderungen:

◆ Aufgreifen der Thematik von Mensch-Umwelt-Beziehungen aus *einzelwissenschaftlicher Perspektive* in den verschiedenen Sozial- und Verhaltenswissenschaften, vor allem da, wo dies bisher noch zu wenig geschehen ist. Technische Objekte, gebaute oder vom Menschen gestaltete, kultivierte Umwelt können nicht länger nur Gegenstand von Natur- und Ingenieurwissenschaften sein. Hier gilt es, Konzepte und Methoden zu entwickeln, die der Analyse der verschiedenen Modalitäten von Mensch-Umwelt-Beziehungen angemessen sind.

◆ Förderung *transdisziplinärer Forschungsansätze innerhalb der Sozialwissenschaften*. Dazu wären in einem ersten Schritt die verschiedenen disziplinären Ansätze zur Untersuchung individuellen und gesellschaftlichen Handelns stärker zu verbinden. Dies ist wichtig, da das unmittelbar für globale Umweltveränderungen relevante Verhalten quer zu den traditionellen Disziplinen liegt. So müssen z.B. demographischer und ökonomischer Wandel gemeinsam thematisiert, rechtliche und ökonomische Rahmenbedingungen gemeinsam analysiert werden. Auch kulturelle, soziale und psychologische Variablen müssen integrativ aufgegriffen werden. Dies erfordert (größere) multidisziplinäre Teams. Sozial- und verhaltenswissenschaftliche Forschung muß auf allen Ebenen (lokal, regional, global) und mit unterschiedlichen zeitlichen Perspektiven (historisch, gegenwärtig, prospektiv; Querschnitt- und Längsschnittstudien) stattfinden.

◆ Entwicklung des Dialogs und der *Kooperation von Natur- und Sozialwissenschaften*. Die klassische Trennung der beiden Wissenschaftskulturen läßt sich angesichts der drängenden Umweltprobleme nicht mehr länger aufrechterhalten. Da es die Krise der Kultur ist, die der Krise der Natur zugrundeliegt, kann nur eine Veränderung der Kultur, der Gesellschaft, des individuellen und kollektiven Bewußtseins und Handelns der Gesellschaftsmitglieder eine zukunftsfähige Entwicklung bewirken.

Die wachsende Erkenntnis der Interdependenz von Mensch und Natur zwingt zu einer stärkeren Zusammenarbeit zwischen Natur- und Gesellschaftswissenschaften. Die Notwendigkeit dieser Zusammenarbeit ist inzwischen erkannt, auch von den Wissenschaftlern selbst, die durch die traditionelle vertikale Fächerstruktur der Universitäten bei der Lösung globaler Probleme immer wieder an die Grenzen ihrer fachlichen Spezialisierung stoßen. Der naheliegende „Grenzverkehr" findet aber in der Regel schon deshalb nicht statt, weil der Vertreter einer bestimmten Natur- bzw. Gesellschaftswissenschaft nicht weiß, welche Informationen und Methoden eine andere Disziplin bereithält, die sich für seine Problemstellungen als nützlich erweisen könnten. Zwar stellen problemzentrierte (Groß-)Forschungseinrichtungen eine auch strukturelle Überwindung disziplinärer Abkapselung dar, doch gibt es für den Problemkreis globaler Umweltveränderungen bisher nur erste Ansätze (wie etwa das Umweltforschungszentrum in Leipzig/Halle oder das Potsdam Institut für Klimafolgenforschung, PIK), die der intensiven Förderung bedürfen. Auch das neugegründete *Terrestrial Ecosystem Research Network* (TERN) dient der transdisziplinären Kommunikation.

Beispiele für Aktivitäten, die das Zusammenwirken von bisher disparaten Forschungsrichtungen und Disziplinen ermöglichen bzw. erleichtern sollen, sind:

- Das *Scientific Committee on Problems of the Environment* (SCOPE) des *International Council of Scientific Unions* (ICSU), dessen Berichte etwa zum *environmental impact assessment* oder zum Treibhauseffekt bereits zu einem Drittel von Sozialwissenschaftlern stammen.

- Das *Intergovernmental Panel on Climate Change* (IPCC) mit seinen Studien über alternative politische Reaktionen auf Klimaveränderungen, die ebenfalls der konzertierten Zusammenarbeit von Natur- und Sozialwissenschaftlern entstammen.

- Die *Bergen-Konferenz* (1990), deren Bericht *„Sustainable Development, Science and Policy"* (NAVF, 1990) die Analyse einer zukunftsfähigen Entwicklung als multidisziplinäres Unternehmen erkennen läßt.

Man tut bei diesen wie bei künftigen multi- und interdisziplinären Initiativen allerdings gut daran, in Rechnung zu stellen, daß sich die Beiträge, die Natur- und Sozialwissenschaften zur Lösung der globalen Umweltprobleme leisten können, je nach Aufgabe anders gewichten. Folgt man den Hauptfragen, die la Rivière (1991) für die Erforschung globaler Umweltveränderungen für wichtig hält (1. Wie funktioniert das System Erde? 2. Wie lassen sich Vorhersagen verbessern? 3. Wie kann man umweltpolitische Entscheidungen wissenschaftlich fundieren?), dann ergibt sich – bei einer prinzipiell geltenden Interaktion beider – ein von 1 zu 3 abnehmender Anteil naturwissenschaftlicher und zunehmender Anteil sozialwissenschaftlicher Zuständigkeit.

◆ Europaweit und international sind dabei Methoden und Indikatoren für eine *gesellschaftliche Dauerbeobachtung* (im Sinne eines *„social monitoring"* vergleichbar dem *„environmental monitoring"*) zu entwickeln. Es gilt, relevante sozial- und verhaltenswissenschaftliche Daten kontinuierlich bzw. periodisch zu erfassen, und zwar auch auf möglichst niedrigem Aggregationsniveau (z. B. touristisches Verhalten).

Zur Erfassung von Werten und Einstellungen in der Bevölkerung gibt es zwar eine Reihe nationaler oder europaweiter Surveys (z. B. „Eurobarometer"), die aber in der Regel weder international vergleichbare Parameter abfragen, noch alle hier relevanten Variablen erfassen. Beispielhaft für verschiedene Initiativen, die in diesem Zusammenhang gestartet wurden, seien die folgenden genannt:

- Im Rahmen des *Human Dimensions of Global Environmental Change Programme* (HDP) unter Federführung des *International Social Science Council* (ISSC) ist ein erstes Projekt zur Erfassung von Wahrnehmungs- und Kognitionsdaten geplant (Miller und Jacobson, 1992):

Global Omnibus Environmental Survey (GOES)

Unter der Bezeichnung GOES (Global Omnibus Environmental Survey) sollen periodisch (alle fünf Jahre) Daten zu Umweltwissen, Umwelteinstellungen und selbstberichteten Verhaltensweisen in verschiedenen Ländern der Welt erhoben werden. Damit soll auch versucht werden, die Beziehungen zwischen Wissen, Einstellungen und selbstberichtetem Verhalten aufzuklären. Daneben sollen Fragen der Mediennutzung bzw. der direkten Erfahrung von Umwelt thematisiert werden, um z. B. den Einfluß kultureller Traditionen auf die Entwicklung umweltrelevanter Einstellungen untersuchen zu können. Teilnehmerländer sind die USA, die EG-Staaten und Japan, dazu Bangladesch, Brasilien, China, Indien, Indonesien, Korea, Mexiko, Nigeria und Pakistan sowie Rußland und andere osteuropäische Länder.

Damit erfaßt dieses Survey mehr als zwei Drittel der Weltbevölkerung, mehr als 84 % des globalen Bruttosozialprodukts sowie mehr als 70 % der Treibhausgas-Emissionen.

- Weitere Initiativen gehen in den USA von CIESIN (Consortium for International Earth Science Information Network) aus.

- Die UNESCO bemüht sich im Rahmen des MAB-Programms international um eine vereinheitlichte Dauerbeobachtung von Biosphärenreservaten, auch unter Einbeziehung sozialwissenschaftlicher Indikatoren. Die UNESCO-Biosphärenreservate könnten ein erstes weltweit anzutreffendes Praxisfeld sein, da sie nicht nur als großräumige Schutzgebiete ausgewiesen sind, sondern auch als Forschungsflächen genutzt werden sollten.

◆ Zusätzlich bedarf es *Fallstudien* zu ähnlichen Problemen in verschiedenen Ländern, um entsprechende Vergleichsuntersuchungen durchführen zu können. Beispielhaft dafür steht etwa das *Critical Zones Project:* Ein multinationales Team konzentriert sich auf 12 Gebiete, die von schnell zunehmender Umweltzerstörung bedroht sind. Dabei geht es z. B. um einen Vergleich zwischen der gesellschaftlichen Wahrnehmung von Umweltveränderungen und umweltpolitischen Maßnahmen.

Ein weiteres Beispiel ist das gemeinsame „*Land cover/land use changes-Projekt*" von IGBP und HDP. Ziel ist es hier, auf der Basis von regionalen Fallstudien ein globales „land cover/land use changes model" zu entwickeln (Miller und Jacobson, 1992).

◆ Nationale Initiativen zur internationalen Politik, insbesondere aber auch die von den Industrieländern geforderte umwelt- und sozialverträgliche Entwicklungshilfe, bedürfen fundierter Kenntnisse der natürlichen und soziokulturellen Gegebenheiten dieser Länder.

Um diese zu fördern, ist zweierlei notwendig:

- Entsprechende Forschung muß *in* den jeweiligen Ländern angeregt und unterstützt werden, z. B. durch:
  - *Trainingsprogramme* für die Ausbildung und Weiterqualifizierung von Forschern aus Ländern, in denen noch kaum derartige Forschungsaktivitäten vorhanden sind. Dies gilt vor allem für die Länder der Dritten Welt. Das von IGBP, WCRP und HDP initiierte START-Programm (Global Change System for Analysis, Research and Training) ist ein Beispiel für solche Aktivitäten.
  - Die Beteiligung von entsprechend ausgebildeten Forschungsteams an *multinationalen Großprojekten*.

- Verstärkt werden müssen *kulturvergleichende* Forschungsansätze, nicht zuletzt, um die Perspektive der dortigen Partnerländer in bezug auf (globale) Umweltprobleme besser kennenlernen und in das eigene Kalkül bzw. in entsprechende Hilfsmaßnahmen einbeziehen zu können.

◆ Besondere Bedeutung kommt auch der Förderung der (und der Forderung nach) *Evaluationsforschung* zu. Maßnahmen, sei es im Bereich der Umwelterziehung oder im Rahmen bestimmter ökonomischer oder politischer Programme, die umwelt- und sozialverträgliche Handlungsweisen, vom Konsumverhalten bis zur industriellen Güterproduktion, fördern sollen, sind systematisch zu evaluieren. Die Evaluation darf sich nicht nur auf erreichte und nicht erreichte Ziele beschränken, sondern muß vor allem auch (unerwünschte oder unbeabsichtigte) Nebenfolgen in die Analyse einbeziehen.

◆ Wichtige Voraussetzungen für multidisziplinäre und multinationale Forschung sind entsprechende institutionelle *Strukturen* und eine angemessene finanzielle und technische *Ausstattung* (gute sozialwissenschaftliche Forschung ist, da personalintensiv, teuer!). Darüber hinaus sind neue Förderungsinstrumente, vor allem aber auch Begutachtungsstrukturen und -prozesse, zu entwickeln, die der neuen Qualität dieser Forschungsprojekte angemessen sind. Auch hierfür müssen die entsprechenden institutionellen Voraussetzungen geschaffen werden, wie etwa die vom National Research Council für die USA vorgeschlagenen „national centers for research" (Stern et al., 1992).

Alle diese Maßnahmen sollten sowohl auf nationaler, mehr aber noch auf internationaler Ebene getroffen werden, um dem globalen Charakter der Umweltveränderungen wirklich hinreichend Rechnung tragen zu können.

E Globaler Wandel: Versuch einer Zusammenschau

Die wesentlichen Trends, ihre Verknüpfung und die daraus resultierende Dynamik

Der Beirat ist bewußt so zusammengesetzt, daß die für die Analyse globaler Umweltveränderungen wichtigsten Fachgebiete so weit wie möglich personell repräsentiert sind. Daraus ergibt sich sowohl die Chance als auch die Verpflichtung einer Ganzheitsbetrachtung der gegenwärtigen Krise im System Erde. Bloße *Multidisziplinarität*, die effektiver durch geeignetes Arrangement von Fachbeiträgen in einem Sammelband zustande kommt, reicht dafür allerdings nicht aus: Die komplexe, d.h. verflochtene Dynamik des globalen Wandels muß sich widerspiegeln in einer entsprechend vernetzten Betrachtungsweise, wo die Einsichten der verschiedenen Fachgebiete zu wechselseitigen In- und Outputgrößen werden. Daraus erwächst echte *Interdisziplinarität*, die sich zum *Expertensystem* entwickeln kann.

Wahl des Zugangs

Für die Zusammenschau bieten sich zwei grundsätzlich verschiedene Ansätze an:

1. Modellierung des gekoppelten Systems aus Natur- und Anthroposphäre auf der Basis einer umfassenden und detaillierten Beschreibung der relevanten Systemvariablen, Quellen und Senken, internen Wechselwirkungen und externen Triebkräfte.
   Im Idealfall führt diese Anstrengung durch Formalisierung zu einem mathematischen dynamischen System, das durch geeignete Initialisierung und zeitliche Integration Vorhersagen über die weitere Entwicklung des betrachteten Komplexes gestattet – zumindest im statistischen Sinne.
   Das System Erde läßt sich durch eine Hierarchie von Modellen unterschiedlichen Aggregrationsgrads auf verschiedenen raum-zeitlichen Skalen erfassen. Die ersten Schritte auf dem mühevollen Wege zu entsprechenden, integrierten Modellen werden eben vollzogen, so daß von diesem Ansatz kurzfristig keine wirklich belastbaren Ergebnisse für die Politikberatung zu erwarten sind. Langfristig kann man allerdings nur von solch komplexen Modellen ein quantitatives Systemverständnis erwarten. Der Beirat wird diese vielversprechende Entwicklung in den kommenden Jahren mit Aufmerksamkeit verfolgen, nach Möglichkeit unterstützen und wichtige Resultate nach Bedarf in seine Überlegungen einbeziehen.

2. Empirisch-phänomenologische Systemanalyse (Bestimmung der Haupttrends, Synergieeffekte, neuralgische Punkte, Rückkopplungsschleifen usw.) auf der Basis kombinierten Expertenwissens und Intuition bei heterogener bzw. schwacher Information.
   Dies bedeutet den Versuch, die inneren Zusammenhänge des Systems Erde ohne Vorschaltung einer formalen Rekonstruktion in einem dynamischen Modell darzustellen. Hauptziel dieses Zugangs ist die Identifikation der wichtigsten Entwicklungen im Rahmen des globalen Wandels und deren Zusammenspiel. D.h. der Blick wird unmittelbar auf die Dynamik sich gegenseitig bedingender kooperativer Phänomene gerichtet.

Eine solche *qualitative* Analyse umgeht die Gefahr, aus unscharfer Datenlage scharfe Aussagen ableiten zu wollen und ist deshalb für den Beirat die erste Wahl.

Beschreibung des Instruments

Als methodisches Hilfsmittel der Ganzheitsbetrachtung wird eine spezifische graphische Darstellung des globalen Beziehungsgeflechts gewählt. Dies läßt sich u.a. dadurch begründen, daß eine geometrische Kennzeichnung von Zusammenhängen zwar oft verwirrender erscheint als eine algebraische (z.B. in Matrixform), aber die direkte und indirekte Vernetzung der Systemkomponenten wesentlich deutlicher macht.

Das Beziehungsgeflecht soll wie folgt konstruiert werden:

1. Schritt:
Aufgliederung des gekoppelten Systems aus Natur- und Anthroposphäre in seine 10 Hauptbestandteile in Anlehnung an die Grundstruktur des Gutachtens. In der entsprechenden Darstellung (Abbildung 17) ist jedem Hauptkompartiment eine charakteristische Farbe zugeordnet, welche die Identifizierung von Ursache-Wirkungs-Beziehungen im voll entwickelten Diagramm erleichtern soll (siehe unten).

Abbildung 17: Globales Beziehungsgeflecht – Grundstruktur

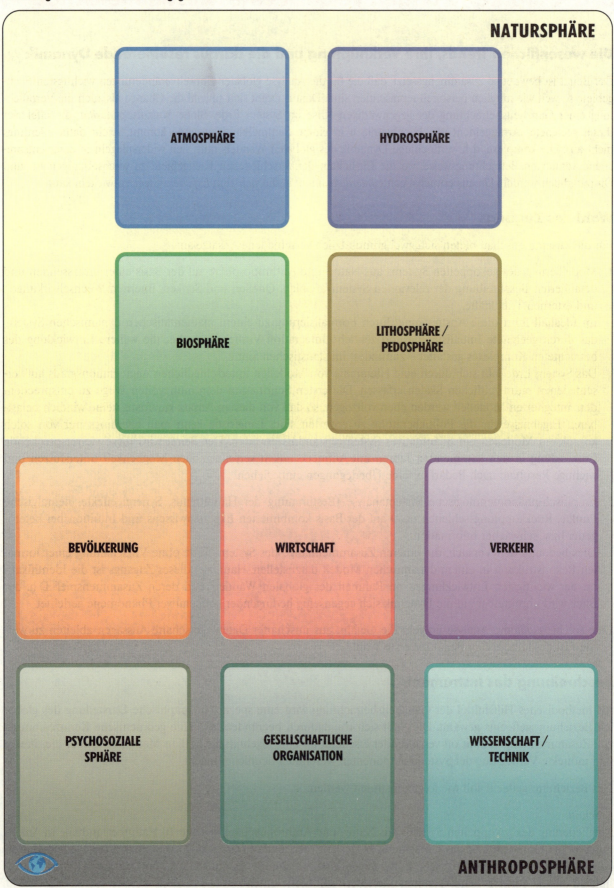

Abbildung 18: Globales Beziehungsgeflecht – Trends der Umweltveränderungen

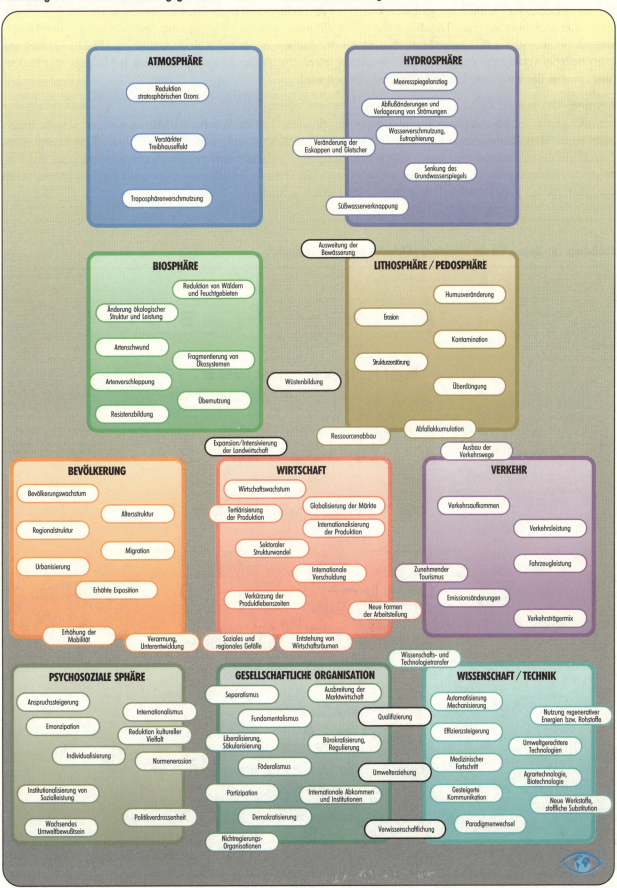

2. Schritt:
Bestimmung der im Rahmen des globalen Wandels unmittelbar oder mittelbar bedeutsamen Trends. Die symbolische Kennzeichnung dieser Trends erfolgt durch Ellipsen, welche an geeigneter Stelle innerhalb der Hauptkompartimente oder – bei Querschnittscharakter – dazwischen zu plazieren sind (Abbildung 18). Die Darstellung kann beliebig verfeinert werden durch Verwendung unterschiedlicher Ellipsengrößen nach Maßgabe der Bedeutung, welche der jeweiligen Entwicklung beigemessen wird.

3. Schritt:
Identifizierung der gegenseitigen Beeinflussung der globalen Trends. Wechselwirkungen können sowohl innerhalb eines Hauptkompartiments als auch zwischen den Kompartimenten bestehen. Jede Einwirkung eines Trends auf einen anderen wird durch eine Verbindungslinie zwischen den entsprechenden Ellipsen mit der Farbe des „verursachenden" Kompartiments symbolisiert. Bei Querschnittsphänomenen muß die Farbgebung nach der Nähe zu den benachbarten Teilsystemen entschieden werden.

Abbildung 19: Regeln für die Abbildung „Globales Beziehungsgeflecht"

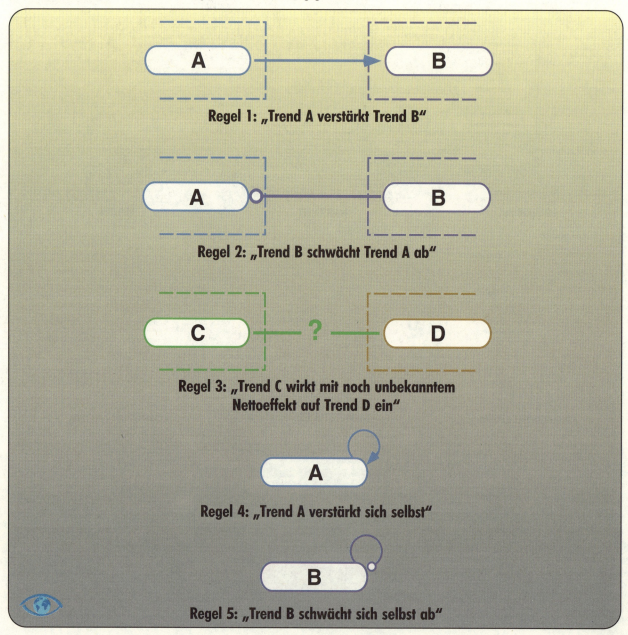

Die Art der Einwirkung wird ebenfalls berücksichtigt und nach drei Regeln unterschieden (Abbildung 19):
(i) „Trend A verstärkt Trend B"
(ii) „Trend B schwächt Trend A ab"
(iii) „Trend C wirkt mit noch unbekanntem Nettoeffekt auf Trend D ein"

Die Analyse kann durch Einbeziehung der Mechanismen „Selbstverstärkung" bzw. „Selbstdämpfung" erweitert werden (Abbildung 19):

(iv) „Trend A verstärkt sich selbst"
(v) „Trend B schwächt sich selbst ab"

Analog zur Bewertung der Trends selbst mittels unterschiedlicher Ellipsengröße läßt sich das Ausmaß der Wechselwirkungen durch variable Stärke oder Strichelung der Verbindungslinien markieren.

Schon bei Berücksichtigung nur der augenfälligsten Phänomene und Interdependenzen hat das Ergebnis bereits ausgesprochen komplexen Charakter und demonstriert die mit dem systemaren Ansatz verbundenen intellektuellen Herausforderungen. Im Sinne einer Einführung in die geschilderte Ganzheitsbetrachtung ist in Abbildung 20 das „Hologramm" des globalen Wandels nur in einem Anfangsstadium mit einem ersten, durch den Trend „verstärkter Treibhauseffekt" definierten Vernetzungsmuster wiedergegeben.

Gegen eine vollständige Darstellung des Beziehungsgeflechts im ersten Gutachten des Beirats spricht auch die Tatsache, daß die Bestimmung der Trends und ihrer Wechselwirkungen eine gewaltige wissenschaftliche Aufgabe darstellt. Ihre Bewältigung erfordert die Berücksichtigung neuerer Forschungsergebnisse aus den verschiedensten Disziplinen; das Instrument benötigt Zeit, um auszureifen. Der Beirat sieht darin jedoch einen prinzipiellen Ansatz, um das kollektive Wissen seiner Mitglieder in fachübergreifender und systemgerechter Weise zu organisieren und laufend fortzuschreiben. In diesem Sinne könnte das globale Beziehungsgeflecht als „Generalkarte" für die Orientierung der weiteren Beiratsarbeit dienen.

Anwendungsmöglichkeiten

Generell greifen bei dem eben beschriebenen Zugang die Methoden der qualitativen Systemanalyse, wie sie in den Bereichen Theoretische Ökologie, Operations Research oder Kontrolltheorie Eingang gefunden haben. Mit Hilfe solcher Verfahren, wie auch durch direkte Inspektion, lassen sich aus dem Beziehungsgeflecht eine Reihe von nichttrivialen Informationen gewinnen. Einige Möglichkeiten sind im folgenden skizziert:

- *Clusteranalyse*
  Wie homogen ist die Vernetzung der Trends und Kompartimente? Zerfällt der Gesamtkomplex in unabhängige Teilcluster? Gibt es „Flaschenhälse", „Kurzschlüsse", „Brennpunkte" oder „Transmissionsriemen"?

- *Rückkopplungsanalyse*
  Welche „Verstärkungs- und Dämpfungsschleifen" lassen sich identifizieren? Wo zeichnen sich über gegenläufige Trends oder Rückstellkräfte Polarisationen bzw. Gleichgewichtstendenzen ab?

- *Synergiebetrachtung*
  Welche unterschiedlichen Einflüsse auf einen bestimmten Trend überlagern sich nicht einfach nur, sondern wirken nichtlinear zusammen?

- *Sensibilitätsanalyse*
  Welche Trends zielen auf besonders fragile Komponenten der Natur- bzw. Anthroposphäre? Dort, wo große Entwicklungsdynamik und hohe Verletzbarkeit zusammenfallen, sind gravierende aktuelle oder künftige Problemfelder definiert.

Das Beziehungsgeflecht läßt sich darüber hinaus nutzen, um Forschungsdefizite aufzuzeigen (siehe z.B. die durch Fragezeichen markierten Wechselwirkungen) oder um sich einen Überblick über den internationalen Prozeß der Umweltkonventionen zu verschaffen („konventionsreife" bzw. „konventionsbedürftige" Umwelt- und Entwicklungsprobleme können etwa durch verschiedenartige zusätzliche Symbole auf dem Hologramm gekennzeichnet werden).

Abbildung 20: Globales Beziehungsgeflecht am Beispiel des Treibhauseffekts

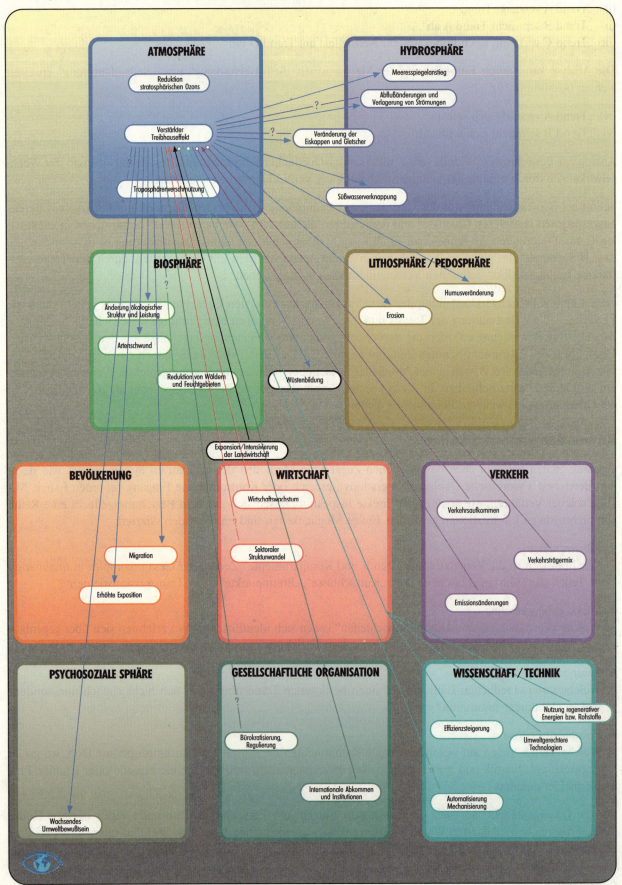

Das Instrument läßt sich zudem *regionalisieren* und *historisieren*:

Im ersten Fall kann das Beziehungsgeflecht z.B. für Industrie- bzw. Entwicklungsländer oder verschiedene Kontinente durchdekliniert werden. Dadurch würden nicht nur die zunächst schwer vermeidbaren eurozentrischen Perspektiven relativiert, sondern auch die weltweiten Interessengegensätze und Spannungen als Haupthindernisse einer vorsorgenden Umwelt- und Entwicklungspolitik kenntlich gemacht.

Im zweiten Falle kann man versuchen, das Beziehungsgeflecht in seiner historischen Entwicklung mittels sukzessiver Momentaufnahmen (z.B. für die Jahre 1800, 1900, 1930, 1960, 1990) zu rekonstruieren. Damit erschlösse sich u.a. eine Möglichkeit, die längerfristigen Haupttriebkräfte des globalen Wandels zu identifizieren.

Schließlich läßt sich das Hologramm – in Analogie zu einem quantitativen Modell – *dynamisieren*, d.h. als qualitativer Automat verwenden. Zwei Möglichkeiten seien hier genannt:

- *Iteration*
  Das Zusammenspiel aller Entwicklungstendenzen gestaltet den globalen Wandel in der Zeit. Durch summarische Bewertung der Trends und Wechselwirkungen und anschließende Bilanzierung aller Beeinflussungen, Synergismen und Antagonismen kann der Versuch gemacht werden, den Zustand des Systems Erde für die nahe Zukunft zu prognostizieren.

- *Crash-Szenarien*
  Sensibilität bzw. Stabilität des globalen Systems können durch qualitative Gedankenexperimente getestet werden: Hierzu speist man punktuell massive Störungen oder Impulse, z.B. Verdopplung der Weltbevölkerung oder technologische Entwicklungssprünge („Geoengineering", Durchbruch bei der Solartechnik usw.), in das Beziehungsgeflecht ein und verfolgt, wie sich diese Anregungen im System ausbreiten.

Die Beschränkungen und Möglichkeiten des dargestellten Zugangs zur Ganzheitsbetrachtung gilt es in den nächsten Jahren auszuloten. Der Beirat ist der Ansicht, daß diese Anstrengung gerechtfertigt ist: Die Dimension der Problemstellung erfordert neue und unkonventionelle Lösungswege.

F Empfehlungen

Empfehlungen zu Forschung und politischem Handeln

Die Reaktionen der Politik und weiter Teile der Öffentlichkeit auf die Hinweise der Wissenschaft zu globalen Umweltveränderungen und ihren anthropogenen Ursachen sind noch nicht eindeutig. Lange Zeit waren sie von Mißtrauen gegenüber den oftmals noch widersprüchlichen Aussagen geprägt. Die Forderung nach wissenschaftlichen Beweisen und „verläßlichen" Prognosen stand daher im Vordergrund. Spätestens bei der Konferenz für Umwelt und Entwicklung in Rio de Janeiro 1992 setzte sich jedoch die Auffassung durch, daß bestimmte Vermeidungsstrategien und Eindämmungsmaßnahmen angesichts der sich verdichtenden Informationen über Umweltrisiken sofort eingeleitet werden müssen, selbst wenn die wissenschaftlichen Grundlagen für eine Erfolgsbewertung noch nicht vollständig erarbeitet sind.

Der Beirat teilt diese Auffassung und empfiehlt in diesem Bericht einige Sofortmaßnahmen. Er weist aber auf die Gefahren hin, die aus Maßnahmen erwachsen können, die wissenschaftlich noch nicht auf ihre langfristigen Aus- oder Nebenwirkungen untersucht wurden. Er empfiehlt daher, die laufenden und beginnenden Maßnahmen zur Eindämmung globaler Umweltprobleme durch geeignete Forschungsprogramme kritisch zu begleiten und die künftige, langfristig angelegte globale Umweltpolitik in entsprechender Weise vorzubereiten und zu untermauern. Dazu ist ein neues Konzept interdisziplinärer Kooperation und internationaler Vernetzung der Forschung erforderlich. Der Beirat wird dazu, unter Berücksichtigung des Gutachtens des Wissenschaftsrates zur Umweltforschung, schon an dieser Stelle, aber vor allem in zukünftigen Gutachten Vorschläge entwickeln.

Forschungsbedarf

Die globalen Umweltveränderungen stellen die Forschung weltweit vor neuartige Aufgaben. Die gegenwärtige Organisation der Forschung ist dieser Herausforderung nicht angemessen. Der Komplexität der Probleme muß die *Interdisziplinarität*, dem globalen Charakter der Vorgänge die *internationale Verflechtung* der Forschungsprogramme entsprechen. Interdisziplinarität bei globaler Umweltforschung wird bisher überwiegend nur als Bündelung ähnlicher (naturwissenschaftlicher) Disziplinen verstanden, die sich gemeinsam einem Teilproblem, wie z. B. der Aufklärung der Ozonabnahme in der Stratosphäre, widmen. Länderübergreifend und auf mehrere Teilprobleme ausgeweitet bestehen bereits einige lose abgesprochene Forschungskooperationen, deren Anstrengungen aber meist auf Teilgebiete beschränkt sind. Die notwendige Veränderung des Umgangs mit der Natur fordert vor allem die Gesellschaftswissenschaften heraus, die Wechselwirkungen zwischen Natur- und Anthroposphäre genauer zu untersuchen und Ansätze für ein umweltpolitisches Handeln zu liefern. Isoliert voneinander werden die einzelnen Disziplingruppen schwerlich Antworten zu den zentralen Fragen in diesem Jahrzehnt liefern können. Für politisches Handeln jedoch sind Empfehlungen aus der Forschung unbedingt erforderlich. Deshalb sollten schon jetzt die Disziplinen der Natur- und Gesellschaftswissenschaften gemeinsam zu bestimmten weltweiten Problemen mit definierter Fragestellung forschen, wobei auch die Förderung koordiniert vergeben werden sollte.

Unter Bezug auf die vielen Forschungsempfehlungen in den einzelnen Sachkapiteln hebt der Beirat hier den Forschungsbedarf für einige Problemkreise besonders hervor:

◆ Verständnis der Vernetzung der Natur- und Anthroposphäre durch Modellierung, weltweite Beobachtungsprogramme und Prozeßstudien.

◆ Entkopplung der Kreisläufe von Kohlenstoff, Stickstoff und Schwefel.

◆ Langfristige Wirkungen der veränderten globalen Stickstoff- und Kohlenstoffkreisläufe auf naturnahe Ökosysteme und die landwirtschaftliche Produktion.

◆ Verfügbarkeit von Wasser bei wachsender Bevölkerung und regional unterschiedlichen anthropogenen Klimaänderungen.

- Regionsspezifische Strategien zur Erreichung der in der Klimakonvention und der Konvention zum Schutz der biologischen Vielfalt festgelegten Ziele.

- Schaffung und Erhaltung ökologisch stabiler Kulturlandschaften.

- Möglichkeiten zu einer weltweiten Reduzierung des Bevölkerungszuwachses und zur Abschwächung des Trends zu Migration und Urbanisierung.

- Sensibilisierung der Menschen in verschiedenen Kulturregionen für globale Umweltprobleme und Möglichkeiten der Veränderung ihres umweltschädigenden Verhaltens.

- Globale Umweltaspekte des großräumigen Strukturwandels der Weltwirtschaft.

- Transfer umweltverträglicher Technologien, d.h. Entwicklung von Modellen und Programmen eines angemessenen Transfers für verschiedene Ländergruppen, wobei eine technologische Zusammenarbeit angestrebt werden sollte.

- Auswirkungen der gegenwärtigen Institutionen der Weltwirtschaftsordnung auf Umwelt und Entwicklung.

- Fortentwicklung der Instrumente zum Schutz der globalen Kollektivgüter, differenziert nach den Problembereichen.

- Bewertung globaler Kollektivgüter, insbesondere Berücksichtigung des Bedarfs künftiger Generationen.

- Entwicklung von ökologischen Indikatoren sowie einer globalen Vermögensrechnung zur Abschätzung des „ökologischen Realkapitals" als Grundlage einer Politik der nachhaltigen Entwicklung.

- Analyse sozialer Konflikte und Entwicklung von Lösungsstrategien beim Umgang mit globalen Umweltproblemen.

- Bedeutung der Medien für die Bewertung globaler Umweltprobleme.

Wie erwähnt, verlangen alle vorgenannten Themenbereiche eine disziplinübergreifende Behandlung mit entsprechender Strukturierung. Der Beirat illustriert dies am Beispiel der Klimaveränderungen und bezieht sich dabei auf die *Klimakonvention* der Vereinten Nationen vom 12. Juni 1992. Die genannten Forschungsthemen werden auch bei der Umsetzung anderer Konventionen helfen können.

Das zentrale Ziel der Klimakonvention „Stabilisierung der Treibhausgaskonzentrationen", ist gleichbedeutend mit einer Reduzierung der Nutzung fossiler Brennstoffe. Die Umsetzung dieses Zieles erfordert Forschung, die sowohl von Natur- und Gesellschaftswissenschaften allein als auch kombiniert beantwortet werden kann. Zwei Beispiele für Fragen, die ohne Beteiligung der Naturwissenschaften beantwortet werden können, sind:

- Wie lassen sich in einzelnen Ländern Reduktionen der CO_2-Emission am besten erreichen (z.B. durch Zertifikate, Steuern, ordnungsrechtliche Maßnahmen)?

- Welche Form internationaler Abkommen zur Minderung globaler Umweltbelastungen ist bei Achtung der Souveränität der Staaten besonders wirksam?

Alle Wissenschaften sind hingegen gefordert, wenn es um die drei Nebenbedingungen des Hauptzieles der Klimakonvention geht:

Die *erste* Nebenbedingung fordert Stabilisierung der Treibhausgaskonzentrationen innerhalb einer Zeitspanne, die den Ökosystemen ihre natürliche Anpassungsfähigkeit bei den auftretenden Klimaänderungen erhält. Dafür ist gegenwärtig kein Zahlenwert anzugeben. Wir wissen z.B. nicht, wie schnell und in welchem Umfang sich Vegetationszonen verschieben können.

Die *zweite* Nebenbedingung setzt einen Zeitmaßstab zur Erreichung der Stabilität der Treibhausgaskonzentrationen, und zwar soll die Nahrungsmittelerzeugung für die Menschen durch anthropogene Klimaänderungen insgesamt nicht gefährdet werden. Also sind zwei wichtige Fragen zu beantworten:

◆ Wie kann in den Industrieländern Landwirtschaft bei Erhalt der Bodenfruchtbarkeit auch in Zeiten rascher Klimaänderungen betrieben werden?

◆ Wie könnte an natürliche Variabilität und anthropogene Klimaänderungen angepaßte Landwirtschaft in den humiden und semiariden Tropen aussehen, welche die Bevölkerung ernährt, Erosion vermeidet und möglichst die Urbanisierung dämpft sowie zum Erhalt der biologischen Vielfalt beiträgt?

Die *dritte* Nebenbedingung fordert, daß anthropogene Klimaänderungen so langsam verlaufen, daß nachhaltige wirtschaftliche Entwicklung möglich bleibt. Bedarf besteht hierbei an der Erforschung derjenigen Rahmenbedingungen der Wirtschaftssysteme, die eine angemessene wirtschaftliche Entwicklung ermöglichen. Ein wichtiger Bestandteil ist dabei die Erforschung der Möglichkeiten, wie die Menschen bei wirtschaftlichen Entscheidungsprozessen zu einer Berücksichtigung der Umwelt angeleitet werden können.

Welche Folgen ergeben sich angesichts der notwendigen Umsetzung der Konventionen für die Forschung in der Bundesrepublik Deutschland?

Die Antwort auf diese Frage betrifft vor allem die Struktur der Forschungsprogramme und Forschungsinstitutionen. Ausgehend von der starken Vernetzung im System Erde ist auch die Forschungsorganisation netzartig zu gestalten. Um Kernbereiche, welche hohe Kompetenz im fachlichen Bereich wie auch die entsprechende materielle Ausstattung vereinen, sollten sich Gruppen hoher sachlicher Kompetenz aus anderen Disziplinen bilden, die gemeinsam eines der oben angesprochenen Themen erforschen und dabei auch die Werkzeuge des Kernbereiches nutzen. Bei jedem größeren Thema ist eine Balance zwischen der Datenerhebung, der Erstellung globaler Datensätze, der Modellierung und Validierung der Modell-Ergebnisse notwendig.

Während im naturwissenschaftlichen Bereich diese Vernetzung teilweise schon existiert, begonnen hat oder geplant ist, besteht großer Nachholbedarf im sozialwissenschaftlichen Bereich. Da ein einzelnes Land schon aus rein finanziellen Gründen nicht auf allen Gebieten Spitzenleistungen erbringen kann, ist insbesondere die Vernetzung mit dem europäischen Ausland sicherlich notwendig. Aber auch die Zusammenarbeit mit den Entwicklungsländern in der Forschung zu globalen Umweltveränderungen ist ein Muß. Die Einpassung nationaler in internationale Forschungsprogramme ist dann besser zu handhaben und abzustimmen. Bei Formulierung solcher Programme ist stärker als bisher mitzuarbeiten. Um politische Handlungsempfehlungen geben zu können, ist die nationale Kompetenz in bisher schwach vertretenen Forschungsbereichen zu stärken.

Handlungsempfehlungen

Angesichts der vielfältigen Wechselbeziehungen in und zwischen Natursphäre und Anthroposphäre ist es nicht leicht, Prioritäten für politisches Handeln zu formulieren. Trotz teilweise sehr hohen Problemdrucks bei einigen dieser globalen Umweltveränderungen ist ein koordiniertes Handeln vieler Länder oft durch fehlende internationale Absprachen und durch häufig bestehende Verständnis- und Informationsdefizite behindert. Der hier vorgestellte Versuch einer Prioritätensetzung ist deshalb auf der Basis nur weniger *Kriterien* erfolgt:

- Höhe und Zunahme des Problemdrucks.

- Möglichkeit einer globalen Strategie zur Verminderung der Umweltbelastung.

- Besonderer Beitrag der Bundesrepublik Deutschland.

Die in bezug auf das erste Kriterium gravierendsten globalen Probleme oder Haupttrends sind nach Einschätzung des Beirats:

- **Zunahme der Bevölkerung der Erde**
  Dieses zentrale Problem ist ein kurzfristig nur schwer zu beeinflussender, aber ein die globalen Umweltveränderungen langfristig bestimmender Faktor. Der Bevölkerungszuwachs ist eng mit dem Problem der Armut verknüpft, so daß deren Bekämpfung neben der Familienplanung, der Verbesserung der Stellung der Frau in der Gesellschaft und der Ausbildung eine wichtige Aufgabe ist.

- **Langfristig veränderte Zusammensetzung der Atmosphäre**
  Als wichtigste Teilaspekte sind hier zu nennen:
  - Der vom Menschen verursachte Anstieg der Konzentration natürlicher Treibhausgase (Kohlendioxid, Methan und Distickstoffoxid).
  - Zunahme synthetischer Stoffe in der Atmosphäre (z. B. Fluorchlorkohlenwasserstoffe).
  - Globale Klimaänderungen durch den Anstieg der genannten Spurengase.
  - Folgen des so veränderten Klimas wie die Verlagerung der Vegetationszonen, der Meeresspiegelanstieg und die veränderte Wasserverfügbarkeit.
  - Reaktionen der Menschen auf erwartete und eingetretene Klimaänderungen.

- **Rückgang der biologischen Vielfalt**
  Der Mensch zerstört den Lebensraum vieler Pflanzen- und Tierarten durch die Rodung tropischer Wälder, durch die Ausdehnung der Siedlungsfläche, durch die Emission von Schadstoffen in Luft und Wasser sowie durch die Intensivierung der Landwirtschaft in den Industrieländern. Vielfalt stabilisiert in der Regel Ökosysteme, es ist jedoch nicht bekannt, wann Artenschwund sie irreversibel schädigt.

- **Degradation und Verlust von Böden**
  Die Böden als „dünne Haut" der Erde und als Basis für die Ernährung werden bei wachsender Bevölkerung der Erde oft übernutzt, dann erodiert. Selbst besonders fragile Böden werden zu landwirtschaftlicher Produktion genutzt und oft rasch zerstört, viele werden durch Schadstoffe belastet. Die Gesamtfläche nutzbarer Böden nimmt kontinuierlich ab.

Allen diesen Haupttrends gemeinsam ist beschleunigtes Wachstum und die Langfristigkeit der Auswirkungen, deren Zeitskalen im Bereich von Jahrzehnten, eher Jahrhunderten liegen. Trotzdem sind rasche kleine Schritte wesentlich für eine langfristige Dämpfung belastender oder zerstörender Auswirkungen. Die Haupttrends sind nicht unabhängig voneinander. So erhöht z. B. die Bevölkerungszunahme die Degradation von Böden, diese erhöht wiederum die Belastung der Atmosphäre mit langlebigen Treibhausgasen, die über Klimaänderungen die Abnahme der biologischen Vielfalt beschleunigt, usw.

Für das zweite Kriterium, die *Strategiefähigkeit*, gibt es für die genannten vier Haupttrends keine einheitlichen Antworten. Für die Reduktion der Emissionen langlebiger Treibhausgase besteht bereits eine detailliert formulierte und von 154 Nationen gezeichnete Klimakonvention, die wohl in Kürze völkerrechtlich verbindlich sein wird und die bei der für 1994 geplanten Vertragsstaatenkonferenz in der Bundesrepublik Deutschland mit ersten Ausführungsprotokollen umgesetzt werden soll. Im Gegensatz dazu gibt es noch kein überzeugendes Handeln zur Reduktion der gegenwärtigen jährlichen Zuwachsrate der Weltbevölkerung von 1,7 %. Aber auch die Konvention zum Schutz der biologischen Vielfalt ist weiter von der Umsetzung entfernt als die Klimakonvention. Die von den Vereinten Nationen in Auftrag gegebene Formulierung einer Konvention zur Verhinderung der Wüstenbildung, die 1994 unterzeichnet werden soll, wird wahrscheinlich nur in Teilen auch Maßnahmen zum Bodenschutz enthalten. Wesentliche Veränderungen der Bodenfunktionen und entsprechende Gegenmaßnahmen sind ebenso zu berücksichtigen; hierzu fehlt bisher ein internationales Forum zur Verabschiedung verbindlicher Abkommen. Die vom Beirat geforderte Konvention zum Schutz der Wälder kann wesentlich zum Erhalt der Böden und ihrer Qualität beitragen.

Was das dritte Kriterium betrifft, den *Beitrag der Bundesrepublik Deutschland*, so sind die Möglichkeiten und Ansatzpunkte, zur Entschärfung dieser Haupttrends beizutragen, sehr unterschiedlich. Wegen unseres überproportionalen Beitrags zur veränderten Zusammensetzung der Atmosphäre ist ein überproportionaler Einsatz bei der Umsetzung der Klimakonvention geboten und angemessen. Obwohl in Deutschland und in vielen anderen hochentwickelten Ländern das Bevölkerungswachstum sehr gering bzw. abnehmend ist, sind auch die Deutschen angesichts der Brisanz der Weltbevölkerungsentwicklung verpflichtet, durch internationale Kooperation, Beratung und Finanzierung eine den jeweiligen Rahmenbedingungen entsprechende institutionalisierte Bevölkerungspolitik zu ermöglichen. Andernfalls würden z. B. unsere eigenen Anstrengungen zur Minderung der Emission von Treibhausgasen durch Bevölkerungswachstum in anderen Regionen wieder zunichte gemacht. Ähnliches gilt für den Gewässer- und den Bodenschutz. Nur gemeinsame, mit Entwicklungsländern erarbeitete, produktive, aber ökologisch verträgliche Praktiken der Landbewirtschaftung, die die Prinzipien der *Welt-Boden-Charta* und der AGENDA 21 berücksichtigen, vermindern die Bedrohung der Böden und des Wassers. In diesem Sinne sollte die Bundesrepublik Deutschland alle Möglichkeiten zur technologischen Zusammenarbeit und zum Technologietransfer ausschöpfen. Unsere Mitarbeit bei der Umsetzung der Konvention zum Schutz der biologischen Vielfalt wird in anderen Ländern auch daran gemessen werden, ob wir es im eigenen Land schaffen, die biologische Vielfalt in der Kulturlandschaft wieder zu erhöhen.

Prinzipien des Handelns zur Verminderung von globalen Umweltveränderungen sind:

- Berücksichtigung der Konsequenzen für das ganze System Erde bei jeder Einzelentscheidung.
- Beachtung der Einheit von Umwelt und Entwicklung bei jeder politischen Entscheidung.
- Ausweitung der ökonomischen Bewertungssysteme auf Naturgüter.

Dieses erste Gutachten des Beirats konzentriert sich auf die Darstellung der globalen Umweltveränderungen in ihren Verflechtungen. Dennoch finden sich in den einzelnen Kapiteln themenspezifische Empfehlungen für politische Maßnahmen und zum Forschungsbedarf. Eine Reihe zentraler Fragen, wie die globale Ressourcensicherung unter Einbeziehung aller Möglichkeiten, die Nutzerseite zu beeinflussen, und die Institutionalisierung des Dialogs und der Kooperation zwischen Industrie- und Entwicklungsländern zur globalen Umweltpolitik, konnten dabei noch nicht behandelt werden. Der Beirat hebt abschließend drei übergreifende Gesichtspunkte als Vorschläge für die Bundesregierung hervor:

1. Erhöhung des für **Entwicklungshilfe** aufgewendeten Anteils am Bruttosozialprodukt von derzeit etwa 0,4 % über die in Rio de Janeiro als Zielgröße genannten 0,7 % hinaus auf 1,0 %.
Dabei sollte eine von der Bundesrepublik Deutschland mitangeregte Neudefinition der Zugehörigkeit zu Entwicklungsländern durch die Vereinten Nationen beachtet werden. Diese soll die weltpolitischen Veränderungen der letzten Jahre, besonders die ökonomischen und ökologischen Anpassungsprobleme im osteuropäischen Raum miteinbeziehen.
Die Steigerung des Prozentsatzes soll insbesondere für Maßnahmen zur Behebung der Armut, der Verbesserung der Stellung der Frau und der Familienplanung verwendet werden. Neben dem finanziellen Transfer kommt der Intensivierung der technologischen Zusammenarbeit mit den Entwicklungsländern sowie der Entwicklung und Erprobung, dem Transfer und der Umsetzung geeigneter, umweltverträglicher Technologien besondere Bedeutung zu.

2. Beim Einsatz der **Instrumente** für die in Rio de Janeiro diskutierten und teilweise beschlossenen Programme werden folgende Aktivitäten vorgeschlagen:

    - Zur **weltweiten Reduzierung der CO_2-Emissionen** sollte die Bundesregierung die in Rio de Janeiro begonnene Diskussion um eine globale „Zertifikatslösung" mit dem Ziel fortführen, deren internationale Einführung zu ermöglichen.

    - Parallel zu der dann erfolgenden CO_2-Reduzierung sollte auf erhöhte Transfers zum **Schutz der Tropenwälder** hingewirkt werden, weil damit gewissermaßen Subventionen an die Eigentümerländer gezahlt werden, damit sie das globale öffentliche Gut „Tropenwald" erhalten. Dieser Finanzierungsmechanismus sollte mit einer Zweckbindung versehen sein, um die Aufbringung der Mittel zu erleichtern.

3. **Sensibilisierung der Bürger** für globale Umweltprobleme.
Durch verstärkte, zielgruppenspezifische Information und geeignete Programme zur Veränderung von Umweltbewußtsein und Umweltverhalten sind alle Möglichkeiten zu nutzen, menschliches Handeln als Ursache und Folge globaler Umweltveränderungen immer wieder deutlich zu machen und entsprechend zu beeinflussen.

Der Beirat betont nachdrücklich die Brisanz der dargestellten globalen Umweltprobleme. Die daraus erwachsenden Aufgaben müssen auch in schwierigen politischen und finanziellen Situationen auf nationaler und regionaler Ebene mit höchster Priorität angegangen werden.

G Literaturangaben

Abbasi, D. R. (1992): Agenda 21's Financing Inches Forward. Earth Summit Times, vom 6. 6. 1992.
Ali, R. und Pitkin, B. (1991): Ernährungssicherung in Afrika. Finanzierung und Entwicklung 28 (4), 3–6.
Amelung, T. und Diehl, M. (1992): Deforestation of Tropical Rain Forests. Tübingen: J. C. B. Mohr.
Andreae, M. O., Talbot, R. W., Andreae, T. W. und Harriss, R. C. (1988): Formic and Acetic Acid over the Central Amazon Region, Brasil. Journal of Geophysical Research 93, 1616–1624.
Andreae, M. O. und Schimel, D. S. (Hrsg.) (1989): Exchange of Trace Gases between Terrestrial Ecosystems and the Atmosphere. Chichester: John Wiley & Sons.
Armbruster, M. und Weber, R. (1991): Klimaänderungen und Landwirtschaft. Agrarwirtschaft 40 (11), 353–362.
Arnold, R. W., Szaboles, I. und Targulion, V. O. (1990): Global Soil Change. Report of the IIASA-ISSS-UNEP Task Force. Laxenburg, Österreich: IIASA.
Arrow, K. J. und Fisher, A. C. (1974): Environmental Preservation, Uncertainty and Irreversibility. Quarterly Journal of Economics 88 (2), 312–319.
Ashford, T. (1991): Nitrate Solutions: Dissolving the Problems of the Common Agricultural Policy. Norwich, USA: Norwich Publications.

Bakun, A. (1990): Global Climate Change and Intensification of Coastal Ocean Upwelling. Science 247, 198–201.
Barghouti, S. und Le Moigne, G. (1991): Bewässerung und umweltpolitische Herausforderung. Finanzierung und Entwicklung 28 (2), 32–34.
Bayerische Rück (Hrsg.) (1993): Risiko ist ein Konstrukt. Wahrnehmungen zur Risikowahrnehmung. München: Knesebeck.
Beck, U. (1986): Risikogesellschaft. Auf dem Weg in eine andere Moderne. Frankfurt/Main: Suhrkamp.
Bell, D. (1973): The Coming of Postindustrial Society. New York: Basic Books.
Bender, D. (1976): Makroökonomik des Umweltschutzes. Göttingen: Vandenhoeck und Ruprecht.
Berger, P. und Luckmann, T. (1972): Die gesellschaftliche Konstruktion der Wirklichkeit. Eine Theorie der Wissenssoziologie. Frankfurt/Main: Fischer.
Bishop, R. C. (1978): Endangered Species and Uncertainty: The Economics of a Safe Minimum Standard. American Journal of Agricultural Economics 60 (1), 10–18.
Blake, R. (1992): Herausforderungen für die weltweite Agrarforschung. Finanzierung und Entwicklung 29 (1), 30–31.
Blankart, C.-B. (1991): Öffentliche Finanzen in der Demokratie – Eine Einführung in die Finanzwissenschaft. München: Vahlen.
Blumthaler, M. und Ambach, W. (1990): Indication of Increasing Solar UV-B Radiation Flux in Alpine Regions. Science 248, 206–208.
BMFT – Bundesministerium für Forschung und Technologie (1992a): Forschungsrahmenkonzeption – Globale Umweltveränderungen 1992–1995. Bonn: Selbstverlag.
BMFT – Bundesministerium für Forschung und Technologie (1992b): Global Change – Unsere Erde im Wandel. Bonn: Selbstverlag.
BMV – Bundesministerium für Verkehr (1991): Verkehr in Zahlen. Bonn: Selbstverlag.
Boeckh, A. (1992): Entwicklungstheorien: Eine Rückschau. In: Nohlen, D. und Nuscheler, F. (Hrsg.): Handbuch der Dritten Welt. Band 1. Bonn: J. H. W. Dietz, 110–130.
Bookman, C. A. (1993): A Sea Change for Oil Tanker Safety. In: Institute of Marine Environmental Sciences – University of Genova (Hrsg.): Third International Symposium on Coastal Ocean Space Utilization. Band 1. Santa Margherita Ligure, Italien. 577–578.
Borenzstein, E. und Montiel, P. (1992): Wann wird Osteuropa zum Westen aufschließen? Finanzierung und Entwicklung 29 (3), 21–23.
Bouwman, A. F. (Hrsg.) (1989): Soils and the Greenhouse Effect. Chichester: John Wiley & Sons.
Broecker, W. S. (1991): Keeping Global Change Honest. Global Biogeochemical Cycles 5 (3), 191–192.
Brühl, C. und Crutzen, P. J. (1989): On the Disproportionate Role of Tropospheric Ozone as a Filter Against Solar UV-B Radiation. Geophysical Research Letters 16 (7), 703–706.
Burdick, B. (1991): Klimaänderung und Landwirtschaft. Ökologie und Landbau 77, 19–24.

Chadwick, M. J. und Hutton, M. (1990): Acid Depositions in Europe: Environmental Effects, Control Strategies and Policy Options. Stockholm: Stockholm Environment Institute.

Changnon, S. A. (1992): Inadvertent Weather Modification in Urban Areas: Lessons for Global Climate Change. Bulletin American Meteorological Society 73 (5), 619–627.

Charlson, R. J., Schwartz, S. E., Hales, J. M., Cess, R. D., Coakley, J. A., Hansen, J. E. und Hofmann, D. J. (1992): Climate Forcing by Anthropogenic Aerosols. Science 255, 423–430.

Cicerone, R. J. (1988): How has the Atmospheric Concentration of CO Changed? In: Rowland, F. S. und Isaksen, I. S. A. (Hrsg.): The Changing Atmosphere. Chichester: John Wiley & Sons, 49–61.

Ciriacy-Wantrup, S. V. (1968): Resource Conservation, Economics and Politics. Berkeley, Los Angeles: University of California Press.

Clark, C. (1960): The Conditions of Economic Progress. London: MacMillan.

Clark, W. C. (1989): Verantwortliches Gestalten des Lebensraums Erde. Spektrum der Wissenschaft, Heft 11, 48–56.

Cline, W. R. (1992): The Economics of Global Warming. Washington D.C.: International Institute of Economics.

Cline, W. R. (1993): Der Bekämpfung des Treibhauseffektes eine faire Chance einräumen. Finanzierung und Entwicklung 30 (3), 3–6.

Coastal Zone Management Subgroup (1992): Global Climate Change and the Rising Challenge of the Sea. Intergovernmental Panel on Climate Change (IPCC) No. 1. Den Haag: Ministry of Transport, Public Works and Water Management.

Commission of the European Community (1992): Europeans and the Environment in 1992. Survey Conducted in the Context of the Eurobarometer 37.0. Brüssel: Commission of the European Community.

Commoner, B. (1988): Rapid Population Growth and Environmental Stress. In: United Nations (Hrsg.): Consequences of Rapid Population Growth in Developing Countries. Proceedings of a United Nations Expert Group Meeting. New York.

Crowson, B. (1988): Mineral Handbook 1988–89. New York: M. Stockton Press.

Crutzen, P. J. und Andreae, M. O. (1990): Biomass Burning in the Tropics: Impact on Atmospheric Chemistry and Biogeochemical Cycles. Science 250, 1669–1678.

Crutzen, P. J. und Zimmermann, P. (1991): The Changing Photochemistry of the Troposphere. Tellus 43 A-B, 136–151.

Czacainski, M. (1992): UN-Konferenz für Umwelt und Entwicklung – Inhalte, Tendenzen, Bewertung. Energiewirtschaftliche Tagesfragen 42 (7), 422–427.

Cutter Information Corp. (1993): Global Environmental Change Report. Special Issue.

Daly, H. E. (1992): Vom Wirtschaften in einer leeren Welt zum Wirtschaften in einer vollen Welt. In: Goodland, R., Daly, H. E., El Serafy, S. und Droste, B. v. (Hrsg.): Nach dem Brundtland-Bericht: Umweltverträgliche wirtschaftliche Entwicklung. Bonn: Eigenverlag der BFANL, 15–28.

Dannenbring, F. (1990): Flüchtlinge. Neue Herausforderung für die Außen- und Entwicklungspolitik. Dritte Welt Presse 7 (1), 3.

Dässler, H.-G. (1991): Einfluß von Luftverunreinigungen auf die Vegetation. Jena: G. Fischer.

Dennis, M. L., Soderstrom, E. J., Koncinski, W. S., Jr. und Cavanaugh, B. (1990): Effective Dissemination of Energy-Related Information. Applying Social Psychology and Evaluation Research. American Psychologist 45 (10), 1109–1117.

DGVN – Deutsche Gesellschaft für die Vereinten Nationen (1992a): Weltbevölkerungsbericht 1992. Die Welt im Gleichgewicht. Bonn: DGVN.

DGVN – Deutsche Gesellschaft für die Vereinten Nationen (1992b): Mega-Städte – Zeitbombe mit globalen Folgen? Dokumentationen, Informationen, Meinungen. Band 44. Bonn: DGVN.

Diekmann, A. und Preisendörfer, P. (1992): Persönliches Umweltverhalten. Diskrepanzen zwischen Anspruch und Wirklichkeit. Kölner Zeitschrift für Soziologie und Sozialpsychologie 44 (2), 226–251.

DIW – Deutsches Institut für Wirtschaftsforschung und RWI – Rheinisch-Westfälisches Institut für Wirtschaftsforschung (1993): Umweltschutz und Industriestandort. Berichte des Umweltbundesamtes – 1/93. Berlin, Essen: Erich Schmidt, RWI.

Dopfer, K. (1992): Evolutionsökonomik in der Zukunft: Programmatik und Theorieentwicklungen. In: Hanusch, H. und Recktenwald, H. C. (Hrsg.): Ökonomische Wissenschaft in der Zukunft. Ansichten führender Ökonomen. Düsseldorf: Verlag Wirtschaft und Finanzen, 96–125.

Dörner, D. (1989): Die Logik des Mißlingens. Strategisches Denken in komplexen Situationen. Reinbek: Rowohlt.

Douglas, M. und Wildavsky, A. (1982): Risk and Culture. An Essay on the Selection of Technological and Environmental Dangers. Berkeley: University of California Press.

Dunwoody, S. und Peters, H. P. (1993): Massenmedien und Risikowahrnehmung. In: Bayerische Rück (Hrsg.): Risiko ist ein Konstrukt. Wahrnehmungen zur Risikowahrnehmung. München: Knesebeck, 317–341.

Easterly, W. (1991): Wirtschaftspolitik und Wirtschaftswachstum. Finanzierung und Entwicklung, 28 (3), 10–13.

Eickhof, N. (1992): Ordnungspolitische Ausnahmeregelungen. Zur normativen Theorie staatlicher Regulierungen und wettbewerbspolitischer Bereichsausnahmen. Diskussionsbeiträge, Band 20. Bochum: Ruhruniversität.

El-Shagi, E.-S. (1991): Volkswirtschaft und Umwelt IV: Umweltschutz und Außenhandel. In: Dreyhaupt, F. J. (Hrsg.): Umwelt-Handwörterbuch. Bonn: Walhalla und Prätoria Verlag, 111–115.

Emanuel, K. A. (1988): The Maximum Intensity of Hurricanes. Journal of Atmospheric Sciences 45, 1143–1155.

Enders, G., Dlugi, R., Steinbrecher, R., Clement, B., Daiber, R., Voneijk, J., Gab, S., Haziza, M., Hellers, G., Herrmann, U., Kessel, N., Kesselmeier, J., Kotzias, D. und Kourtidis, K. (1992): Biosphere/Atmosphere Interactions: Integrated Research in a European Coniferous Forest Ecosystem. Atmospheric Environment 26A (1), 171–189.

Engardt, M. und Rodhe, H. (1993): A Comparison between Patterns of Temperature and Sulfate Aerosol Pollution. Geophysics Research Letters 20, 117–120.

Enquete-Kommission des 11. Deutschen Bundestages „Vorsorge zum Schutz der Erdatmosphäre" (Hrsg.) (1990a): Schutz der Erdatmosphäre – Eine internationale Herausforderung. Band 1 (3., erweiterte Aufl.). Bonn, Karlsruhe: Economica, C.F. Müller.

Enquete-Kommission „Vorsorge zum Schutz der Erdatmosphäre" des Deutschen Bundestages (Hrsg.) (1990b): Schutz der Tropenwälder. Eine internationale Schwerpunktaufgabe. Bonn, Karlsruhe: Economica, C.F. Müller.

Enquete-Kommission „Vorsorge zum Schutz der Erdatmosphäre" des Deutschen Bundestages (Hrsg.) (1991): Schutz der Erde. Eine Bestandsaufnahme mit Vorschlägen zu einer neuen Energiepolitik. Bonn, Karlsruhe: Economica, C.F. Müller.

Enquete-Kommission „Schutz der Erdatmosphäre" des Deutschen Bundestages (Hrsg.) (1992): Klimaänderung gefährdet globale Entwicklung. Zukunft sichern – jetzt handeln. Bonn, Karlsruhe: Economica, C.F. Müller.

Environmental Protection Agency (EPA) – Office of Research and Development (1992): Pollution Prevention Research Branch. Current Projects. Cincinnati: EPA.

Esher, R. J., Marx, D. H., Ursic, S. J., Baker, R. L., Brown, L. R. und Coleman, D. C. (1992): Simulated Acid Rain Effects on Fine Roots, Ectomycorrhizae, Microorganisms, and Invertebrates in Pine Forests of the Southern United States. Water, Air, and Soil Pollution 61 (3–4), 269–278.

Ewers, H.-J. (1991): Dem Verkehrsinfarkt vorbeugen – Zu einer auch ökologisch erträglicheren Alternative der Verkehrspolitik unter veränderten Rahmenbedingungen. Vorträge und Studien aus dem Institut für Verkehrswissenschaft an der Universität Münster. Band 26. Göttingen: Vandenhoeck und Ruprecht.

FAO – Food and Agriculture Organization of the United Nations (1984): Fertilizer Yearbook. Rom: FAO.

FAO – Food and Agriculture Organization of the United Nations (1981): An Interim Report on the State of Forest Resources in the Developing Countries. Rom: FAO.

Festinger, L. (1978): Theorie der kognitiven Dissonanz. Bern: Huber.

Fietkau, H.-J. und Kessel, H. (Hrsg.) (1981): Umweltlernen: Veränderungsmöglichkeiten des Umweltbewußtseins. Modelle – Erfahrungen. Königstein/Ts.: Hain.

Fischhoff, B. (1990): Psychology and Public Policy. Tool or Toolmaker. American Psychologist 45 (5), 647–653.

Fischhoff, B. und Furby, L. (1983): Psychological Dimensions of Climatic Change. In: Chen, R. S. und Boulding, E. (Hrsg.): Social Science Research and Climate Change. An Interdisciplinary Appraisal. Dordrecht: Reidel, 180–207.

Fisher, A. G. B. (1939): Production, Primary, Secondary, Tertiary. The Economic Journal 15, 739–741.

Flohn, H., Kapala, H., Knoche, H. R. und Mächel, H. (1992): Water Vapor as an Amplifier of the Greenhouse Effect: New Aspects. Meteorologische Zeitschrift 1 (2), 122–138.

Forrester, J. W. (1971): World Dynamics. Cambridge, Ma: Wright-Allen.

Fourastié, J. (1971): Die große Hoffnung des zwanzigsten Jahrhunderts. Köln: Bund-Verlag.

Frank, H.-J. und Münch, R. (1993): Straßenbenutzungspreise gegen den Verkehrsinfarkt. In: Frank, H.-J. und Walter, N. (Hrsg.): Strategien gegen den Verkehrsinfarkt. Stuttgart: Poeschel, 369–381.

Galloway, J. N., Likens, G. E., Keene, W. C., und Miller, J. M. (1982): The Composition of Precipitation in Remote Areas of the World. Journal of Geophysical Research 87, 8771–8776

Georgescu-Roegen, N. (1971): The Entropy Law and the Economic Progress. Cambridge, Ma.: Harvard University Press.

Georgescu-Roegen, N. (1976): Energy and Economic Myths: Institutional and Analytical Economic Essays. New York: Pergamon.

GITEC (1992): Wasser als knappe lebensnotwendige Ressource. Statusbericht – Entwurf. Düsseldorf: GITEC.

Gleick, P. (1992): Water and Conflict. International Security Studies Program – Peace and Conflict Studies Program. Cambridge, Ma.: American Academy of Arts and Science.

Goodland, R. (1992): Die These: Die Welt stößt an Grenzen. Das derzeitige Wachstum in der Weltwirtschaft ist nicht mehr verkraftbar. In: Goodland, R., Daly, H. E., El Serafy, S. und Droste, B. v. (Hrsg.): Nach dem Brundtland-Bericht: Umweltverträgliche wirtschaftliche Entwicklung. Bonn: Eigenverlag der BFANL, 9–14.

Goudriaan, J. (1990): Atmospheric CO_2, Global Carbon Fluxes in the Biosphere. In: Rabbinge, R., Goudriaan, J., van Keulen, H., Penning de Vries, F. W. T. und van Laar, H. H. (Hrsg.): Theoretical Production Ecology: Reflections and Prospects. Band 34. Simulation Monograph. Wageningen, Niederlande: Pudoc, 17–40.

Granier, C. und Brasseur, G. (1992): Impact of Heterogeneous Chemistry on Modell Predictions of Ozone Changes. Journal of Geophysical Research 97 (D16), 18.015–18.033.

Graskamp, R., Halstrick-Schwenk, M., Janßen-Timmen, R., Löbbe, K. und Wenke, M. (1992): Umweltschutz, Strukturwandel und Wirtschaftswachstum. Untersuchungen des Rheinisch-Westfälischen Instituts für Wirtschaftsforschung. Essen: RWI.

Graßl, H. (1988): What Are the Radiative and Climatic Consequences of the Changing Concentration of Atmospheric Aerosol Particles? In: Rowland, F. S. und Isaksen, I. S. A. (Hrsg.): The Changing Atmosphere. Chichester: John Wiley & Sons, 187–199.

Graumann, C. F. und Kruse, L. (1990): The Environment: Social Construction and Psychological Problems. In: Himmelweit, H. T. und Gaskell, G. (Hrsg.): Societal Psychology. Newbury Park: Sage, 212–229.

Gronych, R. (1980): Allokationseffekte und Außenhandelswirkungen der Umweltpolitik. Tübingen: J. C. B. Mohr.

Grubb, M. (1990): Strategien zur Eindämmung des Treibhauseffektes. Zeitschrift für Energiewirtschaft 14 (3), 167–177.

Guppy, N. (1984): Tropical Deforestation: A Global View. Foreign Affairs 62, 928–965.

Haeberli, W. (1992): Accelerated Glacier and Permafrost Changes in the Alps. International Conference on Mountain Environments in Changing Climates, Davos, Schweiz.

Hafez Fahmy Aly, M. (1989): Chancen und Entwicklungsmöglichkeiten des kombinierten Verkehrs in der Dritten Welt – dargestellt am Beispiel Ägyptens. Wissenschaftliche Arbeiten. Band 34. Hannover: Institut für Verkehrswissenschaft, Eisenbahnbau und -betrieb.

Haigh, M. (1984): Deforestation and Disaster in Northern India. Land Use Policy 1 (3), 187–198.

Haken, H. (1978): Synergetics. An Introduction. Berlin: Springer.

Hampicke, U. (1991): Naturschutz-Ökonomie. Stuttgart: Ulmer.

Hampicke, U. (1992): Kosten und Wertschätzung des Arten- und Biotopschutzes. Zeitschrift für Angewandte Umweltforschung, Sonderheft 3 Wirtschaftlichkeit des Umweltschutzes, 47–62.

Hampicke, U. (1992): Ökologische Ökonomie. Individuum und Natur in der Neoklassik – Natur in der ökonomischen Theorie. Band 4. Opladen: Westdeutscher Verlag.

Hao, W. M., Liu, M. H. und Crutzen, P. J. (1990): Estimates of Annual and Regional Releases of CO_2 and other Trace Gases to the Atmosphere from Fires in the Tropics, Based on the FAO Statistics for the Period 1975 – 1980. In: Goldammer, J. G. (Hrsg.): Fire in the Tropical Biota: Ecosystem Processes and Global Challenges. New York: Springer, 440–462.

Hardin, G. R. (1968): The Tragedy of the Commons. Science 162, 1243–1248.

Hartje, V. (1992): Volkswirtschaft und Umwelt III: Umweltschutz und Wachstum. In: Dreyhaupt, F. J. (Hrsg.): Umwelt-Handwörterbuch. Bonn: Walhalla und Prätoria Verlag, 104–110.

Hauser, S. (1992): „Reinlichkeit, Ordnung und Schönheit" – Zur Diskussion über Kanalisation im 19. Jahrhundert. Die Alte Stadt 19 (4), 229–312.

Hayek, F.-A. von (1975): The Pretence of Knowledge. In: The Nobel Foundation (Hrsg.): Les Prix Nobel en 1974. Stockholm.

Hayek, F.-A. von (1981): Recht, Gesetzgebung und Freiheit, Bd. 1: Regeln und Ordnung. München: Verlag Moderne Industrie.

Heimann, M. (1993): The Global Carbon Cycle in the Climate System. In: Anderson, D. und Willebrand, J. (Hrsg.): Modelling Climate Ocean Interaction. Nato ASI Series. New York: Springer (im Druck).

Heister, J. und Michaelis, H. (1990): Umweltpolitik mit handelbaren Emissionsrechten; Möglichkeiten zur Verringerung der Kohlendioxid- und Stickoxidemissionen. Kieler Studien, Band 237. Tübingen.

Heister, J., Klepper, G. und Stähler, F. (1992): Strategien globaler Umweltpolitik – die UNCED-Konferenz aus ökonomischer Sicht. Zeitschrift für Angewandte Umweltforschung 5 (4), 455–465.

Helbling, E. W., Vallafane, V., Ferrario, M. und Holm-Hansen, O. (1992): Impact of Natural Ultraviolet Radiation on Rates of Photosynthesis and on Specific Marine Phytoplankton Species. Marine Ecology Progress Series 80, 89–100.

Hewitt, D. P. (1991): Was bestimmt die Militärausgaben? Finanzierung und Entwicklung 28 (4), 22–25.

Heyer, E. (1972): Witterung und Klima. Eine allgemeine Klimatologie (8. Aufl.). Leipzig: BSB Teubner.

Hofrichter, J. und Reif, K. (1990): Evolution of Environmental Attitudes in the European Community. Scandinavian Political Studies 13 (2), 119–146.

Hormuth, S. E. und Katzenstein, H. (1990): Psychologische Ansätze zur Müllvermeidung und Müllsortierung. Forschungsbericht für das Ministerium für Umwelt, Baden-Württemberg. Heidelberg: Psychologisches Institut der Universität.

Hübler, K.-H. (1991): Volkswirtschaftliche Verluste durch Bodenbelastung in der Bundesrepublik Deutschland. Berichte des Umweltbundesamtes – 10/91. Berlin: Erich Schmidt.

Hughes, G. (1992): Verbesserung der Umwelt in Osteuropa. Finanzierung und Entwicklung 29 (3), 16–19.

Hulm, P. (1989): A Climate of Crisis: Global Warming and the Island South Pacific. UNEP RSM, Band 28. No. 1. Port Moresby, Papua New Guinea: The Association of South Pacific Environmental Institutions.

Hutter, K. (1988): Dynamik umweltrelevanter Systeme. Berlin: Springer.

IEA – International Energy Agency (Hrsg.) (1991): Energy Efficiency and the Environment. Paris: IEA Publication.

IGBP – International Geosphere-Biosphere Programme (1990): The International Geosphere-Biosphere Programme: A Study of Global Change – The Initial Core Projects. Report No. 12. International Council of Scientific Unions Global Change, Stockholm, Sweden.

Inglehart, R. (1977): The Silent Revolution. Changing Values and Political Styles Among Western Publics. Princeton, N. J.: Princeton University Press.

Inglehart, R. (1989): Kultureller Umbruch. Wertwandel in der westlichen Welt. Frankfurt/Main: Campus.

Inglehart, R. (1991): Changing Human Goals and Values: A Proposal for a Study of Global Change. In: Pawlik, K. (Hrsg.): Perception and Assessment of Global Environmental Change (PAGEC): Report 1. ISSC/HDP. Barcelona: HDP.

Institut für Praxisorientierte Sozialforschung (ipos) (1992): Einstellungen zu Fragen des Umweltschutzes 1992. Ergebnisse jeweils einer repräsentativen Bevölkerungsumfrage in den alten und neuen Bundesländern. Mannheim: ipos.

IPCC – Intergovernmental Panel on Climate Change (1990): Climate Change. The IPCC Scientific Assessment. Cambridge: Cambridge University Press.

IPCC – Intergovernmental Panel on Climate Change Working Group II (1991): Potential Impacts of Climate Change. WMO – World Meteorological Organization und UNEP – United Nations Environment Programme

IPCC – Intergovernmental Panel on Climate Change (1992): Climate Change 1992. The Supplementary Report to the IPCC Scientific Assessment. Cambridge: Cambridge University Press.

Isard, W. (1962): Methods of Regional Analysis: An Introduction to Regional Science. Cambridge, Ma.: Technology Press.

IWF – Internationaler Währungsfond (1989): Jahresbericht. Washington, D. C.: Selbstverlag.

Jänicke, M., Mönch, H. und Binder, M. (1993): Umweltentlastung durch industriellen Strukturwandel (2. Aufl.). Berlin: Edition Sigma.

Jacobson, H. K. und Price, M. F. (1990): A Framework for Research on the Human Dimensions of Global Environmental Change. International Social Science Council HDP Report. Barcelona: HDP.

Johnson, B. B. und Covello, V. T. (Hrsg.) (1987): The Social and Cultural Construction of Risk. Essays on Risk Selection and Perception. Dordrecht: Reidel.

Jones, P. D., Wigley, T. M. L. und Wright, P. B. (1986): Global Temperature Variations Between 1861 and 1984. Nature 322, 430–434.

Jungermann, H., Rohrmann, B. und Wiedemann, P. M. (Hrsg.) (1991): Risikokontroversen. Konzepte, Konflikte, Kommunikation. Berlin: Springer.

Junkernheinrich, M. und Klemmer, P. (1992): Ökologie und Wirtschaftswachstum. Zu den ökologischen Folgekosten des Wirtschaftswachstums. Zeitschrift für Angewandte Umweltforschung, Sonderheft 2 – Ökologische Nutzen und Kosten des Wirtschaftswachstums, 7–19.

Kafka, P. (1989): Das Grundgesetz vom Aufstieg. Wien, München: Hauser.

Kahneman, D., Slovic, P. und Tversky, A. (1982): Judgement under Uncertainty: Heuristics and Biases. Cambridge: Cambridge University Press.

Karaosmanoglu, A. (1991): Herausforderungen eines dauerhaften und gerechten Wachstums in Asien. Finanzierung und Entwicklung 28 (3), 34–37.

Karentz, D. (1991): Ecological Considerations of Antarctic Ozone Depletion. Antarctic Science 3 (1), 3–11.

Karger, C., Schütz, H. und Wiedemann, P. M. (1992): Akzeptanz von Klimaschutzmaßnahmen in der Bundesrepublik Deutschland. Programmgruppe Mensch, Umwelt, Technik (MUT) – Arbeiten zur Risikokommunikation, Band 30. Jülich: KFA.

Keller, U. (1990): Umwelt-Exodus. Massenflucht vor kaputter Umwelt – Hauptlast tragen Entwicklungsländer. Dritte Welt Presse 7 (1), 4–5.

Kempton, W. (1991): Lay Perspectives on Global Climate Change. Global Environmental Change 1, 183–208.

Kempton, W. und Montgomery, L. (1982): Folk Quantification of Energy. Energy – The International Journal 7, 817–827.

Kempton, W., Darley, J. M. und Stern, P. C. (1992): Psychological Research for the New Energy Problems. Strategies and Opportunities. American Psychologist 47 (10), 1213–1223.

Kennedy, P. (1993): In Vorbereitung auf das 21. Jahrhundert. Frankfurt: S. Fischer.

Khalil, M. A. K. und Rasmussen, R. A. (1991): Carbon Monoxide in the Earth's Atmosphere: Indications of a Global Increase. Nature 332, 242–244.

Kimball, B. A. (1990): Impact of Carbon Dioxide, Trace Gases and Climate Change on Global Agriculture. ASA – American Society of Agronomy (Hrsg.): ASA Special Publication No. 53.

Klemmer, P. (1987): Umweltinformationen aus dem Wirtschafts- und Sozialbereich. In: Statistisches Bundesamt (Hrsg.): Statistische Umweltberichterstattung. Schriftenreihe Forum der Bundesstatistik. Stuttgart, Mainz: Kohlhammer, 79–91.

Klemmer, P. (1991): Wirtschaftliche Determinanten des Verkehrsgeschehens. In: Deutsche Verkehrswissenschaftliche Gesellschaft (Hrsg.): Regionale Verkehrsentwicklung als Element der Wirtschaftspolitik – am Beispiel Sachsens. Bergisch-Gladbach: DVWG-Schriftenreihe, 5–16.

Klemmer, P. (1992): Versöhnung von Ökonomie und Ökologie – aus der Sicht der Wirtschaftswissenschaft. In: Bundesministerium für Wirtschaft (BMWi) (Hrsg.): Versöhnung von Ökonomie und Ökologie, Symposium des Bundesministers für Wirtschaft am 20. Februar 1992. Bonn: BMWI, 12–26.

Klemmer, P. (1993): Verkehrspolitische Herausforderungen Deutschlands in den neunziger Jahren. RWI-Mitteilungen, im Druck.

Klepper, G. (1992): The Political Economy of Trade and the Environment in Western Europe. In: Low, P. (Hrsg.): International Trade and the Environment. World Bank Discussion Papers, No. 159. Washington D.C.: World Bank-Publikation, 247–260.

Klockow, S. und Matthes, U. (1990): Volkswirtschaftliche Kosten durch Beeinträchtigung des Freizeit- und Erholungswertes aufgrund der Umweltverschmutzung in der Bundesrepublik. Basel, Berlin: Prognos AG.

Kölle, C. (1992): Zertifikate in der Energie- und Umweltpolitik. Zeitschrift für Energiewirtschaft 16 (4), 293–301.

Koscis, G. (1988): Wasser nutzen, verbrauchen oder verschwenden? Alternative Konzepte. Karlsruhe: C. F. Müller.

Kraemer, R. A. (1990): Die getrennte Versorgung der Haushalte mit Trinkwasser und Haushaltswasser. Berlin: Technische Universität.

Kruse, L. (1989): Le Waldsterben. Zur Kulturspezifität der Wahrnehmung ökologischer Risiken. In: Fernuniversität – Gesamthochschule Hagen (Hrsg.): Dies Academicus 1988. Vorträge. Hagen: Selbstverlag, 35–48.

Kulessa, M. E. (1992): Freihandel und Umweltschutz – Ist das GATT reformbedürftig? Wirtschaftsdienst 72, 299–307.
KVR – Kommunalverband Ruhrgebiet (1989): Regionalinformation Ruhrgebiet – Bevölkerungsentwicklung im Ruhrgebiet. Essen: KVR-Publikation.

la Rivière, J. W. M. (1989): Bedrohung des Wasserhaushalts. Spektrum der Wissenschaft, Heft 11, 80–87.
la Rivière, J. W. M. (1991): Cooperation Between Natural and Social Scientists in Global Change Research. Imperatives, Realities, Opportunities. International Social Science Journal 43 (4), 619–627.
Labitzke, K. und Loon, H. v. (1991): Some Complications in Determining Trends in the Stratosphere. Advanced Space Research 11 (3), 21–30.
Labitzke, K. und McCormick, M. P. (1992): Stratospheric Temperature Increase Due to Pinatubo Aerosol. Geophysical Research Letters 19 (2), 207–210.
Landell-Mills, P., Agarwala, R. und Please, S. (1989): Schwarzafrika: Von der Krise zu nachhaltigem Wirtschaftswachstum. Finanzierung und Entwicklung 26 (4), 26–29.
Lantermann, E.-D., Döring-Seipel, E. und Schima, P. (1992): Ravenhorst. Gefühle, Werte und Unbestimmtheit im Umgang mit einem ökologischen Scenario. München: Quintessenz.
Lehmann, J. und Gerds, I. (1991): Merkmale von Umweltproblemen als Auslöser ökologischen Handelns. In: Eulefeld, G., Bolscho, D. und Seybold, H. (Hrsg.): Umweltbewußtsein und Umwelterziehung. Ansätze und Ergebnisse empirischer Forschung. Kiel: Institut für die Pädagogik der Naturwissenschaften (IPN), 23–35.
Levine, J. S., Rinsland, C. P. und Tennille, G. M. (1985): Photochemistry of Methane and Carbon Monoxide in the Troposphere in 1950 and 1985. Nature 318, 254–257.
Linden, E. (1993): Megacities. Time Magazine vom 11.01.1993, 141, 24–34.
Lipphardt, G. (1989): Produktionsintegrierter Umweltschutz – Verpflichtung der Chemischen Industrie. Chemie-Ingenieur-Technik, Heft 11, 860–866.
Lipsey, M. W. (1977): Attitudes Toward the Environment and Pollution. In: Oskamp, S. (Hrsg.): Attitudes and Opinions. Englewood Cliffs, N.J.: Prentice Hall, 360–379.
Longhurst, A. R. und Harrison, W. G. (1989): The Biological Pump: Profiles of Plankton Production and Consumption in the Upper Ocean. Progress in Oceanography 22, 47–123.
Lösch, A. (1943): Die räumliche Ordnung der Wirtschaft (3. Aufl.). Stuttgart: G. Fischer.
Low, P. und Yeats, A. (1992): Do „Dirty" Industries Migrate? In: Low, P. (Hrsg.): International Trade and the Environment. World Bank Discussion Papers No. 159. Washington D. C.: World Bank-Publikation, 89–104.
Lu, Y. und Khalil, M. A. K. (1992): Model Calculations of Night-Time Atmospheric OH. Tellus 44 B, 106–113.
Lüning, K. (1985): Meeresbotanik. Stuttgart, New York: Thieme.

Masuhr, K. P., Wolff, H. und Keppler, J. (1992): Identifizierung und Internalisierung externer Kosten der Energieversorgung. Basel: Prognos AG.
Meadows, D. L. (1972): The Limits to Growth. New York: Universe Books.
Meadows, D. L. (1974): Die Grenzen des Wachstums. Reinbek: Rowohlt.
Meadows, D. M., Meadows, D. L. und Randers, J. (1992): Die neuen Grenzen des Wachstums (2. Aufl.). Stuttgart: DVA.
Mertins, G. (1992): Urbanisierung, Metropolisierung und Megastädte. Ursachen der Stadt"explosion" in der Dritten Welt – Sozioökonomische und ökologische Problematik. In: Deutsche Gesellschaft für die Vereinten Nationen (DGVN) (Hrsg.): Mega-Städte – Zeitbombe mit globalen Folgen? Band 44. Bonn: DGVN, 7–31.
Meyer-Schwickerath, M. (1989): Anforderungen an die Ausgestaltung internationaler Transportsysteme zwischen Industrie- und Entwicklungsländern. In: Seidenfus, H.-S. (Hrsg.): Perspektiven des Weltverkehrs. Göttingen: Vandenhoeck und Ruprecht, 75–109.
Mikolajewicz, U. und Maier-Reimer, E. (1990): Internal Secular Variability in an Ocean General Circulation Model. Climate Dynamics 4, 145–156.
Mikolajewicz, U., Santer, B. D. und Maier-Reimer, E. (1990): Ocean Response to Greenhouse Warming. Nature 345, 589–593.
Milavsky, J. R. (1991): The U.S. Public's Changing Perceptions of Environmental Change 1950 to 1990. In: Pawlik, K. (Hrsg.): Perception and Assessment of Global Environmental Change (PAGEC): Report 1. ISSC/HDP. Barcelona: HDP.

Miller, D. L. R. und Mackenzie, F. T. (1988): Implications of Climate Change and Associated Sea-Level Rise for Atolls. 6th International Coral Reef Symposium, Australien, Band 3.

Miller, R. B. und Jacobson, H. K. (1992): Research on the Human Components of Global Change: Next Steps. Global Environmental Change 2, 170–182.

Milliman, J. D., Broadus, J. M. und Gable, F. (1989): Environmental and Economic Implications of Rising Sea Level and Subsiding Deltas: The Nile and Bengal Examples. Ambio 18, 340–345.

Milton, A.-R. (1990): Der asiatisch-pazifische Raum – ein neues Gravitationszentrum des Welthandels? RWI-Mitteilungen 41 (3), 231–264.

Mittermeier, R. A. (1992): Die Primatenvielfalt und der Tropenwald: Fallstudien aus Brasilien und Madagaskar und die Bedeutung der Megadiversitätsgebiete. In: Wilson, E. O. und Peter, F. M. (Hrsg.): Ende der Biologischen Vielfalt? Heidelberg, Berlin, New York: Spektrum Akademischer Verlag, 168–176.

Moscovici, S. (1981): On Social Representations. In: Forgas, J. P. (Hrsg.): Social Cognition: Perspectives on Everyday Understanding. New York: Academic Press, 181–209.

Moscovici, S. (1982): Versuch über die menschliche Geschichte der Natur. Frankfurt/Main: Suhrkamp.

Münchener Rück (1992): Sturm – Neue Schadensdimension einer Naturgefahr. München: Münchener Rückversicherungs-Gesellschaft.

Myers; N. (1988): Threatened Biotas: Hot-Spots in Tropical Forests. Environmentalist 8 (3), 1–20

Myers; N. (1990): The Biodiversity Challenge: Expanded Hot-Spot Analysis. Environmentalist 10 (4), 243–256.

NAVF – Norwegian Research Council for Science and Humanities (1990): Sustainable Development, Science and Policy. The Conference Report. Bergen, 8–12 May 1990. Oslo: NAVF.

Nelson, R. (1991): Die Nutzung von Trockengebieten. Finanzierung und Entwicklung 28 (1), 22–25.

Neuman, K. (1986): Personal Values and Commitment to Energy Conservation. Environment and Behavior 18 (1), 53–74.

Nicolis, G. und Prigogine, I. (1977): Self-Organisation in Non-Equilibrium Systems. New York: Wiley-Interscience.

Nicolis, G. und Prigogine, I. (1989): Exploring Complexity. New York: Wiley-Interscience.

Nohlen, D. und Nuscheler, F. (1992a): „Ende der Dritten Welt"? In: Nohlen, D. und Nuscheler, F. (Hrsg.): Handbuch der Dritten Welt. Band 1. Bonn: J. H. W. Dietz, 14–30.

Nohlen, D. und Nuscheler, F. (1992b): Was heißt Unterentwicklung? In: Nohlen, D. und Nuscheler, F. (Hrsg.): Handbuch der Dritten Welt. Band 1. Bonn: J. H. W. Dietz, 31–54.

Norton, B. G. (1987): Why Preserve Natural Variety? Princeton, NJ.: Princeton University Press.

Norton, B. G. (1992): Waren, Annehmlichkeiten und Moral: Die Grenzen der Quantifizierung bei der Bewertung biologischer Vielfalt. In: Wilson, E. O. (Hrsg.): Ende der biologischen Vielfalt? Heidelberg, Berlin, New York: Spektrum Akademischer Verlag, 222–228.

Nothdurft, W. (1992): Müll Reden. Mikroanalytische Fallstudie einer Bürgerversammlung zum Thema „Müllverbrennung". Programmgruppe Mensch, Umwelt, Technik (MUT) – Arbeiten zur Risikokommunikation, Band 32. Jülich: KFA.

Nsouli, S. M. (1989): Strukturanpassung in Schwarzafrika. Finanzierung und Entwicklung 26 (3), 30–33.

Oldeman, L. R., Wakkeling, R. T. A. und Sombroek, W. G. (1991): World Map of the Status of Human-Induced Soil Degradation, Global Assessment of Soil Degradation (2. Aufl.). Wageningen, NL: ISRIC and UNEP.

Olson, M. (1968): Die Logik des kollektiven Handelns. Kollektivgüter und die Theorie der Gruppen. Tübingen: J. C. B. Mohr.

Osten-Sacken, A. (1992): Neuausrichtung der CGIAR. Von der Verhinderung von Hungersnöten zu einer dauerhaften Entwicklung. Finanzierung und Entwicklung 29 (1), 26–29.

Otterbein, K. (1991): Mega-Städte, Mega-Krisen. Die größten Städte sind in der Dritten Welt. Bald die halbe Menschheit in Städten. Dritte Welt Presse 8 (1), 1–2.

Paasche, E. (1988): Pelagic Primary Production in Nearshore Waters. In: Blackburn, R. H. und Sörensen, J. (Hrsg.): Nitrogen Cycling in Coastal Marine Environments. Band 33. Chichester: John Wiley & Sons, 33–57.

Pawlik, K. (1991): The Psychology of Global Environmental Change. Some Basic Data and an Agenda for Cooperative International Research. International Journal of Psychology 26 (5), 547–563.

Pearce, D., Barbier, E. und Markandya, A. (1990): Sustainable Development: Economics and Environment in the Third World. Brookfield: Edward Elgar.

Perrings, C., Folke, C. und Mälar, K.-G. (1992): The Ecology and Economics of Biodiversity Loss: The Research Agenda. Ambio 21 (3), 201–212.

Petersmann, E.-U. (1991): Trade Policy, Environmental Policy and the GATT. Außenwirtschaft 46, 197–221.

Pimental, D., Allen, J., Beers, A., Guinand, L., Linder, R., McLaughlin, P., Meer, B., Musonda, D., Perdue, D., Poisson, S., Siebert, S., Stoner, K., Salazar, R. und Hawkins, A. (1987): World Agriculture and Soil Erosion. BioScience 37 (4), 277–283.

Plachter, H. (1991): Naturschutz. Stuttgart, Jena: Gustav Fischer.

Platt, J. (1973): Social Traps. American Psychologist 28, 641–651.

Platt, U., LeBras, G., Poulet, G., Burrows, J. P. und Moortgat, G. K. (1990): Peroxy Radicals from Night-Time Reaction of NO_3 with Organic Compounds. Nature 348, 147–149.

Post, W. M. und Mann, L. K. (1990): Charges in Soil Organic Carbon and Nitrogen as a Result of Cultivation. In: A. F. Bouwman (Hrsg.): Soils and the Greenhouse Effect. Chichester: John Wiley & Sons, 407–414.

Post, W. M., Emanuel, W. R. und King, A. W. (1992): Soil Organic Matter Dynamics and the Global Carbon Cycle. In: Batjes, N. H. und Bridges, E. M. (Hrsg.): World Inventory of Soil Emission Potentials. WISE Report 2. Wageningen, Niederlande: International Soil Reference Centre, 107–119.

Postel, S. (1992): Last Oasis. Facing Water Scarcity. The Worldwatch Environmental Alert Series. New York, London: W. W. Norton.

Prittwitz, V. von (1992): Symbolische Umweltpolitik. Eine Sachstands- und Literaturstudie unter besonderer Berücksichtigung des Klimaschutzes, der Kernenergie und Abfallpolitik. Programmgruppe Mensch, Umwelt, Technik (MUT) – Arbeiten zur Risikokommunikation, Band 34. Jülich: KFA.

Raghavan, C. (1990): Recolonization: GATT, the Uruguay Round and the Third World. London: Zed Book.

Rampazzo, N. und Blum, W. E. H. (1992): Changes in Chemistry and Mineralogy of Forest Soils by Acid Rain. Water, Air, and Soil Pollution 61 (3–4), 209–220.

Randall, A. (1992): Was sagen die Wirtschaftswissenschaftler über den Wert der biologischen Vielfalt? In: Wilson, E. O. (Hrsg.): Ende der biologischen Vielfalt? Heidelberg, Berlin, New York: Spektrum Akademischer Verlag. 240–247.

Repetto, R. (1989): Economic Incentives for Sustainable Production. In: Schramm, G. und Warford, J. J. (Hrsg.): Environmental Management and Economic Development. Baltimore: Johns Hopkins University Press, 69–86.

Revelle, R. (1976): The Resources Available for Agriculture. Scientific American 235, 165–178.

Roqueplo, P. (1988): Pluies Acides: Menaces pour l'Europe. Paris: Economica.

Rotmans, J. (1990): IMAGE: An Integrated Model to Assess the Greenhouse Effect. Dordrecht, Niederlande: Kluwer.

Ruitenbeck, H. J. (1992): The Rainforest Supply Price: A Tool For Evaluating Rainforest Conservation Expenditures. Ecological Economics 6 (1), 57–78.

RWI – Rheinisch-Westfälisches Institut für Wirtschaftsforschung (1993): Umweltpolitischer Aktionsplan – Hauptstudie, Gutachten im Auftrag des Umweltbundesamtes, Vorhaben Nr. 101 01 087/02. vervielfältigtes Manuskript, 8.4.93. Essen: RWI.

Sachs, W. (1989): Zur Archäologie der Entwicklungsidee. epd-Entwicklungspolitik, Heft 10, 24–31.

Salvat, B. (1992): Coral Reefs – a Challenging Ecosystem for Human Societies. Global Environmental Change 2 (1), 12–18.

Sarmiento, J. L. (1991): Oceanic Uptake of Anthropogenic CO_2: the Major Uncertainties. Global Biogeochemical Cycles 5 (4), 309–313.

Scharpenseel, H. W., Schomaker, M. und Ayoub, A. (1990): Soils on a Warmer Earth. Development in Soil Science. Band 20. Amsterdam: Elsevier.

Schenk, K.-E. (1992): Die neue Institutionenökonomie – Ein Überblick über wichtige Elemente und Probleme der Weiterentwicklung. Zeitschrift für Wirtschafts- und Sozialwissenschaften 112 (3), 337–378.

Scheube, J. (1993): Ökonomisch funktionale Gestaltung einer globalen Umweltpolitik am Beispiel der Tropenwälder. In: Prosi, G. und Watrin, C. (Hrsg.): Dynamik des Weltmarktes – Schlankheitskur für den Staat. Köln: Bachem-Verlag, 138–141.

Schneider, G. et al. (1990): 1992 – The Environmental Dimension. Task Force Report on the Environment and The Internal Market. Bonn: Economica.

Schteingart, M. (1991): Wassernot und verpestete Luft, Umweltprobleme in Mexico City. Dritte Welt Presse 8 (1), 2 und 7.

Schua, L. und Schua, R. (1981): Wasser, Lebenselement und Umwelt. Orbis Academicus, Sonderbände 2 und 4. München: Alber.

Schultz, J. (1988): Die Ökozonen der Erde. Stuttgart: Ulmer.

Schürmann, H. J. (1992): Tauschgeschäfte mit ökologischer Schadensbegrenzung. Handelsblatt vom 5.6.1992.

Schuster, F. (1992): Starker Rückgang der Umweltbesorgnis in Ostdeutschland. Informationsdienst Soziale Indikatoren 8, 1–5.

Schwarzkopf, M. D. und Ramaswamy, V. (1993): Radiative Forcing due to Ozone in the 1980s: Dependance on Altitude of Ozone Change. Geophysical Research Letters 20, 205–208.

Scotto, J., Cotton, G., Urbach, F., Berger, D. und Fears, T. (1988): Biologically Effective Ultraviolet Radiation: Surface Measurements in the United States, 1974 to 1985. Science 239, 762–764.

Seifritz, W. (1993): Der Treibhauseffekt. Technische Maßnahmen zur CO_2-Entsorgung. München, Wien: Hansen.

Seiler, W. und Crutzen, P. J. (1980): Estimates of the Gross and Natural Flux of Carbon Between the Biosphere and the Atmosphere from Biomass Burning. Climate Change 2, 207–247.

Shugart, H. H und Bonan, G. B. (Hrsg.) (1991): A Systems Analysis of the Global Boreal Forests. Cambridge, Ma.: Cambridge University Press.

Siebert, H. (1974): Environmental Protection and International Specialization. Weltwirtschaftliches Archiv 110, 494–508.

Siebert, H. (1991): Außenwirtschaft (5. Aufl.). Stuttgart: UTB-Taschenbuch.

Simpson, L.-G. und Botkin, D. B. (1992): Vegetation, the Global Carbon Cycle, and Global Measures. In: Dunette, D. A. und O'Brien, R. J. (Hrsg.): The Science of Global Change. The Impact of Human Activities on the Environment. ACS Symposium Series 483. Washington, DC: American Chemical Society, 413–425.

Slovic, P. (1987): Perception of Risk. Science 236, 280–285.

Smith, R. C., Prézelin, B. B., Baker, K. S., Bidigare, R. R., Boucher, N. P., Coley, T., Karentz, D., MacIntyre, S., Matlick, H. A., Menzies, D., Ondrusek, M., Wan, Z. und Waters, K. J. (1992a): Ozone Depletion: Ultraviolet Radiation and Phytoplankton Biology in Antarctic Waters. Science 255, 952–959.

Smith, S. V. und Buddemeier, R. W. (1992): Global Change and Coral Reef Ecosystems. Annual Review of Ecological Systems 23, 89–119.

Smith, T. M., Weishampel, J. F., Shugart, H. H. und Bonan, G. B. (1992b): The Response of Terrestrial C Storage to Climate Change: Modeling C Dynamics at Varying Temporal and Spatial Scales. Water, Air, and Soil Pollution 64, 307–326.

Solbrig, O. T. (1991): From Genes to Ecosystems: A Research Agenda for Biodiversity. Report of a IUBS-SCOPE UNESCO Workshop, Harvard Forest, Petersham, Ma. USA. Cambridge, Ma.: IUBS

Soliman, M. S. (1991): Die Wirkungsweise von Maßnahmen zur Beeinflussung des modal-splits in Entwicklungsländern, dargestellt am Beispiel des Personenverkehrs in Ägypten. Wissenschaftliche Arbeiten. Band 36. Hannover: Institut für Verkehrswissenschaft, Eisenbahnbau und -betrieb.

Sombroek, W. G. (1990): At Global Change, Do Soils Matter? Wageningen, Niederlande: ISRIC.

Southward, A. J., Boalch, G. T. und Maddock, L. (1988): Fluctuations in the Herring and Pilchard Fisheries of Devon and Cornwall Linked to Change in Climate Since the 16th Century. Journal of the Marine Biological Association of the United Kingdom 68, 423–445.

Spada, H. und Ernst, A. M. (1992): Wissen, Ziele und Verhalten in einem ökologisch-sozialen Dilemma. In: Pawlik, K. und Stapf, K. H. (Hrsg.): Umwelt und Handeln. Bern: Huber, 83–106.

SRU – Rat von Sachverständigen für Umweltfragen (1978): Umweltgutachten. Stuttgart, Mainz: Kohlhammer.

SRU – Rat von Sachverständigen für Umweltfragen (1985): Umweltprobleme der Landwirtschaft – Sondergutachten März 1985. Stuttgart, Mainz: Kohlhammer.

SRU – Rat von Sachverständigen für Umweltfragen (1987): Umweltgutachten. Stuttgart, Mainz: Kohlhammer.

Stadtfeld, R. (1986): Wasserverbrauch der Haushalte. gwf – Wasser – Abwasser 127, 159–166.

Stähler, F. (1992): The International Management of Biodiversity. Kiel Working Paper No. 529. Kiel: The Kiel Institute of World Economics.

Statistisches Bundesamt (1991): Konzeption für eine umweltökonomische Gesamtrechnung. (Hrsg.): Umweltpolitik, Information des Bundesumweltministeriums, Bonn: Selbstverlag.

Stern, P. C. (1992a): Psychological Dimensions of Global Environmental Change. Annual Review of Psychology 43, 269–302.

Stern, P. C. (1992b): What Psychology Knows About Energy Conservation. American Psychologist 47 (10), 1224–1232.

Stern, P. C. und Aronson, E. (Hrsg.) (1984): Energy Use: The Human Dimension. Report of the National Research Committee on the Behavioral and Social Aspects of Energy Consumption and Production. New York: Freeman.

Stern, P. C. und Gardner, G. T. (1981): Psychological Research and Energy Policy. American Psychologist 36 (4), 329–342.

Stern, P. C. und Oskamp, S. (1987): Managing Scarce Environmental Resources. In: Stokols, D. und Altman, I. (Hrsg.): Handbook of Environmental Psychology. Band 2. New York: Wiley, 1043–1088.

Stern, P. C., Young, O. R. und Druckman, D. (1992): Global Environmental Change. Understanding the Human Dimensions. Washington, D. C.: National Academy Press.

Stiftung Entwicklung und Frieden (1991a): Die Herausforderung des Südens. Der Bericht der Süd-Kommission. Über die Eigenverantwortung der Dritten Welt für dauerhafte Entwicklung. EINE Welt. Saarbrücken: Breitenbach.

Stiftung Entwicklung und Frieden (1991b): Globale Trends. Daten zur Weltentwicklung. Bonn: Selbstverlag.

Stocker, T. R. und Wright, D. G. (1991): Rapid Transitions of the Ocean's Deep Circulation Induced by Changes in Surface Water Fluxes. Nature 351, 729–732.

Stolarski, R. S., Bloomfield, P., McPeters, R. D. und Herman, J. R. (1991): Total Ozone Trends Deduced from Nimbus 7 TOMS Data. Geophysical Research Letters 18, 1015–1018.

Stolarski, R., Bojkov, R., Bishop, L., Zerefos, C., Staehelin, J. und Zawodny, J. (1992): Measured Trends in Stratospheric Ozone. Science 256, 342–349.

Stroebe, W., Hewstone, M., Codol, J.-P. und Stephenson, G. M. (Hrsg.) (1990): Sozialpsychologie. Eine Einführung. Berlin, Heidelberg, New York: Springer.

Stucken, R. (1966): Der „circulus viciosus" der Armut in Entwicklungsländern. In: Besters, H. und Boesch, E. E. (Hrsg.): Entwicklungspolitik. Stuttgart: Kreuz-Verlag, 53–70.

Summers, L. (1992): Herausforderungen für die Entwicklungsländerforschung. Finanzierung und Entwicklung 29 (1), 2–5.

Swanson, T. M. (1992): Economics of a Biodiversity Convention. Ambio 21 (3), 250–257.

Tans, P. P., Fung, I. Y. und Takahashi, T. (1990): Observational Constraints on the Global Atmospheric CO_2 Budget. Science 247, 1431–1438.

Tevini, M. (1992): Erhöhte UV-B-Strahlung: Ein Risiko für Pflanzen!? Global Change Prisma 3 (4), 4–6.

Thomas, V. (1991): Lehren aus der Wirtschaftsentwicklung. Finanzierung und Entwicklung, 28 (3), 6–9.

Tinbergen, J. (1962): Shaping the World Economy. Suggestions for an International Economic Policy. New York: McGraw Hill.

Titus, J. G. und Barth, M. C. (1984): An Overview of the Causes and Effects of Sea Level Rise. In: Barth, M. C. und Titus, J. G. (Hrsg.): Greenhouse Effect and Sea Level Rise. A Challenge for This Generation. New York: Van Nostrand Reinhold Company Inc., 1–51.

Touraine, A. (1972): Die postindustrielle Gesellschaft. Frankfurt: Suhrkamp.

Townsend, D. W. und Cammen, L. M. (1988): Potential Importance of the Timing of Spring Plankton Bloom to Benthic-Pelagic Coupling and Recruitment of Juvenile Demersal Fishes. Biological Oceanography 5, 215–229.

Ulrich, B. (1990): Waldsterben: Forest Decline in West Germany. Environmental Science and Technology 24 (4), 436–441.

UNCED – United Nations Conference on Environment and Development (Hrsg.) (1992): Agenda 21. Agreements on Environment and Development. In: United Nations Conference on Environment and Development – Konferenzdokumente. Rio de Janeiro.

UNDP – United Nations Development Programme (Hrsg.) (1990): Human Development Report. New York, Oxford: Oxford University Press.

UNDP – United Nations Development Programme (Hrsg.) (1991): Human Development Report. New York, Oxford: Oxford University Press.

UNDP – United Nations Development Programme (Hrsg.) (1992): Human Development Report. New York, Oxford: Oxford University Press.

UNEP – United Nations Environment Programme (Hrsg.) (1991): Environmental Data Report. New York, Oxford: Oxford University Press.

UNESCO – United Nations Educational Scientific and Cultural Organization (1990): Relative Sea-Level Change: A Critical Evaluation. UNESCO Reports in Marine Science, Band 54. Frankreich: UNESCO.

UNFPA – United Nations Fund for Population Activities (1991): Population Issues. Briefing Kit. 2. Jg, New York.

Vasseur, P., Gabric, C. und Harmelin-Vivien, M. (1988): State of Coral Reefs and Mangroves of the Tulear Region (SW Madagascar): Assessment of Human Activities and Suggestions for Management. 6th International Coral Reef Symposium, Australien, 1988, Band 2.

Vitousek, P. M., Ehrlich, P. R., Ehrlich, A. H. und Matson, P. A. (1986): Human Appropriation of the Products of Photosynthesis. BioScience 36 (6), 368–373.

Volz, A. und Kley, D. (1989): Evaluation of the Montsouris Series of Ozone Measurements Made in the Nineteenth Century. Nature 332, 240–242.

Walter, I. (1975): International Economics of Pollution. London: Praeger.

Walton, M. (1990): Bekämpfung der Armut: Erfahrungen und Aussichten. Finanzierung und Entwicklung 27 (3), 2–5.

Waring, R. H. und Schlesinger, W. H. (1985): Forest Ecosystems: Concepts and Management. New York: Academic Press.

Wasmer, M. (1990): Umweltprobleme aus der Sicht der Bevölkerung. Die subjektive Wahrnehmung allgemeiner und persönlicher Umweltbelastungen 1984 und 1988. In: Müller, W., Mohler, P. P., Erbslöh, B. und Wasmer, M. (Hrsg.): Blickpunkt Gesellschaft. Einstellungen und Verhalten der Bundesbürger. Opladen: Westdeutscher Verlag, 118–143.

Water Quality 2000 (Hrsg.) (1992): A National Water Agenda for the 21st Century. Final Report. Alexandria, Va., USA.

WCED – World Commission on Environment and Development (1987): Our Common Future (The Brundtland-Report). Oxford, New York: Oxford University Press.

Weisser, C. F., Jäger, U. und Spang, W. D. (1991): Chances and Limitations of Ex-Situ Conservation of Species and Genetic Diversity on a Global Perspective. Heidelberg: Institute for Environmental Research.

Weizsäcker, E. U. von (1992): Erdpolitik: Ökologische Realpolitik an der Schwelle zum Jahrhundert der Umwelt. Darmstadt: Wissenschaftliche Buchgesellschaft.

Wells, J. T. und Coleman, J. M. (1987): Wetland Loss and the Subdelta Life Cycle. Estuarine, Coastal and Shelf Science 25, 111–125.

Weltbank (1989): Weltentwicklungsbericht 1989. Bonn, Frankfurt, Wien: UNO, Knapp.

Weltbank (1990): Weltentwicklungsbericht 1990. Bonn, Frankfurt, Wien: UNO, Knapp.

Weltbank (1991): Weltentwicklungsbericht 1991. Bonn, Frankfurt, Wien: UNO, Knapp.

Weltbank (1992a): Weltentwicklungsbericht 1992. Entwicklung und Umwelt. Kennzahlen der Weltentwicklung. Bonn, Frankfurt, Wien: UNO, Knapp.

Weltbank (1992b): Global Economic Prospects and the Developing Countries. Washington D

White, A. T. (1987): Coral Reefs – Valuable Resources of Southeast Asia. International Center for Living Aquatic Resources Management. Manila, Philippines.

Wigley, T. M. L. und Raper, S. C. B. (1992): Implications for Climate and Sea Level of Revised IPCC Emissions Scenarios. Nature 357, 293–300.

WM – World Media (1992): World Media Nr. 4. Das Wasser und sein Preis. Beilage zur Zeitung „Die Tageszeitung", Berlin, vom 30.05.1992.

WMO – World Meteorological Organization (1992): Scientific Assessment of Ozone Depletion 1991 – Global Ozone Research and Monitoring Project. Report No. 52. Genf: WMO.

WMO – World Meteorological Organization (1992): WMO and the Ozone Issue. Report No. 788. Genf: WMO.

WMO – World Meteorological Organization (1993): Pressemeldung vom 21. 03. 1993.

Wöhlcke, M. (1992): Umweltflüchtlinge. Ursachen und Folgen. München: C. H. Beck.

WRI – World Resources Institute (1986): World Resources 1986–87. Oxford, New York: Oxford University Press.

WRI – World Resources Institute (1990): World Resources 1990–91. Oxford, New York: Oxford University Press.

WRI – World Resources Institute (1992a): World Resources 1992–93. Toward Sustainable Development. Oxford, New York: Oxford University Press.

WRI – World Resources Institute, World Conservation Union und United Nations Environment Programme (1992b): Global Biodiversity Strategy.

WWI – Worldwatch Institute (1992): State of the World 1992. Washington, D.C.

WWI – Worldwatch Institute (1993): State of the World 1993. New York, London: W. W. Norton.

H Anhang

Der Wissenschaftliche Beirat der Bundesregierung Globale Umweltveränderungen

Prof. Dr. Hartmut Graßl, Hamburg (Vorsitzender)
Prof. Dr. Horst Zimmermann, Marburg (Stellvertretender Vorsitzender)

Prof. Dr. Friedrich O. Beese, München
Prof. Dr. Gotthilf Hempel, Bremen
Prof. Dr. Lenelis Kruse-Graumann, Hagen
Prof. Dr. Paul Klemmer, Essen
Prof. Dr. Karin Labitzke, Berlin

Prof. Dr. Heidrun Mühle, Leipzig
Prof. Dr. Hans-Joachim Schellnhuber, Potsdam
Prof. Dr. Udo Ernst Simonis, Berlin
Prof. Dr. Hans-Willi Thoenes, Wuppertal
Prof. Dr. Paul Velsinger, Dortmund

Mitarbeiter der Beiratsmitglieder

Dipl.-Ing. Sebastian Büttner, Berlin
Dipl.-Volksw. Oliver Fromm, Marburg
Dipl. Psych. Gerhard Hartmuth, Hagen
Dipl.-Ing. Benno Kier, Essen
Dipl.-Met. Birgit Köbbert, Berlin
Dr. Gerhard Lammel, Hamburg
Dipl.-Volksw. Wiebke Lass, Marburg

Dipl.-Ing. Roger Lienenkamp, Dortmund
Dr. Heike Schmidt, Bremen
Dr. Detlef Sprinz, Potsdam
Dipl.-Ing. Ralf Theisen, Dortmund (1.10.92 – 31.12.92)
Dipl.-Ök. Rüdiger Wink, Bochum
Dr. Ingo Wöhler, Göttingen

Geschäftsstelle des Wissenschaftlichen Beirats*

Priv.-Doz. Dr. Meinhard Schulz-Baldes (Geschäftsführer)

Dipl.-Geoök. Holger Hoff
Vesna Karic
Ursula Liebert
Dr. Carsten Loose

Dr. Marina Müller
Dipl.-Volksw. Barbara Schäfer
Martina Schneider-Kremer, M.A.

---

* Geschäftsstelle WBGU am Alfred-Wegener-Institut für Polar- und Meeresforschung, Postfach 12 01 61, 27515 Bremerhaven.

Gemeinsamer Erlaß zur Errichtung des Wissenschaftlichen Beirats Globale Umweltveränderungen

§ 1

Zur periodischen Begutachtung der globalen Umweltveränderungen und ihrer Folgen und zur Erleichterung der Urteilsbildung bei allen umweltpolitisch verantwortlichen Instanzen sowie in der Öffentlichkeit wird ein wissenschaftlicher Beirat „Globale Umweltveränderungen" bei der Bundesregierung gebildet.

§ 2

(1) Der Beirat legt der Bundesregierung jährlich zum 1. Juni ein Gutachten vor, in dem zur Lage der globalen Umweltveränderungen und ihrer Folgen eine aktualisierte Situationsbeschreibung gegeben, Art und Umfang möglicher Veränderungen dargestellt und eine Analyse der neuesten Forschungsergebnisse vorgenommen werden. Darüber hinaus sollen Hinweise zur Vermeidung von Fehlentwicklungen und deren Beseitigung gegeben werden. Das Gutachten wird vom Beirat veröffentlicht.

(2) Der Beirat gibt während der Abfassung seiner Gutachten der Bundesregierung Gelegenheit, zu wesentlichen sich aus diesem Auftrag ergebenden Fragen Stellung zu nehmen.

(3) Die Bundesregierung kann den Beirat mit der Erstattung von Sondergutachten und Stellungnahmen beauftragen.

§ 3

(1) Der Beirat besteht aus bis zu zwölf Mitgliedern, die über besondere Kenntnisse und Erfahrung im Hinblick auf die Aufgaben des Beirats verfügen müssen.

(2) Die Mitglieder des Beirats werden gemeinsam von den federführenden Bundesminister für Forschung und Technologie und Bundesminister für Umwelt, Naturschutz und Reaktorsicherheit im Einvernehmen mit den beteiligten Ressorts für die Dauer von vier Jahren berufen. Wiederberufung ist möglich.

(3) Die Mitglieder können jederzeit schriftlich ihr Ausscheiden aus dem Beirat erklären.

(4) Scheidet ein Mitglied vorzeitig aus, so wird ein neues Mitglied für die Dauer der Amtszeit des ausgeschiedenen Mitglieds berufen.

§ 4

(1) Der Beirat ist nur an den durch diesen Erlaß begründeten Auftrag gebunden und in seiner Tätigkeit unabhängig.

(2) Die Mitglieder des Beirats dürfen weder der Regierung noch einer gesetzgebenden Körperschaft des Bundes oder eines Landes noch dem öffentlichen Dienst des Bundes, eines Landes oder einer sonstigen juristischen Person des Öffentlichen Rechts, es sei denn als Hochschullehrer oder als Mitarbeiter eines wissenschaftlichen Instituts, angehören. Sie dürfen ferner nicht Repräsentant eines Wirtschaftsverbandes oder einer Organisation der Arbeitgeber oder Arbeitnehmer sein, oder zu diesen in einem ständigen Dienst- oder Geschäftsbesorgungsverhältnis stehen. Sie dürfen auch nicht während des letzten Jahres vor der Berufung zum Mitglied des Beirats eine derartige Stellung innegehabt haben.

§ 5

(1) Der Beirat wählt in geheimer Wahl aus seiner Mitte einen Vorsitzenden und einen stellvertretenden Vorsitzenden für die Dauer von vier Jahren. Wiederwahl ist möglich.

(2) Der Beirat gibt sich eine Geschäftsordnung. Sie bedarf der Genehmigung der beiden federführenden Bundesministerien.

(3) Vertritt eine Minderheit bei der Abfassung der Gutachten zu einzelnen Fragen eine abweichende Auffassung, so hat sie die Möglichkeit, diese in den Gutachten zum Ausdruck zu bringen.

§ 6

Der Beirat wird bei der Durchführung seiner Arbeit von einer Geschäftsstelle unterstützt, die zunächst bei dem Alfred-Wegener-Institut (AWI) in Bremerhaven angesiedelt wird.

§ 7

Die Mitglieder des Beirats und die Angehörigen der Geschäftsstelle sind zur Verschwiegenheit über die Beratung und die vom Beirat als vertraulich bezeichneten Beratungsunterlagen verpflichtet. Die Pflicht zur Verschwiegenheit bezieht sich auch auf Informationen, die dem Beirat gegeben und als vertraulich bezeichnet werden.

§ 8

(1) Die Mitglieder des Beirats erhalten eine pauschale Entschädigung sowie Ersatz ihrer Reisekosten. Die Höhe der Entschädigung wird von den beiden federführenden Bundesministerien im Einvernehmen mit dem Bundesminister der Finanzen festgesetzt.

(2) Die Kosten des Beirats und seiner Geschäftsstelle tragen die beiden federführenden Bundesministerien anteilig je zur Hälfte.

Dr. Heinz Riesenhuber   Prof. Dr. Klaus Töpfer
Mai 1992

– Anlage zum Mandat des Beirats –

Erläuterung zur Aufgabenstellung des Wissenschaftlichen Beirats gemäß § 2, Abs. 1

Zu den Aufgaben des Beirats gehören:

1. Zusammenfassende, kontinuierliche Berichterstattung von aktuellen und akuten Problemen im Bereich der globalen Umweltveränderungen und ihrer Folgen, z.B. auf den Gebieten Klimaveränderungen, Ozonabbau, Tropenwälder und sensible terrestrische Ökosysteme, aquatische Ökosysteme und Kryosphäre, Artenvielfalt, sozioökonomische Folgen globaler Umweltveränderungen.

   In die Betrachtung sind die natürlichen und die anthropogenen Ursachen (Industrialisierung, Landwirtschaft, Übervölkerung, Verstädterung, etc.) einzubeziehen, wobei insbesondere die Rückkopplungseffekte zu berücksichtigen sind (zur Vermeidung von unerwünschten Reaktionen auf durchgeführte Maßnahmen).

2. Beobachtung und Bewertung der nationalen und internationalen Forschungsaktivitäten auf dem Gebiet der globalen Umweltveränderungen (insbesondere Meßprogramme, Datennutzung und -management, etc.).

3. Aufzeigen von Forschungsdefiziten und Koordinierungsbedarf.

4. Hinweise zur Vermeidung von Fehlentwicklungen und deren Beseitigung.

Bei der Berichterstattung des Beirats sind auch ethische Aspekte der Globalen Umweltveränderungen zu berücksichtigen.